普通高等教育"十三五"规划教材

新世纪普通高等教育土木工程类规划教材

建筑装饰装修工程技术

主　编　李　栋　李伙穆

副主编　蔡　昱　陈玖玲

主　审　吴文锋　王惠惠

JIANZHU ZHUANGSHI
ZHUANGXIU GONGCHENG JISHU

大连理工大学出版社

图书在版编目(CIP)数据

建筑装饰装修工程技术 / 李栋，李伙穆主编. -- 大连 : 大连理工大学出版社，2020.4

新世纪普通高等教育土木工程类规划教材

ISBN 978-7-5685-2483-4

Ⅰ. ①建… Ⅱ. ①李… ②李… Ⅲ. ①建筑装饰－工程施工－高等学校－教材 Ⅳ. ①TU767

中国版本图书馆 CIP 数据核字(2020)第 017668 号

大连理工大学出版社出版

地址：大连市软件园路 80 号　邮政编码：116023

发行：0411-84708842　邮购：0411-84708943　传真：0411-84701466

E-mail：dutp@dutp.cn　URL：http://dutp.dlut.edu.cn

大连雪莲彩印有限公司印刷　　　　大连理工大学出版社发行

| 幅面尺寸：185mm×260mm | 印张：25.25 | 字数：646 千字 |
| 2020 年 4 月第 1 版 | 2020 年 4 月第 1 次印刷 | |

责任编辑：王晓历　　　　　　　　　　　　责任校对：王瑞亮

封面设计：对岸书影

ISBN 978-7-5685-2483-4　　　　　　　　　定　价：59.80 元

前　言

随着国民经济的腾飞、社会的不断进步、科学技术的不断发展,人们对物质和精神文化生活水平的要求不断提高,现代高质量生活的新观念已深入人心,人们开始逐渐重视生活和生存环境,绿色环保的新材料也不断涌现,对建筑装饰施工人员的需求量不断增大,对建筑装饰施工技术水平的要求越来越高。现代建筑和现代装饰装修对人们的生活、学习和工作环境的改善,起着极其重要的作用。

伴随着建筑市场的规范化和法制化,装饰装修行业已经进入一个新时代,多年来已经习惯遵循和参照的装饰装修工程施工规范、装饰装修工程验收标准及装饰装修工程质量检验评定标准等,均已发生重要变化。因此,按照国家现行的施工规范、质量标准,科学合理地选用建筑装饰装修材料和装饰装修施工技术,体现较先进的装饰装修设备的使用,按现行习惯性的装饰装修施工流程顺序进行编写,努力提高建筑装饰装修业的技术水平,对于创造一个舒适、绿色环保型的环境,促进建筑装饰装修业的健康发展,具有非常重要的意义。

本教材根据《建筑装饰装修工程质量验收标准》(GB 50210—2018)、《住宅装饰装修工程施工规范》(GB 50327—2017)、《民用建筑工程室内环境污染控制规范》(GB 50325—2010)以及《建筑工程施工质量验收统一标准》(GB 50300—2013)等国家现行标准及行业标准的规定,对建筑装饰装修工程概述,建筑装饰装修电气安装施工,建筑装饰装修施工机具,饰面镶贴、挂贴施工,楼地面装饰装修施工,抹灰与涂饰工程施工技术,吊顶工程施工,石膏装饰装修件的安装施工,木装饰装修工程的施工,铝合金、塑料门窗施工,玻璃装饰装修工程施工,建筑幕墙工程施工,油漆与涂料施工等进行了全面的叙述。

按照先进性、针对性和规范性的原则,特别突出理论与实践相结合,注重对学生技能方面的培养,具有应用性突出、可操作性强、通俗易懂等特点。课程内容涉及知识面广、实践性强,建

新世纪

筑装饰装修施工活动的影响因素多、技术要求高，要求精细施工，教学过程中注意理论与实践相结合，加强操作性、实用性和通用性，使学生能综合应用有关学科的基本理论知识和基本技能，解决建筑装饰装修施工中的实际问题，做到学以致用。既适用于建筑装饰装修类学生的学习，还可以作为建筑装饰装修技术人员的技术参考书。

本教材由集美大学李栋、闽南理工学院李伙穆任主编，厦门城市职业技术学院蔡昱、闽南理工学院陈玖玲任副主编，闽南理工学院黄凌翎协助汇总、整理。具体编写分工如下：第一章、第二章、第三章由李伙穆编写；第四章、第五章、第六章由李栋编写；第七章、第八章、第九章由陈玖玲编写；第十章、第十一章、第十二章、第十三章由蔡昱编写。泉州任宅与城乡建设局高级工程师吴文锋、王惠惠审阅了书稿，并提出许多宝贵意见，在此谨致谢忱。

在编写本教材的过程中，编者参考、引用和改编了国内外出版物中的相关资料以及网络资源，在此表示深深的谢意！相关著作权人看到本教材后，请与出版社联系，出版社将按照相关法律的规定支付稿酬。

由于编写时间仓促、编者水平有限，书中疏漏和不妥之处在所难免，敬请专家、同仁和广大读者给予指正并提出宝贵意见。

编　者

2020 年 4 月

所有意见和建议请发往：dutpbk@163.com

欢迎访问教材服务网站：http://www.dutpbook.com

联系电话：0411-84708445　84708462

目 录

第一章　建筑装饰装修工程概述

第一节　建筑装饰装修工程的基本规定

根据国家标准《建筑装饰装修工程质量验收规范》(GB 50210—2018)，建筑装饰装修工程应遵循以下几个方面的基本规定。

一、设计方面的基本规定

(1)建筑装饰装修工程必须进行设计，并出具完整的施工图设计文件。

(2)承担建筑装饰装修工程设计的单位应具备相应的资质，并应建立质量管理体系。由于设计原因造成的质量问题，应由设计单位负责。

(3)建筑装饰装修工程的设计，应符合城市规划、消防、环保、节能等有关规定。

(4)承担建筑装饰装修工程设计的单位，应对建筑物进行必要的了解和实地勘察，设计深度应满足施工的要求。

(5)建筑装饰装修工程的设计必须保证建筑物的结构安全和主要使用功能。当涉及主体和承重结构改动或增加荷载时，必须由原结构设计单位或具有相应资质的设计单位核查有关原始资料，对既有建筑结构的安全性进行核验、确认。

(6)建筑装饰装修工程的防火、防雷和抗震设计，应符合国家现行标准的规定。

(7)当墙体或吊顶内的管线可能产生冰冻或结露时，应进行防冻或防结露的设计。

其中(1)和(5)是国家标准规定的强制性条文，必须严格执行。

二、材料方面的基本规定

(1)建筑装饰装修工程所用材料的品种、规格和质量，应符合设计要求和国家现行标准的规定。当设计无要求时，应符合国家现行标准的规定。严禁使用国家明令淘汰的材料。

(2)建筑装饰装修工程所用材料的燃烧性能，应符合国家现行标准《建筑内部装修设计防火规范》(GB 50222－2017)和《建筑设计防火规范》(GB 50016－2014)。

(3)建筑装饰装修工程所用材料应符合国家有关建筑装饰装修材料有害物质限量标准的规定。

(4)所有材料进场时应对品种、规格、外观和尺寸进行验收。材料包装应完好，应有产品合格证书、中文说明及相关性能的检测报告；进口产品应按规定进行商品检验。

(5)进场后需要进行复验的材料种类及项目，应符合国家标准的规定。同一厂家生产的同一品种、同一类型的进场材料，应至少抽取一组样品进行复验，当合同另有约定时，应按合同执行。

(6)当国家规定或合同约定对材料进行见证检测时,或对材料的质量发生争议时,应进行见证检测。

(7)承担建筑装饰装修材料检测的单位,应具备相应的资质,并建立质量管理体系。

(8)建筑装饰装修工程所使用的材料,在运输、储存和施工过程中,必须采取有效措施,防止损坏、变质和污染环境。

(9)建筑装饰装修工程所使用的材料,应按设计要求进行防火、防腐和防虫处理。

(10)现场配制的材料如砂浆、胶粘剂等,应按照设计要求或产品说明书配制。

其中(3)和(9)是国家标准规定的强制性条文,必须严格执行。

三、施工方面的基本规定

(1)承担建筑装饰装修工程施工的单位,应具备相应的资质,并建立质量管理体系。施工单位应编制施工组织设计并经过审查批准。施工单位应按有关的施工工艺标准或经审定的施工技术方案施工,并对施工全过程实行质量控制。

(2)承担建筑装饰装修工程施工的人员,应有相应岗位的资格证书。

(3)建筑装饰装修工程的施工质量,应符合设计要求和规范规定,由于违反设计文件和规范的规定施工造成的质量问题,应由施工单位负责。

(4)建筑装饰装修工程施工中,严禁违反设计文件,擅自改动建筑主体、承重结构或主要使用功能;严禁未经设计确认和有关部门批准,擅自拆改水、暖、电、燃气和通信等配套设施。

(5)施工单位应遵守有关环境保护的法律法规,采取有效措施,控制施工现场的各种粉尘、废气、废弃物、噪声和振动等对周围环境造成的污染和危害。

(6)施工单位应遵守有关施工安全、劳动保护、防火和防毒的法律法规,建立相应的管理制度,并配备必要的设备、器具和标识。

(7)建筑装饰装修工程应在基体或基层的质量验收合格后施工。在对既有建筑进行装饰装修前,应对基层进行处理并达到规范的要求。

(8)建筑装饰装修工程施工前,应有主要材料的样板或做样板间(件),并经有关各方确认。

(9)墙面采用保温材料的建筑装饰装修工程,所用保温材料的类型、品种、规格及施工工艺应符合设计要求。

(10)管道、设备等的安装及调试,应在建筑装饰装修工程施工前完成,当必须同步进行时,应在饰面层施工前完成。建筑装饰装修工程不得影响管道、设备等的使用和维修。涉及燃气管道的建筑装饰装修工程,必须符合有关安全管理的规定。

(11)建筑装饰装修工程的电器安装,应符合设计要求和国家现行标准的规定。严禁不经穿管直接埋设电线。

(12)室内外建筑装饰装修工程施工的环境条件,应满足施工工艺的要求。施工环境温度应不低于5℃。当必须在低于5℃气温下施工时,应采取保证工程质量的有效措施。

(13)建筑装饰装修工程在施工过程中,应做好半成品、成品的保护,防止污染和损坏。

其中(4)和(5)是国家标准规定的强制性条文,必须严格执行。

第二节 住宅装饰装修工程的基本规定

国家标准《住宅装饰装修工程施工规范》(GB 50327—2017)中,对住宅装饰装修工程的施工基本要求、材料和设备基本要求、成品保护以及防火安全、防水工程等,均做了明确规定。特别是国家建设部通过第110号令颁布的《住宅装饰装修管理办法》,于2002年5月1日开始施行,对于加强住宅室内装饰装修施工,并实施对住宅室内装饰装修活动的管理,具有十分重要的现实意义和住宅建设健康发展的战略意义。

一、施工方面基本要求

(1)施工前应进行技术交底工作,并对施工现场进行核查,了解物业管理的有关规定。

(2)各工序、各分项工程应进行自检、互检和交接检。

(3)施工中,严禁损坏房屋原有绝热设施;严禁损坏受力钢筋;严禁超荷载集中堆放物品;严禁在预制混凝土空心楼板上打孔安装埋件。

(4)施工中,严禁擅自改动建筑主体、承重结构或改变房间主要使用功能;严禁擅自拆改燃气、暖气和通信等配套设施。

(5)管道、设备工程的安装及调试,应在建筑装饰装修工程施工前完成,必须同步进行时,应在饰面层施工前完成。装饰装修工程不得影响管道、设备的使用和维修。涉及燃气管道的装饰装修工程,必须符合有关安全管理的规定。

(6)施工人员应遵守有关施工安全、劳动保护、防火、防毒的法律法规。

(7)施工现场用电应符合下列规定:

①施工现场用电应从户表中设立临时施工用电系统。

②安装、维修或拆除临时施工用电系统,应由电工完成。

③临时施工供电开关箱中应装设漏电保护器;进入开关箱的电源线,不得使用插销连接。

④临时用电线路应避开易燃、易爆物品堆放地。

⑤暂时停工时应切断电源。

(8)施工现场用水应符合下列规定:

①不得在未做防水的地面蓄水。

②临时用水管不得有破损、滴漏。

③暂时停工时应切断水源。

(9)文明施工和现场环境应符合下列要求:

①施工人员应衣着整齐。

②施工人员应服从物业管理或治安保卫人员的监督、管理。

③应控制粉尘、污染物、噪声和振动对相邻居民、居民区和城市环境的污染及危害。

④施工堆料不得占用楼道内的公共空间,不得封堵紧急出口。

⑤室外的堆料应当遵守物业管理的规定,避开公共通道、绿化地、化粪池等市政公用设施。

⑥不得堵塞、破坏上下水管道和垃圾道等公共设施,不得损坏楼内各种公共标识。

⑦工程垃圾宜密封包装,并堆放在指定的垃圾堆放地。

⑧工程验收前应将施工现场清理干净。

其中(3)和(7)是国家标准规定的强制性条文,必须严格执行。

二、防火安全的基本要求

1.一般规定

(1)施工单位必须制定施工安全制度,施工人员必须严格遵守。

(2)住宅装饰装修材料的燃烧性能的等级要求,应符合国家现行标准《建筑内部装修设计防火规范》(GB 50222)的规定。

2.材料防火处理

(1)对装饰织物进行阻燃处理时,应使其被阻燃剂浸透,阻燃剂的干含量应符合产品说明书的要求。

(2)对木质装饰装修材料进行防火涂料涂布前,应对其表面进行清洁。涂布至少分两次进行,且第二次涂布应当在第一次涂布的涂层表面干燥后进行,涂布量应大于或等于 500 g/m^2。

3.施工现场防火

(1)易燃物品应相对集中放置在安全区域内,并有明显的标识。施工现场不得大量积存可燃材料。

(2)使用易燃、易爆材料的施工,应避免敲打、碰撞和摩擦等可能出现火花的操作。配套使用的照明灯、电动机、电气开关应有安全防爆装置。

(3)使用涂料等挥发性材料时,应随时封闭其容器。擦拭后的棉纱等物品应集中存放且远离热源。

(4)施工现场动用电气焊等明火时,必须清除四周以及焊渣滴落区的可燃物,并设专人进行监督。

(5)施工现场必须配备灭火器、砂箱或其他灭火工具。

(6)严禁在施工现场吸烟。

(7)严禁在运行中的管道和装有易燃、易爆品的容器以及受力构件上进行焊接和切割。

4.电气防火

(1)照明、电热器等设备的高温部位靠近A级材料或导线穿越 B_2 级以下装修材料时,应采用岩棉、瓷管或玻璃棉等 A 级材料隔热。当照明灯具或镇流器嵌入可燃装饰装修材料中时,应采取隔热措施予以分隔。

(2)配电箱的壳体和底座,宜采用 A 级材料制作。配电箱不得安装在 B_2 级以下(含 B_2 级)的装修材料上。开关、插座应安装在 B_1 级以上的材料上。

(3)卤钨灯灯管附近的导线,应采用耐热绝缘材料制成的护套,不得直接使用具有延燃性绝缘的导线。

(4)明敷塑料导线应穿管或加线槽板加以保护,吊顶内的导线应穿金属管或 B_1 级 PVC 管保护,导线不得裸露。

5.消防设施保护

(1)住宅装饰装修不得遮挡消防设施、疏散指示标志及安全出口,并且不得妨碍消防设施和疏散通道的正常使用。不得擅自改动防火门。

(2)消火栓门四周的装饰装修材料的颜色,应与消火栓门的颜色有明显的区别。

(3)住宅内部火灾报警系统的穿线管和自动喷淋灭火系统的水管线,应用独立的吊管架固定。不得借用装饰装修用的吊杆和放置在吊顶上固定。

（4）当装饰装修重新分割了住宅房间的平面布局时，应根据有关设计规范，针对新的平面调整火灾报警探测器与自动灭火喷头的布置。

（5）喷淋管线、报警器线路、接线箱及相关器件一般宜暗装处理。

三、室内环境污染控制

（1）根据国家标准《住宅装饰装修工程施工规范》（GB 50327—2017）的规定，控制的室内环境污染物有氡、甲醛、氨、苯和挥发性有机物（TVOC）。

（2）住宅装饰装修室内环境污染控制，除应符合 GB 50327—2001 规范外，还应符合《民用建筑工程室内环境污染控制规范》（GB 50325—2018）等现行国家标准的规定。设计、施工应选用低毒性、低污染的装饰装修材料。

（3）对室内环境污染控制有要求的，可按有关规定对以上两条内容全部或部分进行检测，其污染物浓度限值应当符合表 1-1 的要求。

表 1-1　　　　　　　　　住宅装饰装修后室内环境污染物浓度限值

室内环境污染物	浓度限值	室内环境污染物	浓度限值
氡/（Bq/m³）	≤200	氨/（mg/m³）	≤0.20
甲醛/（mg/m³）	≤0.08	总挥发有机物 TVOC/（Bq/m³）	≤0.50
苯/（mg/m³）	≤0.09		

第三节　装饰装修工程的施工标准

一、建筑装饰装修的等级及施工标准

1. 建筑装饰装修的等级标准

建筑装饰装修的等级，一般是根据建筑物的类型、性质、使用功能和耐久性等因素综合考虑，确定其装饰标准，相应定出建筑物的装饰装修等级。在通常情况下，建筑物的等级越高，其整体装饰标准和等级随之越高。结合我国的国情，考虑到不同建筑类型对装饰装修的不同要求，划分出三个建筑装饰装修等级（表 1-2），可以根据这三个装饰装修等级限定各等级所使用的装饰装修材料和装饰装修标准。

表 1-2　　　　　　　　　　　　　　建筑装饰装修的等级

建筑装饰装修等级	建筑物类型
一级	高级宾馆，别墅，纪念性建筑物，交通与体育建筑，一级行政机关办公楼，高级商场等
二级	科研建筑，高级建筑，交通、体育建筑，广播通信建筑，医疗建筑，商业建筑，旅馆建筑，局级以上的行政办公大楼等
三级	中小学、幼托建筑，生活服务性建筑，普通行政办公楼，普通居民住宅等

2. 建筑装饰装修的施工标准

在国家标准《建筑装饰装修工程质量验收规范》（GB 50210—2018）和行业标准《建筑装饰装修工程施工及验收规范》（JGJ 73—19）中，对于建筑装饰装修工程的各分项工程的施工标准做了详细规定，对材料的品种、配合比、施工程序、施工质量和质量标准等都做了具体说明，使

建筑装饰装修工程具有法规性。

除以上之外,各地区根据地方的特点,还制定了一些地方性的标准。在进行建筑装饰装修施工时,应认真按照国家、行业和地方标准所规定的各项条款操作与验收。

二、建筑装饰装修施工的任务与要求

(一)建筑装饰装修施工的主要任务

建筑装饰装修施工的主要任务,是按照国家、行业和地方有关的施工及验收规范,完成装饰装修工程设计图纸中的各项内容,即将设计人员在图纸上反映出来的设计意图,通过施工过程加以实现。

为了使建筑装饰装修在一定的条件下取得最好的装饰效果,这就要求装饰设计人员对建筑装饰的工艺、构造、材料、机具等有充分了解,施工人员应对装饰设计的一般知识也有所了解,弄懂设计意图,并对设计中所要求的材料性质、来源、配比、施工方法等有较深的了解,精心施工,并做好施工后服务。

(二)建筑装饰装修施工的一般要求

1. 对材料质量的要求

装饰装修材料在装饰费用中约占 70%,因此,正确合理地使用装饰装修材料和配件是确保工程质量、节约原材料和降低工程成本的关键。由于我国幅员辽阔,装饰装修材料品种繁多,新型材料不断涌现,质量差异很大。所以,施工时应按照设计要求进行选用,材料供应部门必须按设计要求供应,并应附有合格的证明文件;施工单位应加强群众检查与专业检查相结合的材料检验工作,发现质量不合格的,有权拒绝使用。材料在运输、保管和施工过程中,均应采取措施,防止损坏和变质。

2. 施工前的检验工作

为了确保工程质量达到国家标准和设计要求,在建筑装饰装修工程施工前,对已完成的部分或单位工程的结构工程质量,必须进行严格检查和验收;如采取主体交叉作业,在装饰装修施工插入早的情况下,应对结构工程分层进行检查验收;对已建的旧建筑进行装饰装修工程施工时,拟进行装饰装修的部位应根据设计要求进行认真的清理和处理。装饰工程应在基体或基层的质量检验合格后,才能进行施工。

3. 装饰装修的施工顺序安排

装饰工程由于工序繁多,工程量大,所占工期比较长(一般约占工程总工期的 30%～40%,高级装饰甚至占工程总工期的 50%～60%),占建筑物总造价的比例较高(一般装饰工程占总造价的 30%左右,高级装饰工程占总造价的 50%以上),因此,妥善安排装饰装修工程的施工顺序,对加快施工进度,确保工程质量和降低工程成本具有特殊的意义。

根据现代建筑装饰装修的施工经验,一般可按下列的流水顺序进行作业。

(1)按自上而下的流水顺序进行施工

按自上而下的流水顺序进行施工,是待主体工程完成以后,装饰装修工程从顶层开始到底层依次逐层自上而下进行。这种流水顺序有以下优点:

①可以使房屋在主体工程结构完成后进行,这样有一定的沉降时间,可以减少沉降对装饰工程的损坏。

②屋面完成防水工程后,可以防止雨水的渗漏,确保装饰装修工程的施工质量。

③可以减少主体工程与装饰装修工程的交叉作业,便于进行组织施工。

但是,采用这种施工顺序时,必须在主体结构全部完成后,装饰工程才能安排施工,不能提早插入进行,这样很可能会拖延工期。因此,一般高层建筑在采取一定措施之后,可分段由上而下地进行施工。

(2)按自下而上的流水顺序进行施工

按自下而上的流水顺序进行施工,是在建筑主体结构的施工过程中,装饰工程在适当时机插入,与主体结构施工交叉进行,由底层开始逐层向上施工。

为了防止雨水和施工用水渗漏对装饰工程的影响,一般要求在上层的地面工程完工后,方可进行下层的装饰工程施工。

按自下而上的流水顺序进行施工,在高层建筑中应用较多,其主要优点是:总工期可以缩短,甚至有些高层建筑的下部可以提前投入使用,及早发挥投资效益。但这种流水顺序对成品保护要求较高,否则不能保证工程质量。

(3)室内装饰装修与室外装饰装修施工先后顺序

为了避免因天气原因影响工期,加快脚手架的周转时间,给施工组织安排留有足够的回旋余地,一般采用先做室外装饰装修后做室内装饰的方法。在冬季施工时,则可先做室内装饰装修,待气温升高后再做室外装饰装修。

(4)室内装饰装修工程各分项工程施工顺序

室内装饰装修工程各分项工程施工顺序,原则上应遵循以下顺序:

①抹灰、饰面、吊顶和隔断等分项工程,应待隔墙、钢木门窗框、暗装的管道、电线管和预埋件、预制混凝土楼板灌缝等完工后进行。

②钢木门窗及玻璃工程,根据地区气候条件和抹灰工程的要求,可在湿作业前进行;铝合金、塑料、涂色镀锌钢板门窗及其玻璃工程,宜在湿作业完成后进行,如果需要在湿作业前进行,必须加强对成品的保护。

③有抹灰基层的饰面板工程、吊顶工程及轻型花饰安装工程,应待抹灰工程完工后进行,以免产生污染。

④涂料、刷浆工程以及吊顶、罩面板的安装,应在塑料地板、地毯、硬质纤维板等地面的面层和明装电线施工前、管道设备试压后进行。木地板面层的最后一遍涂料,应待裱糊工程完工后进行。

⑤裱糊与软包工程应待顶棚、墙面、门窗及建筑设备的涂料和刷浆工程完工后进行。

(5)顶棚、墙面与地面装饰装修工程施工顺序

顶棚、墙面与地面装饰装修工程施工顺序,一般有以下两种做法:

①先做地面,后做墙面和顶棚。这种做法可以大量减少清理用工,并容易保证地面的质量,但应对已完成的地面采取保护措施。

②先做顶棚和墙面,后做地面。这种做法的弊端是基层的落地灰不易清理,地面的抹灰质量不易保证,易产生空鼓、裂缝,并且地面施工时,墙面下部易遭玷污或损坏。

上述两种做法,一般采取先做地面、后做顶棚和墙面的施工顺序,这样有利于保证施工质量。

总之,装饰装修工程的施工应考虑在施工顺序合理的前提下,组织安排各个施工工序之间的先后、平行、搭接,并注意不致被后继工程损坏和玷污,以保证工程施工质量。

4. 施工环境温度的规定

室内外装饰装修工程的环境温度,对于施工速度、工程质量、用料多少、工程造价均有重要影响,在一般情况下应符合下列规定:

(1)刷浆、饰面和花饰工程以及高级抹灰工程,溶剂型混色涂料工程,施工环境温度均不应低于5 ℃。

(2)中级抹灰和普通抹灰、溶剂型混色涂料工程以及玻璃工程,施工环境温度应在0 ℃以上。

(3)裱糊工程的施工环境温度不得低于10 ℃。

(4)在使用胶黏剂时,应按胶黏剂产品说明要求的温度施工。

(5)涂刷清漆不应低于8 ℃,乳胶涂料应按产品说明要求的温度施工。

三、建筑装饰装修施工的基本方法

随着国民经济和建筑技术的发展,我国的装饰装修施工技术也有较大的发展。除对已沿用多年的传统施工方法进行改进和提高外,随着化学建材的发展,墙体改革工作的推行以及国外现代装饰装修材料的引进,装饰装修施工技术也产生了巨大的变更。从目前装饰装修工程施工来看,建筑装饰装修施工中所经常使用的方法,大体上包括:抹、嵌、钉、刻、挂、搁、抛、卡、磨、钻、压、滚、印、刮、涂、粘、喷、裱、弹、焊、铆、拴、镶等23种基本方法。

以上这些基本方法,从原理上分析,可以大致概括为四种类型,即现制的方法、粘贴式的方法、装配式的方法和综合式的方法。

1. 现制的方法

凡是在施工现场制作成型面层效果的整体式装饰做法,都属于现制的方法。适用于这种方法的装饰装修材料,主要包括水泥砂浆、水泥石子浆、装饰混凝土以及各种灰浆、石膏和涂料等。可以用于这类装饰装修的方法有:抹、压、滚、磨、抛、涂、喷、刷、弹、刮、刻等,其成型的方法主要分为人工成型和机械成型两种。

2. 粘贴式的方法

凡是采用一定的胶凝材料将工厂预制具有一定面层效果的成品或半成品材料粘贴于建筑物之上的方法,均属于粘贴式的方法。适用于这种方法装饰装修材料,主要有壁纸、面砖、马赛克、微薄木及部分人造石材和木质饰面。其原理是通过在基层和装饰层之间加入一层胶结材料,利用胶黏剂和胶凝材料的黏结作用,将基层和面层装饰材料牢固地联系在一起,将小块或小卷的面层装饰材料牢固地附着在基层的表面。可以用于这类装饰的方法有:抹、压、涂、刮、粘、裱、镶等。

3. 装配式的方法

装配式的方法包括一切采用柔性或刚性的连接方式,原则上可拆卸的(少数不可)饰面做法。近年来,由于建筑材料的效能和强度普遍提高,建筑物已向着轻质高强的方向发展,但建筑物变轻的不利后果,是它对风荷载、震动、意外冲击及类似破坏作用的承受能力相应减弱。因此,固定件在建筑中的作用变得越来越重要,如果一个固定件使用不当,很可能对生命财产造成不可估量的损失。

在建筑装饰装修工程施工中,使用的固定件大致可分为机械固定件和化学固定件两大类,每种固定件的材料和使用方法一定要满足设计要求,以确保工程安全。适用于这种方法的材料,包括铝合金扣板、压型钢板、异型塑料墙板以及石膏板、矿棉保温板等,也包括一部分石材饰面和木质饰面所用的材料。其常用的方法主要有钉、搁、挂、卡、钻、绑等。

4. 综合式的方法

综合式的方法,简单地讲是将以上几种方法,甚至多种不同类型的方法混合在一起使用,以期获得某种特定的效果。在建筑装饰装修工程施工中,经常采用综合式的方法。

第四节　建筑装饰装修的防火设计技术

一、装饰装修材料的燃烧性能等级及应用

建筑装饰装修构造设计要根据建筑防火等级选择相应材料。建筑装饰装修材料按燃烧性能划分为 A、B_1、B_2、B_3 四个等级,见表 1-3。

表 1-3　　　　　　　　　　建筑装饰材料的燃烧性能等级

等级	燃烧性能	等级	燃烧性能
A	不燃	B_2	可燃
B_1	难燃	B_3	易燃

不同类别、规模、性质的建筑内部各部位的材料的燃烧性能要求不同,见表 1-4 至表 1-6。

表 1-4　　　　　　单层、多层民用建筑内部各部位装饰装修材料的燃烧性能等级

建筑物及场所	建筑规模性质	装饰装修材料燃烧性能等级							
		顶棚	墙面	地面	隔断	固定家具	装饰织物		其他装饰材料
							窗帘	帷幕	
候机楼的候机大厅、商店、餐厅、贵宾候机室、售票厅等	建筑面积>10 000 m² 的候机楼	A	A	B_1	B_1	B_1	B_1		B_1
	建筑面积≤10 000 m² 的候机楼	A	B_1	B_1	B_1	B_2	B_2		B_2
汽车站、火车站、轮船客运站的候车(船)室、餐厅、商场等	建筑面积>10 000 m² 的车站、码头	A	A	B_1	B_1	B_2	B_2		B_1
	建筑面积≤10 000 m² 的车站、码头	B_1	B_1	B_1	B_2	B_2	B_2		B_2
影院、会堂、礼堂、剧院、音乐厅	>800 座位	A	A	B_1	B_1	B_1	B_1		B_1
	≤800 座位	A	B_1	B_1	B_1	B_1	B_1		B_1
体育馆	>3000 座位	A	A	B_1	B_1	B_1	B_1		B_2
	≤3000 座位	A	B_1	B_1	B_1	B_2	B_2		B_2

（续表）

建筑物及场所	建筑规模性质	装饰装修材料燃烧性能等级							
		顶棚	墙面	地面	隔断	固定家具	装饰织物		其他装饰材料
							窗帘	帷幕	
商场营业厅	每层建筑面积＞3 000 m² 或总建筑面积＞9 000 m² 的营业厅	A	B₁	A	A	B₁	B₁		B₂
	每层建筑面积1 000～3 000 m² 或总建筑面积为3 000～9 000 m² 的营业厅	A	B₁	B₁	B₁	B₂	B₁		
	每层建筑面积＜1 000 m² 或总建筑面积＜3 000 m² 的营业厅	B₁	B₁	B₁	B₂	B₂	B₂		B₂
饭店、旅馆的客房及公共活动用房等	设有中央空调系统的饭店旅馆	A	B₁	B₁	B₁	B₂	B₂		B₂
	其他饭店旅馆	B₁	B₁	B₂	B₂	B₂	B₂		B₂
歌舞厅、餐馆等娱乐餐饮建筑	营业面积＞100 m²	A	B₁	B₁	B₁	B₂	B₂		B₂
	营业面积≤100 m²	B₁	B₁	B₁	B₂	B₂	B₂		B₂
幼儿园、托儿所、中小学、医院病房楼、疗养院、养老院		A	B₁	B₁	B₁	B₂	B₁		B₂
纪念馆、展览馆、博物馆、图书馆、档案馆、资料馆等	国家级、省级	A	B₁	B₁	B₁	B₂	B₁		B₂
	省级以下	B₁	B₁	B₂	B₂	B₂	B₂		B₂
办公楼、综合楼	设有中央空调系统的办公楼、综合楼	A	B₁	B₁	B₁	B₂	B₂		B₂
	其他办公楼、综合楼	B₁	B₁	B₂	B₂	B₂	B₂		B₂
住宅	高级住宅	B₁	B₁	B₁	B₁	B₂	B₂		B₂
	普通住宅	B₁	B₂	B₂	B₂				

注：①"顶层餐厅"包括设在高空的餐厅、观光厅等；②建筑物的类别、规模、性质应符合国家现行标准《高层民用建筑设计防火规范》的有关规定。

表1-6   地下室建筑内部各部位装饰装修材料的燃烧性能等级

建筑物及场所	装饰装修材料燃烧性能等级						
	顶棚	墙面	地面	隔断	固定家具	装饰织物	其他装饰材料
旅馆客房及公共活动用房、休息室、办公室等	A	B₁	B₁	B₁	B₁	B₁	B₁

建筑物及场所	装饰装修材料燃烧性能等级						
	顶棚	墙面	地面	隔断	固定家具	装饰织物	其他装饰材料
娱乐旱冰场、舞厅、展览厅、医院的病房、医疗用房等	A	A	B_1	B_1	B_1	B_1	B_1
电影院的观众厅、商场的营业厅	A	A	A	B_1	B_1	B_1	B_1
停车库、人性通道、图书馆资料库、档案库	A	A	A	A	A	—	—

1. 建筑装饰装修材料的合理选择

在使用建筑装饰装修材料时,可根据材料的使用部位和作用,选择不同强度和刚度的建筑装饰装修材料。材料的性能必须安全可靠,有一定的耐久性。

2. 构造方案处理合理可靠

构造方案要处理好与建筑主体结构的关系,以保证装饰装修产生的附加荷载可以通过合适途径传递给主体结构,并且要避免在装饰装修过程中对主体结构构件的破坏。

3. 构造节点处理合理可行

为了保证建筑装饰装修的安全、可靠、经久耐用,装饰装修构造必须要根据所使用的材料的特性以及所处的部位采用不同的连接做法。构造节点处理的合理性是建立在精心设计的前提之下,它需要设计人员在统筹全盘的基础上,对细节问题做出详尽的安排。

4. 满足消防、疏散要求

建筑装饰装修设计必须注意与原建筑设计的协调一致。不能对原建筑设计中的交通疏微、消防处理随意改变。同时建筑装饰装修方案必须符合有关消防规范,并征得消防部门的同意。

三、建筑装饰装修材料因素

建筑装饰装修材料是建筑装饰装修工程的物质基础,也是表现室内装饰效果的基本要素。建筑装饰装修材料的加工性能是建筑装饰装修构造的设计依据之一。建筑装饰装修工程的质量、效果和经济性及其各种构造方法的选择,在很大程度上取决于对建筑装修装饰装修材料的选择及其合理使用。建筑装饰装修材料由于受产量、产地、加工难易程度和产品性能等诸多因素的影响,其价格档次不同。目前,人工合成的建筑装饰装修材料层出不穷、大量涌现。由于它们具有性能优良、色泽丰富、易于加工、价格适中等众多优点,因而应用十分广泛。建筑装饰装修材料的发展更新,也带来了建筑装饰装修构造方法的变更。

四、协调好各工种与构件之间的关系

建筑已经变得日益复杂,并且逐渐成为一个现代技术的综合体,其中将配置各种各样的现代化设备。建筑装饰装修设计师必须通过构造手法,处理好它们之间以及它们与装饰装修效果之间的关系,并且合理安排各类外露部件如出风口、灯具等的位置,采取相应的固定和连接措施,使它们与主体结构相辅相成,融为一体。

五、施工技术因素

建筑装饰装修施工是整个建筑工程中的最后一道主要工序。构造细部设计为正确施工提供可靠依据。从另一个角度讲,施工也是检验构造设计合理与否的主要标准之一。建筑装饰装修设计人员必须深入现场,了解常见的和最新的施工工艺和技术,并结合现实条件构思设计,才能形成行之有效的构造方案,避免不切实际和不必要的浪费。

六、经济因素

如何掌握建筑装饰装修标准并控制整体造价,是建筑装饰装修设计人员必须要考虑的问题。当然,少花钱多办事是最好的原则,装饰装修并不意味着多花钱和多用贵重材料。但是,节约也不是单纯地降低标准。

建筑装饰装修构造不仅要解决各种不同建筑装饰装修材料的选择和使用问题,更为重要的是在相同的经济和建筑装饰装修材料的条件下,甚至是用最少的造价和最低档的建筑装饰装修材料,通过不同的构造处理手法,也能取得良好的装饰装修效果,从而创造出令人满意的环境。

在建筑装饰装修设计施工平面图、立面图、剖面图中索引的各部分节点大样的构造设计。建筑与装饰装修施工图的详图就是根据构造设计确定的方案绘制而成的。本教材着重分析了墙面、内墙面、顶棚、楼地面、楼梯和门窗部位的一些装饰材料的装修方法。

第五节　建筑装饰装修构造设计的原则

一、建筑装饰装修构造设计的一般原则

(1)美化和保护建筑构件,满足房间不同界面的功能要求,延展和扩展室内空间,改善空间环境,完善空间品质。

(2)根据国家现行标准、行业规范,选择恰当的建筑材料,确定合理的构造方案。

(3)协调各工种之间的关系。

二、建筑装饰装修构造设计的安全原则

1. 构造设计的安全性

(1)装饰装修构件自身必须具有足够的强度、刚度和稳定性。

(2)装饰装修构件与主体的连接应安全。

(3)严禁破坏主体结构,保证主体结构的安全。

(4)装饰装修构件的耐久性。

2. 防火的安全性

(1)严格执行现行《建筑设计防火规范》《建筑内部装修设计防火规范》的规定,评判建筑物防火性能,确定防火等级。

(2)对改变用途的建筑物应重新确定防火等级。

（3）协调装饰装修材料和使用安全的关系，尽量避免和减少材料燃烧时产生浓烟和有毒气体。

（4）施工期间应采取相应的防火措施。

3. 防震的安全性

进行建筑装饰装修设计时，要考虑地震时产生的结构变形影响。抗震设防强度为七度地区的住宅，吊柜应避免设在门上方，床头上方不宜设置隔板、吊柜、玻璃罩灯具，不宜悬挂硬质画框、镜框等饰物。

三、绿色原则（健康环保原则）

1. 节约能源

建筑装饰装修构造节约能源的具体措施有很多。例如，改进节点构造提高外墙和屋顶保温隔热性能，改善外门窗气密性等；选用节能高效的光源及照明技术；选用节能节水型厨卫设备；充分利用自然光和采用自然通风等。

2. 节约资源

建筑装饰装修构造设计中节约资源主要体现在选用材料上，如使用环保型材料、可重复使用材料、可再生使用材料及可循环使用材料。

3. 减少室内空气污染

在选择材料时，首先要选择符合国家绿色环保标准，并且要检查是否提供了原件材质检测证书和检测报告，商家名称、产品名称是否相符，是否符合国家标准等。如果是人造板材、家具，要特别注意甲醛含量是否在合理的标准范围内；涂料、油漆和胶黏剂等注意苯系物含量是否达到国家规定标准。石材、地砖及浴盆等材料，要看其是否有放射性物质检测，指标是否符合环保标准。在装修时，要选择正规装饰公司，在签订装修合同时注明室内环境要求，要根据实际情况，科学合理地使用装修材料简约装修，避免过度装修导致污染的叠加效应，引发污染物超标。在选购家具时，要注意选择刺激性气体较小的产品。

四、美观原则

（1）正确搭配使用材料，充分发挥和利用其质感、肌理、色彩及材性。

（2）注意室内空间的完整性、统一性，选择材料不能杂乱。

（3）正确运用建筑造型美学规律（比例与尺度、对比与协调、统一与变化、均衡与节奏与韵律、排列与组合），做到美观、大方、典雅。

复习思考题

1. 建筑装饰装修工程在设计、施工和所用材料方面有哪些基本规定？
2. 住宅装饰装修工程在施工、防火安全和污染控制方面有哪些基本要求？
3. 建筑装饰装修根据哪些方面进行分级？我国对建筑装饰装修如何划分等级？
4. 建筑装饰装修工程施工的主要任务与基本要求是什么？
5. 我国目前在建筑装饰装修施工中采用哪些基本方法？

第二章 建筑装饰装修电气安装施工

第一节 电气安装的工具

一、低压试电笔

低压试电笔又称电笔,是用于检验 500 V 以下导体或各种用电设备外壳是否带电的一种常用的辅助安全用具。低压试电笔使用时,必须按图 2-1 所示的方法把笔握妥。以手指触及笔尾的金属体,使氖管小窗背光朝向自己,便于观察;要防止笔尖金属体触及皮肤,以免触电。

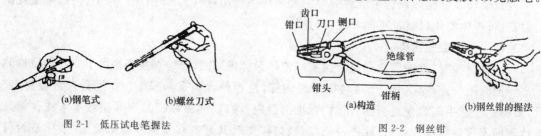

(a)钢笔式　　(b)螺丝刀式

图 2-1 低压试电笔握法

(a)构造　　(b)钢丝钳的握法

图 2-2 钢丝钳

二、钢丝钳

使用时的握法如图 2-2(b)所示,刀口朝向自己面部。

三、螺丝刀

使用时手握住顶部旋转所需的方向,如图 2-3 所示。注意不可使用金属柄直通柄顶的螺丝刀。

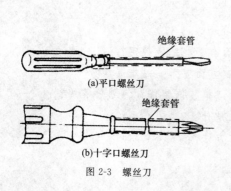

(a)平口螺丝刀

(b)十字口螺丝刀

图 2-3 螺丝刀

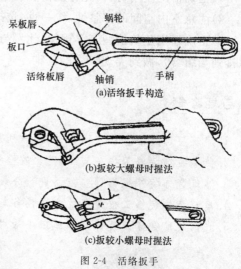

(a)活络扳手构造

(b)扳较大螺母时握法

(c)扳较小螺母时握法

图 2-4 活络扳手

四、活络扳手

使用方法如图 2-4 所示。注意活络扳手不可反用,即动扳唇(活动部分)不可作为重力点使用,也不可用钢管接长柄部来施加较大的扳拧力矩。

五、电工刀

使用时刀口应朝外剖削;用毕随即把刀身折进刀柄。注意不能在带电导线或器材上剖削,以防触电。

六、冲击钻

使用方法如同电钻,如图 2-5 所示。注意在调速或调档时("冲"和"锤"),均应停转。

七、剥线钳

剥线钳(图 2-6)在使用时,用手握住上下钳柄,朝手掌中心用力即可将导线的绝缘层剥去。注意电线必须放在大于其芯线直径的切口上切剥,否则要切伤线芯。

八、管子钳

使用方法类同活络扳手。

九、梯子

登在人字梯上操作时,不可采取骑马方式站立,以防人字梯两脚自动滑开时造成工伤事故。在直梯上作业时,为了扩大人体作业的活动幅度和保证不致因用力过度而站立不稳,必须按图 2-7 所示的方法站立。

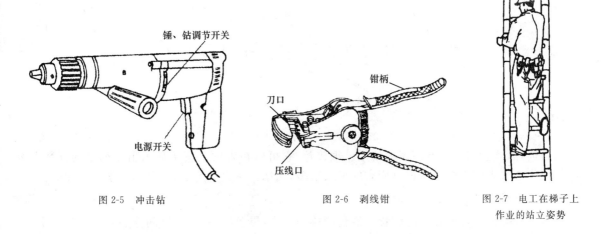

图 2-5　冲击钻　　　　　图 2-6　剥线钳　　　　图 2-7　电工在梯子上作业的站立姿势

第二节　仪表使用

一、万用表

万用表测量的电量种类多、量程多,而且表的结构形式各异,使用时一定要仔细观察,小心操作,以获得较准确的测量结果。

（一）测量方法

测量前,先检查万用表的指针是否在零位,如果不在零位,可用螺丝刀在表头的"调零螺丝"上慢慢地把指针调到零位,然后再进行测量。

测量电压时,当转换开关转到"$\underline{V}$"符号是测量直流电压,转到"$\tilde{V}$"符号是测量交流电压,所需的量程由被测量电压的高低来确定。如果不知道被测量电压的数值,可选用表的最高测量范围,指针若偏转很小,再逐级调低到合适的测量范围。

测量直流电压时,事先须对被测电路进行分析,弄清电位的高低点(即正负极),"＋"号插口的表笔,接至被测电路的正极,"－"号插口的表笔,接至被测电路的负极,不要接反,否则指针会逆向偏转而被打弯。如果无法弄清电路的正负极,可以选用较高的测量量程,用两根表笔很快地碰一下测量点,看清表针的指向,找出正负极。测量交流电压则不分正负极,但转换开关必须转到"$\tilde{V}$"符号档。

测直流电流时,也要先弄清电路的正负极,将万用表串联到被测电路中,"＋"插口的表笔是电流流进的一端,"－"插口的表笔是电流流出的一端。如果无法确定电路的正负极,可以选用较高的量程,用表笔很快地碰一下测量点,看清表针的指向,找出正负极。

测量电阻时,把转换开关放在"Ω"范围内的适当量程位置上。先将两根表笔短接,旋动"Ω"调零旋钮,使表针指在电阻刻度的"0"Ω上,(如果调不到"0"Ω,说明表内电池电压不足,应更换新电池)。然后用表笔测量电阻。表盘上×1、×10、×100、×1 000、×10 000的符号,表示倍率数,将表头的读数乘以倍率数,就是所测电阻的阻值。例如:将转换开关放在×100的倍率上,表头读数是80,则这只电阻的阻值是8 000 Ω。每换一种量程(即倍率数)都要将两根表笔短接后调零。

测量半导体二极管的正向电阻时,要按图2-8所示进行,因为表内部有电池,表笔上带有电压,而且它的极性却与插口处标的"＋"与"－"相反,只有按图示电路测量,才能使表内电路与二极管构成正向导通回路。

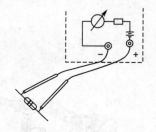

图2-8　测量半导体的正向电阻

目前,晶体管数字式万用表的使用已很普及,它可以在表头上直接显示出被测量的读数,给使用带来很大的方便。尽管万用表的形式很多,使用方法也有差别,但基本原理是一样的。

（二）使用万用表时应注意的情况

要选好插孔和转换开关的位置。红色测棒为"＋",黑色测棒为"－",测棒插入表孔时一定要按颜色对号入孔。测直流电量时,要注意正负极性;测电流时,测棒与电路串联;测电压时,测棒与电路并联。应根据测量对象,将转换开关旋至所需位置。量程的选择应使指针移动到满刻度的2/3附近,这样测量误差小。在被测量的大小不详时,应先用高档试测,后再改用合适的量程。

读数要正确,万用表有多条刻度线,分别适用于不同的被测对象。测量时应在对应的刻度尺上读数,同时应注意刻度尺读数和量程的配合,避免出错。

测量电阻时,应注意倍率的选择,使被测电阻接近该量程的中心值,以使读数准确。测量前应先把两测量棒短接调零,旋转调零旋钮使指针指在电阻零位上。每变换一种倍率(即量程)都要调零。

严禁在被测电阻带电的状态下测量。

测电阻时,尤其是测大电阻,不能用两手接触测棒的导电部分,以免影响测量结果。

用欧姆表内部电池作测试电源时(如判断晶体管管脚),注意此时测棒的正、负极与电池极性相反。

测量较高电压或较大电流时,不准带电转动开关旋钮,以防止烧坏开关触点。

当转换开关置于测电流或测电阻的位置上时,切勿用来测电压,更不能将两测棒直接跨接在电源上,否则万用表会因通过大电流而烧毁。

使用完毕后,应注意保管和维护。万用表应水平放置,不得震动、受热和受潮。每当测量完毕后,应将转换开关置于空档或最高电压档,不要将开关置于电阻档上,以免两测棒短接时使表内电源耗尽。如果在测量电阻时,两测棒短接后指针仍调整不到零位,则说明电池应该更换。如果长期不用时,应将电池取出,防止电池泄漏腐蚀电表内其他元件。

二、兆欧表

(一)兆欧表的选用与接线方法

1.兆欧表的选用

选用兆欧表测试绝缘电阻时,其额定电压一定要与被测电气设备或线路的工作电压相适应;兆欧表的测量范围也应与被测绝缘电阻的范围相吻合。在施工验收规范的测试篇中有明确规定,应按其规定标准选用。一般低压设备及线路使用 $500\sim1\,000$ V 的兆欧表;$1\,000$ V 以下的电缆用 $1\,000$ V 的兆欧表;$1\,000$ V 以上的电缆用 $2\,500$ V 的兆欧表。在测量高压设备的绝缘电阻时,须选用电压高的兆欧表,一般需 $2\,500$ V 以上的兆欧表才能测量,否则测量结果不能反映工作电压下的绝缘电阻。同时还要注意,不能用电压过高的兆欧表测量低压设备的绝缘电阻,以免设备的绝缘受到损坏。

各种型号的兆欧表,除了有不同的额定电压外,还有不同的测量范围,如 ZC11-5 型兆欧表,额定电压为 $2\,500$ V,测量范围为 $0\sim10\,000$ MΩ。选用兆欧表的测量范围不应过多的超出被测绝缘电阻值,以免读数误差过大。有的表的标尺不是从零开始,而是从 1 MΩ 或 2 MΩ 开始,则不宜用来测量低绝缘电阻的设备。

2.接线方法

兆欧表的接线柱有三个,一个为"线路"(L),另一个为"接地"(E),还有一个为"屏蔽"(G)。在进行一般测量时,应将被测绝缘电阻接在"L"和"E"接线柱之间。如测量照明线路绝缘电阻,则将被测端接到"L"接线柱,而"E"接线柱接地,如图 2-9 所示。

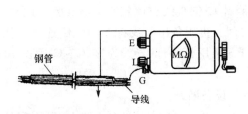

图 2-9 测量照明线路绝缘电阻接线图

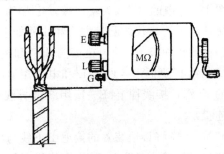

图 2-10 测量电缆绝缘电阻接线图

测量电缆的绝缘电阻,为了使测量结果准确,消除线芯绝缘层表面漏电所引起的测量误差,其接线方法除了用"L"和"E"接线柱外,还需用"屏蔽"(G)接线柱。将"G"接线柱引线接到电缆的绝缘纸上,如图 2-10 所示。

接线时,应选用单根导线分别连接"L"和"E"接线柱,不可以将导线绞合在一起,因为绞线间的绝缘电阻会影响测量结果。如果被测物表面潮湿或不清洁,为了测量被测物内部的电阻值,则必须使用"屏蔽"(G)接线柱。

（二）使用兆欧表时应注意的事项

使用兆欧表测量设备和线路的绝缘电阻时,须在设备和线路不带电的情况下进行;测量前须先将电源切断,并使被测设备充分放电,以排除被测设备感应带电的可能性。

兆欧表在使用前需进行检查,检查的方法如下:将兆欧表平稳放置,先使"L""E"两个端钮开路,摇动手摇发电机的手柄并使转速达到额定值,这时指针应指向标尺的"∞"处;然后再把"L""E"端钮短接,再缓缓摇动手柄,指针应指在"0"位上;如果指针不指在"∞"或"0"刻度上,必须对兆欧表进行检修后才能使用。

在进行一般测量时,应将被测绝缘电阻接在"L"和"E"接线柱之间。如测量线路绝缘电阻,则将被测端接到"L"接线柱,而"E"接线柱接地。

接线时,应选用单根导线分别连接"L"和"E"接线柱,不可以将导线绞合在一起,因为绞线间的绝缘电阻会影响测量结果。

测量电解电容器的介质绝缘电阻时,应按电容器耐压的高低选用兆欧表,并要注意极性。电解电容的正极接"L",负极接"E",不可反接,否则会使电容击穿。测量其他电容器的介质绝缘电阻时可不考虑极性。

测量绝缘电阻时,发电机手柄应由慢渐快地摇动。若表的指针指零,说明被测绝缘物有短路现象,此时就不能继续摇动,以防止表内动圈因发热而损坏。摇柄的速度一般规定每分钟120 转,切忌忽快忽慢,以免指针摆动加大而引起误差。

当兆欧表没有停止转动和被测物没有放电之前,不可用手触及被测物的测量部分,尤其是在测量具有大电容的设备的绝缘电阻之后,必须先将被测物对地放电,然后再停止兆欧表的发电机转动,以防止电容器放电而损坏兆欧表。

三、接地电阻测量仪

（一）接地电阻测量仪的测量方法

在测试接地装置（体）的接地电阻时,按图 2-11 所示进行正确的接线。

图 12-11 中的"E"端为接地端,"P"端为电位探测端,"C"端为电流探测端。

接地电阻测量仪的测量方法和步骤如下:

沿被测接地极 E′,使电位探测针 P′和电流探测针 C′依直线彼此相距 20 m,插入地中,且电位探测针 P′要插于接地接 E′和电流探测针 C′之间。再用备用导线将 E′、P′、C′连接在仪表相应的 E、P、C 接线柱上（E~E′用 5 m 导线连接,P~P′用长 20 m 导线连接,C~C′用长 40 m导线连接）。

测量前,应将接地装置的接地引下线与所有电气设备断开。

将仪表放置水平位置,检查零指示器是否指于中心线上,如果不在中心线上,可用零位调整器将其调整指于中心线。

将"倍率标度"置于最大倍数,慢慢转动发电机的手柄,同时旋转"测量标度盘",使零指示器的指针指于中心线。当零指示器指针接近平衡时,加快发电机手柄的转速,使其达到每分钟120转,再调整"测量标度盘",使指针指于中心线上。

如果"测量标度盘"的读数小于1时,应将"倍率标度"置于较小的倍数,并重新调整"测量标度盘",以得到正确的读数。

最后用测量标度盘的读数乘以倍率标度的倍数,即得到所测的接地电阻值。

当用 0~1~10~100 Ω 规格的接地电阻测量仪测量小于 1 Ω 的接地电阻时,应将 E 的连接片打开,分别用导线连接到被测接地体上,以消除测量时连接导线电阻附加的误差,如图 2-12 所示。

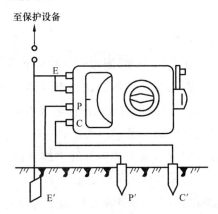

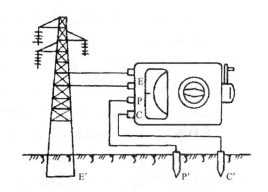

图 2-11　接地电阻测量接线　　　　　　　　图 2-12　测量小于 1Ω 的接地电阻的接线

E′—被测接地体;P′—电位探测针;C′—电流探测针

（二）使用接地电阻测量仪时应注意的问题

当"零指示器"的灵敏度过高时,可将电位探测针插入土壤中浅一些;若其灵敏度不够时,可沿电位探测针和电流探测针注水使之湿润。

测量时,接地线路要与被保护的设备断开,以便得到准确的测量数据。

当接地极 E′ 和电流探测针 C′ 之间的距离大于 20 m 时,电位探测针 P′ 的位置插在 E′、C′ 之间的直线几米以外时,其测量时的误差可以不计;但 E′、C′ 间的距离小于 20 m 时,则应将电位探测针 P′ 正确地插于 E′C′ 直线中间。

四、钳形电流表

（一）测量方法

先把量程开关转到合适位置,手持胶木手柄,用食指勾紧铁芯开关,便可打开铁芯,将欲测导线从铁芯缺口引入到铁芯中央,这导线就等于电流互感器的一次绕组。然后,放松勾铁芯开关的食指,铁芯就自动闭合,被测导线的电流就在铁芯中产生交变磁力线,使二次绕组感应出与导线所流过的电流成一定比例的二次电流,从表上就可以直接读数。

常用的钳形电流表有 T-301 型,这种仪表有三种规格,每种规格有五档量程,即:

0~10~25~50~100~250 A

0~10~25~100~300~600 A

0~10~30~100~300~1 000 A

T-301型钳型表只适用于测量低压交流电路中的电流。因此,在测量前要注意被测电路电压的高低,如果用低压钳形电流表去测量高压电路中的电流,会有触电的危险,甚至会引起线路短路。

在测量三相交流电时,夹住一相时的读数为本相的线电流值;夹两根线时的读数为第三相的线电流值;夹三根线时,如读数为零,则表示三相平衡;若有读数,则表示三相电流不平衡(也就是零线上的电流值)。

每次测量完毕后,一定要把量程开关置于最大量程位置,以免下次测量时由于疏忽而造成电表损坏。

(二)使用钳形电流表应注意的问题

选择合适的量程,防止用小量程测量大电流,将表针打坏。

不要在测量过程中切换量程。因为钳形表的二次绕组匝数很多,测量时工作在相当于二次绕组短路状态(如忽略表头内阻),一旦测量中切换量程,会造成瞬间二次绕组开路,这时会在二次绕组中感应出很高的电压,这个电压可能会将二次绕组的层间或匝间的绝缘击穿。

测量时,应将被测载流导线放在钳口中央位置,以免产生测量误差。

在测量小于5A以下电流时,为了得到较为准确的测量值,可把被测导线多绕几圈,放进钳口进行测量,但测得的数值应除以放入钳口的导线根数,才是实际的电流值。

每次测量完毕后,一定要把量程开关置于最大量程位置,以免下次测量时由于疏忽而造成电表损坏。

要保持钳口清洁、无污垢,以保证钳口接合紧密。

五、操作练习

课题:仪表使用练习。

练习目的:掌握常用的电工仪表的使用方法及使用注意事项。

练习内容:万用表的使用、兆欧表的使用。

分组:两人一组,2课时完成。

练习要求:根据书中所讲内容及注意事项逐个测试,要求测试准确,使用方法正确。

第三节　导线连接

对于绝缘导线的连接,其基本步骤为:剥切绝缘层;线芯连接(焊接或压接);恢复绝缘层。

一、导线绝缘层的剥切方法

绝缘导线连接前,必须把导线端头的绝缘层剥掉,绝缘层的剥切长度因接头方式和导线截面的不同而不同。绝缘层的剥切方法要正确,通常有单层剥法、分段剥法和斜削法三种,如图2-13所示。一般塑料绝缘线用单层剥法,橡皮绝缘线采用分段剥法或斜削法。

二、导线连接

(一)单股铜线的连接法

截面较小的单股铜线（截面积在 6 mm² 以下），一般多采用铰接法连接。而截面超过 6 mm² 的铜线，常采用绑接法连接。

(二)铰接法

直线连接如图 2-14(a)所示。铰接时先将导线互绞 2 圈，然后将导线两端分别在另一线上紧密地缠绕 5 圈，余线割弃，使端部紧贴导线。图 2-14(b)为分支连接。铰接时，先用手将支线在干线上粗铰 1～2 圈，再用钳子紧密缠绕 5 圈，余线割弃。

(三)绑接法

直线连接如图 2-15(a)所示。先将两线头用钳子弯起一些，然后并在一起，中间加一根相同截面的辅助线，然后用一根直径 1.5 mm 的裸铜线做绑线，从中间开始缠绑，缠绑长度为导线直径的 10 倍，两头再分别在一线芯上缠绑 5 圈，余下线头与辅助线铰合，剪去多余部分。图 2-15(b)为分支连接。连接时，先将分支线作直角弯曲，其端部也稍作弯曲，然后将两线合并，用单股裸线紧密缠绕，方法及要求与直线连接相同。

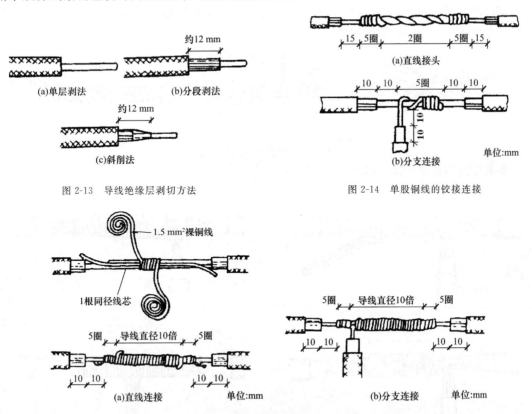

图 2-13 导线绝缘层剥切方法

图 2-14 单股铜线的铰接连接

图 2-15 单股铜线的绑线连接

图 2-16 是单芯铜导线的另外几种连接方法。

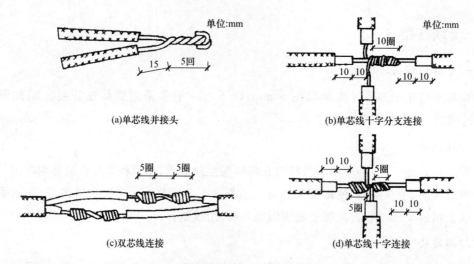

(a)单芯线并接头　　(b)单芯线十字分支连接

(c)双芯线连接　　(d)单芯线十字连接

图 2-16　单芯铜导线的连接方法

（四）多股导线的连接法

多股铜导线的直线铰接连接如图 2-17 所示。先将导线线芯顺次解开,呈 30°伞状,用钳子逐根拉直,并剪去中心一股,再将各张开的线端相互交叉插入,根据线径大小,选择合适的缠绕长度,把张开的各线端合拢,取任意两股同时缠绕 5～6 圈后,另换两股缠绕,把原有两股压住或割弃,再缠 5～6 圈后,又取两股缠绕,如此下去,一直缠至导线解开点,剪去余下线芯,并用钳子敲平线头。另一侧亦同样缠绕。

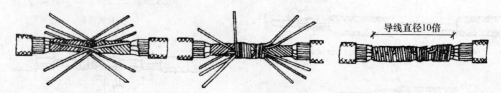

图 2-17　多股导线直线连接法

多股导线的分支铰接连接如图 2-18 所示。

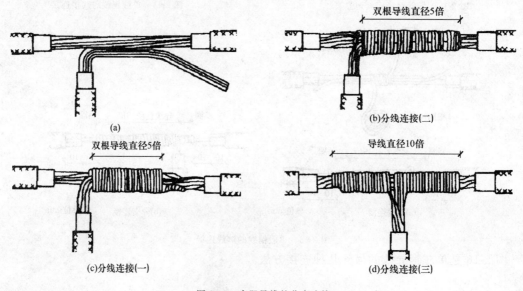

(a)　　(b)分线连接(二)

(c)分线连接(一)　　(d)分线连接(三)

图 2-18　多股导线的分支连接

（五）导线在接线端子处的连接

导线端头接到接线端子上或压装在螺栓下时，要求做到两点：接触面紧密，接触电阻小；连接牢固。

截面在 10 mm² 及以下的单股铜导线，均可直接与设备接线端子连接，线头弯曲的方向一般均为顺时针方向，圆圈的大小应适当，而且根部的长短要适当。

对于截面在 2.5 mm² 以上的多股导线，在线端与设备连接时，需装设接线端子。图 2-19 所示是导线端接的方法。

三、恢复导线绝缘

所有导线连接好后，均应采用绝缘带包扎，以恢复其绝缘。经常使用的绝缘带有黑胶布、自粘性橡胶带、塑料带和黄蜡带等。应根据接头处环境和对绝缘的要求，结合各绝缘带的性能选用。图 2-20 所示为导线绝缘包扎方法。包缠时采用斜迭法，使每圈压迭带宽的半幅。第一层绕完后，再用另一斜迭方向缠绕第二层，使绝缘层的缠绕厚度达到电压等级绝缘要求为止。包缠时要用力拉紧，使之包缠紧密坚实，以免潮气浸入。

四、操作练习

课题：导线连接练习。

练习目的：学会导线连接的各种方法，能正确地连接。

练习内容：剥切导线；各种连接形式；恢复导线绝缘。

分组：一人一组，2 课时完成。

练习要求：正确剥切导线的绝缘层，不要切伤线芯，不同的导线、不同的连接方式要求操作正确，恢复导线绝缘时包扎要用力拉紧，方法正确。

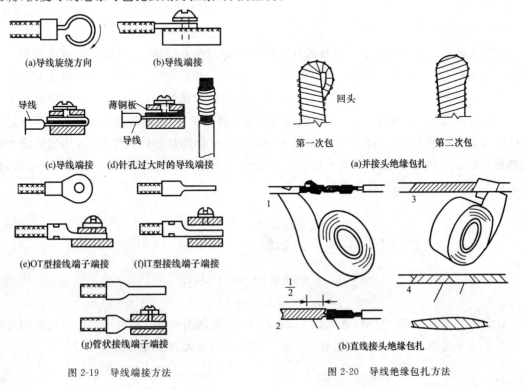

(a)导线旋绕方向　　(b)导线端接

(c)导线端接　(d)针孔过大时的导线端接

(e)OT型接线端子端接　(f)IT型接线端子端接

(g)管状接线端子端接

图 2-19　导线端接方法

第一次包　　　　回头　　　　第二次包

(a)并接头绝缘包扎

(b)直线接头绝缘包扎

图 2-20　导线绝缘包扎方法

第四节 室内配线的施工

根据施工图纸,确定电器的安装位置、导线的敷设途径及导线穿过墙壁和楼板的位置。

室内配线的施工程序如下:

在土建抹灰前:将配线所有的固定点打好孔洞,埋设好支持构件,最好配合土建工程搞好预埋预留工作;

装设绝缘支持物、线夹、支架或保护管;

敷设导线;

安装灯具及电器设备并做好安装记录;

测量线路绝缘并做好测量记录;

校验、自检、试通电。

一、塑料护套线配线的施工

塑料护套线多用于照明线路,可以直接敷设在楼板、墙壁等建筑物表面,用铝片卡(钢精轧头)作为导线的支持物。施工方法如下:

(一)画线定位

在敷设导线前,先用粉袋按照设计需要弹出正确的水平线和垂直线。先确定起始点的位置,再按塑料护套线截面的大小每隔 150~200 mm 画出铝片卡的固定位置。导线在距终端、转弯中点、电气器具或接线盒边缘 50~100 mm 处都要设置铝片卡进行固定。

(二)铝片卡的固定

铝片卡的固定方法应根据建筑物的具体情况而定。在木结构上,可用一般钉子钉牢。在有抹灰层的墙上,可用鞋钉直接钉牢。在混凝土结构上,可采用环氧树脂粘接,为增大粘接面积,利用穿卡底片,如图 2-21 所示,先把穿卡底片粘接在建筑物上,待粘接剂干固后再穿上铝片卡。粘接前应对粘接面进行处理,用钢丝刷把接触面刷干净,再用湿布揩净待干。穿卡底片的接触面也应处理干净。经处理的建筑物表面和穿卡底片的接触面拉毛后,再均匀地涂上粘接剂进行粘接。粘接时,用手稍加一定的压力,边压边转,使粘贴面接触良好,养护 1~5 天,待粘接剂充分硬化后,方可敷设塑料护套线。

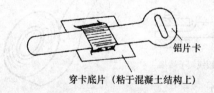

铝片卡

穿卡底片(粘于混凝土结构上)

图 2-21 铝片卡和穿卡底片

在钉铝片卡时,一定要使钉帽与铝片卡一样平,以免划伤线皮。铝片卡的型号应根据导线型号及数量来选择。铝片卡的规格有 0~4 号 5 种,号码越大,长度越长。

（三）塑料护套线的敷设

在水平方向敷设塑料护套线时，如果导线很短，为便于施工，可按实际需要长度将导线剪断，把它盘起来，一手持导线，一手将导线固定在铝片卡上。当线路较长，且又有几根导线平行敷设时，可用绳子先把导线吊挂起来，使导线重量不完全承受在铝片卡上，然后将护套线轻轻地整理平整后用铝片卡扎牢。轻轻拍平，使其紧贴墙面。每只铝片卡所扎导线最多不要超过3根。垂直敷设时，应自上而下操作。

弯曲护套线时用力要均匀，不应损伤护套和线芯的绝缘层，其弯曲半径不应小于导线外径的3倍，弯曲角度不应小于90°。当导线通过墙壁和楼板时应加保护管，保护管可用钢管、瓷管或塑料管。当导线水平敷设距地面低于2.5 m或垂直敷设距地面低于1.8 m时，亦应加管保护。塑料护套线的分支接头和中间接头处应装置接线盒，或放在开关、灯头或插座处，用瓷接头把需要连接的线头连接牢固。

二、线管配线的施工

线管配线的施工包括线管选择、线管加工、线管敷设和线管穿线等几道工序。

（一）线管选择

选择线管时，首先应根据敷设环境决定采用哪种管子，然后再决定管子的规格。一般明配于潮湿场所和埋于地下的管子，均应使用厚壁钢管；明配或暗配于干燥场所的钢管，宜使用薄壁钢管。硬塑料管适用于室内或有酸、碱等腐蚀介质的场所。但不得在高温和易受机械损伤的场所敷设。金属软管多用来作为钢管和设备的过渡连接。

（二）线管加工

需要敷设的线管应在敷设前进行一系列的加工，如除锈、切割、套丝和弯曲。

对于钢管，为防止生锈，在配管前应对管子进行除锈、刷防腐漆。

在配管时，应根据实际情况对管子进行切割。切割时严禁使用气割，应使用钢锯或电动无齿锯进行切割。管子和管子、管子和接线盒、管子和配电箱的连接，都需要在管子端部进行套丝。套丝时，先将管子固定在管子压力上压紧，然后套丝。套完丝后，应随即清扫管口，将管口端面和内壁的毛刺用锉刀锉光，使管口保持光滑，以免破导线绝缘层。

根据线路敷设的需要，线管改变方向时需要将管子弯曲。但在线路中，管子弯曲多会给穿线和维护换线带来困难。因此，施工时要尽量减少弯头。为便于穿线，管子的弯曲角度一般不应大于90°。管子弯曲可采用弯管器、弯管机或用热煨法。

（三）线管的敷设

无论是明敷还是暗敷，一般都采用管箍连接。不允许将管子对焊连接。钢管采用管箍连接时，要用圆钢或扁钢做跨接线焊在接头处，使管子之间有良好的电气连接，保证接地的可靠性。如图2-22所示。硬塑料管连接通常有两种方法：一种叫插入法；另一种叫套接法。

（四）线管穿线

管内穿线工作一般在管子全部敷设完毕后及土建地坪和粉刷工程结束后进行。在穿线前，应将管中的积水及杂物清除干净。

导线穿管时,应先穿一根钢线做引线。当管路较长或弯曲较多时,应在配管时就将引线穿好。一般在现场施工中对于管路较长、弯曲较多、从一端穿入钢引线有困难的管子,多采用从两端同时穿钢引线,且将引线头弯成小钩,当估计一根引线端头超过另一根引线端头时,用手旋转较短的一根,使两根引线绞在一起,然后把一根引线拉出,此时就可以将引线的一头与需穿的导线结扎在一起。在所穿电线根数较多时,可以将电线分段结扎,如图 2-23 所示。

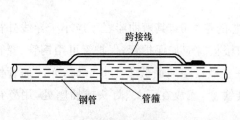

图 2-22 钢管连接处接地

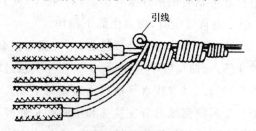

图 2-23 多根导线的绑法

拉线时,应由两人操作,一人担任送线,另一个担任拉线,两人送拉动作要配合协调,不可硬送硬拉。当导线拉不动时,两人应反复来回拉 1~2 次再向前拉,不可过分勉强而将引线或导线拉断。

穿线完毕,即可进行电器的安装和导线的连接。

三、操作练习

课题:室内配线练习。

练习目的:主要掌握塑料护套线配线和线管配线的操作方法和步骤。

练习内容:护套线配线;线管穿线、连接。

分组:2 人一组。

练习要求:学会护套线配线的操作步骤;了解线管配线的全过程,学会线管穿线及在接线盒内连接。

第五节 常用灯具和配电器材的安装

一、灯具的安装

(一)灯具安装使用的工具

常用工具有钳子、螺丝刀、锤子、手锯、直尺、漆刷、手电钻、冲击钻、电动曲线锯、射钉枪、型材、切割机等。

(二)荧光灯的安装

荧光灯的安装方式有吸顶、吊链和吊管几种。安装时应注意灯管和镇流器、启辉器、电容器要互相匹配,不能随便代用。特别是带有附加线圈的镇流器,接线不能接错,否则会损坏灯管。图 2-24~图 2-27 所示为荧光灯的几种安装方法。

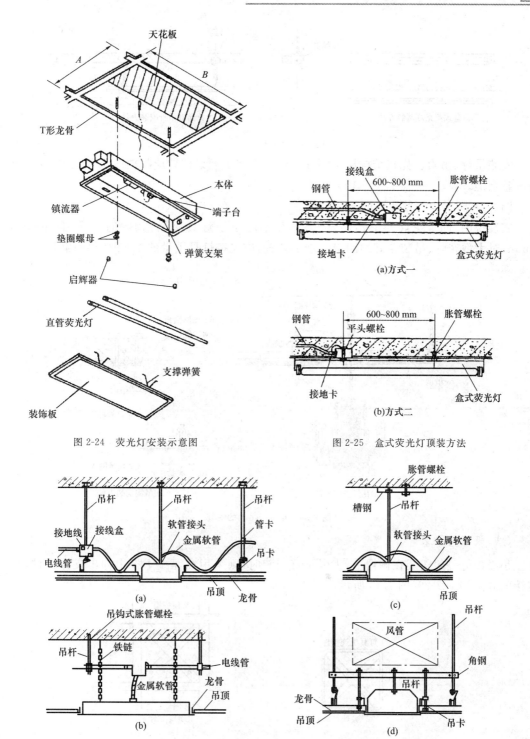

图 2-24　荧光灯安装示意图

图 2-25　盒式荧光灯顶装方法

图 2-26　荧光灯的四种安装方法

（三）吊灯的安装

吊灯一般都安装于结构层上，如楼板、屋架下弦或梁上，小的吊灯常安装在顶棚上。

在吊灯安装前，应对结构层或顶棚进行强度检查。

放线、定位、吊灯的安装位置等应按设计要求，事先定位放线。

(a)盒式荧光灯壁装方法　(b)荧光灯吊杆安装方法

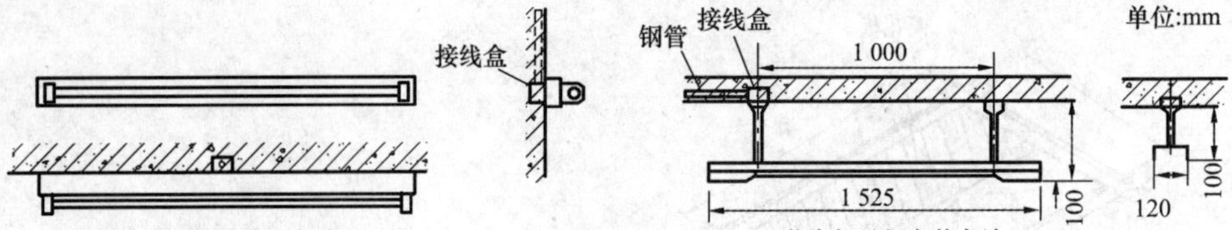

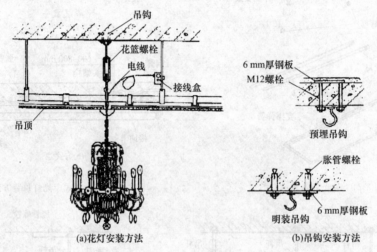

图 2-27　荧光灯的安装方法

安装吊杆、吊索。先在结构层中预埋铁件或木砖。埋设位置应与放线位置一致，并有足够的调整余地。

图 2-28 所示为一种花灯的安装方法。

安装说明:固定花灯的吊钩，其圆钢直径不应小于灯具吊挂销、钩的直径，且不得小于 6 mm，对大型花灯、吊装花灯的固定及悬吊装置，应先按灯具重量的 1.25 倍做过载试验。

(a)花灯安装方法　(b)吊钩安装方法

图 2-28　花灯与吊钩的安装

(四)吸顶灯安装

小吸顶灯一般仅装在搁栅上，大吸顶灯安装时，则采用在混凝土板中伸出支撑铁件，铁件连接的方法如图 2-29、图 2-30 所示。

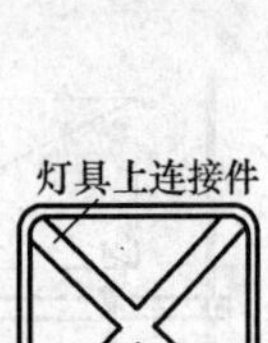

图 2-29　小吸顶灯安装

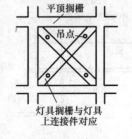

图 2-30　大吸顶灯安装

安装前应了解灯具的形式(定型产品、组装式)、大小、连接构造，以便确定预埋件位置和开口位置及大小。重量大的吸顶灯要单独埋设吊筋，不可用射钉后补吊筋。

安装洞口边框。以次龙骨按吸顶灯开口大小围合成孔洞边框，此边框既为灯具提供连接点，也作为抹灰面层收头和板材面层的连接点。边框一般为矩形。大的吸顶灯可在局部补强部位加斜撑，做成圆开口或方开口。如图 2-31 所示。

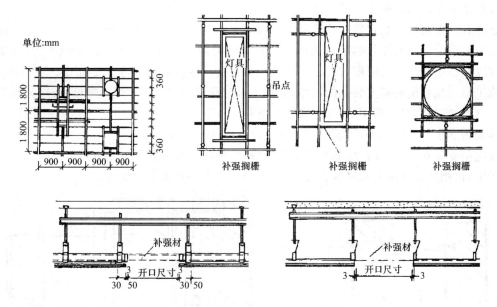

图 2-31 顶棚灯具安装开口示意

吊筋与灯具的连接。小型吸顶灯只与龙骨连接即可,大型吸顶灯要从结构层单设吊筋,在楼板施工时就应把吊筋埋上,埋设方法同吊顶埋设方法。

建筑化吸顶灯安装。常常采用非一次成品灯具,即用普通的日光灯、白炽灯外热格板玻璃、有机玻璃、聚苯乙烯塑料晶体片等,组装成大面积吸顶灯。

吸顶灯与顶棚面板交接处,吸顶灯的边缘构件应压住面板或遮盖面板板缝。在大面积或长条板上安装点式吸顶灯,应采用曲线锯挖孔。

（五）灯具安装的注意事项

当在砖石结构中安装电气照明装置时,应采用预埋吊钩、螺栓、螺钉、膨胀螺栓、尼龙塞或塑料塞固定;严禁使用木楔。当设计无规定时,上述固定件的承载能力应与灯具的重量相匹配。

螺口灯头的相线应接在中心触点的端子上,零线应接在螺纹的端子上。

采用钢管做灯具的吊杆时,钢管内径不应小于 10 mm;钢管壁厚不应小于 1.5 mm。

吊链灯具的灯线不应受拉力,灯线应与吊链编叉在一起。

软线吊灯的软线两端应做保护扣,两端芯线应搪锡。

同一室内或场所成排安装的灯具,其中心线偏差不应大于 5 mm。

二、配电器材的安装

（一）配电器材安装使用的工具

常用工具有钳子、螺丝刀、活络扳手、锤子、手锯、直尺、漆刷、手电钻、冲击钻、型材切割机等。

（二）照明配电箱的安装

照明配电箱有标准型和非标准型两种。标准型可向生产厂家直接购买,非标准型可自行制作。照明配电箱型号繁多,但其安装方式不外乎悬挂式明装和嵌入式暗装两种。

1.悬挂式配电箱的安装

悬挂式配电箱可安装在墙上或柱子上。直接安装在墙上时,应先埋设固定螺栓,固定螺栓的规格应根据配电箱的型号和重量选择。其长度应为埋设深度(一般为 120～150 mm)加箱壁厚度以及螺帽和垫圈的厚度,再加上 3～5 扣的余量。悬挂式配电箱安装如图 2-32 所示。

施工时先量好配电箱安装孔的尺寸,在墙上画好孔位,然后打洞,埋设螺栓(或用金属膨胀螺栓)。待填充的混凝土牢固后,即可安装配电箱。安装配电箱时,要用水平尺放在箱顶上测量箱体是否水平。如果不平,可调整配电箱的位置以达到要求。

配电箱安装在支架上时,应先将支架加工好,然后将支架埋设固定在墙上,或用抱箍固定在柱子上,再用螺栓将配电箱安装在支架上,并调整其水平和垂直。如图 2-33 所示。

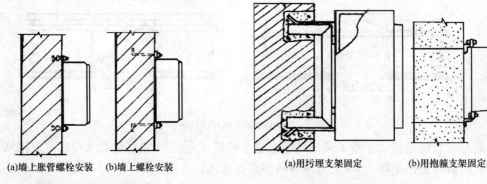

(a)墙上胀管螺栓安装	(b)墙上螺栓安装

图 2-32 悬挂式配电箱安装

(a)用坏埋支架固定　　(b)用抱箍支架固定

图 2-33 支架固定配电箱

2.暗装式配电箱的安装

暗装配电箱放入预埋位置后,应使其保持水平和垂直。预埋的电线管均应配入配电箱内,电线管与配电箱要做接地连接,如图 2-34 所示。

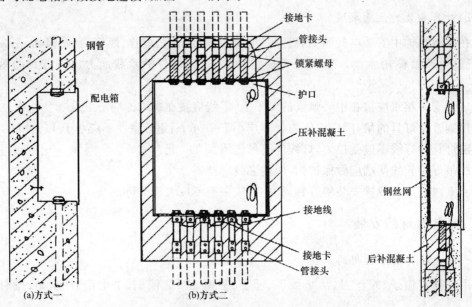

图 2-34 暗装式配电箱作法

暗装配电箱的入管孔应正确使用敲落孔,不准用气电焊切割开孔。暗装时,其面板四周边缘应紧贴墙面,箱体与建筑物接触的部分应刷防腐漆。

配电箱接地接零应可靠,接地或接零应接在指定的接地螺栓上。

（三）开关和插座的安装

1. 开关和插座的明装

其方法是先将木台固定在墙上，固定木台用的螺丝长度为木台厚度的 2.0～2.5 倍，然后再在木台上安装开关或插座，如图 2-35 所示。

当木台固定好后，即可用木螺丝将开关或插座固定在木台上。且应装在木台的中心。相邻开关及插座应尽可能采用同一种形式配置，特别是开关柄，其接通和断开电源的位置应一致。但不同电源或电压的插座应有明显区别。

插座接线孔的排列顺序：单相双孔为面对插座的右孔接相线，左孔接零线。单相三孔、三相四孔的接地或接零均在上方，如图 2-36 所示。

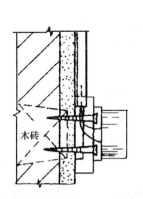

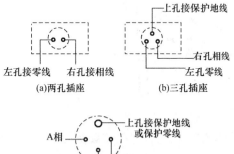

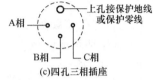

图 2-35　明装开关或插座的安装　　　　图 2-36　插座排列顺序

在砖墙或混凝土结构上，不许用打入木楔的方法来固定安装开关和插座的木台，应用埋设弹簧螺丝或其他紧固件的方法，所用木台的厚度一般不应小于 10 mm。

2. 开关及插座暗装

开关暗装方法如图 2-37 所示。先将开关盒按图纸要求位置埋在墙内。埋设时，可用水泥砂浆填充，但应注意埋设平正，铁盒口面应与墙的粉刷层平面一致。待穿完导线后，即可将开关或插座用螺栓固定在铁盒内，接好导线，盖上盖板即可。

（四）安装注意事项

墙面粉刷、壁纸及油漆等内装修工作完成后，再进行开关、插座的安装。

相线应经开关控制。

在潮湿场所，应采用密封良好的防水防溅型开关、插座；在易燃易爆场所，开关应采用防爆型。

同一室内安装的开关、插座高度应一致，高度差不宜大于 5 mm，并列安装相同型号的开关、插座高度差不宜大于 1 mm。

带接地插孔的单相插座及带接地插孔的三相插座中，保护接地线应与相应的相线截面一致，其颜色应与相线有所区别。

安装配电箱时，先清除杂物，补齐护帽，检查盘面安装的各种部件是否齐全牢固。零线要经零线端子连接，不应经过熔断器，也不应将零线铰接在一起。

三、操作练习

课题：室内电气安装练习。

练习目的：通过安装练习，巩固所学知识，学会正确的操作方法。在安装练习的同时掌握各种设备安装的规范。

练习内容：

(1)根据规范标出施工图(图 12-38)中 a、b、c、d 的具体数字。

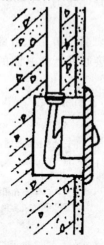

图 2-37　暗装开关

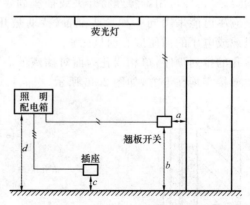

图 2-38　室内电气安装施工图

(2)根据施工图进行电气安装练习,配电箱、插座、开关可视具体情况决定明装或暗装,导线的敷设视具体情况确定明敷或暗敷。

分组:4 人一组,8 课时完成。

练习要求:掌握电气安装的正确操作方法,设备的安装要求横平竖直,明敷导线要求排列整齐、横平竖直;插座和开关的接线要符合规范要求。

评分标准:详见表 2-1。

表 2-1　评分标准

序号	评分项目	评分细则	分数比例	扣分	得分
1	线路敷设	导线不平直	20	每根 3	
		不按图接线		10	
		插座、开关火线接错		5	
2	设备安装	安装高度不符合规范	40	每项 5	
		设备安装不牢固		每项 5	
		没有做到横平竖直		每项 5	
		设备损坏		每项 10	
3	通电	从通电第一次按下开关计一次不成功	20	10	
		两次不成功		20	
4	绘图	标出规范要求	10	1～10	
5	安全	违反安全操作,造成或可能引起人身及设备事故	10	5～10	

班级:　　姓名:　　指导教师:　　日期:　　总得分:

复习思考题

建筑装饰装修电气安装施工要点有哪些?

第三章　建筑装饰装修施工机具

学习重点

砂浆制备与输送机具；地面与地板整修机具；喷涂机具。

培养目标

熟悉各种砂浆制备与输送机具的构造、工作原理及性能参数。

熟悉各种地面与地板整修机具的构造、工作原理及性能参数。

熟悉各种喷涂机具的构造、工作原理及性能参数。

第一节　砂浆制备与输送机具

一、筛砂机

（一）筛砂机的使用要求

（1）堆砂场地应夯实平整，便于上料和机械运行。

（2）工作前应对机械的各机构和电器系统进行检查，连接件不得有松动，润滑状况应良好，电器系统应有接地或接零的安全保护措施。

（3）各部位检查无误后，先启动设备空转，达到正常后再加载工作。在工作中发现筛子运动不稳定、胶带卡滞、偏斜及机械异常响声时，应立即停机检修。

（4）工作完毕应根据说明书的要求对机械实施日常保养工作。

（二）筛砂机的构造与工作原理

1. 链斗上料式筛砂机

链斗上料式筛砂机是一种移动式的自动筛砂机，适用于较小的砂场，其外形如图 3-1 所示。链斗上料式筛砂机主要由上料、筛砂、卸砂、行走和传动等机构构成，如图 3-2 所示。

图 3-1　链斗上料式筛砂机

链斗上料式筛砂机的构成

上料机构 —— 上料机构主要为安装在链条上的若干个装料斗及支撑装置,链条通过链轮支撑形成一个可以连续进行循环运动的多边形料斗,一端铰接在链条上,当料斗随同链条运动到上部区域时,在离心力的作用下,自动翻转将砂子倾倒在筛面上

筛砂机构 —— 端砂机构主要为1~2层的平面筛网,筛框通过连杆与偏心轮连接,偏心轮将电动机传递来的回转运动转换为筛框的往复运动,筛框在安装时形成定的倾斜,使砂子在倾斜筛面上形成跳跃式前进,并完成筛分。当安装两层筛网时,一般采用筛孔(一粗一细),粗筛可除去大块料,细筛在获取细砂的同时得到绿豆砂

卸砂机构 —— 如图3-3所示,卸砂机构由横向安装的胶带输送机完成,接受通过第二层筛网所筛取的砂,输送机上置一压筒,将胶带上压成一定的曲线形状,保证胶带具有一定的抛射角(α_1,α_2),比时砂子在压筒压力及胶带速度的作用下呈抛物线状抛出,在抛落地点可以用跟进的装砂车将筛分后的砂子进行装运

行走机构 —— 该机构由电动机链传动机构及四个橡胶轮组成,主要为在常砂幅内做短距离移动而设置的。此外还有套微动装置,当行走离合器分离后,借助压在胶轮上的齿形滚子,可使行走缓慢移动,以适应不同情况下的工作要求

图 3-2 链斗上料式筛砂机的构成

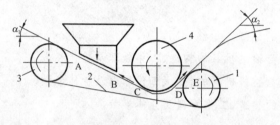

图 3-3 卸砂机构

1—张紧滚筒;2—胶带;3—驱动滚筒;4—压筒

2. 螺旋叶轮上料式筛砂机

螺旋叶轮上料式筛砂机是一种大型移动式筛砂机,一般用于大型砂场。基本结构如图 3-4 所示,筛分机构采用的是钢丝编织的不同孔径的筒形筛。螺旋叶轮安装在机器的前端,将砂子卷上输送带后送进筒形筛,筛分后的细砂由另外一条输送带卸出,筛余的粗料渣排进贮渣斗卸出。螺旋叶轮的装料高度可由升降机构调整。

单位:mm

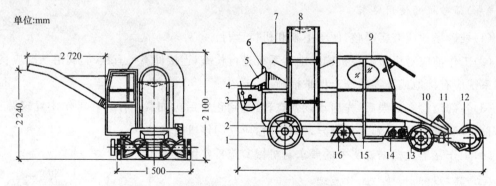

图 3-4　螺旋叶轮上料式筛砂机的基本结构

1—驱动轮;2—机架;3—贮渣斗;4—托轮;5—出渣槽;6—筒筛;

7—外壳;8—卸料输送带;9—操纵室;10—上料输送带;11—升降机构;

12—螺旋叶轮;13—转向轮;14—减速器;15—转向连杆机构;16—行走电动机

3. 锥形旋转上料式筛砂机

锥形旋转上料式筛砂机是一种大型回转式的筛砂机,由于装砂半径较大,主要适用于大型砂场。这种筛砂机采用平面振动筛,基本结构如图 3-5 所示。上料斗为锥形,当旋转至砂子堆

积的位置时,砂子加入锥形料斗,通过上料输送带将砂子运至筛面上。

锥形旋转上料式筛砂机的上料、传送机构及筛砂机构安装在回转平台上,上料斗的高度由输送机端部的升降丝杠进行调整。

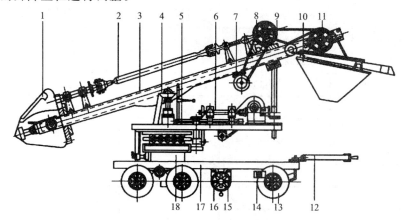

图 3-5　锥形旋转式上料式筛砂机构造与传动示意图

1—锥形上料斗;2—上料传动机构;3—胶带输送机;4—回转支架;5—回转平台;6—回转传动机构;

7—上料及筛砂电动机;8—减速机构;9—升降丝杠;10—筛斗;11—振动筛;12—拖挂架;13—行走轮;

14—转向电动机;15—回转及升降电动机;16—行走电动机;17—底盘架;18—回转机构

4. 蟹爪上料式筛砂机

蟹爪上料式筛砂机如图 3-6 所示。装料机构是由蟹爪式装岩机的装料机构转化而成的,上料机构如同一对蟹爪,进行交替摆动时,将砂拨入料斗中。其结构较为复杂,但装料效率高,适用于大型砂场,这种筛砂机多为施工企业的自制产品。

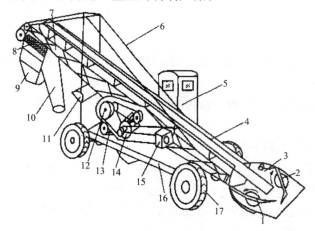

图 3-6　蟹爪上料式筛砂机

1—蟹爪机构;2—扇齿偏心轮;3—上料斗;4—胶带输送机;5—操纵室;6—支架;7—底架;

8—筒筛;9—贮渣筒;10—卸料斗;11—电缆卷筒;12—输送机传动机构;

13—行走电动机;14—上料电动机;15—扇齿轮传动机构;16—底盘;17—行走轮

蟹爪上料式筛砂机的上料机构由电动机通过胶带等减速传动机构带动有扇齿的偏心轮,将上料斗前端铲进的砂子拨至上料输送带上,再由输送带将砂子送至筛分机构。

(三)筛砂机的性能参数

筛砂机的性能参数见表 3-1。

表 3-1 筛砂机的性能参数

性能指标	类型			
	链斗式	螺旋叶轮式	锥形旋转式	蟹爪式
生产率/(m·h⁻¹)	(6)10~15	12-5~15	20	20
筛子尺寸/mm	1 000×580,1 585×478			
筛子振动频率/(次·min⁻¹)	(240)1 100			
上料装置转速/(r·min⁻¹)		100	56~69	
上料带速度/(m·s⁻¹)	6	13		
出料带速度/(m·s⁻¹)		15		
抛砂距离/m	4			
上料电动机	(1.7)3	4	5	7.5
筛砂电动机	(2.2)1.5	3	与上合用	与上合用
行走电动机	3	3	5	4.5
回转电动机			4(转向:0.6)	
外形尺寸/m 长×宽×高	(3×1×2.2)P 2.4×1.9×1.6	4.5×1.5×2.1	6.5×1.8×2.8	6×1.5×2.5
质量/kg	(1 000)1 240	1 500		

二、洗灰机

(一)洗灰机的使用要求

(1)使用前应平整停机场地,并开出排浆沟槽,机械安装要平稳、牢固,进料口应朝上风方向。

(2)工作时先启动机械,待运转平稳后,再加水和进料,注意用水量要适当,以保持浆液畅流为宜。

(3)大块石灰块应先敲碎再加入为宜。

(4)工作中要注意机械的运转情况,当发现机械有异常振动现象和特殊响声时,应及时停机,检查筒内锤头、锤轴、衬板和传动装置等是否发生松脱现象。

(5)工作后及时冲洗机械的内外,避免黏结的石灰膏浆干燥后不易清除,保持筛孔不被堵塞。

(二)洗灰机的构造与工作原理

图 3-7 所示的是一种类似鼓筒形搅拌机的自落式洗灰机,将生石灰块装入鼓筒,在鼓筒转动时,石灰块之间产生碰撞而破碎,然后加水喷淋,产生的石灰浆通过鼓筒的筛孔流入淋灰池,残留的灰渣由出料槽排出。这种洗灰机除能制取石灰浆外,还可清洗其他建筑用的细粒石料。鼓筒的旋转是靠拖轮的摩擦力来驱动的。

图 3-8 所示为一种筒体固定的强制式洗灰机,主轴上装有笼形钢棒,可对物料进行破碎或翻搅,既能淋制石灰膏浆液又能洗涤细小石料。

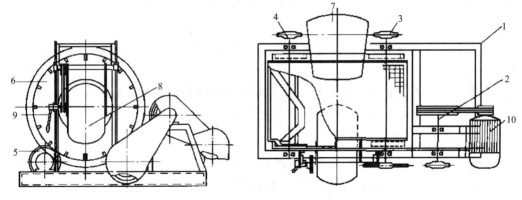

图 3-7　自落式洗灰机的结构简图

1—底座；2—减速传动装置；3—电动机；4、6—托轮轴；5—进料斗；7—出料斗；8—托轮；9—鼓筒(筛)；10—电机

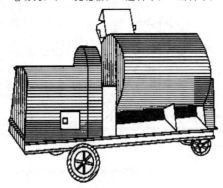

图 3-8　强制式洗灰机

(三)洗灰机的性能参数

洗灰机性能参数见表 3-2。

表 3-2　　　　　　　　　　　　洗灰机的性能参数

性能指标	型号		性能指标	型号	
	鼓筒筛自落型洗灰机	CX-80 型洗灰机		鼓筒筛自落型洗灰机	CX-80 型洗灰机
筒体尺寸/mm	1 000×650		功率/kW	3	5.5
进料口尺寸/mm	500×450		转速/(r·min⁻¹)	1 430	
工作装置转速/(r·min⁻¹)	24	630	外形尺寸/cm 长×宽×高	160×110×125	
生产率/(t·班⁻¹)	20	8—16			
白灰利用率/%	>70	>98	质量/kg	500	

三、淋灰机

(一)淋灰机的使用要求

(1)使用前应平整停机场地，并开出排浆沟槽，机械安装要平稳、牢固，进料口应朝上风方向。

(2)大块石灰块以先敲碎再加入为宜。

（3）工作时先启动机械,待运转平稳后,再加水和进料,注意用水量要适当,以保持浆液畅流为宜。

（4）工作后及时冲洗机械的内外,避免黏结的石灰膏浆干燥后不易清除,保持筛孔不被堵塞。

（5）工作中要注意机械的运转情况,当发现机械有异常振动现象和特殊响声时,应及时停机,检查筒内锤头、锤轴、衬板和传动装置等是否发生松脱。

（二）淋灰机的构造与工作原理

淋灰机是制造石灰膏的机械,如图3-9所示。主要由电动机、V带传动装置、筒体(内壁安装衬板)、底筛、进料口、出料口、淋浇水管、机架和破碎机构(甩锤、翻料叶片、主轴)等构成。

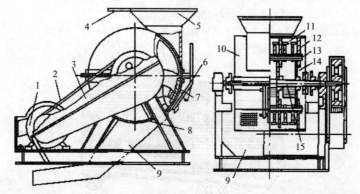

图3-9　CF1-16型粉碎淋灰机的外形与结构

1—电动机;2—V带传动装置;3—防护罩;4—淋水管;5—进料斗;6—底筛开启机构;7—衬板;
8—底筛;9—出料斗(可不设);10—筒体;11—甩锤;12—翻料叶片;13—甩锤轴;14—锤轴座板;15—主轴

淋灰机工作时主轴旋转带动甩锤,对加入筒体中的生石灰块进行锤击,被粉碎的石灰与淋水管注入的水发生化学反应生成石灰浆,石灰浆经底筛过滤后由出料斗流入石灰池中,石灰熟化的基本反应亦在此完成。在池中再经过一定时间的反应与沉淀后,形成质地细腻、松软洁白的石灰膏,作为砂浆的配合料和墙体粉饰用料。

（三）淋灰机的性能参数

淋灰机的性能参数见表3-3。

表3-3　　　　　　　　　　　　淋灰机的性能参数

性能指标	型号 FL16、CFU6型 淋灰机	性能指标	型号 FL16、CFU6型 淋灰机
筒体尺寸/mm	650 (520)×450	进料口尺寸/mm	380×280, 260×360
工作装置转速/(r·min⁻¹)	720, 430	生产率/(t·班⁻¹)	16
白灰利用率/%	>95	功率/kW	4/1.5
转速/(r·min⁻¹)	1 440, 960	外形尺寸/cm 长×宽×高	200×88×116
质量/kg	238, 300, 310		

四、灰浆泵

(一)灰浆泵的使用要求

(1)灰浆泵应安置在砂浆搅拌机的下方,如图 3-10 所表示。空气压缩机可安置在喷涂地点附近。挤压式灰浆泵可按机型规格选配空压机配套。

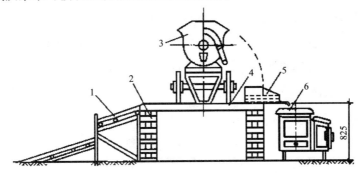

图 3-10　灰浆泵的安装

1—脚手架;2—砖砌体;3—砂浆搅拌机;4—水泥楼板 5—中间料斗;6—挤压式灰浆泵

(2)灰浆泵在使用前需接好输送胶管、三通接头、喷嘴、输气管和接地线,并检查电源、电动机、电器箱等有无短路现象,绝缘性能是否符合要求,同时还应检查压力表中的橡皮膜是否完好,表接头腔内的油(或水)是否饱满,挤压橡胶是否有损坏部位,减速器内的润滑油是否足够,各部连接件、紧固件是否完好和牢固,滚轮和滚轮架是否正常运动等。当确认各部分均为良好状态时,可开机进行试运转。开机前应先开空压机,当气压升到 0.4 MPa 时,再开主机。空机运转无误后,可进入正常工作。

(3)首先应进行管道的润滑工作,润滑时可将熟化的细石灰膏浆液 30 kg,经过滤后装入料斗,然后按下正转按钮,滚轮即可将石灰膏浆压入管道进行润滑。当料斗内的石灰膏浆即将输送完毕后,再及时加入喷涂砂浆,进行正常的喷涂工作。

(二)灰浆泵的构造与工作原理

图 3-11 为 HB6-3 型活塞直接作用式灰浆泵的外形图。这种灰浆泵是利用活塞的往复运动,将进入缸中的砂浆直接压送出去,并经管道输送到使用地点的一种泵。

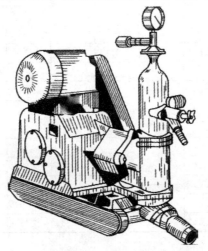

图 3-11　HB6-3 型活塞直接作用式灰浆泵

灰浆泵主要由电动机、泵体、活塞、吸入阀、压出阀、C 气罐和传动机构（包括 V 带和齿轮传动装置、曲轴连杆、十字轴等）构成。

灰浆泵工作时电动机通过 V 带和齿轮传动机构二级减速后，带动曲轴旋转，再通过连杆和十字轴使柱形活塞作往复运动，两个单向阀（均为球阀）随活塞的往复运动而轮流启闭，使砂浆被吸入和压出。

贮气罐使砂浆能够均匀地输出，以减少脉冲现象。

贮气罐上装有压力表，可将工作压力调定为 1.5 MPa，当泵送砂浆的压力超过此值时，装在压力表下部的安全阀会自动顶开按钮使电动机停止运转。

（三）灰浆泵的性能参数

灰浆泵的性能参数见表 3-4。

表 3-4　　　　　　　　　　　　　　　灰浆泵的主要性能参数

性能指标			型号								
			灰浆输送量/(m³·h)	最大垂直输送距离/m	工作压力/MPa	供气压力/MPa	耗气量/(m³·h)	螺杆泵/h	挤压软管寿命/h	电动机功率/kW	整机质量/kg
柱塞式	UBM	输送用	2.0							<2.2	<200
			3.0							<3.0	<250
			4.5	40	＞1.5					<4.0	<300
			6.0							<5.5	<350
			9.0							<7.5	<400
		抹灰用	2.0	40	＞1.5					<3.0	<350
			3.0	55						<4.0	<400
			4.5	70	＞2.5					<5.5	<550
			6.0	75						<7.5	<700
			9.0	90	＞4.0					<11.0	<900
螺杆式	UBL		1	40	≥1.5			500		≤1.5	≤250
			2	40				500		≤2.2	≤300
			3	40	≥2.0			400		≤3.0	≤350
			4	40				400		≤4.0	≤400
挤压式	UBJ		0.8	20	≥1.0					≤1.5	≤175
			1.2	25							≤185
			1.8	30	≥1.5				100	≤2.0	≤300
			2.0	35							≤320
			3.0	40	≥2.0					≤4.0	
气动式	UBQ		0.8	15	≥0.45	≤0.6	≤18				≤13
			1.5				≤24				≤18
			2.4	18	≥0.55	≤0.7	≤36				≤34
			4.0				≤40				≤38
			6.0		≥0.60	≤0.8	≤48				≤46

五、砂浆搅拌机

(一)砂浆搅拌机的使用要求

(1)一般砂(灰)浆搅拌机的操作比较简单,电源接通后便进入工作状态,如果运转正常,按要求加入物料和水,即可进行搅拌工作。

(2)为保证搅拌机的正常工作,使用前应认真检查拌叶是否存在松动现象。如有应予紧固,因拌叶松动容易打坏拌筒,甚至损坏转轴。另外,还需检查整机的润滑情况,搅拌机的主轴承由于转速不高,一般均采用滑动轴承,由于轴承边口易于侵入尘屑和灰浆而加速磨损,故此处应特别注意保持清洁。搅拌机的电器线路连接要牢固,开关接触情况应该良好,装用的熔丝需符合标准,接地装置或电动机的接零亦应安全可靠。V带的松紧度要适度,进、出料装置需操纵灵活和安全可靠。

(3)倾翻卸料的砂浆搅拌机,当筒壁内粘有砂浆硬块或在砂浆中夹杂有粗粒石块时,拌叶易被卡塞,使拌筒在运转后被拖翻而造成事故。因此在启动前,须检查和清除筒内壁残留的砂浆硬块。

(二)砂浆搅拌机的构造与工作原理

(1)活门卸料砂浆搅拌机主要规格为 325 L(料容量),并安装铁轮或轮胎移动式。

图 3-12 所示为这种砂浆搅拌机中比较有代表性的一种,具有自动进料斗和量水器,机架既是支撑架又是进料斗的滚轮轨道,料筒内沿其中心纵轴线方向装有一根转轴,转轴上装有搅拌叶片,叶片的安装角度除了能保证均匀地拌和以外,还需使砂浆不因拌叶的搅动而飞溅。量水器为虹吸式,可自动量配拌和用水。转轴由筒体两端的轴承支撑,并与减速器输出轴相连,由电动机通过 V 带驱动。卸料活门由手柄来启闭,拉起手柄可使活门开启,推压手柄可使活门关闭。

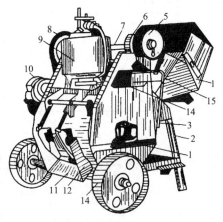

图 3-12　整装式活门卸料砂浆搅拌机

1—装料筒;2—机架;3—料斗升降手柄;4—进料斗;5—制动轮;6—卷筒;7—上轴;8—离合器;
9—量水器;10—电动机;11—卸料门;12—卸料手柄;13—行走轮;14—三通阀;15—给水手柄

(2)进料斗的升降机构由上轴、制动轮、卷筒、离合器等组成,并由手柄操纵。

(3)图 3-13 所示为通用型 UJZ—325 型活门卸料砂浆搅拌机,这种砂浆搅拌机的结构已大为简化,为便于经常转移使用地点和长途运输,省掉了量水器、进料斗及其操纵机构(离合器、制动器等)。四支可调高度的支撑,使砂浆机能够稳定地坐落在地面上,使轮胎在工作时悬空。

LHJ-A 型活门卸料砂浆搅拌机如图 3-14 所示,其搅拌轴转速一般为 30 r/min,电动机输出动力后,用两级齿轮减速器和 V 带传动给转轴减速和增加扭矩。减速器制成悬挂式,靠壳体一侧和输出轴支撑在轴承座与机架上,这样可使底盘结构简单轻便。

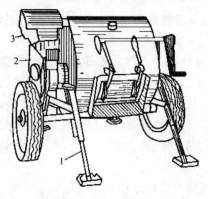

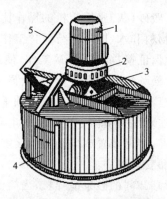

图 3-13　UJZ-325 型活门卸料砂浆搅拌机

1—支撑;2—减速器;3—电动机

图 3-14　LHJ-A 型活门卸料砂浆搅拌机

1—电动机;2—行星摆线针轮减速器;

3—搅拌桶;4—出料活门;5—活门启闭手柄

(三)砂浆搅拌机的性能参数

砂浆搅拌机的主要性能参数见表 3-5。

表 3-5　　　　　　　　　　　　　　砂浆搅拌机的主要性能参数

性能指标	性能参数				
生产率/(m³·h⁻¹)	26 m³/班	6/(m³·n⁻¹)	3/(m³·n⁻¹)	3,4,6/(m³·n⁻¹)	10 t/班
功率/kW	2.8	2.8,3	2.8	2.2,3	3
转速/(r·min⁻¹)	1 440	1 430,1 450	1 450	960~1 450	1 450
外形尺寸/cm 长×宽×高	170×182×192	270×170×135 312×166×172 275×171×149	228×110×100	(137~228)× (181~116)× (117~133)	130×70×105 188×70×105
质量/kg	1 200	760	500	370~685	210~250

第二节　地面与地板整修机具

一、水泥抹光机

(一)水泥抹光机的使用要求

电动抹光机在使用前需检查电动机的绝缘情况(使用中要保证机体不带电),同时在使用前需确定转子的旋转方向,如转向不对应更换接线相位。各部完好无损,空转正常,才可使用。

抹第一遍时要能基本抹平并能将地面挤出水浆才行,然后视地面光整程度再抹第二遍和第三遍。

(二)水泥抹光机的构造与工作原理

水泥抹光机是在水泥砂浆摊铺在地面上经刮平后,进行抹光用的机械,按动力形式分为内燃式与电动式;按结构形式可分为单转子与双转子;按操纵方式可分为立式及座式。

水泥抹光机主要由电动机、V 带传动装置、抹刀和机架等构成。机架中部的轴承座上,悬挂安装十字形的抹刀转子,转子上安装有倾斜 10°～15°的 3～4 片抹刀,转子外缘制有 V 带槽,由电动机通过机轴上的小带轮和 V 带驱动。当转子旋转时带动抹刀抹光地面,由操作者握住手柄进行工作和移动位置。

双转子式水泥抹光机是在机架上安装有两个带抹刀的转子,在工作时可以获得较大的抹光面积,工作效率大大提高。

(三)水泥抹光机的性能参数

水泥抹光机的主要性能参数见表 3-6。

表 3-6　　　　　　　　　　　　抹光机的主要性能参数

型号性能参数性能指标	单转子型	双转子型	型号性能参数性能指标	单转子型	双转子型
抹刀数	3/4	2×3	生产率/(m²·h⁻¹)	100～300	100～200/80～100
抹刀回转直径/cm	40～100	抹刀盘宽:68	发动机功率/kW	2.2～3(汽油机)	0.55
抹刀转数/(r·min⁻¹)	45～140	快:200/120慢:100	转速/(r·min⁻¹)	3 000	0.37
抹刀可调角度/(°)	0～15	0～15	重量/kg	40/80	30/40

二、水磨石机

(一)水磨石机的使用要求

(1)水磨石机宜在混凝土达到设计强度 70％～80％时进行磨削作业。

(2)作业前,应检查并确认各连接件紧固,当用木槌轻击磨石发出无裂纹的清脆声音时,方可作业。

(3)电缆线应离地架设,不得放在地面上拖动;电缆线应无破损,保持接地良好。

(4)在接通电源、水源后,应手压扶把使磨盘离开地面,再启动电动机。应检查确认磨盘旋转方向与箭头所示方向一致,待运转正常后,再缓慢放下磨盘,进行作业。

(5)作业中,使用的冷却水不得间断,用水量宜调至工作面不发干。

(6)作业中,当发现磨盘跳动或有异响,应立即停机检修。停机时,应先提升磨盘后关机。

(7)更换新磨石后,应先在废水磨石地坪上或废水泥制品表面磨 1～2 小时,待金刚石切削刃磨出后,再投入工作面作业。

(8)作业后,应切断电源,清洗各部位的泥浆,放置在干燥处,用防雨布遮盖。

(二)水磨石机的构造与工作原理

水磨石是用彩色石子做骨料与水泥混合铺抹在地面、墙壁、楼梯、窗台等处,用人造金刚石磨石将表面磨平、磨光后形成装饰表面。而用白水泥掺加黄色素与彩色石子混合,经仔细磨光后的水磨石表面酷似大理石,可以收到较好的装饰效果。

目前水磨石装饰面的磨光工作,均用水磨石机进行。水磨石机有单盘式、双盘式、侧式、立式和手提式。图 3-15 所示为单盘式水磨石机,主要用于磨地坪。磨石转盘上装有夹具,夹装三块三角形磨石,由电动机通过减速器带动旋转,在旋转时,磨石既有公转又有自转。手持式水磨石机是一种便于携带和操作的小型水磨石机,结构紧凑,工效较高,适用于大型水磨机磨不到和不宜施工的地方,如窗台、楼梯、墙角边等处,其结构如图 3-16 所示。根据不同的工作要求,可将磨石换去,装上钢刷盘或布条盘等,还可以进行金属的除锈、抛光工作。

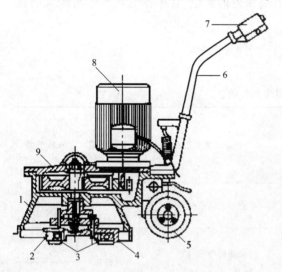

图 3—15 单盘式水磨石机的构造

1—机壳;2—磨石夹具;3—三角形磨石;4—转盘;
5—移动滚轮;6—操纵杆;7—电开关盒;8—电动机;
9—减速器

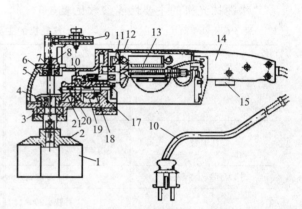

图 3-16 ZIM—100 型水磨石机的内部构造

1—圆形磨石;2—磨石接盘;3、7、10—滚动轴承;
4—从动圆锥齿轮;5—头部机壳;6—空心主轴;
8—进水管;9—水阀;11—叶轮;12—中部机壳;
13—电枢;14—手柄;15—电开关;16—导管;
17—滚针轴承;18—主动圆柱齿轮;19—从动圆柱齿轮;
20—中间轴;21—主动圆锥齿轮

侧式水磨石机用于加工墙围、踢脚,磨石转盘立置,采用圆柱齿轮传动,磨石为圆筒形;立式水磨石机,磨石转盘立置,并可由链传动机构在立柱上垂直移动,从而可使水磨高度增大,主要用于磨光卫生间高围墙的水磨石墙体。

三、地板刨平机

(一)地板刨平机的使用要求

(1)地板刨平机各组成机构和附设装置(如安全护罩等)应完整无缺,各部位连接不得有松动现象,工作装置、升降机构及吸尘装置均应操纵灵活和工作可靠。工作中要保证机械的充分润滑。

(2)操作中应平缓、稳定,防止尘屑飞扬。连续工作 2~6 小时后,应停机检查电动机温度,若超过铭牌标定的标准,待冷却降温后再继续工作。电器和导线均不得有漏电现象。

刨平机的工作装置(刨刀滚筒和磨削滚筒)的轴承和移动装置(滚轮)的轴承每隔 48~50 小时进行一次润滑。

（3）吸尘机轴承每隔 24 小时进行一次润滑。这两种机械在工作约 400 小时后进行一次全面保养,拆检电动机、电器、传动装置、工作装置和移动装置,清洗机件和更换润滑油(脂)并测试电动机的绝缘电阻,其绝缘标准与水磨石机相同。

（二）地板刨平机的构造与工作原理

木地板铺设后,首先进行大面积刨平,刨平工作一般采用刨平机。刨平机的构造如图 3-17 所示。电动机与刨刀滚筒在同一轴上,电动机启动后滚筒旋转,在滚筒上装有三片刨刀,随着滚筒的高速旋转,将地板表面刨削平整。

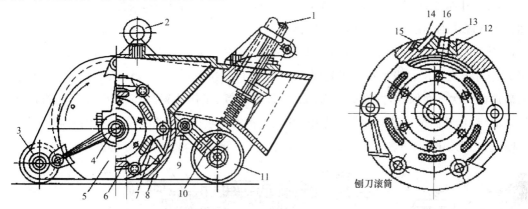

图 3-17 地板刨平机的构造

1—操纵杆;2—吊环;3—前滚轮;4—电动机轴;5—侧向盖板;6—电动机;7—刨刀滚筒;
8—机架;9—轴销;10—摇臂;11—后滚轮;12—螺钉;13—螺钉;14—滑块;15—螺钉;16—刨刀

刨平机在工作中进行位置移动,移动装置由两个前轮和两个后轮组成;刨刀滚筒的上升或下降是靠后滚轮的上升与下降来控制的。操纵杆上有升降手柄,扳动手柄可使后滚轮升降,从而控制刨削地板的厚度。刨平机工作时,可分两次进行,即顺刨和横刨。顺刨厚度一般不超过 2~3 mm;横刨厚度不超过 0.5~1 mm,刨平厚度应根据木材的性质来决定。刨平机的生产率为 12~20 m²/h。

（三）地板刨平机的性能参数

地板刨平机的主要性能参数见表 3-7。

表 3-7 地板刨平机的性能参数

性能指标	型号	性能指标	型号
	刨平机(0—1 型)		刨平机(0—1 型)
生产率/(m²·h⁻¹)	12~15;17~20	刨刀数	4;3
加工宽度/mm	325;326	滚筒转速/(r·min⁻¹)	2 880;2 900
滚筒直径/ram	205;175	滚筒长度/mm	
切削深度/mm	3	电动机功率/kW 转速 /(r·min⁻¹)	3;1.7 1 400;2 850
重量/kg	108;107		

四、地板磨光机

(一)地板磨光机的使用要求

(1)地板磨光机各组成机构和附设装置(如安全护罩等)应完整无缺,各部位连接不得有松动现象,工作装置、升降机构及吸尘装置均应操纵灵活和工作可靠。工作中要保证机械的充分润滑。

(2)操作中应平缓、稳定,防止尘屑飞扬。连续工作2～6小时后,应停机检查电动机温度,若超过铭牌规定的标准,需待冷却降温后再继续工作。电器和导线均不得有漏电现象。

(3)磨光机的工作装置(刨刀滚筒和磨削滚筒)的轴承和移动装置(滚轮)的轴承每隔48～50小时进行一次润滑。吸尘机轴承每隔24小时进行一次润滑。这两种机械在工作400小时左右后进行一次全面保养,拆检电动机、电器、传动装置、工作装置和移动装置,清洗机件和更换润滑油(脂),并测试电动机的绝缘电阻,其绝缘标准与水磨石机相同。地板刨光后应进行磨光,地板磨光机如图3-18所示,主要由电动机、磨削滚筒、吸尘装置、行走装置等构成。

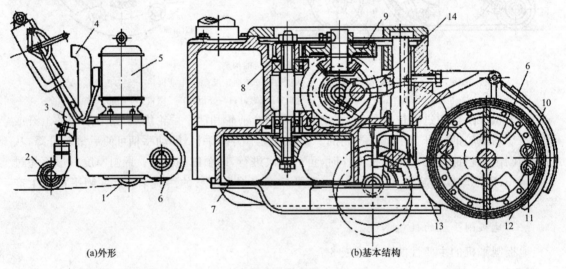

(a)外形 (b)基本结构

图 3-18　地板磨光机

1、2—前、后滚轮;3—托座;4—排屑管;5—电动机;6—磨削滚筒;7—吸尘机叶片;
8、9—圆柱齿轮;10—偏心柱;11—砂纸;12—橡皮垫;13—托座叉架;14—扇形齿轮

(二)地板磨光机的构造

电动机转动后,通过圆柱齿轮和带动吸尘机叶轮转动,以便吸收磨屑。磨削滚筒由圆锥齿轮带动,滚筒周围有一层橡皮垫层,砂纸包在外面,砂纸一端挤在滚筒的缝隙中,另一端由偏心柱转动后压紧,滚筒触地旋转便可磨削地板。托座叉架通过扇形齿轮及齿轮操纵手柄控制前轮的升降,以便滚筒适应工作状态和移动状态。磨光机的生产率一般为20～35 m^2/h。

(三)地板磨光机的性能参数

地板磨光机的主要性能参数见表3-8。

表 3-8　　　　　　　　　　　　　　磨光机性能参数的主要性能参数

性能指标	型号	能指标	型号
	磨光机(0-8型)		磨光机(0-8型)
生产率/(m²·h⁻¹)	20～30;30～35	刨刀数	
加工宽度/mm	200	滚筒转速/(r·min⁻¹)	720;1 100
滚筒直径/mm	205;175	滚筒长度/ram	305;200
切削深度/mm		电动机功率/kW	1.7
重量/kg	80	转速/(r·min⁻¹)	1 440;1 420

第三节　喷涂机具

一、喷浆机

(一)喷浆机的使用要求

(1)喷射的浆液需经过滤,以免污物堵塞管路或喷嘴,吸浆滤网不得有破损,必要时可清理网面上的积存污物,吸浆管口不得露出液面以免吸入空气,造成喷浆束流不稳定或不喷浆。

(2)手动喷浆机在操作时,摇杆不得猛拉猛推,应均匀推动摇杆,不得两人同时推动摇杆,以免造成超载,致使输浆管破裂或损坏机件。

(3)喷浆机的各部位连接不得有松旷现象,紧固件不应松动。各润滑部位应及时加注润滑油(脂)。

(二)喷浆机的种类、构造及其工作原理

1.手动喷浆机

手动喷浆机体积小,可一人搬移位置,使用时一人反复推压摇杆,一人手持喷杆来喷浆,因不需动力装置,具有较大的机动性,其工作原理如图 3-19 所示。

当推拉摇杆时,连杆推动框架使左、右两个柱塞交替在各自的栗缸中往复运动,连续将料筒中的浆液逐次吸入左、右泵缸并逐次压入稳定罐中。稳压罐使浆液获得 8～12 个大气压(1 MPa左右)的压力,在压力作用下,浆液从出浆口经输浆管和喷雾头呈散状喷出。

2.电动喷浆机

电动喷浆机如图 3-20 所示,喷浆原理与手动的相同,不同的是柱塞的往复运动是由电动机经蜗轮减速器和曲柄连杆机构(或偏心轮连杆)来驱动的。

3.喷杆

喷杆构造如图 3-21 所示,是由气阀、输浆胶管、中间管、喷雾头等组成,其中喷雾头的结构如图 3-22 所示,由喷头体、喷头芯、喷头片等组成。

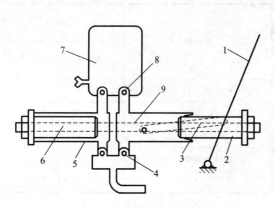

图 3-19 手动喷浆机的工作原理

1—摇杆；2、6—左、右柱塞；3—连杆；4—进浆阀；

5—泵体；7—稳压罐；8—出浆阀；9—框架

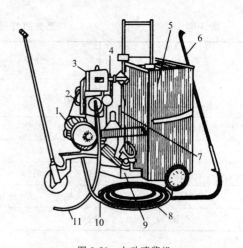

图 3-20 电动喷浆机

1—电动机；2—V 带传动装置；3—电控箱和开关盒；

4—偏心轮连杆机构；5—料筒；6—喷杆；7—摇杆；

8—输浆胶管；9—泵体；10—稳压罐；11—电力导线

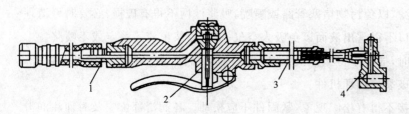

图 3-21 喷杆的构造

1—气阀；2—输浆胶管；3—中间管；4—喷雾头

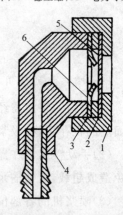

图 3-22 喷雾头的构造

1—喷头盖；2—喷头片；3—喷头芯；

4—喷头体；5—旋涡室；6—橡胶垫

(三)喷浆机的性能参数

喷浆机的性能参数见表 3-9。

表 3-9 喷浆机的性能参数

性能指标	型号				
	双联手动喷浆机 （PB-C 型）	自动喷浆机			内燃式喷雾机 （WF&-18A 型）
		高压式 （GP400 型）	PB1 型 （ZP-1）	回转式 （HPB 型）	
生产率/(m³·h⁻¹)	0.2～0.45		0.58		
工作压力/MPa	1.2～1.5		1.2～1.5	6～8	
最大压力/MPa		18	1.8		
最大工作高度/m	30		30	20	7 左右
最大工作半径/m	200		200		10 左右

（续表）

性能指标	型号				
	双联手动喷浆机（PB-C型）	自动喷浆机			内燃式喷雾机（WF&-18A型）
		高压式（GP400型）	PB1型（ZP-1）	回转式（HPB型）	
活塞直径/mm	32		32		
活塞往复次数/(1·min⁻¹)	30～50		75		
动力形式功率/kW 转速/(r·min⁻¹)	人力	电动 0.4	电动 1.0 2 890	电动 0.55	1E40FP型汽油机 1.18 5 000
外形尺寸/mm 长×宽×高	1 100×400×1 080		816×498×890	530×350×350	360×555×680
重量/kg	18.6	30	67	28～29	14.5

二、挤压式灰浆泵

（一）挤压式灰浆泵的使用要求

（1）使用前应先接好输送管道，往料斗中加注清水启动灰浆泵，当输送胶管出水时，应折起胶管，待升到额定压力时停泵，观察各部位应无渗漏现象。

（2）作业前，应先用水再用白灰膏润滑输送管道后方可加入灰浆开始泵送。

（3）料斗加满灰浆后，应停止振动，待灰浆从料斗泵送完，再加新灰浆振动筛料。

（4）泵送过程应注意观察压力表。当压力迅速上升，有堵管现象时，应反转泵送2～3转，使灰浆返回料斗，经搅拌后再泵送。当多次正反泵仍不能畅通时，应停机检查，排除堵塞。

（5）工作间歇，应先停止送灰，后停止送气，并应防止气嘴被灰堵塞。

（6）作业后，应对泵机和管路系统全部清洗干净。

（二）挤压式灰浆泵的构造与工作原理

挤压式灰浆泵也称挤压式喷涂机，是近年来才出现的一种灰浆泵，是在大型挤压式混凝土泵的基础上发展而产生的，主要用于喷涂抹灰工作，其特点是结构简单、操作方便、使用可靠，喷涂质量好（喷涂层均匀、密实、黏结性能和抗渗性能均较高），而且效率较高。不仅可向墙面喷涂普通砂浆，还可以喷涂聚合物水泥浆、纸筋浆、干粘石砂浆。使用时不受结构物的种类、表面形状和空间位置的限制。适用于建筑、矿山、隧道等工程的大面积内外墙底敷层、外墙装饰面、内墙罩面等的喷涂工作，是一种较为理想的喷涂机械，此外它还可以做强制灌浆和垂直、水平输浆用。

挤压式灰浆泵主要由变极式电动机、变速箱、减速器、链传动装置、滚轮架和滚轮以及挤压胶管等构成。

挤压式灰浆泵工作时，滚轮架旋转，架上的三个滚轮便依次挤压胶管，使管中的砂浆产生压力，沿胶管向前运动，滚轮压过后，胶管由自身的弹性复原，使筒内产生负压，砂浆即被吸入。滚轮架不停地旋转，胶管便连续受到挤压，从而使砂浆源源不断地输送到喷嘴处，再借助压缩空气喷涂到工作面上。挤压式灰浆泵的启动、停机、回浆运转均由喷嘴处或机身处的按钮控制。其工作原理如图 3-23 所示。

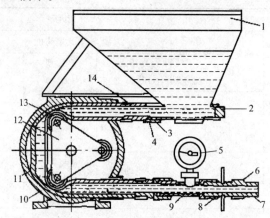

图 3-23　挤压式灰浆泵的工作原理示意图

1—料斗；2—放料室；3、8、9—连接管；4—橡胶垫圈；5—压力表；6、14—胶管卡箍；

7—输送胶管；10—鼓轮形壳；11—挤压胶管；12—滚轮架；13—挤压滚轮

(三)挤压式灰浆泵性能参数

挤压式灰浆泵的性能参数见表 3-10。

表 3-10　　　　　　　　　　　　　挤压式灰浆泵的性能参数

性能指标	型号			
	UBJ0.8 型	UBJ1.2 型	UBJ1.8G1 UBJ1.8G2 (SJ1.8)型	UBJ2 型
输送量/(m³·h⁻¹)	0.2,0.4,0.8	0.3,0.6,1.2	0.3~1.8	2
挤压次数/s⁻¹	0.36,0.75,1.5	0.36,0.75,1.5	0.3~1.75	
电源/相×V×Hz	3×380×50	3×380×50	3×380×50	
挤压电动机 功率/kW 转速/(r·min⁻¹)	2.2,3 1 420,2 880	3,4 1 440,2 880	1.5,2.2 930,1 420	2.2 1 430
功率/kW	0.4,1.1,1.5	0.6,1.5,2.2	1.3,1.5,2	2.2
控制电路电压/V	36	36	36	
挤压管内径/mm	32	32	38	
输送管内径/mm	25	25	25,32	38
最大水平输送距离/m	80	60,80	100	80
最大垂直输送距离/m	25	20,25	30	20
额定工作压力/MPa	1	1,1.2	1.5	1.5
振动筛电动机功率/kW	0.37	0.37	0.37	
振动筛规格	4 目 18# 5 目 18#	4 目 18# 5 目 18#	4 目 18# 5 目 18#	
外形尺寸/mm (长×宽×高)	1 220×662×960	1 220×662×1 035 1 400×560×900	1 270×896×990 800×550×800	1 200×780×800
重量/kg	170	185,200	300,340	270

三、灰气联合泵

(一)灰气联合泵的使用要求

(1)机械启动前应检查各部构件是否有松动、零部件是否完好、电器设备和安全装置是否可靠、电动机和开关盒是否有接地或接零措施。

(2)各部件检查无误后,可空载试运转;各部运转正常后方可加载工作。

(3)工作中要注意压力表的压力,超压时应及时停机,打开泄浆阀查明原因,排除故障后再启动机械。

(4)工作中经常检查轴承温度,注意观察和监听栗缸、电动机、传动装置的运转情况和声响,如有不正常情况应及时停机查找原因,排除故障后再工作。

(5)阀门关闭不严或启闭不利均应及时停机调整。

(二)灰气联合泵的构造

灰气联合泵是一种既能压送砂浆又能压缩空气的双功能泵,体积小、重量轻、结构紧凑、使用方便、功效较高,作为喷涂砂浆使用时,可省去空压机。灰气联合泵的基本结构如图3-24所示,主要由传动装置、双功能泵缸机构、阀门启闭机构等组成。

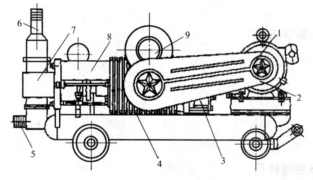

图3-24　UB76-1型灰气联合泵

1—电动机;2—传动装置;3—空气缸;4—曲轴室;5—排浆口;

6—进浆口;7—砂浆缸;8—泵体;9—阀门启闭机构

灰气联合泵的工作原理为:当曲轴旋转时,泵体内的活塞作往复运动,小端用于压送砂浆,大端可压缩空气。曲轴另一端的大齿轮外侧有凸轮,小滚轮在特制的凸轮滚道内运动,通过阀门连杆启闭进浆阀。

当活塞小端离开砂浆缸时(此时活塞大端压气)连杆开启进浆阀,砂浆即可进入缸内。当活塞小端移进砂浆缸内时,连杆关闭进浆阀,而排浆阀则被顶开,砂浆即排入输送管道中。排浆阀为锥形单向阀,在砂浆缸的进浆过程中,此阀在输送管的砂浆作用下自动关闭。活塞大端装有皮碗,具有密封作用。空气缸的缸盖上装有进、排气阀,两阀均为单向阀,当大端离开空气缸时(此时小端压送砂浆),进气阀将开启,空气可吸入缸内。当大端移进空气缸时,进气阀即关闭,使缸内空气被压缩,在气压达到一定程度时,排气阀可被挤开使压缩后的空气加入贮气罐。

（三）灰气联合泵的性能参数

灰气联合泵的主要性能参数见表 3-11。

表 3-11   灰气联合泵的主要性能参数

性能指标	型号		性能指标	型号	
	UB76－1 (HB76－1)型	HK3.5 ～74 型		UB76－1 (HB76－1)型	HK3.5 ～74 型
输送量/($m^3 \cdot h^{-1}$)	3.5	3.5	出浆口直径/mm	42	50
排气量/($m^3 \cdot min^{-1}$)	0.36	0.24	进浆口直径/mm	51	62
排浆最高压力/MPa	2.5	2	电动机功率/kW	5.5	5.5
排气压力/MPa	最高 0.4, 使用 0.15~0.2	0.3~0.4	转速/($r \cdot min^{-1}$)	1 450	1 450
			外形尺寸/mm 长×宽×高	500×600 ×1 300	1 500×720 ×550
活塞行程/mm	70	70			
活塞往复次数/($1 \cdot min^{-1}$)	2.13	1.33	重量/kg	290	293

本章小结

（一）砂浆制备与输送机具

筛砂机。

洗灰机。

淋灰机。

灰浆泵。

砂浆搅拌机。

（二）地面与地板整修机具

水泥抹光机。

水磨石机。

地板刨平机。

地板磨光机。

（三）喷涂机具

喷浆机。

挤压式灰浆泵。

灰气联合泵。

复习思考题

一、简答题

1. 筛砂机的使用要求有哪些？

2. 简述不同筛砂机的构造与工作原理。

3. 简述洗灰机的构造与工作原理。

4. 简述淋灰机的构造与工作原理。

5. 简述灰浆泵的构造与工作原理。

6. 简述砂浆搅拌机的构造与工作原理。

7. 简述水泥抹光机的构造与工作原理。

8. 简述水磨石机的构造与工作原理。

9. 简述地板磨光机的构造与工作原理。

10. 简述喷浆机的使用要求。

11. 简述灰气联合泵的构造与工作原理。

二、综合题

1. 各种筛浆机的工作原理有何不同？

2. 手动喷浆与电动喷浆机有何异同点？

3. 构造与工作原理有何异同点？

第四章　饰面镶贴、挂贴施工

第一节　陶瓷面砖的镶贴施工

一、饰面砖的镶贴施工

（一）施工准备

1. 现场作业条件准备

（1）门窗框安装好并校正，外墙立面排水管已安装，并已临时安排一节向外倾斜的排水管以防雨水冲坏镶贴面砖。

（2）试贴面砖小样板，确定面砖缝隙宽度。

（3）灰饼、冲筋、底层刮糙完成。

（4）水暖管道经检查合格。

2. 材料准备

饰面砖、水泥、砂。

3. 施工机具准备

瓷砖切割机、割刀、水平尺、墨斗、靠尺板、小木槌、尼龙线等。

（二）施工工序与操作方法

1. 施工工序

施工准备→基层清理→抹找平层→画皮数杆→弹线→做标志块→面砖铺贴→起分格条→勾缝→养护。

2. 操作方法

（1）基层清理，镶贴饰面的基体表面，将浮灰和残留砂浆清理干净，凹凸过大的要补平凿平，光滑面或基层表面应凿毛，然后浇水湿润。

（2）抹找平层，用1：3水泥砂浆抹约7 mm厚底子灰，并打磨毛面，稍收水后，再用1：3水泥砂浆或混合砂浆抹中层砂浆，厚约12 mm，刮平，并用木抹子搓出麻面。

（3）划出皮数杆，根据设计要求，按墙面积大小及面砖加缝隙的实际尺寸，先放足大样，从上到下进行，划出面砖的皮数杆来，一般要求砖的水平缝要与窗台在同一直线上。

（4）弹线、分格：根据皮数杆的皮数，在墙面上从上到下弹若干条水平线。控制水平的皮数，按整块面砖尺寸分竖直方向的长度，并按尺寸弹出竖直方向的控制线。一般要求横缝与窗台水平，阳角、窗台口都是整砖，如整块分格，应采用调整砖缝大小的方法。

（5）选砖、预排：根据设计要求，挑选规格一致、平整方正、颜色均匀的外墙面砖。选砖可采用自制套板，即根据面砖的规格做一个"└┘"型木框，将面砖塞入开口处，检查后将相同规格的分类堆放备用。

饰面砖镶贴排砖方式较多，常用的有矩形长边水平排列、竖直排列、密缝排列（缝宽1～3 mm）、疏缝排列（缝宽大于 4 mm）、密缝疏缝水平、竖直相互排列。如图 4-1 所示。

从图 4-1 可以看出，应用疏、密缝及水平、竖直排列，既可灵活调整墙面砖模数，又能增加外墙装饰立面效果。但应注意在一个立面上，除某些凹凸之线条可分行排列外，一般只能采用一种排列方式，以保持外墙面砖的整齐一致。

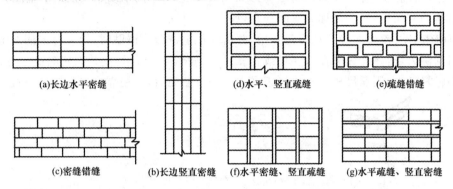

(a)长边水平密缝　　(d)水平、竖直疏缝　　(e)疏缝错缝

(c)密缝错缝　(b)长边竖直密缝　(f)水平密缝、竖直疏缝　(g)水平疏缝、竖直密缝

图 4-1　外墙矩形面砖排缝示意图

在有脸盆镜箱墙面，应从脸盆下水管中心向两边排砖，肥皂盒可按预定尺寸和砖数排砖，如图 4-2 所示。

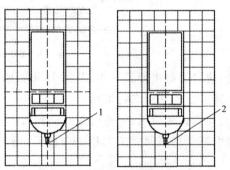

图 4-2　洗脸盆、镜箱和肥皂盒部位瓷砖排列

1—肥皂盒所占位置为单数釉面砖时，应从下水口中心为釉面砖中心；

2—肥皂盒所占位置为双数釉面砖时，应以下水口中心为砖缝中心

在排砖中对突出墙面的窗台、腰线及滴水槽等部位排砖须做出一定的坡度，一般以 $i=3\%$；台面砖盖立面砖，底面砖应贴成滴水鹰嘴，如图 4-3 所示。

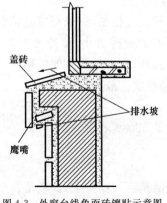

盖砖

排水坡

鹰嘴

图 4-3　外窗台线角面砖镶贴示意图

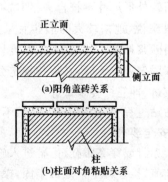

正立面

侧立面

(a)阳角盖砖关系

柱

(b)柱面对角粘贴关系

图 4-4　外墙阳角镶贴排砖示意图

预排中应遵循凡阳角部位都应是整砖,且阳角处正立面整砖盖住侧立面整砖。对大面积墙面砖的粘贴,除不规则部位外,其他都不裁砖;除砖柱镶贴外,其余阳角不得对角粘贴,如图4-4所示。

(6)做标志块:在镶贴面砖时,应先贴若干个标志块。砖的上下用托线板吊直,以此作为粘结厚度依据。标志块竖向、横向的间距均为1.5 m,标志块用拉线或靠尺校正平整度。

靠阳角的侧面也要挂直,称为双面挂直,如图4-5所示。

(7)面砖铺贴:镶贴面砖宜从阳角开始,并由下往上进行。镶贴时,用装有木柄的铲刀在面砖的背面刮满刀灰,将面砖坐在八字尺或直靠尺上,如图4-6所示,使其面砖略高于标志块,然后用木柄轻轻敲击,用靠尺按标志块校正平直。一行贴完后,再用靠尺将其校正平直。

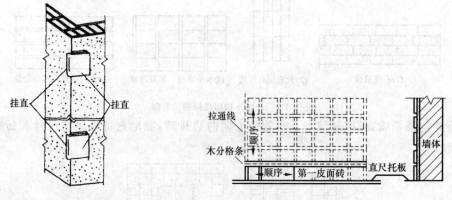

图4-5 阳角处双面挂直　　图4-6 镶贴面砖顺序

对于高出标志块的面砖,应轻轻敲击使其平整;若低于标志块(即欠灰)时,应取下面砖,重新抹满灰浆再镶贴。依照上述方法镶贴第二行面砖。

镶贴每块面砖时,应随时检查面砖质量,调整缝隙。贴到最上一行时,要求上口成一直线。

(8)嵌缝:在贴完一个墙面或全部墙面完工并检查合格后,用与面砖同色的彩色水泥砂浆嵌缝,并仔细擦拭干净。

(9)养护:面砖镶贴后应注意养护,防止砂浆早期受冻或烈日曝晒,以免砂浆酥松。

(10)清洁面层:镶贴面砖完工后,如发现砖面污染严重处,可用10%的稀盐酸溶液刷洗,再用清水洗净。

(三)施工注意事项及安全文明施工

1.注意事项

(1)当面砖外形尺寸不符合规格时,不宜采用大面积无缝粘贴,宜采用留缝粘贴。

(2)一般来说,规格较大的面砖宜采用砂浆粘贴;有的面砖虽小,但外形较差或厚度不均时,也可采用砂浆粘贴。外形整齐、厚度均匀的小规格面砖,宜采用纯水泥浆粘贴。

(3)当基层偏差较大时,必须按规定分层抹平,每层厚度一般为5~7 mm。

(4)贴灰饼、冲筋按要求做好。

(5)在粘贴过程中,力争一次成活,不宜多动,尤其是在收水之后。

2.主要安全要求

(1)严禁赤脚或穿高跟鞋、拖鞋进入施工现场。

(2)操作前,检查脚手架是否牢固,操作层兜网、围网是否张挂齐全,护栏是否牢靠。

(3)在脚手架上操作的人数不能集中,堆放的材料应散开,存放砂浆的灰槽要放平稳。

（4）移动式照明灯必须使用安全电压,机电设备由专人操作。

（5）作业人员必须戴安全帽。

3. 文明施工

（1）操作过程中的落地灰,应边施工边清理。

（2）施工中的碎面砖应集中收起来运走,不允许从上往下丢。

（四）常见的质量通病及防治措施

1. 空鼓、脱落

（1）产生的原因:基体处理不当,砂浆配合比不准,瓷砖浸泡时间不够,砂浆厚薄不均匀,嵌缝不密实,瓷砖有隐伤等。

（2）防治措施:认真清理基体表面浮灰、油渍等;严格控制砂浆的配合比;面砖应浸透晾干;控制砂浆粘结厚度。

2. 接缝不平直、墙面不平整

（1）产生的原因:施工前对面砖挑选不严;分格、弹线、预排没按规矩操作。

（2）防治措施:施工前认真挑选面砖,分类堆放;镶贴前分格、弹线、找好规矩;镶贴时按预排程序进行粘贴,并及时拨正缝隙。

3. 裂缝、变色或表面污染

（1）产生的原因:面砖质量不合格,含水率超标,有隐伤,施工前浸泡不透等。

（2）防治措施:选用材料密实、含水率小的瓷砖;操作前瓷砖应浸泡2小时后晾干;不要用力敲击面砖,防止产生隐伤。

（五）成品保护

（1）墙的阳角和门口应有木护板,以免碰坏面砖。

（2）禁止在面砖墙面上和附近墙面打洞,以免震脱面砖。

（3）拆架子时,注意不得碰撞面砖。

二、操作练习

练习　镶贴外墙面砖

1. 材料准备

水泥、砂子、石灰膏、面砖(150 mm×150 mm×5 mm)130块等。

2. 工具准备

托线板、线锤、靠尺、分格条、小铲刀、墨斗、卷尺、切割机等。

3. 作业布置图

如图4-7所示。

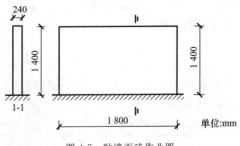

图4-7　贴墙面砖作业图

4. 练习要求

（1）数量:2.5 m²。

(2)定额时间:4 小时。

(3)质量要求和评定标准,见表 4-1。

表 4-1 　　　　　　　　　　　饰面砖质量要求及评分标准

序号	测定项目	分项内容	满分	评分标准	检测点					得分
					1	2	3	4	5	
1	表面	平整	10	允许偏差 2 mm						
2	表面	整洁	20	每污染一块扣 2 分,缝隙不洁每条扣 1 分						
3	立面	垂直	10	允许偏差 2mm						
4	横竖缝	通直	20	大于 2 mm,每超 1 mm 扣 2 分						
5	粘结	牢固	10	起壳每块扣 2 分						
6	缝隙	密实	10	缝隙不密实每处扣 2 分						
7	工艺	符合操作规范	10	错误无分,部分错递减扣分						
8	安全文明施工	无安全事故、善后清理现场	4	重大事故本项目不合格,一般事故扣 4 分,事故苗子扣 2 分,善后清理现场未做无分,清理不完全扣 2 分						
9	工效	定额时间	6	开始时间:　　　　结束时间:						

姓名:　　　　班级:　　　　日期:　　　　学号:　　　　教师签字:　　　　得分:

5.施工现场善后处理

(1)每天施工完毕后应对现场进行清理,清除杂物,没用完的原材料应放回库房保管。

(2)使用完的工具、机具应清洗干净。

三、陶瓷锦砖镶贴

(一)施工准备

1.现场准备

(1)墙面已弹好+50 cm 水平基准线。

(2)立好门框,门框已做好保护措施。

(3)墙面抹灰完。

(4)地面管线已铺设,沟槽洞口已处理。

2.材料准备

(1)陶瓷锦砖:一般采用 30.5 cm×30.5 cm 规格。

(2)水泥:32.5 MPa 普通硅酸盐水泥。

(3)砂:干净的中砂。

3.施工工具准备

除常用抹灰工具外,还应有底尺(300～500) cm×4 cm×(1～1.5) cm、小木方、翻板、硬木拍板、刷子、灰匙、胡桃钳、拨缝刀(如图 4-8 所示)。

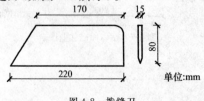

图 4-8 拨缝刀

(二)施工工序与操作方法

1.施工工序

基层清理→抹底层灰→弹水平和垂直线→铺贴→揭纸→调整→擦缝。

2.操作方法

(1)基层清理,有油污的基层应用碱水刷洗,再用清水冲洗干净,其余同"地面砖铺贴"。

(2)抹底灰:同"饰面砖铺贴"。

(3)弹线分格,根据镶贴部位的具体尺寸和形状、纸版规格综合考虑。一般情况,竖向线宜从中间往两边分。横线应从墙面的高度及线角的情况考虑,最好应使两分格线之间能够保持整版的尺寸,如果墙角的线角较多,应先弹好大面积的分格线,然后再考虑线角部位的镶贴,墙面弹线示意图如图4-9所示。地面铺贴常有两种形式:一种是接缝与墙面成45°,称为对角定位法;另一种是按缝与墙面平行,称为直角定位法。

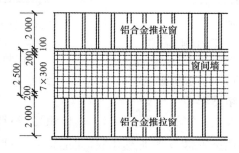

图4-9 马赛克墙面弹线示意图

(镶贴时,先贴 7×300 这段,然后再贴窗台线,最后贴窗台水平部位)

弹线时,以房间中心点为中心,弹出两条相互垂直的定位线,如图4-10所示,在空位线上按陶瓷锦砖的尺寸进行分格,如整个房间可排偶数块瓷砖,则中心线就是陶瓷锦砖的对接缝。若是排奇数块,则中心线应在陶瓷锦砖的中心位置上。另外应注意,若房间内外的铺地材料不同,其交接线应设在门框裁口处。

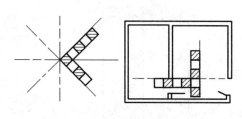

图4-10 弹线、定位

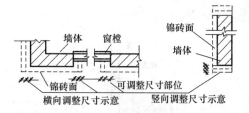

图4-11 镶贴面尺寸调整

按设计要求,对镶贴陶瓷锦砖的墙面进行丈量,使其竖向和横向的总尺寸镶贴时不出现半块锦砖为妥,否则应调整。若横向尺寸不能满足时,应在外墙角或窗樘口处适当加厚或减薄底灰厚度;竖向尺寸不能满足时,应在每层分格缝处或沿口处加厚或减薄底灰厚度,如图4-11所示。做贴面小样板,在正式镶贴前应另选一片墙面进行试贴,确定分格线宽度和嵌缝色彩等,便于选定。

(4)铺贴:铺贴时,一般以两人协同操作。一人洒水湿润基层面抹水泥素浆,再抹结合层,并用靠尺刮平,同时另一人将陶瓷锦砖铺放在木垫上,如图4-12所示。

在放置陶瓷锦砖时,纸面向下,锦砖背面朝上,用水刷一遍,再刮白水泥浆。如果设计上对缝格的颜色有特殊的要求,也可用普通水泥或其他彩色水泥。刮浆前应先检查纸版,如有脱落的小块,用水泥浆修补好。水泥浆的水灰比不宜过大,控制在 0.35 左右。刮浆时,一边刮浆一边用铁抹子往下挤压,使缝格内挤满水泥浆。清理四边余灰,将刮灰的纸板交给镶贴操作者,双手执在陶瓷锦砖的上方,使下口与所垫的直尺齐平,其顺序是从下往上贴,缝子要对齐,并且要注意每一张之间的距离,以保持整个墙面的缝格一致。

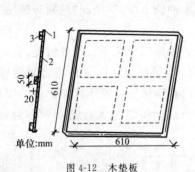

图 4-12　木垫板

1—四边包 0.5 mm 厚铁皮;2—三合板面层;

3—木垫板底盘架

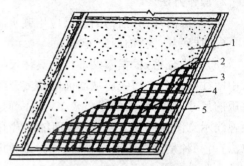

图 4-13　缝中灌干砂灰做法

1—砂浆;2—细砂;3—陶瓷锦砖底面;

4—陶瓷锦砖护面纸;5—木垫板

在陶瓷锦砖贴于表面后,一手拿垫板,放在已贴好的砖面上,另一手用小木槌敲击垫板,将所有的贴面敲击一遍,使其粘贴密实。

另一种操作方法是:一人在湿润的饰面上抹 1∶3(体积比)的水泥砂浆或混合砂浆,分层抹平;另一人将陶瓷锦砖铺在木垫板上,底面朝上,缝里灌干砂灰,用软毛刷刷净底面,再用刷子稍刷一点水,抹上薄薄一层水泥素浆,如图 4-13 所示。

陶瓷锦砖镶贴完成后(2～3 m²),待砂浆初凝前(约 20～30 分钟)便刷湿纸板,一定要刷得均匀,不要漏刷。约等 15～20 分钟,让纸板的胶质充分水解松涨,先试揭,感到轻便无粘结时,再一起去揭。揭纸时宜从上往下撕,所用力的方向应尽量与墙面平行,如图 4-14 所示。如果力的作用方向与贴面垂直,容易将小块拉掉,如图 4-15 所示。揭纸一定要在水泥初凝前进行完毕。

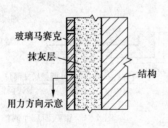

图 4-14　正确的揭纸方法

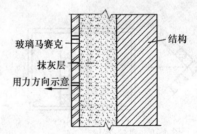

图 4-15　不正确的揭纸方法

(5)调整:揭纸后检查缝隙的大小,不符合要求的,必须拨正。拨正方法是:一手拿拨刀,一手拿铁抹子,将开刀放于缝间,用抹子轻敲开刀,使锦砖的边口以开刀为准排齐。拨缝后,用小槌敲击垫板将其拍实一遍,以增强与它的粘结,然后逐条按要求将缝拨匀、拨正,如有缺少颗粒以及掉角、裂纹的颗粒,应立即剔去,重新镶补整齐。

(6)嵌缝:先用刮板将水泥浆沿砖面满刮一遍,再用干水泥进一步找补擦缝,将缝隙挤满塞实。如为浅色面砖,可用白水泥浆或按设计要求调配颜色浆嵌缝。

(三)施工注意事项及安全文明施工

同"外墙面砖"施工。

（四）常见的质量通病及防治措施

1. 铺贴面不平整，分格不均匀，砖缝不平直。

（1）产生原因：粘结砂浆厚度不均匀，底子灰不平整，阴阳角偏差；施工前没有分格、弹线、试排和绘制大样图，抹底灰时，各部位拉线规矩不够，造成尺寸不准，引起分格缝不均匀；撕纸后，没有及时对砖缝进行检查，拨缝不及时。

（2）防治措施：施工前，应对照设计图纸尺寸，核对结构实际偏差情况，根据排砖模数和分格要求，绘制出施工大样图，选好砖裁好规格，编上号，便于粘贴时对号入座；认真抹底层灰，符合质量要求，在底子灰上弹出水平，垂直分格线，以作为粘贴陶瓷锦砖时控制的标准线；粘贴好后用板放在面层上，用小槌均匀拍板，及时拨缝。

2. 空鼓、脱落

（1）产生原因：基层处理不好，灰尘和油污未处理干净；砂浆配合比不当，材料不合要求；撕纸时间晚，拨缝不及时，勾缝不严。

（2）防治措施：认真处理基体；严格控制砂浆水灰比；揭纸拨缝时间，应控制在 1h 内完成，否则砂浆收水后再纠偏拨缝，易造成空鼓、掉块。

3. 墙面污染

（1）产生原因：墙面成品保护不好，操作中没有清除砂浆，造成污染；未按要求作流水坡和滴水线（槽）。

（2）防治措施：陶瓷锦砖在运输和堆放期间应注意保管，不能淋雨受潮；注意成品保护，不得在室内向室外倒污水、垃圾等，拆除脚手架时，要防止碰坏墙面；按要求做好流水坡度和滴水线（槽）。

（五）成品保护

同"外墙面砖"施工。

四、操作练习

练习 陶瓷锦砖镶贴

1. 施工准备

（1）材料准备：水泥、砂、纸筋灰、陶瓷锦砖等。

（2）工具准备：常用工具有托灰板、线锤、靠尺、刮尺、拨刀、木拍板、墨斗、卷尺等。

2. 练习要求

（1）数量：2 m^2/人。

（2）定额时间：4 h。

（3）质量要求及评分标准，见表 4-2。

表 4-2   陶瓷锦砖或玻璃锦砖墙面（地面）

序号	测定项目	分项内容	满分	评分标准	检测点					得分
					1	2	3	4	5	
1	表面	平整	10	允许偏差 2 mm						
2	立面（泛水）	垂直（正确）	20	允许偏差 2 mm（泛水不正确扣 5 分，倒泛水无分）						
3	缝隙	一致	20	缝隙不密实，每处扣 1 分						

（续表）

序号	测定项目	分项内容	满分	评分标准	检测点					得分
					1	2	3	4	5	
4	接缝	平直	20	大于2 mm，每超1 mm扣2分						
5	粘结	牢固	10	脱落、起壳，每块扣1分						
6	陶瓷锦砖表面	完整、整洁	10	缺粒掉角每处扣1分，表面污染每处扣1分						
7	工艺	符合操作规范	10	错误无分，部分错递减扣分						
8	安全文明施工	安全生产、善后清理现场	4	重大事故项目不合格，一般事故扣4分，事故苗子扣2分，善后清理现场未做无分，清理不完全扣2分						
9	工效	定额时间	6	开始时间：　　　结束时间：						

姓名：　　　　班级：　　　　日期：　　　　学号：　　　　指导教师：　　　　得分：

3. 施工现场善后处理

（1）施工现场杂物清理干净，排除一切不安全因素。

（2）不合格的应重新施工，合格产品注意保护。

第二节　大理石的挂贴施工

一、施工准备

（一）现场准备

（1）做好选料备料工作，根据设计图纸和镶贴排列的要求，提出大理石加工尺寸和数量，如遇到异形线特殊形状的面板，应绘制加工详图。按使用部位编好号，加工量要适当增加，主要考虑运输和施工时的损耗。委托加工时应留好样品，以便验货时对照。

（2）已办好本楼层结构验收，水、电通。

（3）检查、验收门窗、水暖、电气管道及预埋件安装位置是否符合设计要求。

（4）检查验收立体结构的平整度和垂直度及强度是否符合设计要求，不符合的应立即返工。

（5）事先将有缺边掉角，裂纹和局部污染变色的大理石板材挑选出来，完好的进行套方检查规格尺寸，如有偏差，应磨边进行修正。

（6）用于室外装饰的板材，应挑选具有耐晒、耐风化、耐腐蚀性能的板材。

（7）安装大理石前，应准备好不锈钢连接件、锚固件及铜线。

（二）材料准备

（1）大理石：板块规格尺寸方正，表面平整光滑，没有缺棱掉角、表面裂纹和污染变色等缺陷。

（2）水泥：不宜低于27.5 MPa普通硅酸盐水泥或矿渣硅酸盐水泥，并应备少量擦缝用白色水泥。

（3）砂：宜用粗砂，使用时应过 5 mm 筛子，含泥量不得大于 3‰。

（4）其他材料：还需备有 $\phi6\sim\phi8$ 骨架钢筋、细铜丝（锚固扎结用）或不锈钢挂件，熟石灰、细碎石、矿物性颜料等。

（三）工具准备

除一般常用工具外，还应备好手提式冲击电钻、电动锯石机、细砂轮、水平尺、橡皮锤、靠尺板、钢丝钳、尼龙线等。

二、施工程序与操作方法

（一）施工程序

1. 绑扎固定灌浆法施工程序

基层清理→弹线、分块→焊 $\phi6$ 钢筋网→大理石饰面板修边打眼→大理石饰面板安装→临时固定→灌浆→清理→嵌缝→抛光

2. 楔固法施工程序

石块板钻孔→基体钻斜孔→板材安装与固定→灌浆→清理→嵌缝→抛光。

3. 钢针式干挂法施工程序

石材钻孔→石材背面贴玻纤布→墙面挂水平、垂直位置线→临时固定底层板材→镶固定件→插入钢针→校正临时固定→最后固定→清理→抛光。

（二）操作方法

1. 绑扎固定灌浆法

（1）基层清理

清除基层表面浮灰和油污，检查结构预埋件位置，检查基层表面的垂直度、平整度。

（2）弹线、分块

用线锤从上至下吊线，确定板面距基层的距离，要考虑板材的厚度，灌缝宽度和钢筋网所占的尺寸。一般为 40～50 mm。尺寸确定后，用线锤按确定的尺寸投到地面，此线为第一层板的基准线，然后再按大理石板的总高度和缝隙，进行分块弹线。

（3）焊 $\phi6$ 钢筋网

板材的铜丝或不锈钢挂件是固定在 $\phi6$ 钢筋网上的，$\phi6$ 钢筋与结构预埋件焊牢。若没有设置预埋件，可以在墙面上钻锚固孔，如图 4-16 所示。钻孔深度不小于 35～40 mm，孔径为 5～6 mm，然后再安置膨胀螺栓，把钢筋焊在膨胀螺栓上。钢筋必须焊牢，不得有松动和弯曲现象。钢筋网竖向钢筋间距不大于 500 mm。横向钢筋为绑扎铜丝或挂钩所需要，其上下排之间的尺寸由板的高度决定，当板高度超过 1.2 m 时，中间宜增加横向钢筋。

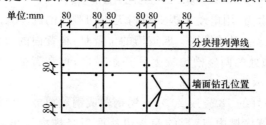

图 4-16 墙柱面上钻锚固孔

(4)大理石饰面板修边打眼

饰面板安装前,应对饰面板修边打眼。目前有两种方法:

①钻孔打眼法。当板宽在 500 mm 以内时,每块板的上、下边的打眼数量均不得少于 2 个;如超过 500 mm,应不少于 3 个。打眼的位置应与基层上钢筋网的横向钢筋的位置相适应。一般在板材的断面上由背面算起 2/3 处,用笔画好钻孔位置,然后用手电钻钻孔,使竖孔、横孔相连通,钻孔直径以能满足穿线即可,严禁过大,一般为 5 mm。如图 4-17 所示。

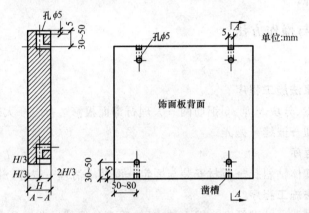

图 4-17 饰面板钻孔及凿槽示意

钻好孔后,将铜丝穿入孔内拧紧,可以用环氧树脂固结,也可用铅皮挤紧铜丝。

若用不锈钢的挂钩同 $\phi6$ 钢筋挂牢时,应在大理石板上、下侧面,用 $\phi5$ 的合金钢钻头钻孔,如图 4-18 所示。

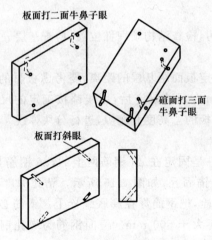

图 4-18 饰面板打眼示意图

②开槽法。施工步骤为:用电动手提式石材无齿切割机的圆锯片,在需要绑扎铜丝的部位上开槽。现采用的是四道或三道槽法。四道槽的位置是:板背面的边角处开两条竖槽,其间距为 30~40 mm;板块侧边处的两竖槽位置上开一条横槽,再在背面上的两条竖槽位置下部开一条横槽。如图 4-19 所示。

板块开好槽后,把备好的 18 号或 20 号不锈钢丝或铜丝剪成 300 mm 长,并弯成 U 形,将 U 形不锈钢丝先套入板背横槽内,U 形的两条边从两条竖槽内导出后,在板块侧边横槽处交叉。然后再通过两条竖槽将不锈钢丝在板块背面扎牢。注意,不应将不锈钢丝拧得过紧,防止把铜丝拧断或将大理石的槽口拉裂。

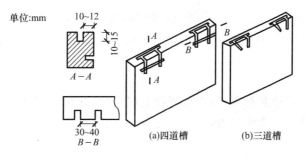

图 4-19　板材开槽方式

（5）大理石饰面板安装

大理石饰面板的安装，应采用板材与基层绑扎或悬挂，然后灌浆固定的方法。如图 4-20 所示。大理石饰面板的安装顺序是自下而上，为了保证安装的质量，安装第一皮时应用直尺托板和木楔找平。

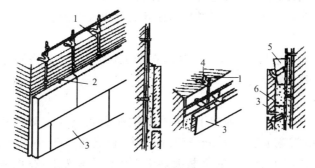

图 4-20　大理石安装固定示意图
1—$\phi 6$ 钢筋；2—铜丝；3—大理石；4—基体；5—木楔；6—砂浆

开始安装时，按编号将大理石板擦净并理直铜丝，手提石板就位，按事先找好的水平线和垂直线，在最下一行两头找平；拉上横线，从中间一块开始，右手伸入石板背后把石板下口铜丝绑在横筋上，绑扎时不要太紧，把铜丝和横筋拴牢即可。然后绑扎石板上口铜丝，并用木楔垫稳，用靠尺检查调整木楔，再系紧铜丝，依次向另一方向进行。安装每一块石板时，如发现石板的规格不准或石板间隙不均匀，应用胶皮加垫，使石板间隙均匀一致。以保持第一层石板上口平直，为第二层石板安装打下基础。

如用挂钩，应将挂钩一端放入孔内，另一端钩在钢筋上。

（6）临时固定

为了防止水泥浆灌缝时安装完毕的石板走动与错位，要采取临时固定措施，临时固定的办法，可视部位的不同，灵活采用。

墙面安装大理石饰面板临时固定较多采用的方法是用外贴石膏，将熟石膏加水拌成糊状，在调整完毕的板面沿拼缝外贴 2～3 块，也可沿拼缝贴一条，使该层石板连成整体。上口的木楔也要贴上石膏，防止松动和错位。

临时固定后，用靠尺检查安装面板的垂直度和平整度，发现问题应及时校正，待石膏坚固后即可灌浆。

（7）灌浆

临时固定后，用污水泥砂浆（稠度在 $100\sim150$ mm）进行灌浆。浇灌高度约为 150 mm，不得超过石板高度的 1/3。用铁棒轻轻捣固，不要猛捣猛灌，发现错位应立即拆除，重新安装。

第一次灌入 150 mm，稍停 1～2 小时，待砂浆初凝无水溢出后，再检查板是否有移动，然后进行第二层灌浆，高度为 100 mm 左右，即石板的 1/2 高处。第三层灌浆至低于石板上口 50 mm 处为止。

（8）清理

一层石板灌浆完毕、砂浆初凝后，方可清理上口余浆，并用棉纱擦干净。隔天再清理石板上口木楔、石膏及杂物。清理干净后，依照上述步骤安装上一层石板，重复操作，依次镶贴安装完毕。

（9）嵌缝

全部安装完毕，清除所有的石膏及余浆残迹，然后用同大理石板颜色相同的色浆嵌缝，边嵌边擦干净，使缝隙密实，颜色一致。

（10）抛光

磨光的大理石板，表面在工厂已进行抛光打蜡。但由于施工过程中的污染，表面已失去部分光泽。所以安装完毕后要进行擦拭与抛光，使其表面更富光泽。

2. 楔固安装法

传统挂贴法是把固定板块的铜丝绑在预埋钢筋上，而楔固法是将固定板块的钢丝直接楔紧在墙体或柱体上。其工序如下：

（1）大理石板钻孔

将大理石饰面板直立固定于木架上，用手电钻在距两端 1/4 处居板厚中心钻孔，孔径 6 mm，深 35～40 mm，板宽小于 500 mm 打直孔 2 个，板宽在 500～800 mm 之间打直孔 3 个，板宽大于 800 mm 打直孔 4 个。然后将板旋转 90°固定于木架上，在板两边分别各打直孔 1 个，孔位距板下端 100 mm 处，孔径 6 mm，孔深 35～40 mm，上下直孔都用合金錾子在石板背面方向剔槽，槽深 7mm，以使安装 U 形钢条，如图 4-21 所示。

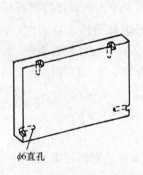

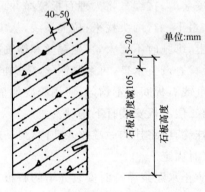

图 4-21　楔固法中石板钻孔要求　　　　　图 4-22　基体钻斜孔

（2）板材钻孔后，按基体放线分块位置临时就位。并在对应于板材上下直孔的基体位置上，用冲击钻钻出与板材孔数相等的斜孔，斜孔成 45°，孔径 6 mm，孔深 40～50 mm。如图 4-22 所示。

（3）板材安装与固定

基体钻孔后，将大理石板安装就位。根据板材与基体相距的孔距，用钢丝钳现制直径 5 mm 的不锈钢 U 形钉，如图 4-23 所示。钉的一端钩进大理石直孔内，并用硬木小楔楔紧，另一端钩进基体斜孔内，并拉小线或用靠尺及水平尺校正板上下口，以及板面垂直度和平整度，并视其与相邻板材结合是否严密，随即将基体斜孔内的不锈钢 U 形钉用硬木楔成水泥钉楔紧,接着用大头木楔紧胀于板材与基体之间,以紧固 U 形钉,做法见图 4-24 所示。

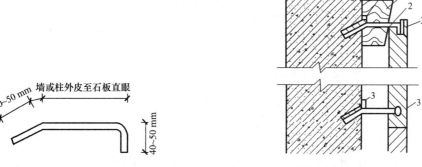

图 4-23　直径 5 mm 的不锈钢 U 形钉

图 4-24　楔固法安装石板

1—基体;2—U 形钉;3—硬木小楔;4—大木楔

（4）灌浆

饰面板位置校正准确并临时固定后,即可进行灌浆施工,其方法与"绑扎固定灌浆法"相同。

（5）清理、嵌缝、抛光

同"绑扎固定灌浆法"。

3. 钢针式干挂法

钢针式干挂工艺是利用高强度螺栓和耐腐蚀、高强度的柔性连接件将石材饰面板挂在建筑物结构的外表面,石材与结构表面之间留出 40～50 mm 的空腔,如图 4-25 所示。

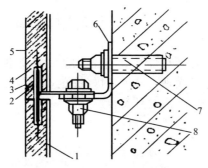

图 4-25　干挂安装示意图

1—玻纤布增强层;2—嵌缝;3—钢针;4—长孔（充填环氧树脂胶粘剂）;

5—石衬薄板;6—L 型不锈钢固定件;7—膨胀螺栓;8—紧固螺栓

此工艺多用于 30 mm 以下的钢筋混凝土结构,不适宜用于砖墙和加气混凝土墙。由于连接件具有上下、左右、前后三维空间的可调性,增强了石材安装的灵活性,易于使饰面平整。这种安装工艺在安装板材时不需灌浆。其工序如下:

（1）板材钻孔:根据设计尺寸,进行石材钻孔,孔径 4 mm,孔深 20 mm。

（2）贴玻纤布:石板背面刷胶粘剂,贴玻璃纤维网格布。

（3）挂水平、垂直线:在墙面上挂水平、垂直位置线,以控制石材的平整度和垂直度。

（4）底层板临时固定:支底层石材托架,放置底层石材,调节好后临时固定。

（5）镶固定件:用冲击电钻在结构上钻孔,插入膨胀螺栓,镶 L 型不锈钢固定件。

（6）插入钢针:用胶粘剂灌入下层板材上部孔眼,插入 $\phi4$、长 8 mm 的不锈钢连接钢针,将胶粘剂灌入上层板材下孔内,再把上层板材对准钢针插入。

(7)校正并临时固定:校正好板材位置以及垂直度、平整度,然后临时固定。

(8)最后固定:当校正好后,拧紧紧固螺栓做最后固定。

(9)清理:清理板材饰面,贴防污胶条,嵌缝。

(10)抛光:同"绑扎固定灌浆法"。

三、施工注意事项及安全文明施工

(1)镶贴前应检查基层平整情况,如凹凸过大,应事先处理。

(2)镶贴前应事先找好水平线和垂直线及分格线。

(3)镶贴时,应注意板面的垂直度、平整度及纵横缝平直。

(4)大理石饰面板安装时决不能用钢连接件及22号铁丝,因其易污染大理石面层。

(5)安装完后,应注意第一次灌浆的高度不应超过板高的1/3。

(6)饰面板安装应按图纸要求,钻孔后用铜丝等与基体固定,不得浮放。

(7)饰面板钻孔时,一定要设临时支撑的固定架,防止电钻钻头折断伤人。

(8)加工各种石板不得面对面进行,必要时须安设挡板隔离,以免石片飞出伤人。

四、常见的质量通病与防治措施

1.接缝不平、板面纹理不顺、色泽不匀

(1)产生原因

基层处理不好,施工操作没有按要点进行,材质没有严格挑选,分层灌浆过高。

(2)防治措施

①施工前对原材料要进行严格挑选,并进行套方检查,规格尺寸若有偏差,应进行磨边修正。

②施工前一定要检查基层是否符合要求,偏差大的一定要事先剔凿和修补。

③根据墙面弹线找规矩进行大理石试拼,对好颜色,调整花纹,使板之间上下左右纹理通顺,颜色协调。试拼后逐块编号,然后对号安装。

④施工时应按大理石饰面操作要点进行。

2.开裂

(1)产生原因

①大理石挂贴墙面时,水平缝隙较小,墙体受压变形,大理石饰面受到垂直方向的压力。

②大理石安装不严密,侵蚀气体和湿空气透入板缝,使钢筋网和挂钩等连接件遭到锈蚀,产生膨胀,给大理石板一向外的推力。

(2)防治措施

①承重墙上挂贴大理石时,应在结构沉降稳定后进行,在顶部和底部安装大理石板块时,应留一定缝隙,以防墙体被压缩时,使大理石饰面直接承受压力而被压开裂。

②安装大理石接缝处,嵌缝要严密,灌浆要饱满,块材不得有裂缝、缺棱掉角等缺陷,以防止侵蚀气体和湿空气侵入,锈蚀钢筋网片,引起板面开裂。

3.饰面腐蚀、空鼓脱落

(1)产生原因

大理石主要成分是碳酸钙和氧化钙,如遇空气中的二氧化硫和水,就能生成硫酸,而硫酸与大理石中的碳酸钙发生反应,在大理石表面生成石膏。石膏易溶于水,且硬度低,使磨光的大理石表面逐渐失去光泽,产生麻点,出现开裂和剥落现象。

(2)防治措施

①大理石不宜作为室外墙面饰面,特别是不宜在工业区附近的建筑物上使用。

②要认真处理室外大理石墙面压顶部位,保证基层不渗水。操作时,横、竖接缝必须严密,灌浆饱满。挂贴时,每块大理石板与基层钢筋网拉结应不少于4点。

③将空鼓脱落大理石拆下,重新安装。

4. 饰面破损、污染

(1)产生原因

主要是板材在运输、保管中不妥当,操作中不及时清洗砂浆等脏物造成污染;安装好后,没有认真做好成品保护。

(2)防治措施

①在搬运过程中,要避免正面边角先着地或一角先着地,以防正面棱角受损。

②大理石受到污染后不易擦洗。在运输保管中,不宜用草绳、草帘等捆绑;大理石灌缝时,防止接缝处漏浆造成污染。还要防止酸碱类化学药品、有色液体等直接接触大理石表面。

③对大理石缺棱掉角进行修补。缺棱掉角处宜用环氧树脂胶修补。环氧树脂胶的配合比为6101号环氧树脂胶:苯二甲酸二丁酯:乙二胺:白水泥:颜料=100:20:10:100:适量颜料。调成与大理石相同的颜色,修补待环氧树脂胶凝固硬化后,用细油石磨光磨平。掉角撕裂的大理石板,先将黏结面清洗干净,干燥后,在两个黏结面上均匀涂上0.5 mm厚的环氧树脂胶粘贴后,养护3天。胶粘剂配好后宜在1小时内用完。或采用502胶粘剂,在粘结面上滴上502胶后,稍加压力粘合,在15 ℃下养护24小时即可。

五、成品、半成品保护

大理石饰面板不宜采用易褪色的材料包捆,以防在运输和存放时污染石板。大理石板是脆性材料,棱角极易碰坏,在包装和运输时要保护棱角和光面,放置时要光面相对,衬以软纸,直立码放。对于刚安装好的阳角,要用木护板遮盖。墙面应贴纸或塑料薄膜保护,以防污染。拆架子或搬动高凳时,注意不要碰撞饰面表面,以免破损。

六、操作练习

练习 大理石挂贴墙面(绑扎固定灌浆法)

1. 施工准备

(1)材料准备

大理石板材、水泥、砂、熟石膏、细碎石、矿物性颜料、铜丝等。

(2)工具准备

手提式冲击电钻、电动锯石机、水平尺、橡皮锤、靠尺板、钢丝钳等。

2. 学生作业平面布置图

操作练习平面布置图,如图4-26所示,每堵墙上拟定4人(双面)进行操作。

3. 实训要求

(1)数量:1~1.5 m²。

(2)定额时间:4 h。

(3)质量要求:达到评分表里测定项目的各分项内容要求。

4. 操作方法

(1)挑选大理石,进行试拼,检查板材颜色、尺寸、边棱整齐方正,进行预排。

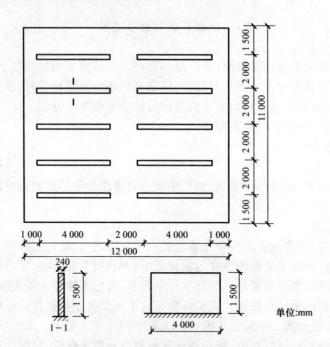

图 4-26　大理石挂贴施工学生作业平面布置图

（2）按照要求在基体表面绑扎好钢筋网，与结构预埋件绑扎牢固。

（3）板材按要求钻孔，并穿上铜丝。

（4）检查基体的平整度，如有凹凸较大的地方，应事先处理好。

（5）按事先找好的水平和垂直控制线进行预排，然后在最下一行两端找平，拉上横线，从阳角或分好的中间一块开始挂贴。并用铜丝把大理石块材与钢筋骨料绑扎牢固，随时用托线板靠直靠平。为调整缝隙宽度，可在接缝中垫入木楔。

（6）饰面板安装后，用石膏将底面及两侧缝隙堵严，上、下口用石膏临时固定，较大板块固定时可加支撑。

（7）安装完毕经检查合格后，用 1：1.5～2.5 水泥砂浆分层灌注。第一次灌 150 mm，但不得超过板材高度的 1/3，初凝后灌第二层至板中，初凝后灌第三层至板块上口下 50～100 mm 处。最后一层砂浆初凝后，清理擦净板块上口余浆及剔出上口用于临时固定的石膏，然后按同样方法依次由下向上安装上层板材。

5. 考核内容及评分标准

见表 4-3。

表 4-3　　　　　　　　　　　　　　　　大理石墙面

序号	测定项目	分项内容	满分	评分标准	检测点					得分
					1	2	3	4	5	
1	大理石选料	色泽一致、排列正确	10	选料排列不符合要求，本项目无分						
2	缝隙	一致	20	大于 1 mm，每超 1 mm 扣 2 分						
3	表面	平整	20	大于 1 mm，每超 1 mm 扣 2 分						

（续表）

序号	测定项目	分项内容	满分	评分标准	检测点					得分
					1	2	3	4	5	
4	表面	洁净	10	表面污染处每处扣2分						
5	立面（阴、阳角）	垂直	10	允许偏差2 mm						
6	粘结	牢固	10	起壳每块扣4分						
7	工艺	符合操作规范	10	错误无分,部分错递减扣分						
8	安全文明施工	安全生产、善后清理现场	4	重大事故本项目不合格,一般事故扣4分,事故苗子扣2分,善后清理现场未做无分,清理不完全扣2分						
9	工效	定额时间	6	开始时间： 结束时间：						

姓名： 班级： 日期： 学号： 指导教师： 得分：

6.施工现场善后处理

（1）下班前,应对现场的落地灰进行清理,一般是边施工边清理,落地灰还能用的,就立即收起来用。

（2）施工后拆下的脚手架钢管、高凳、跳板等应分类堆放规矩,不得乱扔乱放,以保持场内整洁。

（3）对于检查不合格的地方,应立即返工,直到达到施工验收规范的要求。

（4）对于场地内的垃圾应及时清除,并抛弃到指定地点,不得乱倒,以免影响环境卫生。

第三节 金属饰面板的安装施工

金属饰面板装饰是采用一些轻金属,如铝、铝合金、不锈钢、铜等制成薄板,或在薄钢板表面进行搪瓷、烤漆喷漆、镀锌、覆盖塑料的处理做成墙面饰面板,这类墙面饰面板不但坚固耐用,而且美观新颖,不仅可用于室内,也可用于室外。

金属饰面板的形式可以是平板,也可以制成凹凸花纹,以增加板的刚度并使施工方便,金属饰面板可以用螺钉直接固定在结构层上,也可以采用锚固件悬挂或嵌卡的方法。

一、铝合金墙板的安装施工

铝合金板装饰是一种较高档次的建筑装饰,也是目前应用最广泛的金属饰面板。它比不锈钢、铜质饰面板的价格便宜,易于成型,表面经阳极氧化处理可以获得不同颜色的氧化膜。这层薄膜不仅可以保护铝材不受侵蚀,增加其耐久性;同时,由于色彩多样,也为装饰提供了更多的选择余地。

（一）铝合金板的品种规格

用于装饰工程的铝合金板，其品种和规格很多。按表面处理方法不同，可分为阳极氧化处理及喷涂处理。按几何形状不同，有条形板和方形板，条形板的宽度多为 80～100 mm，厚度多为 0.5～1.5 mm，长度为 6.0 m 左右。按装饰效果不同，有铝合金花纹板、铝质浅花纹板、铝及铝合金波纹板、铝及铝合金压纹板等。

（二）施工前的准备工作

1. 施工材料的准备

因为金属饰面板主要是由铝合金板和骨架组成，骨架的横竖杆均通过连接件与结构固定，因此，铝合金墙板的施工材料准备比较简单。铝合金板材可选用生产厂家的各种定型产品，也可以根据设计要求，与铝合金型材生产厂家协商供货。承重骨架由横竖杆件拼成，材质为铝合金型材或型钢，常用的有各种规格的角钢、槽钢、V 形轻金属墙筋等。因角钢和槽钢比较便宜，强度较高，安装方便，在工程中采用较多。连接构件主要有铁钉、木螺钉、镀锌自攻螺钉的螺栓等。

2. 施工机具的准备

铝合金饰面板安装中所用的施工机具也较简单，主要包括小型机具和手工工具。小型机具有型材切割机、电锤、电钻、风动拉铆枪、射钉枪等，手工工具有锤子、扳手和螺钉旋具等。

（三）铝合金墙板的施工工艺

铝合金墙板安装施工工艺流程为：弹线→固定骨架连接件→固定骨架→安装铝合金板→细部处理。

1. 弹线

首先，要将骨架的位置弹到基层上，这是安装铝合金墙板的基础工作。在弹线前先检查结构的质量，如果结构的垂直度与平整度误差较大，势必影响到骨架的垂直与平整，必须进行修补。弹线工作最好一次完成，如果有差错，可随时调整。

2. 固定骨架连接件

骨架的横竖杆件是通过连接件与结构进行固定的，而连接件与结构的连接可以与结构的预埋件焊牢，也可以在墙面上打膨胀螺栓固定。因膨胀螺栓固定方法比较灵活，尺寸误差小，准确性高，容易保证质量，所以在工程中采用较多。连接件施工应保证连接牢固，型钢类的连接件，表面应当镀锌，焊缝处应刷防锈漆。

3. 固定骨架

骨架应预先进行防腐处理。安装骨架位置要准确，结合要牢固。安装后，检查中心线、表面标高等，对多层或高层建筑外墙，为了保证铝合金板的安装精度，要用经纬仪对横竖杆件进行贯通，变形缝、沉降缝、变截面处等应妥善处理，使之满足使用要求。

4. 安装铝合金板

铝合金板的安装固定办法多种多样，不同的断面和部位，安装固定的办法可能不同。从固定原理上分，常用的安装固定办法主要有两大类：一种是将板条或方板用螺钉拧到型钢骨架上，其耐久性能好，多用于室外；另一种是将板条卡在特制的龙骨上，板的类型一般是较薄的板条,多用于室内。

（1）用螺钉固定的方法

①铝合金板条的安装固定。如果是用型钢材料焊接成的骨架,可先用电钻在拧螺钉的位置钻孔（孔径应根据螺钉的规格决定）,再将铝合金板条用自攻螺钉拧牢。如果是木骨架,则可用木螺钉将铝合金板拧到骨架上。

型钢骨架可用角钢或槽钢焊成,木骨架可用方木钉成。骨架同墙面基层多用膨胀螺栓连接,也可预先在基层上预埋铁件焊接。两者相比,用膨胀螺栓比较灵活,在工程中使用比较多。骨架除了考虑同基层固定牢固外,还需考虑如何适应板的固定。如果板条或板的面积较大,宜采用横竖杆件焊接成骨架,使固定板条的构件垂直于板条布置,其间距宜在 500 mm 左右。固定板条的螺钉间距与龙骨的间距应相同。

②铝合金蜂窝板的安装固定。铝合金蜂窝板不仅具有良好的装饰效果,而且还具有保温、隔热、隔声等功能。图 4-27 所示为断面加工成蜂窝空腔状的铝合金蜂窝板,图 4-28 所示为用于外墙装饰的蜂窝板。铝合金蜂窝板的固定与连接的连接件,在铝合金制造过程中,同板一起完成,周边用图 4-28 所示的封边框进行封堵,封边框同时也是固定板的连接件。

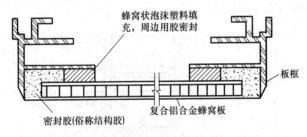

图 4-27　铝合金蜂窝板示意图

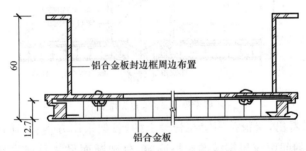

图 4-28　铝合外墙板示意图

安装时,两块板之间有 20 mm 的间隙,用一条挤压成型的橡胶带进行密封处理,两板用一块 5 mm 的铝合金板压住连接件的两端,然后用螺钉拧紧,螺钉的间距一般为 30 mm 左右,其固定节点如图 4-29 所示。当铝合金蜂窝板用于建筑窗下墙面时,在铝合金板的四周应均用图 4-30 所示的连接件与骨架进行固定。这种周边固定的方法,可以有效地约束板在不同方向的变形,其安装构造如图 4-31 所示。

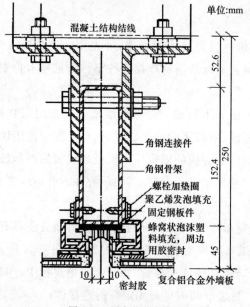

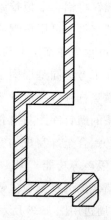

图 4-29 固定节点大样图   图 4-30 连接件断面图

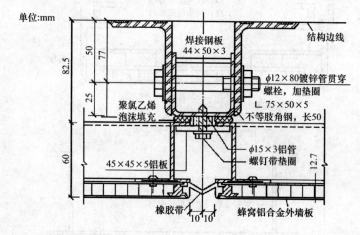

图 4-31 安装节点大样图

从图 4-31 中可以看出,墙板是固定在骨架上的,骨架采用方钢管,通过角钢连接件与结构连接成整体。方钢管的间距应根据板的规格确定,骨架断面尺寸及连接板的尺寸应进行计算选定。这种固定办法安全系数大,适用于多层建筑和高层建筑中。

③柱子外包铝合金板的安装固定。考虑到室内柱子的高度一般不大,受风荷载的影响很小等客观条件,在固定办法上可进行简化。一般在板的上下各留两个孔,然后在骨架相应位置上焊钢销钉,安装时,将板穿到销钉上,上、下板之间用聚氯乙烯泡沫填充,然后在外面进行注胶,如图 4-32 所示。这种办法简便、牢固,加工、安装都比较省事。

(2)将板条卡在特制的龙骨上的安装固定方法

图 4-33 所示的铝合金板条的安装固定方法同以上介绍的几种板条在固定方法上截然不同,该种板条是卡在龙骨上,如图 4-34 所示,龙骨与基层固定牢固。龙骨由镀锌钢板冲压而成,在安装板条时,将板条上下固定在龙骨上的顶面。此种方法简便可靠,拆换方便。

上述所讲的只是其中的一种方法,其实龙骨的形式很多,板条的断面多种多样,但是不管

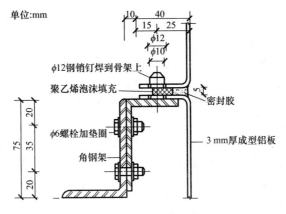

图 4-32　铝合金板固定示意图

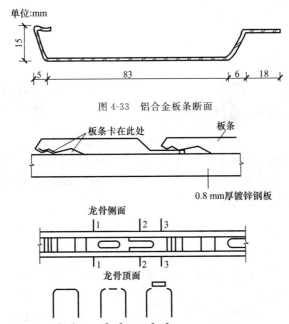

图 4-33　铝合金板条断面

图 4-34　特制龙骨及板条安装固定示意

何种断面,均需要龙骨与板条配套使用。龙骨既可与结构直接固定,也可将龙骨固定在构架上。也就是说,未安龙骨之前,应将构架安好,然后将龙骨固定在构架上。

5. 收口细部的处理

虽然铝合金装饰墙板在加工时,其形状已经考虑了防水性能,但如果遇到材料弯曲、接缝处高低不平等情况,其形状的防水功能可能会失去作用,这种情况在边角部位尤为明显,如水平部位的压顶、端部的收口处、伸缩缝、沉降缝等处以及两种不同材料的交接处等。这些部位一般应用特制的铝合金成型板进行妥善处理。

(1)转角处收口处理

转角部位常用的处理手法如图 4-35 所示。图 4-36 所示为转角部位详细构造,该种类型的构造处理比较简单,用一条 1.5 mm 厚的直角形铝合金板与外墙板用螺栓连接。如果一旦发生破损,更换起来也比较容易。直角形铝合金板的颜色应当与外墙板相同。

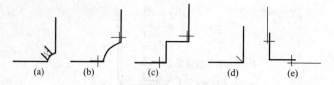

图 4-35 转角部位的处理方法

（2）窗台、女儿墙上部处理

窗台、女儿墙的上部，均属于水平部位的压顶处理，即用铝合金板盖住顶部，如图 4-37 所示，使之阻挡风雨的浸透。水平盖板的固定，一般先在基层上焊上钢骨架，然后用螺栓将盖板固定在骨架上，板的接长部位宜留 5 mm 左右的间隙，并用胶进行密封。

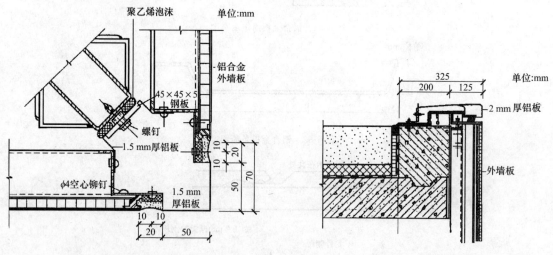

图 4-36 转角部位节点大样图

图 4-37 水平部位的盖板构造大样

（3）墙面边缘部位收口处理

图 4-38 所示的节点大样图，是利用铝合金成型板将墙板端部及龙骨部位封住。

（4）墙面下端收口处理

图 4-39 所示的节点大样图，是用一条特制的披水板将板的下端封住，同时将板与墙之间的间隙盖住，防止雨水渗入室内。

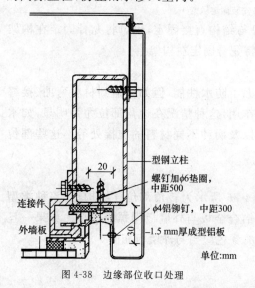

图 4-38 边缘部位收口处理

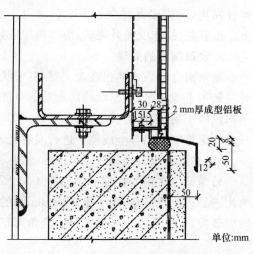

图 4-39 铝合金板墙下端收口处理

（5）伸缩缝与沉降缝的处理

在适应建筑物的伸缩与沉降的需要时，也应考虑其装饰效果，使之更加美观。另外，此部位也是防水的最薄弱环节，其构造节点应周密考虑。在伸缩缝或沉降缝内，氯丁橡胶带起到连接、密封的作用。橡胶这一类制品是伸缩缝与沉降缝的常用密封材料，最关键的是如何将橡胶带固定。

（四）施工中的注意事项

（1）施工前，应检查所选用的铝合金板材料及型材是否符合设计要求，规格是否齐，表面有无划痕，有无弯曲现象。选用的材料最好一次进货（同批），这样可保证规格型号统一、色彩一致。

（2）铝合金板的支承骨架应进行防腐（木龙骨）、防锈（型钢龙骨）处理。

（3）连接杆及骨架的位置，最好与铝合金板的规格尺寸一致，以减少施工现场材料的切割。

（4）施工后的墙体表面应做到表面平整，连接可靠，无起翘、卷边等现象。

二、彩色涂层钢板的安装施工

为了提高普通钢板的防腐蚀性能，并使其具有鲜艳色彩及光泽，近几年来出现了各种彩色涂层钢板。这种钢板的涂层大致可分为有机涂层、无机涂层和复合涂层三类，其中以有机涂层钢板发展最快。

（一）彩色涂层钢板的特点及用途

彩色涂层钢板也称塑料复合钢板，是在原材钢板上覆以 0.2～0.4 mm 软质或半硬质聚氯乙烯塑料薄膜或其他树脂。塑料复合钢板可分为单面覆层和双面覆层两种，有机涂层可以配制成各种不同的色彩和花纹。

彩色涂层钢板具有绝缘、耐磨、耐酸碱、耐油、耐醇的侵蚀等特点，并且具有加工性能好，易切断、弯曲、钻孔、铆接、卷边等优点，用途十分广泛，可作样板、屋面板等。

（二）彩色涂层钢板的施工工艺

彩色涂层钢板的安装施工工艺流程为：预埋连接件→立墙筋→安装墙板→板缝处理。

1. 预埋连接件

在砖墙中可埋入带有螺栓的预制混凝土块或木砖；在混凝土墙体中可埋入直径为 8～10 mm 的地脚螺栓，也可埋入锚筋的铁板。所有预埋件的间距应按墙筋间距埋入。

2. 立墙筋

在墙筋表面上拉水平线和垂直线，确定预埋件的位置。墙筋材料可选用角钢 ∟ 30 mm×30 mm×3 mm、槽钢 ⊏ 25 mm×12 mm×14 mm、木条 30 mm×50 mm。竖向墙筋间距为 900 mm，横向墙筋间距为 500 mm。竖向布板时可不设置竖向墙筋；横向布板时可不设置横向墙筋，将竖向墙筋间距缩小到 500 mm。施工时要保证墙筋与预埋件连接牢固，连接方法为钉、拧、焊接。在墙角、窗口等部位必须设置墙筋，以免端部板悬空。

3. 安装墙板

墙板的安装是非常重要的一道工序，其安装顺序和方法如下：

（1）按照设计节点详图，检查墙筋的位置，计算板材及缝隙宽度，进行排版、画线定位，然后进行安装。

（2）在窗口和墙转角处应使用异形板，以简化施工，增加防水效果。

（3）墙板与墙筋用铁钉、螺钉及木卡条连接。其连接原则是：按节点连接做法沿一个方向顺序安装，安装方向相反则不易施工。如墙筋或墙板过长，可用切割机切割。

4. 板缝处理

尽管彩色涂层钢板在加工时，其形状已考虑了防水性能，但如果遇到材料弯曲、接缝处高低不平，其形状的防水功能可能失去作用，在边角部位这种情况尤为明显，因此一些板缝填入防水材料是必要的。

三、彩色压型钢板的安装施工

彩色压型钢板复合墙板是以波形彩色压型钢板为面板，轻质保温材料为芯层，经复合而制成的一种轻质保温墙板。彩色压型钢板原板材多为热轧钢板和镀锌钢板，在生产中镀以各种防腐蚀涂层与彩色烤漆，是一种新型的轻质高效围护结构材料，其加工简单、施工方便、色彩鲜艳、耐久性强。

复合板的接缝构造基本有两种形式：一种是在墙板的垂直方向设置企口边，这种墙板看不见接缝，不仅整体性好，而且装饰美观；另一种是不设企口边，美观性较差。保温材料可选聚氯乙烯泡沫板、矿渣棉板、玻璃棉板、聚氨酯泡沫塑料等。

1. 彩色压型钢板的施工要点

（1）复合板安装是用吊挂件把板材挂在墙身骨架条上，再把吊挂件与骨架焊牢，小型板材也可用钩形螺栓固定。

（2）板与板之间的连接。水平缝为搭接缝，竖缝为企口缝，所有接缝处除用超细玻璃棉塞严外，还要用自攻螺丝钉钉牢固，钉距为 200 mm。

（3）门窗孔洞、管道穿墙及墙面端头处，墙板均为异形板。女儿墙顶部、门窗周围均设防雨泛水板，泛水板与墙板的接缝处，用防水油膏嵌缝。压型板墙转角处均用槽形转角板进行外包角和内包角，转角板还要用螺栓固定。

（4）安装墙板可采用脚手架，或利用檐口挑梁加设临时单轨，操作人员在吊篮上安装和焊接。板的起吊可在墙的顶部设滑轮，然后用小型卷扬机或人力吊装。

（5）墙板的安装顺序是从墙边部竖向第 1 排下部第 1 块板开始，自下而上安装。安装完第 1 排再安装第 2 排。每安装铺设 10 排墙板后，用吊线锤检查一次，以便及时消除误差。

（6）为了保证墙面的外观质量，必须在螺栓位置画线，按线开孔，采用单面施工的钩形螺栓固定，使螺栓的位置横平竖直。

（7）墙板的外、内包角及钢窗周围的泛水板，必须在施工现场加工的异形件等，应参考图样，对安装好的墙面进行实测，确定其形状尺寸，使其加工准确，便于安装。

2. 彩色压型钢板的施工注意事项

（1）安装墙板骨架之后，应注意参考设计图样进行实测，确定墙板和吊挂件的尺寸及数量。

（2）为了便于吊装，墙板的长度不宜过长，一般应控制在 10m 以下。板材如果过大，会引起吊装困难。

（3）对于板缝及特殊部位异形板材的安装，应注意做好防水处理。

（4）复合板材吊装及焊接为高空作业，施工时应特别注意安全问题。

金属板材还包含有彩色不锈钢板、浮雕艺术装饰板、美曲面装饰板等，它们的施工工艺都可以参考以上各种做法。

复习思考题

1. 简述装饰工程上常用的饰面装饰材料的种类、适用范围及施工机具。
2. 简述木质护墙板的施工准备工作、材料要求以及安装施工工艺。
3. 简述饰面板钢筋网片法的施工工艺。
4. 简述饰面板钢筋钩挂贴法的施工工艺。
5. 简述饰面板膨胀螺栓锚固法的施工工艺。
6. 简述饰面板大理石胶粘贴法的施工工艺。
7. 简述金属饰面板铝合金墙板的施工工艺。
8. 简述金属饰面板彩色涂层钢板的施工工艺。
9. 简述金属饰面板彩色压型钢板的施工工艺。

第五章　楼地面装饰装修施工

第一节　楼地面装饰装修施工概述

一、楼地面的功能

楼地面是房屋建筑底层地坪与楼层地坪的总称，它必须满足使用要求，同时满足一定的装饰要求。

建筑物的楼地面所应满足的基本使用要求，是具有必要的强度，耐磨，耐磕碰，以及表面平整光洁，便于清扫等。首层地坪必须具有一定的防潮性能，楼面必须保证一定的防渗漏能力。对于标准化比较高的建筑，还必须考虑以下使用要求：

1. 隔声要求

这一使用要求包括隔绝空气声和隔绝撞击声两个方面。空气声的隔绝主要与楼地面的质量有关；对撞击声的隔绝，效果较好的是弹性地面。

2. 吸声要求

这一要求对控制室内噪声具有积极意义。一般硬质楼地面的吸声效果较差，而各种软质楼地面有较大的吸声作用，例如化纤地毯的平均吸声系数达到 55％。

3. 保温性能要求

一般石材楼地面的热传导性较高，而木地板之类的热传导性较低，宜结合材料的导热性能和人的感受等综合因素加以考虑。

4. 弹性要求

弹性地面可以缓冲地面反力，让人感到舒适，一般装饰标准高的建筑多采用弹性地面。

楼地面的装饰效果是整个室内装饰效果的重要组成部分，要结合室内装饰的整体布局和要求加以综合考虑。

二、楼地面的组成

楼地面按其构造由面层、垫层和基层等部分组成。

地面的基层多为土。地面下的填土应采用合格的填料分层填筑与夯实，土块的粒径不宜大于 50 mm，每层虚铺厚度也有不同，机械压实厚度不大于 300 mm，人工夯实厚度不大于 200 mm。回填土的含水量应按最佳含水量控制，太干的土要洒水湿润，太湿的土应晾干后使用，每层夯实后的干密度应符合设计要求。

楼面的基层为楼板，垫层施工前应做好板缝的灌浆、堵塞工作和板面的清理工作。

基层施工应抄平弹线，统一标高。一般在室内四壁上弹离地面高 500 mm 的标高线作为统一控制线。

垫层有刚性垫层、半刚性垫层及柔性垫层。

刚性垫层是指水泥混凝土、碎砖混凝土、水泥矿渣混凝土和水泥灰炉渣混凝土等各种低强度等级混凝土。刚性垫层厚度一般为 70～100 mm,混凝土强度等级不宜低于 C10,粗骨料的粒径不应超过 50 mm。施工方法与一般混凝土施工方法相近。工艺过程为:清理基层→检测弹线→基层洒水湿润→浇筑混凝土垫层→养护。

半刚性垫层一般有灰土垫层、碎砖三合土垫层和石灰炉渣垫层等。灰土垫层由熟石灰、黏土拌制而成,比例为 3∶7,铺设时应分层铺设、分层夯实拍紧,并应在其晾干后再进行面层施工;碎砖三合土垫层采用石灰、碎砖和砂(可掺少量黏土)按比例配制而成,铺设时应拍平夯实,硬化期间应避免受水浸湿;石灰炉渣层用石灰、炉渣拌和而成,炉渣粒径不应大于40 mm,且不超过垫层厚的 1/2。粒径在 5 mm 以下者,不得超过总体积的 40%,炉渣施工前应用水闷透,拌和时严格控制加水量,分层铺筑,夯实平整。

柔性垫层包括用土、砂石、炉渣等散状材料经压实的垫层。砂垫层厚度不小于 60 mm,适当浇水后用平板振动器振实。砂石垫层厚度不小于 100 mm,要求粗细颗粒混合摊铺均匀,浇水使砂石表面湿润,碾压或夯实不少于三遍,至不松动为止。

各种不同的基层和垫层都必须具备一定的强度及表面平整度,以确保面层的施工质量。

三、楼地面面层的分类

楼地面按面层结构分为整体式地面(如灰土、菱苦土、水泥砂浆、混凝土、现浇水磨石、三合土等)、块材地面(如缸砖、釉面砖、陶瓷锦砖、拼花木板花砖、预制水磨石块、大理石板材、花岗石板材、硬质纤维板等)和涂布地面。

四、楼地面装饰装修的一般要求

(1)楼面与地面各层所用的材料和制品,其种类、规格、配合比、强度等级、各层厚度、连接方式等,均应根据设计要求选用,并符合国家和行业的有关现行标准及地面、楼面施工验收规范的规定。

(2)位于沟槽、暗管上面的地面与楼面工程的装饰,应当在以上工程完工经检查合格后方可进行。

(3)铺设各层地面与楼面工程时,应在其下面一层经检查符合规范的有关规定后,方可继续施工,并做好隐蔽工程验收记录。

(4)铺设的楼地面的各类面层,一般宜在其他室内装饰工程基本完工后进行。当铺设菱苦土、木地板、拼花木地板和涂料类面层时,必须待基层干燥后进行,尽量避免在气候潮湿的情况下施工。

(5)踢脚板宜在楼地面的面层基本完工、墙面最后一遍抹灰前完成。木质踢脚板应在木地面与楼面刨(磨)光后进行安装。

(6)当采用混凝土、水泥砂浆和水磨石面层时,同一房间要均匀分格或按设计要求进行分缝。

(7)在钢筋混凝土板上铺设有坡度的地面与楼面时,应用垫层或找平层找坡。

(8)铺设沥青混凝土面层及用沥青玛蹄脂做结合层铺设块料面层时,应将下一层表面清扫干净,并涂刷同类冷底子油。结合层、块料面层填缝和防水层,应采用同类沥青、纤维和填充材料配制。纤维、填充料一般采用 6 级石棉和锯木屑。

(9)凡用水泥砂浆作为结合层铺砌的地面,均应在常温下养护一般不得少于10天。菱苦土面层的抗压强度达到不少于设计强度的70%、水泥砂浆和混凝土面层强度达到不低于5.0 MPa。当板块面层的水泥砂浆结合层的强度达到1.2 MPa时,方可在其上面行走或进行其他轻微动作的作业。达到设计强度后,才可投入使用。

(10)用胶黏剂粘贴各种地板时,室内的施工温度不得低于10 ℃。

第二节　整体地面的施工

整体地面主要是指混凝土地面、水泥砂浆地面、现浇水磨石地面和菱苦土地面等。这是一种应用较为广泛、具有传统做法的地面,其基层和垫层的做法相同,仅面层所用材料和施工方法有所区别。绝大部分工程的基层和垫层在土建工程中完成,在装饰工程中仅进行面层的施工。由于在实际工程中应用水泥砂浆地面和现浇水磨石地面较多,所以本节重点介绍这两种地面的施工工艺。

一、水泥砂浆地面的施工

水泥砂浆地面的面层以水泥做胶凝材料,以砂做骨料,按配合比配制抹压而成。其构造及做法如图5-1所示。水泥砂浆地面的优点是造价较低、施工简便、使用耐久,但容易出现起灰、起砂、裂缝、空鼓等质量问题。

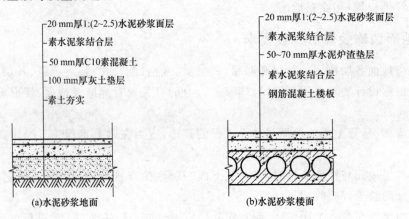

图 5-1　水泥砂浆(楼)地面组成示意图

(一)对组成材料的要求

1.胶凝材料

水泥砂浆(楼)地面所用的胶凝材料为水泥,应优先选择硅酸盐水泥、普通硅酸盐水泥,其强度等级一般不得低于32.5 MPa。以上品种的水泥与其他品种水泥相比,具有早期强度高、水化热较高、干缩性较小等优点。如果采用矿渣硅酸盐水泥,其强度等级应大于32.5 MPa,在施工中要严格按施工工艺操作,并且要加强养护,这样才能保证工程质量。

2.细骨料

水泥砂浆面层所用的细骨料为砂,一般多采用中砂和粗砂,含泥量不得大于3%(质量分数)。因为细砂的级配不好,拌制的砂浆强度比中砂、粗砂拌制的强度低25%～35%,不仅耐磨性较差,而且干缩性较大,容易产生收缩、裂缝等质量问题。

(二)水泥砂浆地面的施工工艺

水泥砂浆地面的施工比较简单,其施工工艺流程为:基层处理→弹线、找规矩→水泥砂浆抹面→养护。

1. 基层处理

水泥砂浆面层多铺抹在楼地面混凝土面层上,基层处理是防止水泥砂浆面层发生空鼓、裂纹、起砂等质量通病的关键工序。因此,要求基层具有粗糙、洁净、潮湿的表面,必须仔细清除一切浮灰、油渍、杂质,否则会形成一层隔离层,使面层结合不牢。表面比较光滑的基层应进行凿毛,并用清水冲洗干净,冲洗后的基层最好不要上人。在现浇混凝土或水泥砂浆垫层、找平层上做水泥砂浆地面面层时,其抗压强度达到 1.2 MPa 后才能铺设面层,这样不致破坏其内部结构。

2. 弹线、找规矩

(1)弹基准线

地面抹灰前,应先在四周墙上弹出一道水平基准线,作为确定水泥砂浆面层标高的依据。做法是以地面±0.00 为依据,根据实际情况在四周墙上弹出 0.5 m 或 1.0 m 作为水平基准线。据水平基准线量出地面标高并弹于墙上(水平辅助基准线),作为地面面层上皮的水平基准,如图 5-2 所示。注意,应按设计要求的水泥砂浆面层厚度弹线。

(2)做标筋

根据水平辅助基准线,从墙角处开始,沿墙每隔 1.5～2.0 m 用 1：2 水泥砂浆抹标志块;标志块大小一般是 8～10 cm²。待标志块结硬后,再以标志块的高度做出纵、横方向通长的标筋以控制面层的标高,如图 5-3 所示。地面标筋用 1：2 水泥砂浆,宽度一般为 8～10 cm。做标筋时,注意控制面层标高与门框的锯口线要吻合。

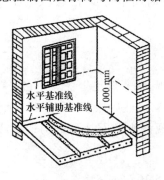

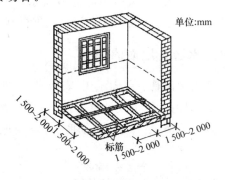

图 5-2　弹基准线　　　　　　　　　　图 5-3　做标筋

(3)找坡度

对于厨房、浴室、厕所等房间的地面,要找好排水坡度。有地漏的房间,要在地漏四周做出不小于 5% 的泛水,以避免地面"倒流水"或产生积水。抄平时,要注意各室内地面与走廊高度的关系。

(4)校核找正

地面铺设前,还要将门框再一次校核找正。其方法是先将门框锯口线抄平找正,并注意当地面面层铺设后,门扇与地面的间隙应符合规定要求,然后将门框固定,防止松动、位移。

3. 水泥砂浆抹面

面层水泥砂浆的配合比应符合有关设计要求,一般不低于 1：2,水灰比为 1：(0.3～0.4),

稠度不大于 3.5 cm。水泥砂浆要求拌和均匀,颜色一致。

铺抹前,先将基层浇水湿润,第二天先刷一道水灰比为 1∶(0.4～0.5)的素水泥浆结合层,随即进行面层铺抹。如果素水泥浆结合层过早涂刷,则起不到黏结基层和面层的作用,反而易造成地面空鼓,所以一定要随刷随抹。

地面面层的铺抹方法是:在标筋之间铺上砂浆,并随铺随用木抹子拍实,用短木杠按标筋标高刮平。刮平时,要从室内由里往外刮到门口,符合门框锯口线的标高,然后再用木抹子搓平,并用铁皮抹子紧跟着压光一遍。压光时用力要轻一些,使抹子的纹浅一些,以压光后表面不出现水纹为宜。如果面层上有多余的水分,可根据水分的多少适当均匀地撒一层干水泥或干拌水泥砂浆,以吸收面层上多余的水分,再压实压光。但当表层无多余水分时,不得撒干水泥。

当水泥砂浆开始初凝时,即人踩上去有脚印但不塌陷,便可开始用铁皮抹子压第二遍。这一遍是确保面层质量最关键的环节,一定要压实、压光、不漏压,并要把死坑、砂眼和脚印全部压平,要做到清除气泡和孔隙、平整光滑。待水泥砂浆达到终凝前,即人踩上去有细微脚印,抹子抹上去不再有纹时,再用铁皮抹子压第三遍。抹压时用力要稍微大一些,并把第二遍留下的抹子纹和毛细孔压平、压实、压光。

水泥地面压光要三遍成活,每遍抹压的时间要掌握适当,以保证工程质量。压光过早或过迟,都会造成地面起砂的质量问题。

4. 养护

面层抹压完毕后,在常温下铺盖草垫或锯木屑进行洒水养护,使其在湿润的状态下进行硬化。养护洒水要适时,洒水过早则容易起皮,过晚则易产生裂纹或起砂。一般夏天在 24 小时后进行养护,春秋季节应在 48 小时后进行养护。当采用硅酸盐水泥和普通硅酸盐水泥时,养护时间不得少于 7 天;当采用矿渣硅酸盐水泥时,养护时间不得少于 14 天。面层强度达到 5 MPa 以上后,才允许人在地面上行走或进行其他作业。

二、现浇水磨石地面的施工

现浇水磨石地面具有坚固耐用、表面光亮、外形美观、色彩鲜艳等优点。它是在水泥砂浆垫层已完成的基层上,根据设计要求弹线分格,镶贴分格条,然后抹水泥石子浆,待水泥石子浆硬化后研磨露出石渣,并经补浆、细磨、打蜡制成的。现浇水磨石地面的构造做法,如图 5-4 所示。

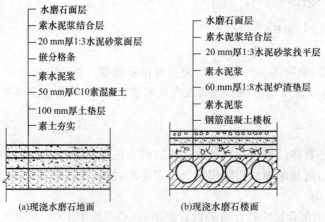

图 5-4　现浇水磨石地面的构造

现浇水磨石地面具有饰面美观大方、平整光滑、整体性好、坚固耐久、易于保洁等优点,主要适用于清洁度要求较高的场所,如商店营业厅、医院病房、宾馆门厅、走道楼梯和其他公共场所。现浇水磨石现场湿作业工序多,施工周期长。采用的手推式磨石机机身重量较轻,能磨去的表面厚度很少,因此只能采用粒径小、轻软的石粒,其装饰效果不如预制水磨石。

（一）对组成材料的要求

1.胶凝材料

现浇水磨石地面所用的水泥与水泥砂浆地面不同,白色或浅色的水磨石面层,应采用白色硅酸盐水泥;深色的水磨石地面,应采用硅酸盐水泥和普通硅酸盐水泥。无论白色水泥还是深色水泥,其强度均不得低于 32.5 MPa。对于未超期而受潮的水泥,当用手捏无硬粒,色泽比较新鲜时,可考虑降低强度 5% 使用;肉眼观察存有小球粒,但仍可散成粉末者,则可考虑降低强度的 15% 左右使用;对于已有部分结成硬块者,则不能再使用。

2.石粒材料

水磨石石粒应采用质地坚硬、比较耐磨、洁净的大理石、白云石、方解石、花岗石、玄武岩、辉绿岩等,要求石粒中不得含有风化颗粒和草屑、泥块、砂粒等杂质。石粒的最大粒径以比水磨石面层厚度小 1~2 mm 为宜,见表 5-1。

表 5-1　　　　　　　　　　　　　　石粒粒径要求

水磨石面层厚度/mm	10	15	20	25
石子最大粒径/mm	9	14	18	23

工程实践证明:普通水磨石地面宜采用 4~12 mm 的石粒,而粒径石子彩色水磨石地面宜采用 3~7 mm、10~15 mm、20~40 mm 三种规格的组合。现浇彩色水磨石参考配合比,见表5-2。

表 5-2　　　　　　　　　　　　　　彩色水磨石参考配比

彩色水磨石名称	主要材料/kg			颜料占水泥的质量分数/%	
赭色水磨石	紫红石子	黑石子	白水泥	红色	黑色
	160	40	100	2	4
绿色水磨石	绿石子	黑石子	白水泥	绿色	
	160	40	100	0.5	
浅粉红色水磨石	红石子	白石子	白水泥	红色	黄色
	140	60	100	适量	适量
浅黄绿色水磨石	绿石子	黄石子	白水泥	黄色	绿色
	100	100	100	4	1.5
浅橘黄色水磨石	黄石子	白石子	白水泥	黄色	红色
	140	60	100	2	适量
木色水磨石	白石子	黄石子	42.5水泥	—	
	60	140	100		
白色水磨石	白石子	黑石子	黄石子	白水泥	—
	140	40	20	100	

石粒粒径过大则不易压平,石粒之间也不容易挤压密实。各种石粒应按不同的品种、规

格、颜色分别存放，不能互相混杂，使用时按适当比例进行配合。除了石渣可作为水磨石的骨料外，质地坚硬的螺壳、贝壳也是很好的骨料，这些产品在水磨石中经研磨后可闪闪发光，显示出珍珠般的光彩。

3. 颜料材料

颜料在水磨石面层中虽然用量很少，但对于面层质量和装饰效果起着非常重要的作用。用于水磨石的颜料，一般应采用耐碱、耐光、耐潮湿的矿物颜料。要求呈粉末状，不得有结块，掺入量根据设计要求并做样板确定，一般不大于水泥质量的 12％，并以不降低水泥的强度为宜。

4. 分格条

分格条也称嵌条，为达到理想的装饰效果，通常选用黄铜条、铝条和玻璃条三种，另外也有不锈钢和硬质聚氯乙烯制品等。

5. 其他材料

（1）草酸

它是水磨石地面面层抛光材料。草酸为无色透明晶体，有块状和粉末状两种。由于草酸是一种有毒的化工原料，不能接触食物，对皮肤有一定的腐蚀性，因此在施工中应特别注意劳动保护。

（2）氧化铝

它呈白色粉末状，不溶于水，与草酸混合，可用于水磨石地面面层抛光。

（3）地板蜡

它用于水磨石地面面层磨光后做保护层。地板蜡有成品出售，也可根据需要自配蜡液，但应注意防火工作。

（二）现浇水磨石的施工工艺

水磨石面层施工一般在完成顶棚、墙面抹灰后进行，也可以在水磨石磨光两遍后，进行顶棚、墙面的抹灰，然后进行水磨石面层的细磨和打蜡工作，但水磨石半成品必须采取有效的保护措施。

水磨石面层的施工工艺流程为：基层处理→抹找平层→弹线、嵌分格条→铺抹面层石粒浆→养护→磨光→涂草酸→抛光上蜡。

1. 基层处理

将混凝土基层上的浮灰、污物清理干净。

2. 抹找平层

在进行抹底灰前，地漏或安装管道处要临时堵塞。先刷素水泥浆一遍，随即做灰饼、标筋，养护好后抹底、中层灰，用木抹子搓实，压平，至少两遍，找平层 24 小时后洒水养护。

3. 弹线、嵌分格条

先在找平层上按设计要求弹上纵横垂直水平线或图案分格墨线，然后按墨线固定铜条或玻璃嵌条并埋牢，作为铺设面层的标志。水磨石分格条的嵌固是一项非常重要的工序，应特别注意水泥浆的粘嵌高度和角度。图 5-5 是一种错误的粘嵌方法，它会使面层水泥石粒浆的石粒不能靠近分格条，磨光后将会出现一条明显的纯水泥斑带，俗称"秃斑"，影响装饰效果。分格条正确的粘嵌方法是粘嵌高度略大于分格条高度的 1/2，水泥浆斜面与地面夹角以 30°为宜，如图 5-6 所示。这样，在铺设面层水泥石粒浆时，石粒就能靠近分格条，磨光后分格条两边石粒密集，显露均匀、清晰，装饰效果好。

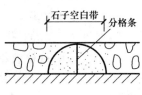

图 5-5　分格条错误粘嵌法

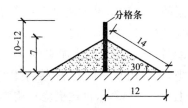

图 5-6　分格条正确粘嵌法

分格条交接处粘嵌水泥浆时,应各留出 2～3 cm 的空隙。如不留空隙,在铺设水泥石粒浆时,石粒就不可能靠近交叉处,如图 5-7 所示。磨光后,亦会出现没有石粒的纯水泥斑,影响美观。正确的做法应按图 5-8 所示粘嵌,即在十字交叉的周围留出 20～30 mm 的空隙,以确保铺设水泥石粒浆饱满,磨光后外形美观。

分格条间距按设计设置,一般不超过 1 m,否则砂浆收缩会产生裂缝。故通常间距以90 cm 左右为标准。分格条粘嵌好后,经 24 小时后可洒水养护,一般养护 3～5 小时。

图 5-7　分格条交叉处错误粘嵌法图

图 5-8　分格条交叉处正确粘嵌法图

4. 铺设面层

分格条粘嵌养护后,清除积水浮砂,刷素水泥浆一遍,随刷随铺设面层水泥石粒浆。水泥石粒浆调配时,应先按配合比将水泥和颜料干拌均匀,过筛后装袋备用。铺设前,再将石料加入彩色水泥粉中,石粒和水泥干拌 2～3 遍,然后加水湿拌。一般情况下,水泥石粒浆的稠度为60 cm 左右,施工配合比为 1∶(1.5～2.0)。同时,在按施工配合比备好的材料中取出 1/5 石粒,以备撒石用,然后将拌和均匀的石粒浆按分格顺序进行铺设,其厚度应高于分格条 1～2 mm,以防在滚压时压弯铜条或压碎玻璃条。

铺设时,先用木抹子将分格条两边约 10 cm 内的水泥石粒浆轻轻拍紧、压实,以免分格条被撞坏。水泥石粒浆铺设后,应在表面均匀地撒一层预先取出的 1/5 石粒,用木抹子或铁抹子轻轻拍实、压平,但不得用刮尺刮平,以防将面层高凸部分的石粒刮出,只留下水泥浆,影响装饰效果。如果局部铺设太厚,则应当用铁抹子挖去,再将周围的水泥石粒浆拍实、压平。铺设时,一定要使面层平整,石粒分布均匀。

如果在同一平面上有几种颜色的水磨石,应当先做深色后做浅色,先做细部后做大面,待前一种色浆凝固后,再铺设另一种色浆。两种颜色的色浆不能同时铺设,以免形成串色及界线不清的现象,从而影响质量。但铺设的间隔时间也不宜过长,以免两种石粒色浆的软硬程度不同,一般隔日即可铺设,但应注意在滚压或抹拍过程中,不要触动前一种石粒浆。面层铺设时,操作人员应穿软底、平跟鞋操作,以防踩踏留下较深的脚印。石粒浆铺设好后,用钢筒或混凝土辊筒压实。第一次先用较大辊筒压实,纵、横方向各滚压一次,对于缺石粒的部位要填补平整。待间隔 2 小时左右,再用小辊筒进行第二次压实,直至压出水泥浆为止,再用木抹子或铁抹子抹平,次日开始养护。

水磨石面层的另一种铺设方法是干撒滚压施工法。其具体做法是：当分格条经养护镶嵌牢固后，刷素水泥浆一道，随即用1∶3水泥砂浆进行二次找平，上部留出8～10 mm，待二次找平砂浆达终凝后，开始抹彩色水泥浆（水灰比为1∶0.45），厚度为4 mm。坐浆后，将彩色石粒均匀地撒在坐浆上，用软刮尺刮平，接着用滚筒纵横反复滚压，直至石粒被压平、压实为止，且要求底浆返上60%～80%，再往上浇一遍彩色水泥浆（水灰比为1∶0.65），浇时用水壶往辊筒上浇，边浇边压，直至上、下层彩色水泥浆结合为止，最后用铁抹子压一遍，于次日洒水养护。这种方法的主要优点是：面层石粒密集、美观，特别对于掺有彩色石粒的美术水磨石地面，不仅能清楚地观察彩色石粒的分布是否均匀，而且能节约彩色石粒，降低工程成本。

5. 面层磨光

面层磨光是水磨石地面质量最重要的环节，必须加以足够的重视。开磨的时间应以石粒不松动为准。大面积施工宜采用磨石机，小面积、边角处的水磨石可使用小型湿式磨光机，当工程量不大或无法使用机械时，可采用手工研磨。在正式开磨前应试磨，试磨成功才能大面积研磨，一般开磨的时间见表5-3。

在研磨过程中，应确保磨盘下经常有水，并及时清除磨出的石浆。如果开磨时间过晚，则面层过硬难磨，严重影响工效。一般采用"二浆三磨"法，即整个磨光过程为补浆两次、磨光三遍。第一遍先用60～80号粗磨石磨光，要磨匀、磨平，使全部分格条外露，磨后要将泥浆冲洗干净，稍干后涂擦一道同色水泥浆，用以填补砂眼，个别掉落石粒部位要补好，不同颜色应先涂补深色浆后涂补浅色浆，并养护4～7天。第二遍用120～180号细磨石磨光，操作方法与第一遍相同，主要是磨去凹痕，磨光后再补上一道色浆。第三遍用180～240号油磨石磨光，磨至表面石粒均匀显露、平整光滑、无砂眼细孔为止，然后用清水冲洗、晾干。

表5-3　　　　　　　　　　　　　现浇水磨石地面的开磨时间

平均温度/℃	开磨时间/d	
	机磨	人工磨
20～30	2～3	1～2
10～20	3～4	1.5～2.5
5～10	5～6	2～3

6. 抛光上蜡

在抛光上蜡之前，涂草酸溶液（热水∶草酸为1∶0.35，溶化冷却后使用）一遍，然后用280～320号油石研磨出白浆，至表面光滑为止，再用水冲洗干净并晾干。也可以将地面冲洗干净，浇上草酸溶液，用布包在磨石机上研磨，磨至表面光滑，再用水冲洗干净并晾干。上述工序完成后，可进行上蜡工序，其具体方法是：在水磨石面层上薄薄涂一层蜡，稍干后用磨光机进行研磨，或用钉有细帆布（或麻布）的木块代替油石，装在磨石机上研磨出光亮后，再上蜡研磨一遍，直至表面光滑亮洁，然后铺上锯末进行养护。

第三节　块料地面铺贴施工

块料地面是指用天然大理石板、花岗石板、预制水磨石板、陶瓷锦砖、墙地砖、镭射玻璃砖及钛金不锈钢复面墙地砖等装饰板材，铺贴在楼面或地面上。块料地面铺贴材料花色品种多样,能满足不同的装饰要求。

一、块料材料的种类与要求

(一)陶瓷锦砖与地砖

陶瓷锦砖与地砖均为高温烧制而成的小型块材,表面致密、耐磨、不易变色,其规格、颜色、拼花图案、面积和技术要求均应符合国家有关标准和设计规定。

(二)大理石与花岗石板材

大理石和花岗石板材是比较高档的装饰材料,其品种、规格、外形尺寸、平整度、外观及放射性物质含量应符合设计要求。

(三)混凝土块与水泥砖

混凝土块与水泥砖是采用混凝土压制而成的一种普通地面材料,其颜色、尺寸和表面形状应根据设计要求确定,其成品要求边角方正,无裂纹、掉角等缺陷。

(四)预制水磨石平板

预制水磨石平板是用水泥、石粒、颜料、砂等材料,经过选配制坯、养护、磨光、打蜡而制成的,其色泽丰富、品种多样、价格较低,其成品质量标准及外观要求应符合设计规定。

二、天然大理石与花岗石地面铺贴施工

(一)施工准备工作

大理石、花岗石板材楼地面施工,为避免产生二次污染,一般在顶棚、墙面饰面完成后进行,先铺设楼地面,后安装踢脚板。施工前要清理现场,检查施工部位有没有水、电、暖等工种的预埋件,是否会影响板块的铺贴,要检查板块材料的规格、尺寸和外观要求,凡有翘曲、歪斜、厚薄偏差过大以及裂缝、掉角等缺陷的应予剔除,同一楼地面工程采用同一厂家、同一批号的产品,不同品种的板块材料不得混杂使用。

1. 基层处理

板块地面铺贴之前,应先挂线检查楼地面垫层的平整度,清扫基层并用水冲刷干净。如果是光滑的钢筋混凝土楼面,应先凿毛,凿毛深度一般为 5～10 mm,间距为 30 mm 左右。基层表面应提前 1 天浇水湿润。

2. 找规矩

根据设计要求,确定平面标高位置。对于结合层的厚度,水泥砂浆结合层应控制在 10～15 mm,沥青玛蹄脂结合层应控制在 2～5 mm。平面标高确定之后,在相应的立面墙上弹线。

3. 初步试拼

根据标准线确定铺贴顺序和标准块的位置。在选定的位置上,按图案、色泽和纹理进行试拼。试拼后,按两边方向编号排列,然后按编号码放整齐。

4. 铺前试排

在房间的两个垂直方向,按标准线铺两条干砂,其宽度大于板块。根据设计图要求把板块排好,以便检查板块之间的缝隙。平板之间的缝隙如果无设计规定,大理石与花岗石板材一般不大于 1 mm。根据试排结果,在房间主要部位弹上互相垂直的控制线,并引到墙面的底部,用以检查和控制板块的位置。

（二）铺贴施工工艺

大理石与花岗石板材楼地面的铺贴，其构造做法基本相同，如图 5-9 所示。

1. 板块浸水预湿

为保证板块的铺贴质量，板块在铺贴之前应先浸水湿润，晾干后擦去背面的浮灰方可使用。这样可以保证面层与板材黏结牢固，防止出现空鼓和起壳等质量通病，以免影响工程的正常使用。

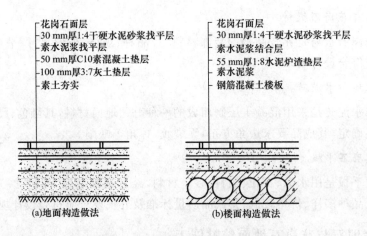

花岗石面层
30 mm厚1:4干硬水泥砂浆找平层
素水泥浆找平层
50 mm厚C10素混凝土垫层
100 mm厚3:7灰土垫层
素土夯实

花岗石面层
30 mm厚1:4干硬水泥砂浆找平层
素水泥浆结合层
55 mm厚1:8水泥炉渣垫层
素水泥浆
钢筋混凝土楼板

(a)地面构造做法　　　(b)楼面构造做法

图 5-9　大理石与花岗石楼地面构造做法

2. 铺砂浆结合层

水泥砂浆结合层也是基层的找平层，关系到铺贴工程的质量，应严格控制其稠度，既要保证黏结牢固，又要保证平整度。结合层一般应采用干硬性水泥砂浆，因为这种砂浆含水量少，强度较高，变形较小，成型较早，在硬化过程中很少收缩。干硬性水泥砂浆的配合比常用 1:1～1:3（体积比），水泥的强度等级不低于 32.5 MPa。铺抹时，砂浆的稠度以 2～4 cm 为宜，或以手捏成团颠后即散为度。摊铺水泥砂浆结合层前，还应在基层上刷一遍水灰比为 1:(0.4～0.5)的水泥浆，随刷随摊铺水泥砂浆结合层。待板块试铺合格后，还应在干硬性水泥砂浆上再浇一层薄薄的水泥浆，以保证上、下层之间结合牢固。

3. 进行正式铺贴

石材楼地面的铺贴，一般由房间中部向两侧退步进行。凡有柱子的大厅，宜先铺柱子与柱子的中间部分，然后向两边展开。砂浆铺设后，将板块安放在铺设位置上，对好纵横缝，用橡皮锤轻轻敲击板块，使砂浆振实、振平，待到达铺贴标高后，将板块移至一旁，再认真检查砂浆结合层是否平整、密实，如有不实之处，应及时补抹；最后浇上很薄的一层水灰比为 1:(0.4～0.5)的水泥浆，正式将板块铺贴上去，再用橡皮锤轻轻敲击至平整。

4. 对缝及镶条

在板块安放时，要将板块四角同时平稳放下，对缝轻敲振实后用水平尺找平。对缝要根据拉出的对缝控制线进行，注意板块尺寸偏差必须控制在 1 mm 以内，否则后面的对缝越来越难。在锤击板块时，不要敲击边角，也不要敲击已铺贴完毕的板块，以免产生空鼓的质量问题。

对于要求镶嵌铜条的地面，板块的尺寸要求更精确。在镶嵌铜条前，先将相邻的两块板铺贴平整，其拼接间隙略小于镶条的厚度，然后向缝隙内灌抹水泥砂浆，灌满后将表面抹平，而后将镶条嵌入，使外露部分略高于板面（以手摸水平面稍有凸出感为宜）。

5. 水泥浆灌缝

对于不设置镶条的大理石与花岗石地面,应在铺贴完毕24小时后洒水养护,一般2天后无板块裂缝及空鼓现象,方可进行灌缝。素水泥灌缝应为板缝高度的2/3,溢出的水泥浆应在凝结之前清除干净,再用与板面颜色相同的水泥浆擦缝,待缝内水泥浆凝结后,将面层清理干净,并对铺贴好的地面采取保护措施,一般在3天内禁止上人及进行其他工序操作。

三、碎拼大理石地面的铺贴施工

(一)碎拼大理石地面的特点

碎拼大理石地面也称冰裂纹地面,它是采用不规则的、经挑选的碎块大理石铺贴在水泥砂浆结合层上,并用水泥砂浆或水泥石粒浆填补块料间隙,最后进行磨平抛光而成为碎拼大理石地面面层。

碎拼大理石地面在高级装饰工程中,利用色泽鲜艳、品种繁多的大理石碎块,无规则地拼镶在一起,由于花色不同、形状各异、造型多变,给人一种乱中有序、清新自然的感受。碎拼大理石的构造做法和平面示意图,如图5-10和图5-11所示。

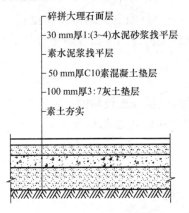

碎拼大理石面层
30 mm厚1:(3~4)水泥砂浆找平层
素水泥浆找平层
50 mm厚C10素混凝土垫层
100 mm厚3:7灰土垫层
素土夯实

水泥砂浆或水泥石粒浆

碎块大理石

图 5-10 碎拼大理石地面构造做法　　　　图 5-11 碎拼大理石地面平面示意图

(二)碎拼大理石的基层处理

碎拼大理石的基层处理比较简单,先将基层进行湿润,再在基层上抹1:3水泥砂浆(体积比)找平层,厚度掌握在20~30 mm。

(三)碎拼大理石的施工工艺

(1)在找平层上刷素水泥浆一遍,用1:2的水泥砂浆(体积比)镶贴大理石块标筋,间距一般为1.5 m,然后铺贴碎大理石块,用橡皮锤轻轻敲击大理石面,使其与水泥砂浆黏结牢固,并与标筋面平齐,随时用靠尺检查表面平整度。

(2)在铺贴施工中要留足碎块大理石间的缝隙,并将缝内挤出的水泥砂浆及时剔除。

(3)碎块大理石之间的缝隙,当无设计要求、又为碎块状材料时,一般控制不太严格,可大可小,互相搭配成各种图案。

(4)如果缝隙间灌注石渣浆时,应先将大理石缝间的积水、浮灰消除,刷素水泥浆一遍,缝隙可用同色水泥浆嵌抹做成平缝,也可嵌入彩色水泥石渣浆,嵌抹应凸出大理石面2 mm,抹平后撒一层石渣,用钢抹子拍平、压实,次日养护。

(5)碎拼大理石面层的磨光一般分四遍完成,即分别采用80~100号金刚砂、100~160号金刚砂、240~280号金刚砂和750号以上金刚砂进行研磨。

(6)待研磨完毕后,将其表面清理干净,便可进行上蜡抛光工作。

四、预制水磨石板地面的铺贴施工

(一)施工准备工作

1. 材料准备

铺贴前应检查预制水磨石板的制作质量,主要包括规格、尺寸、颜色、边角缺陷等,将挑出的板块分类码放。

2. 基层处理

在进行基层处理时,先挂线检查楼地面的平整度,做到对基层情况心中有数。然后清扫基层并用水刷净,表面光滑的楼面应凿毛处理,并提前10小时浇水湿润基层表面,以保证砂浆与地面牢固黏结,防止出现空鼓的质量问题。

3. 找规矩

根据设计要求确定平面标高位置,一般水泥砂浆结合层厚度控制在10~15 mm,砂结合层厚度为20~30 mm,沥青玛蹄脂结合层厚度为2~5 mm。将确定的地面标高位置线弹在墙立面下部。根据板块的规格尺寸进行挂线找中,与走廊直接相通的地面应与走廊拉通线,考虑整体装饰效果。

4. 铺前试排

在房间两个垂直方向按照标准线铺干砂带进行试排,以检查板块间的缝隙,如果设计上对缝隙无具体要求,一般不应大于6 mm。根据试排结果,在房间主要部位弹上互相垂直的控制线并引到墙上,以便施工中检查和控制板块的位置。

(二)铺贴施工工艺

预制水磨石楼地面的构造做法,如图5-12和图5-13所示。

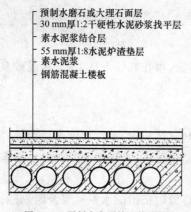

图5-12 预制水磨石楼面构造做法

- 预制水磨石或大理石面层
- 30 mm厚1:2干硬性水泥砂浆找平层
- 素水泥浆结合层
- 55 mm厚1:8水泥炉渣垫层
- 素水泥浆
- 钢筋混凝土楼板

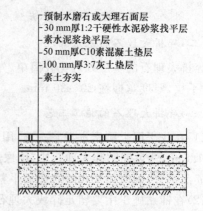

图5-13 预制水磨石地面构造做法

- 预制水磨石或大理石面层
- 30 mm厚1:2干硬性水泥砂浆找平层
- 素水泥浆找平层
- 50 mm厚C10素混凝土垫层
- 100 mm厚3:7灰土垫层
- 素土夯实

1. 板块浸水

为防止水磨石板从结合层水泥砂浆中吸收大量水分,影响砂浆的正常凝结硬化,在铺贴前应对板块进行浸水,浸透后取出晾干,以内湿面干为宜。

2. 摊铺砂浆找平层

为保证地面的平整度和黏结强度,找平层砂浆应采用配合比为1:2(体积比)的干硬性水泥砂浆,铺设时砂浆稠度以 2～4 cm 为宜,即手握成团落地开花。摊铺砂浆找平层前,为保证黏结强度,还应刷一遍水灰比为 1∶(0.4～0.5)的水泥浆,并随刷随铺。砂浆应从室内向门口铺抹,用木杠刮平、拍实,用木抹子找平。最后浇一层水灰比为 1∶(0.2～0.5)的水泥浆,正式铺贴水磨石板块。

3. 对缝及镶条

在正式铺贴时,板块要四角同时下落,对准纵横缝后,用橡皮锤轻轻敲击,并用水平尺进行找平。对于有镶条要求的地面,板块的规格尺寸要求准确。镶条前先将两块板铺贴平整,两块板块之间的缝隙略小于镶条的厚度,然后向缝内灌抹水泥砂浆,最后用木槌将镶条嵌入缝内。

4. 水泥浆灌缝

当板块间无镶条要求时,应在铺贴 24 小时后进行灌缝处理,即用稀水泥浆或水泥细砂浆将板缝灌到 2/3 高度处,剩余部分再用与板块颜色相同色水泥抹缝。

待镶条固定或水泥抹缝完成后,将其表面清理干净,便可进行上蜡工作。

五、踢脚板的镶贴施工

预制水磨石、大理石和花岗石的踢脚板,是楼地面与墙面连接的装饰部位,对于工程的整体装饰效果起着重要的作用。踢脚板的高度一般为 100～150 mm,厚度为 15～20 mm,可采用粘贴法和灌浆法施工。

(一)施工准备工作

在踢脚板正式施工前,应认真清理墙面,提前浇水湿润,按需要将阳角处踢脚板一端锯切成 45°。镶贴时,从阳角处开始向两侧试贴,并检查是否平直,缝隙是否严密,合格后才能实贴。无论采用何种方法铺贴,均应在墙面两端先各镶贴一块踢脚板,作为其他踢脚板铺贴的标准,然后在上面拉通线以控制上沿平直和平整度。

(二)镶贴的施工工艺

1. 粘贴法

粘贴法是用配合比为 1∶2～1∶2.5(体积比)的水泥砂浆打底,并用木抹子将表面搓成毛面。待底层砂浆干硬后,将已润湿的踢脚板抹上 2～3 mm 厚的素水泥浆进行粘贴,并用橡皮锤敲实平整,应随时用水平靠尺找直,10 小时后用同色水泥浆擦缝。

2. 灌浆法

灌浆法是将踢脚板先固定在安装位置上,用石膏将相邻两块板及板与地面之间稳固,然后用稠度为 10～15 cm 的 1∶2 的水泥浆灌缝,并随时把溢出的水泥砂浆擦除。待灌入的水泥砂浆终凝后,把稳固用的石膏铲掉,用与板面同色水泥浆擦缝。

六、瓷砖与地砖地面的铺贴施工

(一)施工准备工作

1. 基层处理

在瓷砖与地砖正式铺贴施工前,应将基层表面上的砂浆、油污、垃圾等清除干净,对表面比较光滑的楼面应进行凿毛处理,以便使砂浆与楼面牢固黏结。

2. 材料准备

主要检查材料的规格尺寸、缺陷和颜色。对于尺寸偏差过大,表面残缺的材料应剔除,对于表面色泽对比过大的材料不能混用。

（二）铺贴的施工工艺

1. 瓷砖及墙地砖浸水

为避免瓷砖及墙地砖从水泥砂浆中过快吸水而影响黏结强度，在铺贴前应在清水中充分浸泡，一般为 2～3 小时，然后晾干备用。

2. 铺抹结合层的砂浆

基层处理完毕后，在铺抹结合层水泥砂浆前，应提前 1 天浇水湿润，然后再做结合层，一般做法是摊铺一层厚度不大于 10 mm 的 1∶3.5 的水泥砂浆。

3. 对砖进行弹线定位

根据设计要求的地面标高线和平面位置线，在墙面标高点上拉出地面标高线及垂直交叉定位线。

4. 设置标准高度面

根据墙面标高线以及垂直交叉定位线铺贴瓷砖或地砖。铺贴时用 1∶2 水泥砂浆摊抹在瓷砖、地砖的背面，再将瓷砖、地砖铺贴在地面上，用橡皮锤轻轻敲实，并且标高与地面标高线吻合。一般每贴 8 块砖用水平尺检校一次，发现质量问题及时纠正。房间面积大小不同，铺贴的程序也有所区别：对于小房间来说，一般做成 T 形标准高度面；对于较大面积的房间，通常按房间中心做十字形标准高度面，以便扩大施工面，使多人同时施工，如图 5-14 所示。有地漏和排水孔的部位，应做放射状标筋，其坡度一般为 0.5％～1.0％。

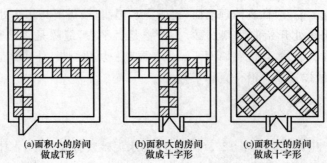

(a)面积小的房间 　　　(b)面积大的房间 　　　(c)面积大的房间
做成T形 　　　　　　做成十字形 　　　　　　做成十字形

图 5-14　标准高度面的做法

（5）进行大面积铺贴

在大面积铺贴时，以铺好的标准高度面为基准进行，紧靠标准高度面向外逐渐延伸，并用拉出的对缝控制线使对缝平直。铺贴时，水泥砂浆应饱满地抹于瓷砖、地砖的背面，放入铺贴位置后用橡皮锤轻轻敲实。要边铺贴边用水平尺检校。整幅地面铺贴完毕后，养护 2 天再进行抹缝施工。抹缝时，将白水泥调成干性团在缝隙上擦抹，使缝内填满白水泥，最后将施工面擦洗干净。

七、陶瓷锦砖地面的铺贴施工

（一）施工准备工作

1. 基层处理

陶瓷锦砖地面的基层处理与瓷砖、地砖的处理方法相同。

2. 材料准备

对所用陶瓷锦砖进行检查，校对其规格、颜色，对掉块的锦砖用胶水补贴，将选用的锦砖按房间部位分别存放,铺贴前在背面刷水湿润。

3.铺抹水泥砂浆找平层

陶瓷锦砖地面铺抹水泥砂浆找平层,是对不平基层处理的关键工序,一般先在干净、湿润的基层上刷一层水灰比为 1：0.5 的素水泥砂浆(不得采用干撒水泥洒水扫浆的办法)。然后及时铺抹 1：3 的干硬性水泥砂浆,大杠刮平,木抹子搓毛。找平层厚度根据设计地面标高确定,一般为 25～30 mm。有泛水要求的房间,应事先找出泛水坡度。

4.弹线分格

陶瓷锦砖地面找平层砂浆养护 2～3 天后,根据设计要求和陶瓷锦砖规格尺寸,在找平层上用墨线弹线。

(二)陶瓷锦砖的铺贴

1.陶瓷锦砖楼地面构造做法

陶瓷锦砖楼地面构造做法如图 5-15 所示。

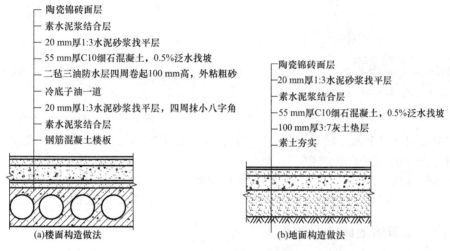

图 5-15 陶瓷锦砖楼地面构造做法

2.铺贴施工

(1)铺贴前首先湿润找平层砂浆,刮一遍水泥浆,随即抹 1：1.5 的水泥砂浆 3～4 mm 厚,随刮随抹随铺陶瓷锦砖。

(2)按弹线对位后铺上,用木拍板拍实,使锦砖黏结牢固并且与其他锦砖平齐。

(3)揭纸拨缝。铺砖后 20～30 分钟,即可用水喷湿面纸,面纸湿透后,手扯纸边把面纸揭去,不可提拉,以防锦砖松脱。洒水应适量,过多则易使锦砖浮起,过少则不易揭起。揭纸后,用开刀将缝隙调匀,不平部分再揎平、拍实,用 1：1 水泥细砂灌缝,适当淋水后再次调缝拍实。

(4)擦缝。用白水泥素浆嵌缝擦实,同时将表面灰痕用锯末或棉纱擦干净。

(5)养护。陶瓷锦砖地面铺贴 24 小时后,铺锯木屑等养护,3～4 天后方准上人。

八、镭射玻璃砖楼地面的施工

(一)施工准备

(1)用水泥砂浆安装固定镭射玻璃地砖时,其基层处理的做法与陶瓷锦砖的做法相同。

(2)用玻璃胶铺贴固定时,应先将铺贴镭射玻璃地砖的地面用水泥砂浆抹平,做成平整的水泥基面,然后铺上 5～9 mm 厚的木夹板,用水泥钢钉将木夹板固定在水泥地面上。水泥钢钉的间距为 400 mm,并钉入木夹板 2～3 mm,如图 5-16 所示。然后在木夹板上按镭射玻璃砖的尺寸打十字墨线,作为铺贴的基准线。

(二)镭射玻璃地面的铺贴施工

(1)用水泥砂浆固定镭射玻璃地砖的方法,与陶瓷锦砖的施工方法相同。

(2)玻璃胶铺贴固定法

①将待铺贴的镭射玻璃地砖的背面,离边沿 20 mm 左右的四周打上玻璃胶,涂胶的面积占地砖面积的 5%～8%。

②按已弹好的十字墨线对正铺贴镭射玻璃地砖,每块镭射玻璃地砖之间的接缝要先用厚度为 2.6～3.0 mm 、长 40 mm 的定位条块夹在砖缝间,作为地砖缝隙宽度的标准,如图 5-17 所示。

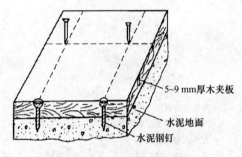

图 5-16　木夹板固定示意图

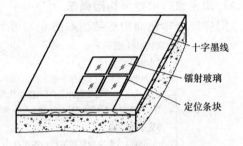

图 5-17　定位条块固定示意图

③镭射玻璃地砖全部铺贴完毕 5～8 小时,待玻璃胶干后,取下定位条块,并在镭射玻璃地砖边沿贴上 20 mm 宽的保护胶带。

④在镭射玻璃地砖间缝中打上玻璃胶,也可用厚 2～3 mm 的有机塑料或铜条加玻璃胶嵌入缝中,还可以有意将镭射玻璃地砖的缝隙留大,嵌入彩色走灯作装饰,最后将保护胶带揭除。

九、钛金复面墙地砖地面的施工

(一)材料及其特点

钛金复面墙地砖,也称钛金不锈钢复面墙地砖,是由镜面不锈钢板用多弧离子氮化钛镀膜和掺金属离子镀涂层加工而成。氮化钛膜层不仅具有极强的结合力,而且表面硬度高、耐磨和耐蚀性能好,在自然风化的条件下,可保持 30～40 年不脱落、不变色,色泽鲜艳,光亮如新。钛金不锈钢复面墙地砖有方形、条形、钻石形、叠框形、满天星形等多种,并有七彩色、金黄色、宝石蓝色等多种色彩。用于地面装饰呈现出金碧辉煌的效果,属于超豪华地面装修之一。

钛金不锈钢复面墙地砖装饰地面,能起到画龙点睛的作用,使用于楼地面的局部点缀,极少有满堂铺者。

(二)铺贴的施工工艺

1. 基本构造

由于钛金不锈钢复面墙地砖地面装饰多用于整个楼地面的局部重点部位的点缀,不可能进行满堂铺贴,因此,钛金不锈钢复面墙地砖地面装饰的基本构造应与某一主体地面的基本构造完全相同。但应当注意,由于钛金不锈钢复面墙地砖的厚度较薄,所以在施工时应将钛金不锈钢复面墙地砖下面底层(如毛地板、找平层等)的厚度适当加厚,使其与地面主体标高相平。

2. 基层处理

在钛金不锈钢复面墙地砖装饰地面铺贴前,应将地面进行硬化防潮处理,如素土夯实后做灰土垫层,然后再做水泥砂浆或混凝土层。在进行楼面铺设时,应对楼板的缝进行处理,然后做水泥砂浆找平层和防水防潮层。

3.有地垄墙的高架钛金不锈钢复面墙地砖地板的铺贴

(1)地垄墙砌筑

用 M5 水泥砂浆砌筑厚为 120 mm 的实砖地垄墙,如果地垄墙的高度超过 600 mm,厚度应改为 240 mm。

(2)压沿木

地垄墙砌筑完毕达到设计强度后,清扫墙的顶面,抹 20 mm 厚 1∶3 的水泥砂浆找平层;待彻底干燥后再涂上一道热沥青,放置 50 mm×100 mm 玻璃防火通长压沿木,用 8 号铁丝与地垄墙绑牢。

(3)铺钉地板格栅

在压沿木上钉 70 mm×50 mm 木格栅,顶面刨光刨平。

(4)铺钉毛地板

木格栅找平检查合格后,可以铺钉毛地板。铺钉时,毛地板的对缝应在木格栅的中心线上,但钉子的钉位应相互错开,不要在一条直线上。

(5)粘铺钛金不锈钢复面墙地砖

①弹线。根据设计要求,将每块钛金不锈钢复面墙地砖的具体位置在毛地板上用墨线弹出,作为铺贴的标准。

②裁板。根据设计要求和弹线位置,将钛金不锈钢复面墙地砖进行试铺,然后对钛金板画线裁切,并进行编号,备用。

③铺纸。在毛地板上面、钛金不锈钢复面墙地砖底下,干铺一层沥青油纸,对于涂大力胶的地方应将沥青油纸剪去。

④毛地板表面与钛金不锈钢复面墙地砖背面涂胶处,应预先清理干净,以便于黏结。

⑤清扫。将毛地板、沥青油纸及钛金不锈钢复面墙地砖的各边各面均清扫干净,以便进行铺贴。

⑥调胶。钛金不锈钢复面墙地砖装饰地面的铺贴,一般采用大力胶,在铺贴前应按大力胶的产品说明进行调胶。

⑦涂胶。按规定在钛金不锈钢复面墙地砖的背面进行均匀点涂,涂胶的厚度为 3~4 mm。

⑧钛金不锈钢复面墙地砖就位粘铺。按设计和弹线的位置,将钛金不锈钢复面墙地砖按编号顺序水平就位粘铺。利用钛金砖背面中间的快干型大力胶,使钛金不锈钢复面墙地砖临时固定,然后迅速将钛金不锈钢复面墙地砖与相邻各砖调直调平,务必达到对缝严密、横平竖直,各砖与毛地板黏结牢固,板面标高一致,不得有空鼓不实之处,也不准有板面不平之处,砖面沾污之处应随时进行清除。

(6)检查校正

若有表面不平、黏结不牢、标高不一致、对缝不严密、空鼓、沾污的地方等,应立即纠正,以免时间过长难以改变。

(7)清理嵌缝

待全面检查合格后,将板面彻底清理干净。板缝应根据设计进行预留,若为宽缝,则用胶料加颜料将缝嵌平匀实。

(8)打蜡防滑

以上各工序完成后,再一次进行清理,涂防滑蜡两道,并磨出光亮。

4.无地垄墙的空铺钛金不锈钢复面墙地砖地板的铺贴

无地垄墙的空铺钛金不锈钢复面墙地砖地板的铺贴,是直接将木格栅钉牢在木垫块上,木垫块直接固定在地面上,其他施工工序与有地垄墙的工序相同。

5.实铺钛金不锈钢复面墙地砖地板的铺贴

(1)在防水防潮层上铺钉毛地板。由于钛金不锈钢复面墙地砖仅适用于主体地面的局部点缀,所以其铺贴施工与主体地面不同,应先铺钉毛地板。具体的施工工艺如下:

①弹线。根据设计要求,将钛金不锈钢复面墙地砖每块砖板的具体位置全部弹出。

②锯裁阻燃型胶合板。将这种胶合板按钛金不锈钢复面墙地砖地面部分的规格范围进行锯裁。胶合板的厚度一般为18~20 mm。为了使钛金不锈钢复面墙地砖的表面标高和主体楼地面的标高一致,施工时应注意找平层的厚度。

③铺钉毛地板。将裁好的毛地板用水泥钢钉按照钛金不锈钢复面墙地砖的定位线,直接钉于混凝土垫层上,钉长为毛地板的2.5倍,钉距为150 mm左右。钉钉时不得将毛地板钉裂,必要时应先在毛地板上钻眼,相邻的钉子应相互错开,不要在一条直线上。

(2)粘铺钛金不锈钢复面墙地砖。其施工方法与高架钛金不锈钢复面墙地砖的铺设方法相同。

(3)检查、校正、清理、嵌缝、打蜡、防滑等工序,与高架钛金不锈钢复面墙地砖铺设完全相同。

十、幻影玻璃地砖楼地面的施工

(一)材料及其特点

幻影玻璃地砖是当代最新型装饰材料之一,是将钢化玻璃通过特殊工艺加工而成,具有闪光及镭射反光性能,主要用来装饰地面。在光的照射下,幻影缤纷,产生一种特殊的效果。幻影玻璃地砖有金、银、红、紫、玉、绿、宝蓝、七彩珍珠等色。幻影玻璃的规格尺寸有:400 mm×400 mm、500 mm×500 mm、600 mm×600 mm等多种,单层玻璃厚度一般为5 mm和8 mm两种,夹层玻璃厚度一般为(8+5)mm。

(二)幻影玻璃铺贴的施工

幻影玻璃地砖楼地面的构造做法及铺贴方法,与镭射玻璃地砖基本相同。

第四节　塑料楼地面的施工

由于众多现代建筑物楼地面的特殊使用需求,塑料类装饰地板材料的应用日益广泛。产品种类及材料品质不断发展,已成为不可缺少的当代建筑楼地面铺装材料。无论是用于现代办公楼及大型公共建筑物(如宾馆、医院、商场等),还是用于有防尘超净、降噪超静、防静电等要求的室内楼地面(如电教室、实验室、影剧院等),塑料地面不仅在艺术效果方面富有高雅的质感,而且可以最大可能地节约自然资源,保护环境。

塑料地板以其脚感舒适、不易沾尘、噪声较小、防滑耐磨、保温隔热、色彩鲜艳、图案多样和施工方便等优点,在世界各国得到广泛应用。据日本有关测试资料表明,塑料地板的耐磨性仅次于花岗石和瓷质地砖。其可以通过彩色照相制版技术印制出各种色彩丰富的图案,各种仿花岗石、大理石、天然木纹、锦缎等花纹的塑料地板,达到以假乱真的效果。在装饰工程中常用的塑料地板有：半硬质聚氯乙烯塑料地板（简称 PVC 塑料地板）、氯乙烯－醋酸乙烯塑料地板（简称 EAV 塑料地板）、聚氯乙烯卷材（简称 PVC 卷材）、氯化聚乙烯地板（简称 CPE 橡胶地板）和塑胶地板等。

一、半硬质聚氯乙烯塑料地板

半硬质聚氯乙烯塑料地板产品，是以聚氯乙烯共聚树脂为主要原料，加入适量的填料、增塑剂、稳定剂、着色剂等辅料，经压延、挤出或热压工艺所生产的单层和复合半硬质 PVC 铺地装饰材料。

（一）品种与规格

根据国家标准《半硬质聚氯乙烯块状塑料地板》（GB 4085-2015）的规定，其品种可分为单层和同质复合地板。一般来说，半硬质聚氯乙烯塑料地板的厚度为 1.5mm，长度为 300mm，宽度为 300mm，也可由供需双方议定其他规格产品。

（二）技术性能要求

1. 外观要求

半硬质聚氯乙烯塑料地板的产品外观要求。应符合表 5-4 中的规定。

表 5-4　　　　　　　　　半硬质聚氯乙烯塑料地板的产品外观要求

外观缺陷的种类	规定指标
缺口、龟裂、分层	不可有
凹凸不平、纹痕、光泽不均、色调不匀、污染、伤痕、异物	不明显

2. 尺寸偏差

半硬质聚氯乙烯塑料地板产品的尺寸偏差。应符合表 5-5 中的规定。

表 5-5　　　　　　　半硬质聚氯乙烯塑料地板产品的尺寸偏差　　　　　　　　　mm

厚度极限偏差	长度极限偏差	宽度极限偏差
±0.15	±0.30	±0.30

3. 垂直度

半硬质聚氯乙烯塑料地板产品的垂直度，是指试件边与直角尺边的差值，其最大公差值应小于 0.25mm，如图 5-18（b）所示。

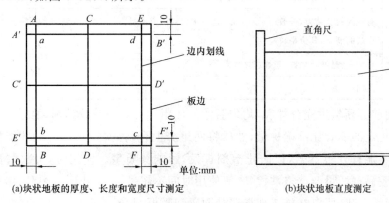

(a)块状地板的厚度、长度和宽度尺寸测定　　　(b)块状地板直度测定

图 5-18　半硬质聚氯乙烯塑料地板的尺寸及垂直度测定方式

4. 物理性能

半硬质聚氯乙烯塑料地板产品的物理性能,必须符合表 5-6 中规定的指标。

表 5-6　　　　　　　　　　半硬质聚氯乙烯塑料地板产品的物理性能

物理性能项目	单层地板	同质复合地板	物理性能项目	单层地板	同质复合地板
热膨胀系数/℃$^{-1}$	$\leqslant 1.0 \times 10^{-4}$	$\leqslant 1.2 \times 10^{-4}$	23℃凹陷度/mm	$\leqslant 0.30$	$\leqslant 0.30$
加热质量损失率/%	$\leqslant 0.50$	$\leqslant 0.50$	45℃凹陷度/mm	$\leqslant 0.60$	$\leqslant 1.00$
加热长度变化率/%	$\leqslant 0.20$	$\leqslant 0.25$	残余凹陷度/mm	$\leqslant 0.15$	$\leqslant 0.15$
吸水长度变化率/%	$\leqslant 0.15$	$\leqslant 0.17$	磨耗量/(g/cm^2)	$\leqslant 0.020$	$\leqslant 0.015$

(三)施工工艺

1. 料具的准备

(1)材料的准备

半硬质聚氯乙烯塑料地板铺贴施工常用的主要材料有:塑料地板、塑料踏脚以及适用于板材的胶黏剂。

①塑料地板:可以选用单层板或同质复合地板,也可以选用由印花面层和彩色基层复合成的彩色印花塑料地板。它不但具有普通塑料地板的耐磨、耐污染等性能,而且图案多样,高雅美观。

②胶黏剂:胶黏剂的种类很多,但性能各不相同,因此在选择胶黏剂时要注意其特性和使用方法。常用胶黏剂的特点见表 5-7。

表 5-7　　　　　　　　　　　　　　常用胶黏剂的特点

胶黏剂名称	性能特点
氯丁胶	需双面涂胶、速干、初黏力大、有刺激性挥发气味,施工现场要注意防毒、防燃
202 胶	速干、黏结强度大,可用于一般耐水、耐酸碱工程,使用双组分要混合均匀,价格较贵
JY-7 胶	需双面涂胶、速干、初黏力大、毒性低、价格相对较低
水乳型氯乙胶	不燃、无味、无毒、初黏力大、耐水性好,对较潮湿基层也能施工,价格较低
聚醋酸乙烯胶	使用方便、速干、黏结强度好、价格较低、有刺激性、必须防燃、耐水性差
405 聚氨酯胶	固化后有良好的黏结力,可用于防水、耐酸碱等工程,初黏力差,黏结时必须防止位移
6101 环氧胶	有很强的黏结力,一般用于地下室、地下水位高或人流量大的场合,黏结时要预防胺类固化剂对皮肤的刺激,其价格较高
立时得胶	日本产,黏结效果好,干燥速度快
VA 黄胶	美国产,黏结效果好

胶黏剂在使用前必须经过充分拌和、均匀后才能使用。对双组分胶黏剂,要先将各组分分别搅拌均匀,再按规定的配合比准确称量,然后将两组分混合,再次搅拌均匀后才能使用。胶黏剂不用时,千万不能打开容器盖,以防止溶剂挥发,影响其质量。使用时,每次取量不宜过多,特别是双组分胶黏剂配量要严格掌握,一般使用时间不超过 2~4 小时。另外,溶剂型胶黏剂易燃且带有刺激性气味,所以在施工现场严禁明火和吸烟,并要求有良好的通风条件。

（2）施工工具的准备

塑料地板的施工工工具主要有：涂胶刀、划线器、橡胶辊筒、橡胶压边辊筒，如图 5-19 所示。另外还有裁切刀、墨斗线、钢直尺、皮尺、刷子、磨石、吸尘器等。

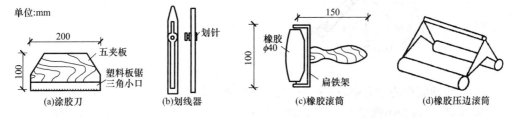

图 5-19　塑料地板施工工具

2. 基层处理

基层不平整、含水率过高、砂浆强度不足或表面有油迹、尘灰、砂粒等，均会产生各种质量弊病。塑料地板最常见的质量问题有：地板起壳、翘边、鼓泡、剥落及不平整等。因此，要求铺贴的基层平整、坚固、有足够的强度，各阴阳角必须方正，无污垢灰尘和砂粒，含水率不得大于8%。不同的材料的基层，要求是不同的。

（1）水泥砂浆和混凝土基层

在水泥砂浆和混凝土基层上铺贴塑料地板，基层表面用 2 m 直尺检查，允许空隙不得超过 2 mm。如果有麻面、孔洞等质量缺陷，必须用腻子进行修补，并涂刷乳液一遍，腻子应采用乳液腻子，其配合比见表 5-8。

表 5-8　　　　　　　　　　　　　　乳液及腻子配合比

名称	配合比例（质量比）							
	聚醋酸乙烯乳液	107 胶	水泥	水	石膏	滑石粉	土粉	羧甲基纤维素
107 胶水泥乳液		0.5～0.8	1.0	6～8				
石膏乳液腻子	1.0			适量	2.0		2.0	
滑石粉乳液腻子	0.20～0.25			适量		1.0		0.10

修补时，先用石膏乳液腻子嵌补找平，然后用 0 号钢丝纱布打毛，再用滑石粉腻子刮第二遍，直至基层完全平整、无浮灰后，刷 107 胶水泥乳液，以增加胶结层的黏结力。

（2）水磨石和陶瓷锦砖基层

水磨石和陶瓷锦砖基层的处理，应先用碱水洗去其表面污垢，再用稀硫酸腐蚀表面或用砂轮进行推磨，以增加此类基层的粗糙度。这种地面宜用耐水胶黏剂铺贴。

（3）木质地板基层

木板基层的木格栅应坚实，地面突出的钉头应敲平，板缝可用胶黏剂加老粉配制成腻子，进行填补平整。

3. 塑料地板的铺贴工艺

（1）弹线分格

按照塑料地板的尺寸、颜色、图案进行弹线分格。塑料地板的铺贴一般有两种方式：一种是接缝与墙面成 45°，称为对角定位法；另一种是接缝与墙面平行，称为直角定位法，如图 5-20所示。

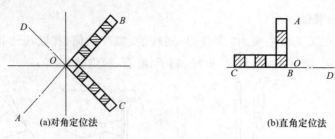

(a)对角定位法　　　　　　　　　　　　　(b)直角定位法

图 5-20　塑料地板铺贴定位方法

①弹线。以房间中心点为中心,弹出相互垂直的两条定位线。同时,要考虑板块尺寸和房间实际尺寸的关系,尽量少出现小于 1/2 板宽的窄条。相邻房间之间出现交叉和改变面层颜色,应当设在门的裁口线处,而不能设在门框边缘处。在进行分格时,应距墙边留出 200～300 mm 距离作为镶边。

②铺贴。以上面的弹线为依据,从房间的一侧向另一侧进行铺贴,这是最常用的铺贴顺序。也可以采用十字形、T 形、对角形等铺贴方式,如图 5-21 所示。

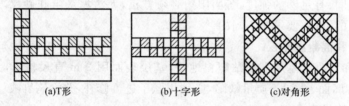

(a)T形　　　　　　　　　(b)十字形　　　　　　　　　(c)对角形

图 5-21　塑料地板的铺贴方式

（2）裁切试铺

为确保地板粘贴牢固,塑料地板在裁切试铺前,应首先进行脱脂除蜡处理,将其表面的油蜡清除干净。

①将每张塑料板放进 75 ℃左右的热水中浸泡 10～20 分钟,然后取出晾干,用棉丝蘸溶剂（丙酮∶汽油＝1∶8 的混合溶液）进行涂刷,脱脂除蜡,保证塑料地板在铺贴时表面平整、不变形和粘贴牢固。

②塑料地板铺贴前,应对于靠墙处不是整块的塑料板加以裁切,其方法是:在已铺好的塑料板上放一块塑料板,再用一块塑料板的右边与墙紧贴,沿另一边在塑料板上划线,按线裁下的部分即为所需尺寸的边框。

③塑料板脱脂除蜡并裁切以后,即可按弹线进行试铺。试铺合格后,应按顺序编号,以备正式铺贴。

（3）刮胶

塑料地板铺贴刮胶前,应将基层清扫干净,并先涂刷一层薄而匀的底子胶。涂刷要均匀一致,越薄越好,且不得漏刷。底子胶干燥后,方可涂胶铺贴。

①应根据不同的铺贴地点选用相应的胶黏剂。如象牌 PVA 胶黏剂,适宜于铺贴二层以上的塑料地板;耐水胶黏剂,适用于潮湿环境中塑料地板的铺贴,也可用于 －15 ℃的环境中。不同的胶黏剂有不同的施工方法。

如用溶剂型胶黏剂,一般应在涂布后晾干到手触不粘手,再进行铺贴。用 PVA 等乳液型胶黏剂时,则不需要晾干过程,将塑料地板的黏结面打毛,涂胶后即可铺贴。用 E-44 环氧树脂胶黏剂时,则应按配方准确称量固化剂（常用乙二胺）加入调和,涂布后即可铺贴。若采用双组分胶黏剂,如聚氨酯和环氧树脂等,要按组分配比正确称量,预先进行配制,并即时用完。

②通常情况下,施工温度应在 10～35 ℃范围内,暴露时间为 5～15 分钟。低于或高于此温度,则不能保证铺贴质量,最好不进行铺贴。

③若采用乳液型胶黏剂,应在塑料地板的背面刮胶。若采用溶剂型胶黏剂,只在地面上刮胶即可。

④聚醋酸乙烯溶剂胶黏剂,甲醇挥发速度快,故涂刮面不能太大,稍加暴露就应马上铺贴。聚氨酯和环氧树脂胶黏剂都是双组分固化型胶黏剂,即使有溶液也含量很少,可稍加暴露再铺贴。

(4)铺贴

铺贴塑料地板主要控制三个方面的问题:一是塑料地板要粘贴牢固,不得有脱胶、空鼓现象;二是缝格顺直,避免发生错缝;三是表面平整、干净,不得有凹凸不平及破损与污染。在铺贴中应注意以下几个方面:

①塑料地板接缝处理,黏结坡口做成同向顺坡,搭接宽度不小于 300 mm。

②铺贴时,切忌整张一次贴上,应先将边角对齐粘合,轻轻地用橡胶辊筒将地板平伏地粘贴在地面上,在准确就位后,用橡胶辊筒压实,将气赶出,如图 5-22 所示,或用锤子轻轻敲实。用橡胶锤子敲打应从一边向另一边依次进行,或从中心向四边敲打。

③铺贴到墙边时,可能会出现非整块地板,应准确量出尺寸后,现场裁割。裁割后再按上述方法一并铺贴。

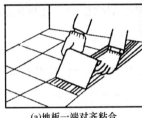 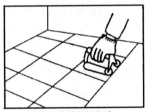 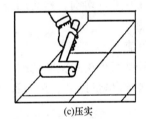

(a)地板一端对齐粘合　　　(b)用橡胶滚筒赶压气泡　　　(c)压实

图 5-22　铺贴及压实示意图

(5)清理

铺贴完毕后,应及时清理塑料地板表面,特别是施工过程中因手触摸留下的胶印。对溶剂胶黏剂用棉纱蘸少量松节油或 200 号溶剂汽油擦去从缝中挤出来的多余胶,对水乳胶黏剂只需要用湿布擦去,最后上地板蜡。

(6)养护

塑料地板铺贴完毕,要有一定的养护时间,一般为 1～3 天。养护内容主要有两个方面:一是禁止行人在刚铺过的地面上大量行走;二是养护期间避免沾污或用水清洗表面。

二、软质聚氯乙烯塑料地板的铺贴

软质聚氯乙烯地面用于需要耐腐蚀、有弹性、高度清洁的房间,这种地面造价高、施工工艺复杂。软质塑料地板可以在多种基层材料上粘贴,基层处理、施工准备和施工程序基本上与半硬质塑料地面相同。

(一)料具的准备工作

(1)根据设计要求和国家的有关质量标准,检验软质聚氯乙烯塑料地板的品种、规格、颜色与尺寸。

（2）胶黏剂。胶黏剂应根据基层材料和面层的使用要求，通过试验确定胶黏剂的品种，通常采用 401 胶黏剂比较适宜。

（3）焊枪。焊枪是塑料地板连接的机具，其功率一般为 400～500 W，枪嘴的直径宜与焊条直径相同。

（4）鬃刷。鬃刷是涂刷胶黏剂的专用工具，其规格为 5.0 cm 或 6.5 cm。

（5）V 形缝切口刀。V 形缝切口刀是切割软质塑料地板 V 形缝的专用刀具。

（6）压辊。压辊是用以推压焊缝的工具。

（二）地板铺贴的施工

1. 分格弹线

基层分格的大小和形状，应根据设计图案、房间面积大小和塑料地板的具体尺寸确定。在确定分格弹线时，应当考虑以下主要因素：

①分格时，应当尽量减少焊缝的数量，兼顾分格的美观和装饰效果。因此，一般多采用软质聚氯乙烯塑料卷材。

②从房间的中央向四周分格弹线，以保证分格的对称和美观。房间四周靠墙处非整块者，尽量按镶边进行处理。

2. 下料及脱脂

将塑料地板平铺在操作平台上，按基层上分格的大小和形状，在板面上画出切割线，用 V 形缝切口刀进行切割。然后用湿布擦洗干净切好的板面，再用丙酮涂擦塑料地板的粘贴面，以便脱脂去污。

3. 预铺

在塑料面板正式粘贴的前一天，将切割好的板块运入待铺设的房间内，按分格弹线进行预铺。预铺时，尽量照顾色调一致、厚薄相同。铺好的板块一般不得再搬动，待次日粘贴。

4. 粘贴

（1）将预铺好的塑料地板翻开，先用丙酮或汽油把基层和塑料板粘贴面满刷一遍，以便更彻底脱脂去污。待表面的丙酮或汽油挥发后，将瓶装的 401 胶黏剂按 0.8 kg/m² 的 2/3 量倒在基层和塑料板粘贴面上，用鬃刷纵横涂刷均匀，待 3～4 分钟后，将剩余的 1/3 胶液以同样的方法涂刷在基层和塑料板上。待 5～6 分钟后，将塑料地板四周与基线分格对齐，调整拼缝至符合要求后，再在板面上施加压力，然后由板中央向四周来回滚压，排出板下的全部空气，使板面与基层粘贴紧密，最后排放砂袋进行静压。

（2）对有镶边者，应当先粘贴大面，后粘贴镶边部分。对无镶边者，可由房间最里侧往门口粘贴，以保证已粘贴好的板面不受人行走的干扰。

（3）塑料地板粘贴完毕后，在 10 天内施工地点的温度要保持在 10～30 ℃，环境湿度不超过 70%，在粘贴后的 24 小时内不能在其上面走动和进行其他作业。

5. 焊接

为了使焊缝与板面的色调一致，应使用同种塑料板上切割的焊条。

（1）粘贴好的塑料地板至少要经过 2 天的养护，才能对拼缝施焊。在施焊前，先打开空压机，用焊枪吹去拼缝中的尘土和砂粒，再用丙酮或汽油将表面清洗干净，以便施焊。

（2）施焊前，应检查压缩空气的纯度，然后接通电源，将调压器调节到 100～200 V，压缩空气控制在 0.05～0.10 MPa，热气流温度一般为 200～250 ℃，这样便可以施焊。施焊时按 2 人一组进行组合，1 人持枪施焊，1 人用压辊推压焊缝。施焊者左手持焊条，右手握焊枪，从左向右依次施焊,持压辊者紧跟施焊者施压。

(3)为使焊条、拼缝同时均匀受热,必须使焊条、焊枪喷嘴保持在拼缝轴线方向的同一垂直面内,且使焊枪喷嘴均匀上下撬动,撬动次数为 1～2 次/秒,幅度为 10 mm 左右。持压辊者同时在后边推压,用力和推进速度应均匀。

(三)PVC 卷材的铺贴

1. 材料准备

根据房间尺寸大小,从 PVC 卷材上切割料片,由于这种材料切割后会发生纵向收缩,因此下料时应留有一定余地。将切割下来的料片依次编号,以备在铺设时按次序进行铺贴,相邻料片之间的色差也不会太明显。对于切割下来的料片,应在平整的地面上静置 3～6 天,使其充分收缩,以保证铺贴质量。

2. 定位裁切

堆放并静置后的塑料片,按照编号顺序放在地面上,与墙面接触处应翻上去 2～3 cm。为使卷材平伏便于裁边,在转角(阴角)处切去一角,遇阳角时用裁刀在阴角位置切开。裁切刀必须锐利,使用过程中要注意及时磨快,以免影响裁边的质量。裁切刀既要有一定的刚性,又要有一定的弹性,在切墙边部位时可以适当弯曲。

卷材与墙面的接缝有两种做法:如果技术熟练、经验丰富,可直接用切刀沿墙线把翻上去的多余部分切去;如果技术不熟练,最好采用先划线、后裁切的做法。料片之间的接缝一般采用对接法。对无规则花纹的卷材比较容易,对有规则图案的卷材,应先把两片边缘的图案对准后再裁切。对要求无接缝的地面,接缝处可采用焊接的方法,即先用坡口直尺切出 V 形接缝,熔入同质同色焊条,表面再加以修整,也可以用液体嵌缝料使接缝封闭。

3. 铺贴施工

粘贴的顺序一般是从一面墙开始粘贴。粘贴的方法有两种:一种是横叠法,即把料片横向翻起一半,用大涂胶刮刀进行刮胶,接缝处留下 50 cm 左右暂不涂胶,以留做接缝。粘贴好半片后,再将另半片横向翻起,以同样方法涂胶粘贴;另一种是纵卷法,即纵向卷起一半先粘贴,而后再粘贴另一半。卷材地面接缝裁切如图 5-23 所示,卷材粘贴方法如图 5-24 所示。

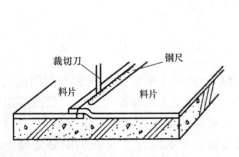

图 5-23　卷材地面接缝裁切

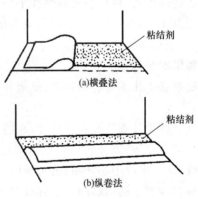

图 5-24　卷材的粘贴方法

(四)氯化聚乙烯卷材地面的铺贴

(1)铺贴前,应根据房间尺寸及卷材的长度,决定卷材是纵铺还是横铺,决定的原则是卷材的接缝越少越好。

(2)基层按要求处理后,必须用湿布将表面的尘土清除干净,然后用二甲苯涂刷基层,清除不利于黏结的污染物。如果没有二甲苯,可用汽油加少量 404 胶(约 10％～20％)搅拌均匀后涂刷,这样不仅可以清除杂物,还能使基层渗入一定量的胶液,起到底胶的作用,使黏结更加牢固。

(3)基层和卷材涂胶后要晾干,以手摸胶面不黏为度,否则地面卷材黏结不牢。在常温下,一般不少于 20 分钟。

(4)铺贴时,四人分四边同时将卷材提起,按预定弹好的线进行搭接。先将一端放下,再逐渐顺线将其余部分铺贴,离线时应立即掀起调整。铺贴位置准确后,从中间向两边用手或胶辊赶压铺平,切不可先赶压四周,这样不易铺贴平伏且气体不易赶出,严重影响粘贴质量。如果还有未赶出的气泡,应将卷材前端掀起重新铺贴,也可以采用前面所述 PVC 卷材的铺贴方法。

(5)卷材接缝处搭接宽度至少要有 20 mm,并要居中弹线,用钢尺压线后,用裁切刀将两片叠合的卷材一次切割断,裁刀要非常锋利,尽量避免出现重刀切割。扯下断开的边条,将接缝处的卷材压紧贴牢,再用小铁滚紧压一遍,保证接缝严密。卷材接缝可采用焊接或嵌缝封闭的方法。

三、塑胶地板的施工工艺

(一)材料及其特点

塑胶地板也称塑胶地砖,是以 PVC 为主要原料,加入其他材料经特殊加工制成的一种新型塑料。其底层是一种高密度、高纤维网状结构材料,坚固耐用,富有弹性。表面为特殊树脂,纹路逼真,超级耐磨,光而不滑。这种塑料地板具有耐火、耐水、耐热胀冷缩等特点,用其装饰的地面脚感舒适、富有弹性、美观大方、施工方便、易于保养,一般用于高档地面装饰。

(二)施工的准备工作

1. 基层准备工作

在地面上铺设塑胶地板时,应在铺贴之前将地面进行强化硬化处理,一般是在素土夯实后做灰土垫层,然后在灰土垫层上做细石混凝土基层,以保证地面的强度和刚度。细石混凝土基层达到一定强度后,再做水泥砂浆找平层和防水防潮层。在楼地面上铺设塑胶地板时,首先应在钢筋混凝土预制楼板上做混凝土叠合层,为保证楼面的平整度,在混凝土叠合层上做水泥砂浆找平层,最后做防水防潮层。

2. 铺贴准备工作

铺贴准备工作主要包括弹线、试铺和编号。

(1)弹线

根据具体设计和装饰物的尺寸,在楼地面防潮层上弹出互相垂直,并分别与房间纵横墙面平行的标准十字线,或分别与同一墙面成 45°且互相垂直交叉的标准十字线。根据弹出的标准十字线,从十字线中心开始,将每块(或每行)塑胶地板的施工控制线逐条弹出,并将塑胶楼地面的标高线弹于两边墙面上。弹线时还应将楼地面四周的镶边线一并弹出(镶边宽度应按设计确定,设计中无镶边者不必弹此线)。

(2)试铺和编号

按照弹出的定位线,将预先选好的塑胶地板按设计规定的组合造型进行试铺,试铺成功后逐一进行编号,堆放在合适位置备用。

（三）塑胶地板的铺贴工艺

1. 清理基层

在正式涂胶前,应将基层表面的浮砂、垃圾、尘土、杂物等清理干净,待铺贴的塑胶地板也要清理干净。

2. 试胶黏剂

在塑胶地板铺贴前,首先要进行试胶工作,确保采用的胶黏剂与塑胶地板相适应,保证粘贴质量。试胶时,一般取几块塑胶地板用拟采用的胶黏剂涂于地板背面和基层上,待胶稍干后(以不粘手为准)进行粘铺。在粘铺4小时后,如果塑胶地板无软化、翘边或黏结不牢等现象,则认为这种胶黏剂与塑胶地板相容,可以用于铺贴,否则应另选胶黏剂。

3. 涂胶黏剂

用锯齿形涂胶板将选用的胶黏剂涂于基层表面和塑胶地板背面,涂胶的面积不得少于总面积的80%。涂胶时应用刮板先横向刮涂一遍,再竖向刮涂一遍,要刮涂均匀。

4. 粘铺施工

在涂胶稍停片刻后,待胶膜表面稍干些,将塑胶地板按试铺编号水平就位,并与所弹定位线对齐,把塑胶地板放平粘铺,用橡胶辊将塑胶地板压平、粘牢,同时将气泡赶出,并与相邻各板抄平调直,彼此不得有高度差。对缝应横平竖直,不得有不直之处。

5. 质量检查

塑胶地板粘铺完毕后,应进行严格的质量检查。凡有高低不平、接槎不严、板缝不直、黏结不牢及整个楼地面平整度超过0.50 mm的情况,均应彻底进行修正。

6. 镶边装饰

设计有镶边的应进行镶边,镶边材料及做法按设计规定办理。

7. 打蜡上光

塑胶地板在铺贴完毕经检查合格后,应将表面残存的胶液及其他污迹清理干净,然后用水蜡或地板蜡打蜡上光。

第五节　地毯地面的铺设施工

一、地毯铺贴的施工准备

（一）材料的准备工作

1. 地毯材料

地毯是一种现代建筑地面高级装饰材料,具有隔声、隔热、保温、柔软舒适、色泽艳丽和施工方便等优点。地毯的规格与种类繁多,价格和效果差异也很大,因此正确选择地毯十分重要。根据材质分类,可分为羊毛地毯、混纺地毯、化纤地毯、塑料地毯和剑麻地毯等;根据使用场合及性能不同分类,可分为轻度家用级、中度家用级(轻度专业使用级)、一般家用级(一般专业使用级)、重度家用级(中度专业使用级)、重度专业使用级及豪华级6个等级。在一般情况下,应根据铺贴部位、使用要求及装饰等级进行综合选择。选择得当,不仅可以更好地满足地毯的使用功能,同时也能延长地毯的使用寿命。

2. 垫料材料

对于无底垫的地毯,如果采用倒刺板固定,应当准备垫料材料。垫料一般采用海绵材料作为底垫料,也可以采用杂毛毡垫。

3. 地毯胶黏剂

地毯在固定铺设时,需要用胶黏剂的地方通常有两种情况:一种情况是地毯与地面黏结时用;另一种情况是地毯与地毯连接拼缝用。地毯常用的胶黏剂有两类:一类是聚醋酸乙烯胶黏剂;另一类是合成橡胶胶黏剂。这两类胶黏剂中均有很多不同品种,在选用时宜参照地毯厂家的建议,采用与地毯背衬材料相配套的胶黏剂。

4. 倒刺钉板条

倒刺钉板条简称倒刺板,是地毯的专用固定件,板条尺寸一般为 6 mm×24 mm×1 200 mm,板条上有两排斜向铁钉,为钩挂地毯之用,每一板条上有 9 枚水泥钢钉,以打入水泥地面起固定作用,钢钉的间距为 35~40 mm。

5. 铝合金收口条

铝合金收口条用于地毯端头露明处,以防止地毯外露毛边影响美观,同时也起到固定作用。在地面有高差的部位,如室内卫生间或厨房地面,一般均低于室内房间地面 20 mm 左右,在这样的两种地面的交接处,地毯收口多采用"L"形铝合金收口条,如图 5-25 所示。

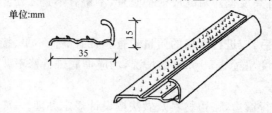

图 5-25 "L"形铝合金收口条示意图

(二)基层的准备工作

对于铺设地毯的基层要求是比较高的,因为地毯大部分为柔性材料,有些是价格较高的高级材料,如果基层处理不符合要求,很容易损伤地毯。对基层的基本要求有以下方面:

(1)铺设地毯的基层要求具有一定的强度,待基层混凝土或水泥砂浆层达到强度后才能进行铺设。

(2)基层表面必须平整,无凹坑、麻面、裂缝,保持清洁。如果有油污,用丙酮或松节油擦洗干净。对于高低不平处,应预先用水泥砂浆抹平。

(3)在木地板上铺设地毯时,应注意钉头或其他凸出物,以防止损坏地毯。

(三)地毯铺设的机具准备

地毯铺设的专用工具和机具,主要有裁毯刀、张紧器、扁铲、墩拐和裁边机等。

1. 张紧器

即地毯撑子,如图 5-26 所示,分大小两种。大撑子用于大面积撑紧铺毯,操作时通过可伸缩的杠杆撑头及铰接承脚将地毯张拉平整,撑头与承脚之间可加长连接管,以适应房间尺寸,使承脚顶住对面墙。小撑子用于墙角或操作面狭窄处,操作者用膝盖顶住撑子尾部的空心橡胶垫,两手自由操作。地毯撑子的扒齿长短可调,以适应不同厚度的地毯,不用时可将扒齿缩回。

(a)大撑子头　(b)大撑子承脚　(c)小撑子

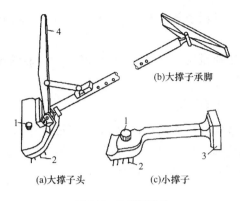

图 5-26　地毯张紧器

1—扒齿调节钮；2—扒齿；3—空心橡胶垫；4—杠杆压柄

2. 裁毯刀

分为手握裁刀和手推裁刀，如图 5-27 所示。手握裁刀用于地毯铺设操作时的少量裁割；手推裁刀用于施工前较大批量的剪裁下料。

3. 扁铲

主要用于墙角处或踢脚板下端的地毯掩边，其形状如图 5-28(a)所示。

(a)手握裁刀　(b)手推裁刀

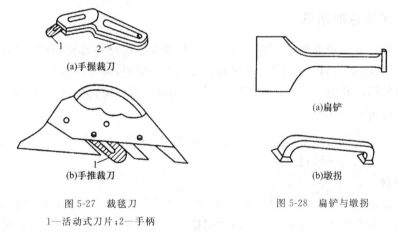

图 5-27　裁毯刀

1—活动式刀片；2—手柄

(a)扁铲　(b)墩拐

图 5-28　扁铲与墩拐

4. 墩拐

用于钉固倒刺钉板条，如果遇到障碍不易敲击，即可用墩拐垫砸。墩拐的形状如图 5-28(b)所示。

5. 裁边机

用于施工现场的地毯裁边，可以高速转动并以 3 m/min 的速度向前推进。地毯裁边机使用非常方便，裁割时不会使地毯边缘处的纤维硬结而影响拼缝连接。

二、活动式地毯的铺设

所谓活动式地毯的铺设，是指将地毯明摆浮搁在地面基层上，不需要将地毯同基层固定的一种铺设方式。这种铺设方式施工简单，容易更换，但其应用范围有一定的局限性，一般适用于以下几种情况：①装饰性工艺地毯。装饰性工艺地毯主要是为了装饰，铺置于较为醒目部位，以烘托气氛，显示豪华气派，因此需要随时更换；②在人活动不频繁的地方，或四周有重物压住的地方可采用活动式铺设；③小型方块地毯一般基底较厚，重量较大，人在其上面行走不易卷起,同时也能加大地毯与基层接触面的滞性,承受外力后会使方块地毯间更为密实,因此也可采用活动式铺设。

根据《建筑地面工程施工质量验收规范》(GB 50209—2010)的规定,活动式地毯铺设应符合下列规定:

(一)规范规定

(1)地毯拼成整块后直接铺在洁净的地面上,地毯周边应塞入踢脚线下。

(2)与不同类型的建筑地面连接时,应按照设计要求做好收口。

(3)小方块地毯铺设,块与块之间应当挤紧贴牢。

(二)施工操作

地毯在采用活动式铺贴时,尤其要求基层的平整光洁,不能有突出表面的堆积物,其平整度要求用 2 m 直尺检查时偏差≤2 mm。按地毯方块在基层弹出分格控制线,宜从房间中央向四周展开铺排,逐块就位放稳贴紧并相互靠紧,铺排到收口部位时,应按设计要求选择适宜的收口条。与其他材质地面交接处,如标高一致,可选用铜条或不锈钢条;标高不一致时,一般应采用铝合金收口条,将地毯的毛边伸入收口条内,再将收口条端部砸扁,即起到收口和边缘固定的双重作用。重要部位也可配合采用粘贴双面黏结胶带等稳固措施。

三、固定式地毯的铺设

地毯是一种质地比较柔软的地面装饰材料,大多数地毯材料都比较轻,将其平铺于地面时,由于受到行人活动等的外力作用,往往容易发生表面变形,甚至将地毯卷起,因此常采用固定式铺设。地毯固定式铺设的方法有两种:一种是用倒刺板固定;另一种是用胶黏剂固定。

(一)倒刺板固定方法

用倒刺板固定地毯的施工工艺,主要为:尺寸测量→裁毯与缝合→踢脚板固定→倒刺板条固定→地毯拉伸与固定→清扫地毯。

1.尺寸测量

尺寸测量是地毯固定前重要的准备工作,关系到下料的尺寸大小和房间内的铺贴质量。测量房间尺寸一定要精确,长、宽净尺寸即为裁毯下料的依据,要按房间和所用地毯型号统一登记编号。

2.裁毯与缝合

精确测量好所铺地毯部位的尺寸及确定铺设方向后,即可进行地毯的裁切。化纤地毯的裁切应在室外平台上进行,按房间形状尺寸裁下地毯。每段地毯的长度要比房间的长度长 20 mm,宽度要以裁去地毯边缘线后的尺寸计算。先在地毯的背面弹出尺寸线,然后用手推裁刀从地毯背面剪切。裁好后卷成卷并编上号,运进相应的房间内。如果是圈绒地毯,裁切时应从环毛的中间剪开;如果是平绒地毯,应注意切口处绒毛的整齐。

加设垫层的地毯,裁切完毕后虚铺于垫层上,然后再卷起地毯,在拼接处进行缝合。地毯接缝处在缝合时,先将其两端对齐,再用直针隔一段先缝几针临时固定,然后再用大针进行满缝。如果地毯的拼缝较长,宜从中间向两端缝,也可以分成几段,几个人同时作业。背面缝合完毕,在缝合处涂刷5~6 cm 宽的白胶,然后将裁好的布条贴上,也可用塑料胶纸粘贴于缝合处,保护接缝处不被划破或勾起。将背面缝合完毕的地毯平铺好,再用弯针在接缝处做绒毛密实的缝合,经弯针缝合后,在表面可以做到不显拼缝。

3. 踢脚板固定

铺设地毯房间的踢脚板,常见的有木质踢脚板和塑料踢脚板。塑料踢脚板一般是由工厂加工成品,用胶黏剂将其黏结到基层上。木质踢脚板一般有两种材料:一种是夹板基层外贴柚木板一类的装饰板材,然后表面刷漆;另一种是木板,常用的有柚木板、水曲柳、红白松木等。

踢脚板不仅保护墙面的底部,同时也作为地毯的边缘收口处理部位。木质踢脚板的固定,较好的办法是用平头木螺丝拧到预埋木砖上,平头沉进 0.5～1 mm,然后用腻子补平。如果墙体上未预埋木砖,也可以用高强水泥钉将踢脚板固定在墙上,并将钉头敲扁沉入 1～1.5 mm,后用腻子刮平。踢脚板要离地面 8 mm 左右,以便于地毯掩边。踢脚板的涂料应于地毯铺设前涂刷完毕,如果在地毯铺设后刷涂料,应对地毯表面加以保护。木质踢脚板表面涂料可按设计要求,清漆或混色涂料均可。但要特别注意,在选择涂料做法时,应根据踢脚板材质情况,扬长避短。如果木质较好、纹理美观,宜选用透明的清漆;如果木质较差、节疤较多,宜选用调和漆。

4. 倒刺板条固定

采用地毯铺设地面时,以倒刺板将地毯固定的方法很多。将基层清理干净后,便可沿踢脚板的边缘用高强水泥钉将倒刺板钉在基层上,钉的间距一般为 40 cm 左右。如果基层空鼓或强度较低,应采取措施加以纠正,以保证倒刺板固定牢固。可以加长高强水泥钉,使其穿过抹灰层而固定在混凝土楼板上;也可将空鼓部位打掉,重新抹灰或下木楔,等强度达到要求后,再将高强水泥钉打入。倒刺板条要离开踢脚板面 8～10 mm,便于用锤子砸钉子。如果铺设部位是大厅,在柱子四周也要钉上倒刺板条,一般的房间沿着墙钉,如图 5-29 所示。

5. 地毯拉伸与固定

对于裁切与缝合完毕的地毯,为保证其铺贴尺寸准确,要进行拉伸。先将地毯的一条长边放在倒刺板条上,将地毯背面牢挂于倒刺板朝天小钉钩上,把地毯的毛边掩到踢脚下面。为使地毯保持平整,应充分利用地毯撑子(张紧器)对地毯进行拉伸。用手压住地毯撑子,再用膝盖顶住地毯撑子,从一个方向一步一步推向另一边。如果面积较大,几个人可以同时操作。若一遍未能将地毯拉平,可再重复拉伸,直至拉平为止,然后将地毯固定于倒刺板条上,将毛边掩好。对于长出的地毯,用裁毯刀将其割掉。一个方向拉伸完毕,再进行另一个方向的拉伸,直至将地毯四个边都固定于倒刺板条上。

6. 清扫地毯

在地毯铺设完毕后,表面往往有不少脱落的绒毛和其他东西,待收口条固定后,需用吸尘器认真地清扫一遍。铺设后的地毯在交工前应禁止行人大量走动,否则会加重清理量。

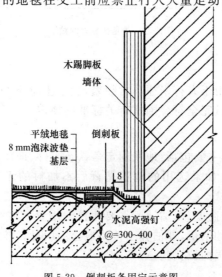

图 5-29　倒刺板条固定示意图

（二）胶黏剂固定方法

用胶黏剂黏结固定地毯，一般不需要放垫层，只需将胶黏剂刷在基层上，然后将地毯固定在基层上。涂刷胶黏剂的方法有两种：一是局部刷胶；二是满刷胶。人不常走动的房间地毯，一般多采用局部刷胶。如宾馆的地面，家具陈设占去 50% 左右的面积，供人活动的地面空间有限，且活动也较少，所以可采用局部刷胶做法固定地毯。在人活动频繁的公共场所，地毯的铺贴固定宜采用满刷胶。

使用胶黏剂固定地毯，地毯一般要具有较密实的胶底层，在绒毛的底部粘上一层 2 mm 左右的胶，有的采用橡胶，有的采用塑胶，有的使用泡沫胶。不同的胶底层，对耐磨性影响较大，有些重度级的专业地毯，胶的厚度为 4～6 mm，在胶的下面贴一层薄毡片。

刷胶可选用铺贴塑料地板用的胶黏剂。胶刷在基层上静停一段时间后，便可铺贴地毯。铺设的方法应根据房间的尺寸灵活掌握。如果是铺设面积不大的房间，可将地毯裁割完毕后，在地面中间刷一块小面积的胶，然后将地毯铺放，用地毯撑子往四边撑拉；在沿墙四边的地面上涂刷 12～15 cm 宽的胶黏剂，使地毯与地面粘贴牢固。刷胶可按 0.05 kg/m² 的涂布量使用，如果地面比较粗糙时，涂布量可适当增加。如果是面积狭长的走廊或影剧院观众厅的走道等，铺设地毯时宜从一端铺向另一端。为了使地毯能够承受较大动力荷载，可以采用逐段固定、逐段铺设的方法。其两侧长边在离边缘 2 cm 处将地毯固定，纵向每隔 2 m 将地毯与地面固定。

当地毯需要拼接时，一般是先将地毯与地毯拼缝，下面衬上一条 10 cm 宽的麻布带，胶黏剂按 0.8 kg/m 的涂布量使用，将胶黏剂涂布在麻布带上，把地毯拼缝粘牢，如图 5-30 所示。有的拼接采用一种胶烫带，施工时利用电熨斗熨烫，使带上的胶熔化，从而将地毯接缝黏结。两条地毯间的拼接缝隙应尽可能密实，使其看不到背后的衬布。

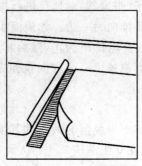

图 5-30　地毯拼缝处的黏结

四、楼梯地毯的铺设

铺设在楼梯上的地毯，由于人行来往非常频繁，且上上下下与安全有关，因此楼梯地毯的铺设必须严格施工，使其质量完全符合国家有关标准的规定。

（一）施工的准备工作

施工准备的材料和机具主要包括：地毯固定角铁及零件、地毯胶黏剂、设计要求的地毯、铺设地毯用钉及铁锤等工具。如果选用的地毯是背后不加衬的无底垫地毯，则应准备海绵衬垫料。

测量楼梯每级的深度与高度，以估计所需要地毯的用量。将测量的深度与高度相加乘以楼梯的级数，再加上 45 cm 的余量，即估算出楼梯地毯的用量。准备余量的目的是为了在使用时可挪动地毯，转移常受磨损的位置。

对于无底垫地毯,在地毯下面使用楼梯垫料以增加吸声功能和延长使用寿命。衬垫的深度必须自楼梯竖板起,并可延伸至每级踏板外 5 cm 以便包覆。

(二)铺贴的施工工艺

(1)将衬垫材料用倒刺板条分别钉在楼梯阴角两边,两木条之间应留出 15 mm 的间隙,如图 5-31 所示。

用预先切好的挂角条(或称无钉地毯角铁),如图 5-32 所示,以水泥钉钉在每级踏板与压板所形成的转角衬垫上。如果地面较硬用水泥钉钉固困难时,可在钉位处用冲击钻打孔埋入木楔,将挂角条钉固于木楔上。挂角条的长度应小于地毯宽度 20 mm 左右。挂角条是用厚度为 1 mm 左右的铁皮制成,有两个方向的倒刺抓钉,可将地毯不露痕迹地抓住,如图 5-33 所示。

如果不设地毯衬垫,可将挂角条直接固定于楼梯梯级的阴角处。

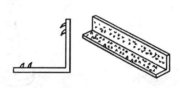
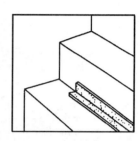

图 5-31　钉木条与衬条　　　　　图 5-32　地毯挂角条　　　　　图 5-33　挂角条的位置

(2)地毯要从楼梯的最高一级铺起,将始端翻起在顶级的竖板上钉住,然后用扁铲将地毯压在第一条角铁的抓钉上。把地毯拉紧包住楼梯梯级,顺着竖板而下,在楼梯阴角处用扁铲将地毯压进阴角,并使倒刺板木条上的朝天钉紧紧勾住地毯,然后铺设第二条固定角铁。这样连续下来直到最后一个台阶,将多余的地毯朝内摺转钉于底级的竖板上。

(3)所用地毯如果已有海绵衬底,即可用地毯胶黏剂代替固定角铁,将胶黏剂涂抹在压板与踏板面上粘贴地毯。在铺设前,把地毯的绒毛理顺,找出绒毛最为光滑的方向,铺设时以绒毛的走向朝下为准。在梯级阴角处先按照前面所述钉好倒刺板条,铺设地毯后用扁铲敲打,使倒刺钉将地毯紧紧抓住。在每级压板与踏板转角处,最后用不锈钢钉拧固铝角防滑条。楼梯地毯铺设固定方法,如图 5-34 所示。

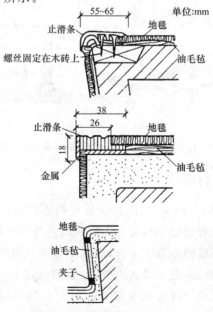

图 5-34　楼梯地毯铺设固定方法

第六节 活动地板的安装施工

活动地板也称为装配式地板，或称为活动夹层地板，是由各种规格型号和材质的块状面板、龙骨(桁条)、可调支架等组合拼装而制成的一种新型架空装饰地面，其一般构件和组装形式如图 5-35 所示。

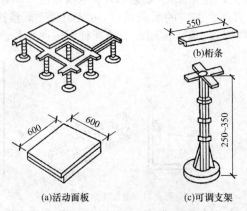

（a）活动面板　　（b）桁条　　（c）可调支架

图 5-35　活动地板组装示意图

活动地板与基层地面或楼面之间所形成的架空空间，不仅可以满足铺设纵横交错的电缆和各种管线的需要，而且通过设计，在架空地板的适当部位可以设置通风口，即安装通风百页或设置通风型地板，以满足静压送风等空调方面的要求，如图 5-36 所示。

一般的活动地板具有重量轻、强度大、表面平整、尺寸稳定、面层质感好和装饰效果佳等优点，并具有防火、防虫、防鼠害及耐腐蚀等性能。其中防静电地板产品，尤其适宜于计算机房、电化教室、程控交换机房、抗静电净化处理厂房及现代化办公场所的室内地面装饰。

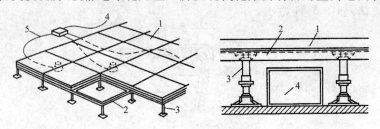

图 5-36　活动地板的构造组成

1—面板；2—桁条；3—可调支架；4—管道；5—电线

一、活动地板的类型和结构

活动地板的产品种类繁多、档次各异，按面板材质不同有铝合金框基板表面复合塑料贴面、全塑料地板块、高压刨花板面贴塑料装饰面层板以及竹质面板等不同类别。

其类型尚有抗静电与不抗静电面板之分，有的则能够调整升降。根据此类地板结构的支架形式，大致可将其分为四种：一是拆装式支架；二是固定式支架；三是卡锁格栅式支架；四是刚性龙骨支架，如图 5-37 所示。拆装式支架是适用于小型房间地面活动地板装饰的典型支架，其支架高度可在一定范围内自由调节，并可连接电器插座。固定式支架不另设龙骨桁条，可将每块地板直接固定于支撑盘上,此种活动地板可应用于普通荷载的办公室或其他要求不高的一般房间地面。卡锁格栅式支架是将龙骨桁条卡锁在支撑盘上,龙骨桁条所组成的格栅可自由拆装。刚性龙骨支架是将长度为1 830 mm的主龙骨跨在支撑盘上,用螺栓固定,此种构架的活动地板可以适应较重的荷载。

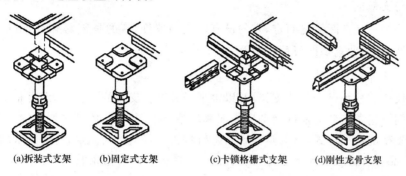

(a)拆装式支架　(b)固定式支架　(c)卡锁格栅式支架　(d)刚性龙骨支架

图5-37　不同类型的地板支架

二、活动地板的安装工序

(一)基层处理

原基层地面或楼面应符合设计要求,即基层表面平整,无明显凹凸不平。如属水泥地面,根据抗静电地板对基层的要求,宜刷涂一层清漆,以利于地面的防尘。

(二)施工弹线

施工弹线是依设计放线,按活动板块的尺寸打出墨线,形成方格网,作为地板铺贴时的依据。

(三)固定支座

在方格网各十字交叉点处固定支座。

(四)调整水平

调整支座托,顶面高度至全室水平。

(五)龙骨安装

将龙骨桁条安放在支架上,用水平尺校正水平,然后放置面板块。

(六)面板安装

拼装面板块,调整板块水平度及缝隙。

(七)设备安装

安装设备时需注意保护面板,一般是铺设五夹板作为临时保护措施。

三、活动地板的施工要点

(一)弹线定位

用墨线弹出地板支架的放置位置,即地面纵横方格的交叉点。按活动地板高度线减去面板块厚度的尺寸为标准点,画在各个墙面上,在这些标准点上钉拉线。拉线的目的是为了保证地板活动支架能够安装并调整准确,以达到地板架设的水平。

（二）固定支架

在地面弹线方格网的十字交叉点固定支架,固定方法通常是在地面打孔埋入膨胀螺栓,用膨胀螺栓将支架固定在地面上。

（三）调整支架

调整方法视产品实际情况而定,有的设有可转动螺杆,有的是锁紧螺钉,用相应的方式将支架进行高低调整,使其顶面与拉线平齐,然后锁紧其活动构造。

（四）安装龙骨

以水平仪逐点抄平已安装的支架,并以水平尺校准各支架的托盘后,即可将地板支承桁条架于支架之间。桁条安装应根据活动地板配套产品的不同类型,依其说明书的有关要求进行。桁条与地板支架的连接方式,有的是用平头螺钉将桁条与支架面固定,有的是采用定位销进行卡结,有的产品设有橡胶密封垫条,此时可用白乳胶将垫条与桁条胶合。图 5-38 为螺钉和定位销的连接方式示意。

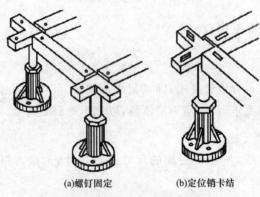

(a)螺钉固定　　　　　(b)定位销卡结

图 5-38　螺钉与定位销的连接方式

（五）安装面板

在组装好的桁条格栅框架上安放活动地板块。注意,地板块成品的尺寸误差,应将规格尺寸准确者安装于显露部位,不够准确的板块安装于设备及家具放置处或其他较隐蔽部位。对于抗静电活动地板,地板与周边墙柱面的接触部位要求缝隙严密,接缝较小者可用泡沫塑料填塞嵌封。如果缝隙较大,应采用木条镶嵌。有的设计要求桁条格栅与四周墙或柱体内的预埋铁件固定,此时可用连接板与桁条以螺栓连接或采用焊接,地板下各种管线就位后再安装活动地板块。地板块的安装要求周边顺直,粘、钉或销接严密,各缝均匀一致并不显高差。

四、活动地板安装的质量标准

活动地板的支架和面板安装的允许偏差与检查方法,见表 5-9 的规定。

表 5-9　　　　　　　　　活动地板支架及面板安装的允许偏差和检查方法

项目	允许偏差/mm	检查方法
支架顶面标高	±4	用水平仪检查
板面平整度	2	用 2 m 靠尺和楔形塞尺检查
板面拼缝平直	3	拉 5 m 线,不足 5 m 拉通线和尺量检查
板面拼缝宽度	≤0.2	尺量检查
踢脚线上口平直度	3	拉 5 m 线,不足 5 m 拉通线和尺量检查

复习思考题

1. 楼地面的基本功能、基本组成是什么？
2. 楼地面装饰有哪些一般要求？
3. 简述水泥砂浆地面对所用材料的要求及施工工艺。
4. 简述现浇水磨石地面对所用材料的要求及施工工艺。
5. 简述楼地面块料材料的种类、要求及施工工艺。
6. 简述塑料地板的特点、种类及施工工艺。
7. 简述地毯地面铺设的施工工艺。
8. 简述活动地板的类型、结构及施工工艺。

第六章 抹灰与涂饰工程施工技术

第一节 抹灰与涂饰工程施工概述

一、抹灰砂浆的配制

（一）配制要求

1. 抹灰砂浆的技术要求

抹灰砂浆的技术要求主要指稠度。由于底层、中层、面层砂浆的作用不同，对砂浆的粘结强度要求也不同，从而对砂浆的稠度有不同的要求，见表6-1。

表 6-1   抹灰砂浆的作用及要求

层次	作用	砂浆稠度（cm）	砂子最大粒径（mm）	备注
底层	1. 与基层粘结 2. 初步找平	10～12	2.8	用粘结力强、抗裂性好的砂浆
中层	保护墙体与找平层	7～9	2.6	用粘结力强的砂浆
面层	装饰与保护	7～8	1.2	用抗收缩、抗裂粘结力好的砂浆

2. 一般抹灰砂浆的配合比

一般抹灰砂浆的配合比，除了按设计规定以外，可参考表6-2。

表 6-2   一般抹灰砂浆配合比参考表

| 砂（灰）浆名称 | 配合比 | 每立方米砂浆材料用量 | | | | | 说　明 |
		27.5 MPa 水泥（kg）	石灰膏 （kg）	净细砂 （kg）	纸筋 （kg）	麻刀 （kg）	
水泥砂浆 （水泥∶细砂）	1∶1	760		860			重量比
	1∶1.5	635		715			
	1∶2	550		622			
	1∶2.5	485		548			
	1∶3	405		458			
石灰砂浆 （石灰膏∶砂）	1∶1		621	644			体积比转换为重量比
	1∶2		621	1 288			
	1∶2.5		540	1 428			
	1∶3		486	1 428			

（续表）

砂(灰)浆名称	配合比	每立方米砂浆材料用量					说　明
		27.5 MPa 水泥(kg)	石灰膏 (kg)	净细砂 (kg)	纸筋 (kg)	麻刀 (kg)	
水泥混合砂浆 (水泥∶石灰膏∶砂)	1∶0.5∶4	303	175	1 428			近似重量比
	1∶0.5∶3	368	202	1 300			
	1∶1∶2	320	326	1 260			
	1∶1∶4	276	311	1 302			
	1∶1∶5	241	270	1 428			
	1∶1∶6	203	230	1 428			
	1∶3∶9	129	432	1 372			
	1∶0.5∶5	242	135	1 428			
	1∶0.3∶3	391	135	1 372			
	1∶0.2∶2	504	110	1 190			
水泥石灰麻刀砂浆 (水泥∶石灰膏∶砂)	1∶0.5∶4	302	176	1 428		16.60	近似重量比
	1∶1∶5	241	270	1 428		16.60	
纸筋石灰 (纸筋＋石灰膏)			1 364 (1.01 m³)		38		本身体积＋纤维
麻刀石灰 (麻刀＋石灰膏)			1 364 (1.01 m³)			12.2	
麻刀石灰砂浆 (麻刀＋石灰膏＋砂)			446	1 428		16.60	

注：1.砂(灰)浆稠度应按设计要求配制。

　　2.水泥用量按富余系数1.13计算。砂子密度按1 400 kg/m³计，石灰膏密度按1 350 kg/m³计。

（二）装饰抹灰砂浆的配合比

装饰抹灰除了具有一般抹灰砂浆的功能外，还有本身装饰工艺的特殊性。所以，应按设计要求先试配，然后再确定施工配合比。

1.彩色砂浆配合比

见表6-3。

表6-3　　　　　　　　彩色砂浆参考配合比(体积比)

设计颜色	普通水泥	白水泥	石灰膏	颜料(按水泥用量％)					细砂
				氧化铁红	甲苯胺红	氧化铁黄	铬黄	氧化铬绿	
土黄色	5		1	0.1～0.3		0.1～0.2			9
咖啡色	5		1	0.5					9
淡黄		5					0.9		9
浅桃色		5			0.4		0.5		白色细砂9
浅绿色		5						2	白色细砂9
灰绿色	5		1					2	白色细砂9
白色		5							白色细砂9

2. 水磨石面层的水泥石子浆配合比

水磨石面层的水泥石子浆，其配制稠度一般为 60 mm 左右，水泥与石子的重量比在 1∶1.5～1∶2 之间。拌和前，预留 20% 的石子作为撒面用。其配合比见表 6-4。

表 6-4　　　　　　　　　常见几种水磨石面层石子浆参考配合比

名称	主要材料(kg)								颜料(水泥重量%)			
	32.5 MPa 白水泥	32.5 MPa 普通水泥	紫色石子	黑石子	绿石子	红石子	白石子	黄石子	氧化铁红	氧化铁黄	氧化铬绿	氧化铁黑
赭色水磨石	100		160	40					2			4
绿水磨石	100			40	160						0.5	
浅粉红水磨石	100					140	60		适量		1.5	
浅黄绿色水磨石	100				100			100		适量		
浅橘黄水磨石	100						60	140	适量	4		
本色水磨石		100				60	60	140		2		
白色水磨石	100			20			140	40				

3. 美术干粘石粘结层砂浆配合比

该种砂浆要求加入色料，以协调石子颜色，见表 6-5。

表 6-5　　　　　　　　　美术干粘石粘结层砂浆色调参考配合比

色彩	水泥(kg)		色石子	颜料(水泥用量%)							
	32.5 MPa 白水泥	32.5 MPa 普通水泥	天然色石子	老粉	氧化铁黄	铬黄	甲苯胺红	氧化铁红	氧化铬绿	耐晒雀蓝	炭黑
白色	100		白石子								
浅灰		100	白石子	10							
淡黄	100		米黄石子(淡黄)								
中黄		100	米色石子＋白石子			5					
浅桃红	100		米红石子			0.5	0.4				
品红	100		白玻璃屑＋黑石子					1			
淡绿	100		绿玻璃屑＋白石子						2		
灰绿		100	绿石子＋绿玻璃屑＋白石子						5～10		
淡蓝	100		淡蓝玻璃屑＋白石子							5	
淡褐		100	红石子＋白石子＋褐玻璃屑								
暗红褐		100	褐玻璃屑＋黑石子								
黑色		100	黑石子						5		5～10

4. 滚涂用聚合物水泥砂浆配合比

见表 6-6(a)、表 6-6(b)。

表 6-6(a)　　　　　　　　滚涂用聚合物水泥砂浆参考配合比(1)

砂浆颜色	32.5 MPa 白水泥	32.5 MPa 普通水泥	石灰膏	细砂	聚乙烯醇缩甲醛(107 胶)	稀释 20 倍六偏磷酸纳	颜料	水
本色砂浆		100	115	80	20	0.1		42
彩色砂浆	100			80	55	20	0.1	3~6	40

表 6-6(b)　　　　　　　　滚涂用聚合物水泥砂浆参考配合比(2)

砂浆颜色	32.5 MPa 白水泥	矿渣水泥	细砂	聚乙烯醇缩甲醛(107 胶)	氧化铬绿	木质素磺酸钙	白石英砂	水
灰色	100	10	110	22		0.3		33
绿色	100		30~100	20	2	0.3		20~33
白色	100			20		0.3	100	20~33

注:1.本表为质量比。

　　2.砂浆稠度为 11~12 cm。

　　3.涂完后宜用有机硅憎水剂罩面。

5. 弹涂用聚合物水泥砂浆配合比

见表 6-7。

表 6-7　　　　　　　　弹涂用聚合物水泥砂浆参考配合比

名称		白水泥	普通水泥	颜料	聚乙烯醇缩甲醛(107 胶)	水
白水泥	刷底色水泥浆	100		试配定	13	80
	弹花点	100		试配定	10	45
普通水泥	刷底色水泥浆		100	试配定	20	90
	弹花点		100	试配定	10	55

注:本表为质量比。颜料质量不得超过水泥用量的 5%。

6. 弹涂聚合物水泥砂浆罩面溶液配合比

见表 6-8。

表 6-8　　　　　　　弹涂用聚合物水泥砂浆罩面溶液参考配合比

罩面溶液	缩丁醛	甲基硅树脂	乙醇(工业用酒精)		作用
			冬季	夏季	
缩丁醛溶液	1		15	17	溶剂
甲基硅树脂溶液		1 000	2~3	常温 1	固化剂

(三)砂浆的配制方法

砂浆配制方法,有机械搅拌和人工搅拌两种。

1. 机械搅拌

先将水和砂子搅拌,然后加水泥再拌匀,直至颜色一致,稠度符合要求。

搅拌水泥混合砂浆,应先加入少量水、砂子、石灰膏,拌匀后,再加余量的水、砂、水泥,拌至颜色一致,稠度符合要求。搅拌时间不少于 2 分钟。

膨胀珍珠岩水泥砂浆拌制时,一次不应太多,随拌随用。搅拌时间不少于 2 分钟。

聚合物水泥砂浆拌制时,先将水泥砂浆拌好,再将聚乙烯醇缩甲醛胶用2倍的水稀释后加入搅拌筒,一齐拌匀。

2. 人工搅拌

拌制水泥砂浆时,需要两人配合,采用"三干三湿"法。一人先将砂子铲到铁板上,另一人铲水泥(水泥∶砂=1∶3),干拌至少三次,直到均匀;再将干灰堆成中间有凹坑的圆堆,把水加入坑内再湿拌至少三次,直到砂浆颜色一致、稠度适当而止。

拌制纸筋石灰浆时,先把石灰膏化成石灰浆,再把磨细的纸筋投入化灰池或铁桶中,用耙子拉散、拌匀,陈伏20天后待用。

拌制麻刀石灰浆时,将麻刀丝加入石灰膏中拌均匀,陈伏不少于3天后再用。

二、基层表面的处理

抹灰前必须对基体表面进行处理,才能进行后续工作的施工。处理内容及方法如下:

(1)凡是墙面上非专门留用的洞口、缝隙,必须用1∶3水泥砂浆嵌实堵好。

(2)基体表面的尘垢、油渍等,必须清除干净。

(3)对于光滑表面,应先凿毛;有较大的凹凸处,应剔平或用1∶3水泥砂浆分层填补。

(4)加气混凝土表面应用107胶水(胶∶水=1∶3~4)的水溶液封底。

(5)木结构与砖结构、钢筋混凝土结构相交接处,应光铺金属网,绷紧钉牢,其搭接宽每边不低于100 mm。如图6-1所示。

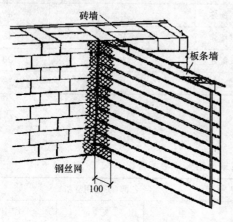

图6-1 砖木相交处基层处理

图6-2 引测灰饼

(6)120 mm厚以上的砖墙,应在抹灰前一天浇水湿润。

三、做灰饼和冲筋

(一)做灰饼

用托线板靠尺检查整个墙面的平整度和垂直度,以确定灰饼的厚度。

操作方法:在墙面距地1.5 m左右的高度,距墙面两边阴角100~200 mm处,用1∶3水泥砂浆或1∶3∶9水泥混合砂浆,各做一个50 mm×50 mm的灰饼,然后用托线板或线锤在灰饼面挂垂直,在墙面的上下各补做两个灰饼,灰饼距顶棚及地面各为150~200 mm。再用钉子钉在左右灰饼两头墙缝里,用小线挂在钉子上拉横线,沿线每隔1.2~1.5 m补做灰饼。

灰饼厚度一般控制在 7~25 mm 之间,做法如图 6-2 所示。

（二）做冲筋

待灰饼砂浆收水后,以同一垂直方向的上下灰饼为依据,在灰饼之间填充砂浆,抹一条宽为 60~70 mm 的梯形灰带,并略高于灰饼。然后以灰饼厚度为基准,用刮尺将灰带刮到与灰饼面齐平,并将两边用刮尺修成斜面,即成冲筋,如图 6-3 所示。

灰饼、冲筋的位置示意如图 6-4 所示。

图 6-3　抹冲筋

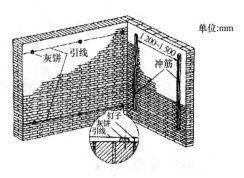

图 6-4　灰饼与冲筋

四、抹灰

（一）厚度的确定

1. 抹灰层的平均总厚度的确定

按现行的规范要求,抹灰层的平均厚度不得小于下列数值:

顶棚:板条,现浇混凝土,空心砖,15 mm;

内墙:预制板,18 mm;普通抹灰,18 mm;中级抹灰,20 mm;高级抹灰,25 mm。

外墙:20 mm;

勒脚及突出墙面部分:25 mm;

地面:水泥砂浆,20 mm;细石混凝土,35 mm。

2. 抹灰层分层厚度的确定

涂抹水泥砂浆,每遍 5~7 mm;

涂抹麻刀、纸筋、石膏灰等罩面时,为 1~2 mm;

涂抹石灰砂浆,混合砂浆时,每遍 7~9 mm。

（二）底层或面层砂浆种类的选择

一般应按照设计规定选用砂浆种类。若无规定,则应满足以下要求:

（1）外墙、门窗的外侧壁、屋檐、勒脚、压檐墙等的底层和面层,宜选用水泥砂浆或混合砂浆。

（2）湿度较大的房间（如洗衣房）,其底层和面层宜选用水泥砂浆或混合砂浆。

（3）混凝土楼板的顶棚和墙面的底层,宜选用混合砂浆。

（4）板条顶棚和板条墙的底层,宜选麻刀石灰砂浆。

（5）重金属网的顶棚和墙的底层,宜选麻刀灰砂浆（加适量水泥）。

（6）加气混凝土墙面的底层，宜选石灰砂浆。

基本操作方法：把托灰板靠近墙面，用铁抹子将灰浆抹在墙面上，同时把托灰板置于铁抹子下方，以承接落灰。操作时要自然有力，并在前进方向的一边稍微翘起。该操作要反复练习，以砂浆能全部抹在墙面上而不掉落为合格。如图6-5所示。

图 6-5　刮平与抹灰的操作

五、刮槎、罩面、刷浆

（一）刮槎

待中层砂浆抹完之后，就需要进行刮槎。用刮尺按标筋厚度刮平，再用木抹子搓磨，使其表面平整密实。

刮平时，双手紧握刮尺，人站成骑马式，使刮尺在前进方向的一边口稍稍翘起，均匀用力，沿两标筋之间从上向下移动，先横向后竖向刮平，并随时将刮尺上的砂浆清理到灰槽内。如有凹陷处，可补抹砂浆，然后再刮直至抹灰层与冲筋平直为止。

由于冲筋较软，刮平时应注意不要将冲筋损坏，以免造成抹灰层凸凹不平的现象。

刮平后，应用木抹子将留下的砂眼用砂浆填补、打磨。打磨时，木抹子平贴抹灰面，先自上而下靠手腕转动，以圆圈形打磨至抹灰层表面平整。打磨时，如抹灰层较干，可用茅柴帚洒水后再打磨。

最后，把踢脚线标志上口5 mm的砂浆切成直槎，墙面清理干净，并清除落下的灰浆。阴阳角的刮平找直应用阴角器上下抽动扯平，使室内四角方正，表面平整密实。如图6-6所示。

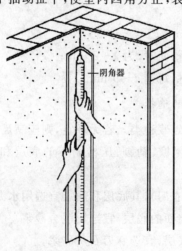

图 6-6　阴角的刮平找直

（二）罩面

罩面，也称抹面层灰，是在底子灰干至 5～6 成（判断方法：用手指按之不软，无指痕即可）后，即可抹面层灰。如果底子灰过于干燥，应先用茅柴帚或长毛刷洒水湿润，其操作方法与抹底中层灰基本相同。

操作时，左手握托灰板，右手握钢皮抹子，先用钢皮抹子将灰桶内的石灰膏挖出放在托灰板上，然后用钢皮抹子将石灰膏刮抹在中层灰表面。

一般从阳角开始，由上而下，自左而右进行。先竖向（或横向）薄薄地抹一层，使石灰膏与中层灰紧密结合；再横向（或竖向）薄薄地抹第二层，并随手压平溜光。

然后，用排笔刷或毛刷蘸水横向刷一遍，边刷边用钢皮抹子压实、抹平，抹光一遍，阳角用阳角抹子捋光，随后用毛刷蘸清水将踢脚线上的石灰膏清除刷净。

（三）刷浆

在抹灰层干燥后刷石灰浆，一般刷底层一遍，面层两遍，分刷三遍成活。

操作时，应将底层表面上的灰砂、污垢等用铲刀刮净，并清扫干净。

右手拿排笔，左手提浆桶，将排笔在浆桶内蘸满石灰浆，并在桶边上刮去多余灰浆，先上后下地在墙面抹灰层上刷。第一遍横刷，干燥后打磨，再竖向刷第二、第三遍。要轻刷，快刷，一气呵成，接头不重叠，颜色均匀厚薄一致，不带刷痕。头遍浆宜稠些，后面两遍浆可稍稀。

六、抹灰工基本功的综合运用

拟从顶棚抹灰、墙面抹灰、地面抹灰三个方面来阐述这个问题，并希望大家进一步熟悉这些抹灰工程的施工要领。

（一）顶棚抹灰

在顶棚基层处理完后即可进行抹灰。其操作方法是：人站在脚手架上，两脚叉开，一脚在前，一脚在后，身体略略偏侧；一手持钢皮抹子，一手持灰板，两膝稍微前弯站稳，身稍后仰，抹子紧贴顶棚，慢慢向后拉（或前推）如图 6-7 所示。抹子应稍侧一点，使底子灰表面带毛，显得粗糙。

图 6-7　抹顶棚

抹灰的工艺流程是：弹水平线→刷结合层→抹底层灰→抹中层灰→抹面层灰。不管是抹底层灰，还是中层、面层灰，其顺序一般是由前向后退，并注意其运行方向应与基层的缝隙成垂直方向，以便使砂浆挤入缝隙而增强粘结力。待这些砂浆收水后，再抹找平层砂浆。因为顶棚做冲筋不方便,其平整度全靠目测,所以上灰时应特别小心,掌握厚薄,随后用软刮尺赶平;赶平后如平整度欠佳,应再补抹刮平一次。但不能反复修补与赶平,否则会因搅动底灰而掉灰。待抹上中层灰收水六、七成干后,即可抹面层灰(又称罩面)。在顶棚与墙面的交接处的收头,一般是在墙面抹灰层完成后再补做。

由于预制楼板顶棚面光滑,因而砂浆粘结不牢,常常掉灰。可以在基层处理完后,顶棚洒水润湿(可在水中加少量107胶水),并用茅柴帚将基层均匀地刷一遍,随后抹上膨胀珍珠岩砂浆(配合比为石灰膏:膨胀珍珠岩:水泥=8:(8~9):1)。抹灰时,将钢皮抹子紧贴顶棚,用力均匀往后拉,使抹灰层厚度控制在3~5 mm内,随后用软刮尺赶一次,略做修补即可。

(二)墙面抹灰

墙面抹灰可分为内、外墙抹灰。

1. 内墙抹灰

(1)底层与中层

采用1:3的石灰砂浆。基层处理完毕后,做灰饼与冲筋。然后,抹底子灰,要求低于冲筋;待收水后再抹中层灰,厚度以冲筋为准,且略高于冲筋,以便收水刮槎后与冲筋相平。前后抹上去的灰要衔接牢固,用目测控制其平整度。随后用刮尺按冲筋厚度刮平找直。注意,不要把冲筋损坏。

墙的阴角刮平找直,应用阴角器上下抽动扯平,使室内四角方正,表面平整密实,如图3-6所示。

(2)罩面

根据所用材料,罩面分纸筋灰罩面、石膏罩面和水砂罩面。

纸筋灰罩面:在中层灰干至5~6成后进行。用钢皮抹子将纸筋灰抹于墙面,由阴角或阳角开始,从左向右,两人相互配合操作。一人先竖向(或横向)薄薄地抹一层,使纸筋灰与中层紧密结合;另一人从横向(或竖向)抹第二层,压平溜光,两层总厚不得超过2 mm。压平之后,再用排笔或茅柴帚蘸水横向刷一遍,使表面色泽一致,最好再用钢皮抹子压实,淌平、抹光一次,使罩面层更加细腻光滑。阴阳角分别用阴阳角器捋光。最后,用毛刷子把墙裙、踢脚线上口刷净,将地面清理干净。

2. 外墙抹灰

外墙抹灰与内墙抹灰的不同之处,在于它要求有一定的防水性能。因此,常用混合砂浆(水泥:石灰:砂子=1:1:6)打底和罩面,或者打底用1:1:6,而罩面用1:0.5:4,总厚度控制在15~20 mm左右。

外墙抹灰可在基层处理、四大角(山墙角)与门窗洞口护角线、墙面灰饼、冲筋完成后进行。采用刮尺赶平,方法与内墙同。在刮尺赶平、砂浆收水后,应用木抹子打磨。若面层太干,可一边用茅柴帚洒水,一边用木抹子打磨,不得干磨,否则颜色将不一致。

木抹子的握法与铁抹子相同。使用木抹子时,应将抹子板面与墙面平贴,靠转手腕自上而下、自右而左,以圆圈形打磨;用力要求均匀,然后,上下拉动,轻重一致,顺向打磨,使抹纹顺直、色泽均匀。

外墙表面一般较大、较高,因此,为了不显接槎、防止开裂,一般应按设计尺寸粘贴分格条。其次,砂浆要专人配制,各种材料应自始至终用相同的品种与规格。最后,应做滴水槽以满足防水要求;分格缝处应用水泥浆勾缝,以提高其抗渗能力。

（三）楼地面抹灰

楼地面抹灰分为水泥砂浆面层和细石混凝土面层两种。面层要求不脱皮、不起砂、不起壳（空鼓）、不开裂，并且平整光洁、耐磨等。

1. 水泥砂浆地面

混凝土基层用干硬性水泥砂浆（稠度以手捏成团而稍稍出浆为准），焦渣基层可用一般水泥砂浆。

基层处理完毕，做好灰饼与冲筋，同时划分好分格线。将砂浆均匀铺在冲筋间，高于冲筋6 mm 左右，然后用刮尺按冲筋高度刮平、拍实。待砂浆收水后，用木抹子打磨。施工人员在操作半径内打磨一圈后，随即用钢皮抹子将其压光。打磨与压实通常在砂浆初凝以后完成，而压光在终凝以前完成，这是保证不起壳、面层不起砂的关键。压光要进行三遍。第一遍要求面层无坑洞、砂眼、脚印和抹子痕迹；第二遍要求压实抹光，抹时可听见"沙沙"声音；第三遍要求增加光洁度。完工 24 小时后，应浇水养护。

2. 细石（豆石）混凝土地面

用刮尺将铺于冲筋间的细石混凝土，按冲筋厚度刮平、拍实，稍待收水后，用钢皮抹子预压一遍，把细石的棱角压平；待进一步收水后，即用铁滚筒（30～50 kg）来回滚动，直到表面泛浆。如果泛上的浆水呈均匀细丝花纹，则表明已滚压密实，可进行压光。如果浆水太多，可撒些干水泥或 1∶1 的干水泥砂子，以吸收多余水分。撒上干水泥后，再用滚筒来回滚压，直到水泥砂浆渗入到混凝土中。抹光的操作方法同水泥砂浆面层。养护方法同前。

七、操作训练

练习 水泥砂浆的拌制、墙面做灰饼冲筋、抹灰刮槎、罩面刷浆

1. 施工准备

（1）材料准备：水泥、砂、石灰、水。

（2）工具准备：铁板、齿耙、铁锹、托线板、靠尺、线锤、钉子、刮尺、托灰板、铁抹子、木抹子、茅柴帚、钢皮抹子、灰桶、排笔刷等其他常用抹灰工具。

2. 施工平面布置图

如图 6-8 所示。

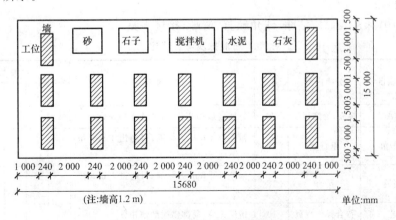

图 6-8 抹灰基本技能实训平面布置图

3. 训练要求

（1）数量要求：每个工位 4 人，每 2 人为一组。每组都必须先拌制砂浆，然后在墙面上依次做灰饼、冲筋、刮槎、罩面、刷浆。人均完成抹灰工程量 1.8 m²。

（2）质量要求：一般抹灰质量要求，见表 6-9。

表 6-9　　　　　　　　　　　　　　一般抹灰质量的允许偏差

项次	项目	允许偏差（mm）			检验方法
		普通抹灰	中级抹灰	高级抹灰	
1	表面平整	5	4	2	用 2 m 直尺和楔形塞尺检查
2	阴、阳角垂直	—	4	2	用 2 m 托线板和尺检查
3	立面垂直		5	3	
4	阴、阳角方正		4	2	用 200 mm 方尺检查
5	分格条平直		3	—	拉 5 m 线和尺检查

注：1. 中级抹灰，本表第 4 项阴角方正可不检查。

　　2. 顶棚抹灰，本表第 1 项表面平整可不检查，但应顺平。

（3）时间要求：4 课时。

4. 操作过程

（1）清理基层，洒水润湿墙面。

（2）配制水泥砂浆和石灰浆。

（3）做灰饼与冲筋。

（4）抹底层灰和中层灰。

（5）罩面。

（6）刷石灰浆。

5. 安全文明施工要求

（1）配制石灰浆时，注意不要让石灰浆溅到眼内。如果溅到眼内，应立即用大量清水冲洗，不要用手揉。

（2）不要将水泥砂浆、石灰浆随地泼洒。

6. 评分标准

见表 6-10，抹灰表面应洁净，线角顺直、清晰，接槎平整。

表 6-10　　　　　　　　　　　　　　一般抹灰考查评定

序号	测定项目	分项内容	满分	评分标准	检测点					得分
					1	2	3	4	5	
1	面层	接痕，透底程度	30	每处接痕扣 2 分，每处透底扣 5 分						
2	阴、阳角	垂直度	25	偏差以 4 mm 为标准，每超出 1 mm 扣 2 分						
3	分格缝	平直	15	偏差以 3 mm 为标准，每超过 1 mm 扣 3 分						
4	工艺	符合操作规范	10	错误无分，局部错误酌情扣分						
5	工具	使用方法	20	错误无分，局部错误酌情扣分						

姓名：　　　　学号：　　　　日期：　　　　总分：　　　　班级：　　　　指导教师签名：

7.练习现场善后处理

施工中剩余浆料不得随地泼洒,应收归槽(池)内。

八、涂饰工程

涂料敷于建筑物表面并与基体材料很好地黏结,干结成膜后,既对建筑物表面起到一定的保护作用,又能起到建筑装饰的效果。

涂料主要由胶黏剂、颜料、溶剂和辅助材料等组成。涂料的品种繁多,按装饰部位不同有内墙涂料、外墙涂料、顶棚涂料和地面涂料;按成膜物质不同有油性涂料(也称油漆)、有机高分子涂料、无机高分子涂料和有机无机复合涂料;按涂料分散介质不同有溶剂型涂料、水性涂料和乳液涂料(乳胶漆)。

九、涂饰工程材料质置要求

1.涂料质量要求

(1)涂料工程所用的涂料和半成品(包括施涂现场配制的),均应有品名、种类、颜色、制作时间、贮存有效期、使用说明和产品合格证书、性能检测报告及进场验收记录。

(2)内墙涂料要求耐碱性、耐水性、耐粉化性良好,以及有一定的透气性。

(3)外墙涂料要求耐水性、耐污染性和耐候性良好。

2.腻子质量要求

涂料工程使用的腻子的塑性和易涂性应满足施工要求,干燥后应坚固,无粉化、起皮和开裂现象,并按基层、底涂料和面涂料的性能配套使用。另外,处于潮湿环境的腻子应具有耐水性。

十、涂饰工程基层处理要求

(1)基体或基层的含水率:混凝土和抹灰表面涂刷溶剂型涂料时,含水率不得大于8%,涂刷乳液型涂料时,含水率不得大于10%,木料制品含水率不得大于12%。

(2)新建筑物的混凝土或抹灰基层在涂饰涂料前应涂刷抗碱封闭底漆;旧墙面在涂饰涂料前应清除疏松的旧装修层,并涂刷界面剂。

(3)涂饰工程墙面基层,表面应平整洁净,并有足够的强度,不得酥松、脱皮、起砂、粉化等现象。

十一、涂饰工程施工操作方法

涂饰工程施工操作方法有刷涂、滚涂、喷涂、刮涂、弹涂和抹涂等,见表6-11。

表 6-11　　　　　　　　　　　　涂饰工程施工操作方法

施工项目	操作方法
刷涂	刷涂是人工用刷子蘸上涂料直接涂刷于被饰涂面。要求:不流、不挂、不皱、不漏、不露刷痕。刷涂一般不少于 M 道,应在前一道涂料表面干后再涂刷下一道。两道施涂间隔时间由涂料品种和涂刷厚度确定,一般为2～4小时
滚涂	滚涂是利用涂料辊子蘸上少量涂料,在基层表面上下垂直来回滚动施涂。阴角及上下口一般需先用排笔、鬃刷刷涂

施工项目	操作方法
喷涂	喷涂是一种利用压缩空气将涂料制成雾状（或粒状）喷出，涂于被饰涂面的机械施工方法。其操作过程为： (1)将涂料调至施工所需黏度，将其装入贮料罐或压力供料筒中。 (2)打开空压机，调节空气压力，使其达到施工压力，一般为 0.4～0.8 MPa。 (3)喷涂时，手握喷枪要稳，涂料出口应与被涂面保持垂直，喷枪移动时应与喷涂面保持平行。喷距 500 mm 左右为宜，喷枪运行速度应保持一致。 (4)喷枪移动的范围不宜过大，一般直接喷涂 700～800 mm 后折回，再喷涂下一行，也可选择横向或竖向往返喷涂。 (5)涂层一般两遍成活，横向喷涂一遍，竖向再喷涂一遍。两遍之间间隔时间由涂料品种及喷涂厚度而定，要求涂膜应厚薄均匀、颜色一致、平整光滑，不出现露底、皱纹、流挂、钉孔、气泡和失光现象
刮涂	刮涂是利用刮板，将涂料厚浆均匀地批刮于涂面上，形成厚度为 1～2 mm 的厚涂层。这种施工方法多用于地面等较厚层涂料的施工。 刮涂施工的方法为： (1)刮涂时应用力按刀，使刮刀与饰面成 50°～60°刮涂。刮涂时只能来回刮 1～2 次，不能往返多次刮涂。 (2)遇有圆、菱形物面可用橡皮刮刀进行刮涂。刮涂地面施工时，为了增加涂料的装饰效果，可用划刀或记号笔刻出席纹、仿木纹等各种图案。 (3)腻子一次刮涂厚度一般不应超过 0.5 mm，孔眼较大的物面应将腻子填嵌实，并高出物面，待干透后再进行打磨。待批刮腻子或者厚浆涂料全部干燥后，再涂刷面层涂料
弹涂	弹涂时先在基层刷涂 1～2 道底涂层，待其干燥后通过机械的方法将色浆均匀地溅在墙面上，形成 1～3 mm 左右的圆状色点。弹涂时，弹涂器的喷出口应垂直正对被饰面，距离 300～500 mm，按一定速度自上而下，由左至右弹涂。选用压花型弹涂时，应适时将彩点压平
抹涂	抹涂时先在基层刷涂或滚涂 1～2 道底涂料，待其干燥后，使用不锈钢抹灰工具将饰面涂料抹到底层涂料上。一般抹 1～2 遍，间隔 1 小时后再用不锈钢抹子压平。涂抹厚度内墙为 1.5～2 mm，外墙为 2～3 mm

十二、涂饰工程施工安全要求

涂饰工程施工安全要求具体如下：

(1)涂料材料和所用设备，必须要有经过安全教育的专人保管，设置专用库房，各类储存原料的桶必须封盖。

(2)涂料库房与建筑物必须保持一定的安全距离，一般在 2 m 以上。库房内严禁烟火，且有足够的消防器材。

(3)施工现场必须具有良好的通风条件，通风不良时需安置通风设备，喷涂现场的照明灯应加保护罩。

(4)使用喷灯，加油不得过满，打气不能过足，使用时间不宜过长，点火时火嘴不准对人。

(5)使用溶剂时，应做好眼睛、皮肤等的防护，以防止中毒。

第二节　聚合物水泥砂浆的抹灰施工

一、滚涂

(一)施工准备

1.现场准备

施工平面布置图如图 6-9 所示。每个工位为一砖墙，高 1.5 m。

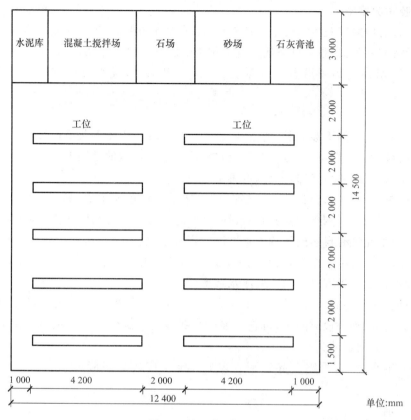

图 6-9　施工平面布置图

2. 材料准备

(1)水泥:采用不低于 32.5 MPa 的普通水泥或白水泥、彩色水泥等。

(2)107 胶:稀释 20 倍水的六偏磷酸钠溶液。

(3)甲基硅醇钠:含固量 30%,pH 值 13,密度 1.23(甲基硅醇钠溶液:水＝1:9)。

(4)砂粒:要求洁净,粒径约为 2 mm。

(5)滚涂用色浆配合比:参见上节。

3. 主要机具准备

灰桶、木杠、盘状容器或铁网、靠尺、铁皮刮子、胶布辊筒、搅拌机,小台秤、砂浆稠度仪。

(二)施工工序及操作方法

1. 基层清理

清扫墙面上浮灰污垢,检查孔洞口尺寸,打凿补平墙面,浇水湿润基层。

2. 做灰饼与冲筋

基层处理完毕后,应设置灰饼与冲筋,作为底层抹灰的依据。

3. 抹底、中层灰

待冲筋有了一定强度后,洒水湿润墙面,然后在两筋之间抹上底层灰,用木抹子压实搓毛。底层灰要略低于标筋。待底层灰干至 6～7 成后,即可抹中层灰;抹灰厚度应稍高于标筋5 mm为准。然后用木杠按标筋刮平,接着用木抹子搓压,使表面平实。在墙体阴角部位,应用方尺上下对方正,后用阴角器上下抽动搓平,使墙角方正。

4. 粘贴胶布分格条

滚涂前,若有门窗以及不需要滚涂的部位,应采取遮挡措施,防止污染。接着,根据设计要求分格,其做法有两种:一是在分格线位置上用107胶溶液贴胶布条;一是滚涂后,在分格线位置上压紧靠尺,用铁皮刮子沿着靠尺刮去砂浆,露出基层,成为分格缝。分格缝宽一般为20 mm左右。

5. 滚涂

滚涂前,根据墙面的干湿情况,酌情洒水湿润。滚涂时,辊子蘸浆不可过多,一般蘸取涂料时只需浸入筒径的1/3即可。然后,在平盘状容器内或料桶内的铁网上来回滚动几下,使辊筒被涂料均匀浸透。如果涂料吸附不够,可再重复一下。

滚涂操作时,需要2人合作,一人在前,用铁抹子进行色浆罩面,另一个紧跟着用辊子滚涂,运行要轻缓平稳,保持花纹的均匀一致性。为使涂层厚薄一致,防止涂料滴落,辊子要由上往下拉,使滚出的花纹有自然向下的流水坡度。当辊子比较干燥时,可将刚滚涂的表面轻轻梳理一下,然后就可以再蘸上涂料,水平或垂直地一直滚下去。结束滚涂时,还需将辊子由上往下拉一遍,使滚出的花纹有自然向下的滚水坡度。

辊筒经过初步滚动后,套筒上的绒毛会向一个方向倒伏,顺着倒伏方向滚涂,形成的涂膜最为平整。为此,滚动一段时间后,可查看辊子端部绒毛的倒伏方向。在整个滚动过程中,最好一直顺着这个方向滚动。

滚涂遍数不宜太多,否则会导致翻砂现象。施工应按分格缝或工作段进行,不得任意留槎。

6. 喷防水剂

滚涂施工结束24小时后,应喷洒憎水剂一遍。滚涂饰面效果如图6-10所示。

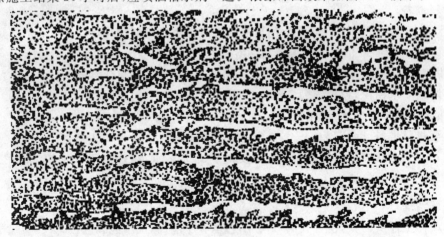

图 6-10 滚涂饰面

(三)施工注意事项及安全施工要求

1. 施工注意事项

(1)顶棚与内墙已施工完毕,门、窗、玻璃已全部安装完成,才能进行滚涂施工。

(2)基层缺陷已修补,其表面平整度及垂直度应满足要求。

(3)滚涂时,门窗部位应采取遮挡措施,防止污染。

2. 施工要求

(1)严禁赤脚或穿高跟鞋、拖鞋进入施工现场;高处作业不准穿硬底和带钉易滑的鞋。

（2）夏季施工不得穿背心；冬季，外架子需要经常扫雪，并检查是否有沉陷。

（3）层高在 3.6 m 以下的脚手架，可由施工者自行搭设。当采用脚手凳时，间距应小于 2 m。不准搭探头板，严禁支撑在暖气片、水暖管上。当采用木制高凳时，高凳一头要顶在墙上，以免脚手架摇晃。操作前应检查架子和高凳是否牢固。在架子上操作时，人数不宜集中，堆放的材料要散开，存放砂浆的槽子、小桶要摆放平稳。刮尺（木杠）不要竖放在脚手架上，应平稳地横在脚手架平面上。

（4）搅拌砂浆或操作时，应避免灰浆溅入眼内造成工伤。

（5）用石灰浆时，应将手脸抹上凡士林或护肤膏，并戴上防护镜和口罩，以免灼伤皮肤。在室外喷浆时，操作人员应站在上风向。

（6）高空作业必须系好安全带，扣好保险钩，不准向下乱抛材料和工具。

（四）质量通病及防范措施

1. 翻砂现象

当采用干滚法施工，滚涂遍数过多时，就会引起翻砂现象，即浆少而砂多。常采用湿滚法加以避免。同时，一旦出现翻砂现象，应重新抹一层薄砂浆后再滚涂，不得事后修补。

2. 花脸现象

当砂浆过干，直接向滚面上洒水时，就会产生"花脸"，即颜色不一致。防治措施是应在灰桶内加水将灰浆拌和后再滚涂；当发现桶内灰浆沉淀时，要拌匀后再用。

3. 花纹紊乱

这是由于施工时辊子无规律滚动造成的。防治措施是使辊子直上直下且轻缓平稳地滚动。

（五）成品、半成品保（养）护

（1）高温季节，外墙抹灰应防止曝晒，以免抹灰层脱水过快。在凝结过程中，面层遇雨水应遮盖，并应将脚手板移到脚手架外立杆处侧立斜靠，防止溅水污染墙面。

（2）天沟落水管应及时配合外墙抹灰，以免雨水漫流，污染墙面。

（3）拆除和转运脚手架时，应轻拆轻放，不得乱丢乱扔；运送料具，不得碰撞抹灰面和门窗。

（4）通道和进出口处的抹灰面做好后，应采取围护措施，不得在室内楼地面上拌和砂浆。

（5）抹灰完成以后，禁止用手乱摸墙面，用脚踢墙面，以免留下手印、脚印。

二、操作练习

（一）练习 1　涂料的配制

1. 施工准备

（1）材料准备：水泥、砂子、107 胶、甲基硅醇钠水溶液。

（2）工具准备：筛子、铲子、小桶、砂浆稠度仪、小台秤。

2. 实训要求

（1）质量要求：配出的涂料应保证拉出的毛不流不坠。

（2）课时要求：1 课时。

3. 操作过程

按水泥：砂子＝1：3 的体积配合比将其干拌均匀，再按水泥：水：107 胶＝1：0.45：0.1（质量比）的比例，向 107 胶中加水搅匀。将 107 胶水溶液与砂子水泥进行拌和，边加边拌成糊状，稠度为 100～120 mm。

（二）练习 2　墙面滚涂

1. 施工准备

(1)材料准备:练习 1 配好的涂料。

(2)工具准备:灰桶、木抹子、木杠、盘状容器或铁网、靠尺、铁皮、胶布、滚筒、搅拌机。

2. 施工平面布置图

施工平面布置图如图 6-9 所示。

3. 练习要求

(1)数量要求:每个工位 4 人,每 2 人一组,每人需完成 3.15 m² 的墙面滚涂。

(2)质量要求与评分标准:滚涂面层的各项测定考核项目见表 6-12。

表 6-12　　　　　　　　　　　墙面弹涂、滚涂评分标准

| 序号 | 测定项目 | 分项内容 | 满分 | 评分标准 | 检测点 | | | | | 得分 |
					1	2	3	4	5	
1	颜色	均匀程度	15	参照样板,全部不符无分,局部不符,按 2 分递减扣分。						
2	花纹或色点	同上	25	同上						
3	涂层	无漏涂	15	每处漏涂扣 3 分						
4	面层	无接痕透底	10 5	每处接痕扣 2 分,直到扣完 10 分为止。每处透底 2.5 分,严重者序号 2 项无分。						
5	涂料	无流坠	5	每处流坠扣 2.5 分,严重者同上。						
6	工具	使用方法	10	错误无分,局部错误酌情扣分。						
7	工艺	符合操作规范	5	同上						

姓名:　　　　日期:　　　　总分:　　　　学号:　　　　指导教师签名:　　　　班级:

(3)课时要求:3 课时

4. 操作过程

(1)处理基层后,用 1:3 水泥砂浆打底,表面搓平。

(2)弹线分格,并用胶布作分格条。

(3)作灰饼与冲筋。

(4)抹底、中层砂浆。

(5)滚涂。

(6)喷有机硅憎水剂罩面(应在施工完 24 小时后再喷)。

5. 现场善后处理

(1)剩余浆料和清洗工具的污水不得乱泼乱倒,避免弄脏刚完成的墙面及污染环境。

(2)地面上的灰浆应刮除干净,完成的墙面应小心保护,不要用手去摸,以免损坏面层。

三、弹涂

（一）施工准备

1. 现场准备

施工现场平面布置图见图 6-9 所示。

2. 材料准备

白水泥、107胶、颜料、聚乙烯缩丁醛溶液。

3. 主要机具准备

灰桶、木杠、盘状容器或铁网、靠尺、铁皮刮子、长木柄毛刷、手动弹涂器、搅拌机、台秤、砂浆稠度仪等。

（二）施工工序及操作方法

1. 基层找平或刮腻子找平

（1）根据基层干湿，酌情洒水湿润，抹1∶3水泥砂浆找平。

（2）当基体是平整的混凝土时，可刮腻子修整找平。当涂刷带色涂料时，腻子中应掺入适量的同种颜料。腻子干透磨光后，即可刷底色浆。

2. 调配色浆

（1）水泥色浆的调配：用107胶水溶液与水泥搅拌均匀，在搅拌过程中，逐渐加入颜料，并对照样板，直到适宜为止。颜料可事先用温水调成糊状。用弹力器弹涂的色浆应用窗纱过滤。调制不同颜色的水泥砂浆，其稠度应一致（以弹涂后能形成点状为宜）。

水泥色浆适用于混凝土或水泥砂浆基层上。

（2）聚乙烯醇缩丁醛溶液调配：聚乙烯醇缩丁醛是一种粉末，用酒精溶解，其质量配合比为1∶（15～17）。配制时，将缩丁醛逐渐投入酒精中，调配一次不宜太多，满足当天用量即可。

（3）颜料可用氧化铁红、氧化铁黑、氧化铁黄等。

3. 操作方法

（1）调配色浆。

（2）根据基层的干湿情况，酌情洒水湿润，抹1∶3水泥砂浆找平。

（3）当基体是平整的混凝土时，可刮腻子修整找平，如涂刷带色涂料时，腻子中应掺入适量的同种颜料。常用腻子配合比（质量比）为乳胶∶滑石粉∶2%羧甲基纤维素溶液＝1∶5∶3.5。腻子干透磨光后，即可刷底色浆。

（4）刷底色浆：底色浆采用喷涂毛刷。采用喷涂时，色浆应用窗纱过滤后使用，并对不需喷涂部位进行遮挡。喷刷底色浆时，要求基体表面干湿适度，以免基体过干使弹点浆脱水过快，强度降低或发酥；或者基体过湿，影响色浆吸附而造成色泽不均或色浆流坠。

（5）弹线分格、粘贴分格条：待底色浆干至六七成后，即可弹线分格、粘贴分格条。具体的操作方法见"滚涂"。

（6）弹色点：待底层色充分干燥后，即可进行弹涂。施工前，应先检查色浆的稠度，并进行试弹。弹涂器中色浆不宜过多。弹涂器距离墙面一般为400 mm左右，随着浆料的减少，其距离也相应改变。弹出的色点若出现流坠或拉丝现象，则应立即停止操作，调整色浆浓度。弹单色，可以一人操作；弹双色，应由两人配合操作，即每人操作一种颜色的色浆，进行流水作业。所弹色点应近似圆形为宜，直径为2～4 mm，疏密均匀。

弹涂时，要求弹两道色点。弹第一道色点时，其疏密要求约为弹点总数的60%～80%，并应分成2～3次弹完。每次弹色点应待上一层色点达到适当强度后再弹，并应避免一次弹点过多，过密，形成重叠的异形特大色点或造成流淌。弹第二道色点时，应补足第一道色点，其数量为色点总数的20%～40%。最后，使全部色点疏密均匀，符合要求。

（7）喷刷罩面层：待色点干燥后，取下分格条，并用水泥浆勾缝，在面层上喷或刷聚乙烯醇缩丁醛溶液罩面。喷射时，宜用电动喷枪或喷雾器顺序移动，使喷层均匀，不要漏喷。顺序喷射方法如图 6-11 所示。罩面层也可以用甲基硅树脂(加入 1 倍工业酒精稀释即可),或甲基硅醇钠溶液。最后,所用工具应用酒精冲洗干净。

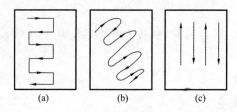

图 6-11 喷射顺序

(三)施工注意事项及安全施工要求

1. 施工注意事项

(1)弹涂前,基层缺陷必须修补,其表面平整度和垂直度必须符合要求。

(2)施工环境温度应在 5 ℃以上,否则应采取保温措施。

(3)弹涂施工应在楼地面等大量施工用水的分项工程完成之后进行,以免墙面渗水造成已弹色浆翻白发花。

2. 安全施工要求

同"滚涂"的安全施工要求。

(四)质量通病及防范措施

1. 色点不均匀、不清晰

这是由于弹力器筒内盛料过多、稠度不一致、弹力器与墙面距离忽远忽近等原因造成的。防范措施是:筒内浆料要适量;稠度变化要加水或加干料;弹力器与墙面距离应控制在 400 mm 左右。

2. 出现"拉丝"或"流坠"现象

"拉丝"是由于加入的胶液过多而引起的,应加水稀释。"流坠"是由于浆料过稀所致,应加适量水泥,以增加稠度。一旦出现上述现象,应再弹色点予以遮盖。

3. 异形色点

弹涂产生的异形色点,一般有长条形和尖形等。长条形色点呈细长条形状,浆点扁平,不突起(图 6-12);尖形点凸出墙面,或色点重叠成尖状,容易折断掉尖,影响质感(图 6-13)。

图 6-12 细长条形点

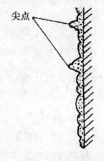

图 6-13 尖点

产生长条形色点的主要原因是操作时弹力器距墙面较远,色点弹出后成弧线形,色浆挂在墙面上形成长条。解决办法是随时控制弹力器与墙面的距离保持在 400 mm 左右。

产生尖点的主要原因是 107 胶掺入量过少,操作时色浆发涩,或色浆过稠;加水调解时,没有加适当胶液,影响配合比的准确性。解决措施是调整色浆稠度时,在加入水泥及水的同时,应按比例加入 107 胶,并要均匀搅拌以后,才能使用。

4. 色点起粉掉色

常温施工时,两日内色点没有强度,如用手摸,则会起粉、掉色。主要原因有两个:一是弹涂基层过干,色点水分被基层充分吸收,色点不能硬化;二是水泥色浆内颜料掺入量过多,影响水泥强度。处理办法是:基层干燥时,应喷水充分湿润;严格控制颜料掺入量,当采用普通硅酸盐水泥时,氧化铁掺量不得超过水泥质量的 10%,采用白水泥时,颜料掺量不得超过水泥质量的 5%。

5. 罩面局部返白

弹涂工艺的最后一道工序,是用缩丁醛或甲基硅树脂喷涂于表面,做饰面保护,有时施工后会出现局部返白现象。其主要原因是色点没有全部干透就急于罩面,从而将湿色封闭。处理的办法是:将返白处用罩面材料做第二次喷涂,将第一次罩面层溶开,加以补救。所以,必须将色点干透方可罩面。

6. 色点颜色不均匀

采用同一种颜料进行大面积施工时,色点颜色可能会出现不均匀的情况。主要原因是配料不能一次性完成;也可能是在操作筒内浆料过稀,用水泥调整时没有掺入颜料,从而使色浆变浅。处理办法是:最好在施工前将干料一次性配好,使用时,根据用量再加水和胶;剩余浆料或过剩浆粒需加水或水泥重新调配时,一定要依照原色适当掺入原料,以保证颜色一致。

7. 基层不平,接槎不顺

基层如果凹凸不平、接槎不顺,将会直接反映在弹涂表面上。其原因是色点涂层很薄,无法遮盖基层的凹凸面。解决办法是:在弹涂施工前,需打底的基层一定要找平,接槎要顺,从而保证饰面美观。

(五)成品、半成品保(养)护

(1)弹涂操作前,应遮盖分界线。操作时,如果沾污了其他饰面,应及时擦净。

(2)防止水泥浆、涂料和油质液体污染弹涂饰面。

(3)禁止用手摸、用脚踢墙面,以免留下印迹。

(4)其余的可参见"滚涂"相关内容。

四、操作训练

(一)练习 1　涂料的配制

1. 施工准备

(1)材料准备:白水泥、107 胶、颜料、聚乙烯醇缩丁醛溶液。

(2)工具准备:同"滚涂"。

2. 练习要求

(1)质量要求:同"滚涂"。

(2)课时要求:本练习需 1 课时。

3. 操作过程

按白水泥:107 胶:水＝1:0.1:0.45(质量比)的配合比,其具体操作方法见前述。聚乙烯醇缩丁醛和颜料的配制见前述。

（二）练习2　墙面弹涂

1. 施工准备

（1）材料准备：练习1配好的涂料及聚乙烯醇缩丁醛。

（2）工具准备：木柄长毛刷、手动弹涂器；其余同"滚涂"，但不要滚筒。

2. 施工平面布置图

同"滚涂"。

3. 练习要求

同"滚涂"。

4. 操作过程

（1）基层处理：详见前述。

（2）刷底色浆：要注意基层的干湿情况，不能过干或过湿。

（3）弹线分格、贴分格条：同"滚涂"。

（4）弹色点：本道工序是关键，具体操作见前述。

（5）罩面：喷射聚乙烯醇缩丁醛溶液之前，切记要将分格条取下。喷射均匀。

5. 评分标准

见表6-12。

6. 现场善后处理

（1）施工完毕后，所有用具必须冲洗干净。

（2）其余同"滚涂"。

第三节　装饰装修的抹灰施工

一、拉毛

（一）施工准备

施工准备包括现场准备、材料准备和机具准备等。

1. 现场准备

现场准备包括材料和机具准备，要求水、电通，现场整洁无障阻物，有实施拉毛施工的墙体。现场施工平面布置如图6-9所示。

2. 材料准备

（1）水泥：采用32.5 MPa普通硅酸盐水泥。

（2）颜料：宜选用耐碱、耐酸的矿物颜料，并与水泥干拌均匀过筛后装袋备用。

（3）砂：粗中砂。

（4）石灰膏：石灰膏必须提前熟化1个月，细腻洁白，不得含有未熟化颗粒。

3. 工具准备

除常用抹灰工具外，还需硬鬃毛刷子、白麻圆形刷子及木分格条。

（二）操作方法

（1）基层清理：清扫墙面上的浮灰污垢，检查孔洞口尺寸，打凿补平墙面，浇水湿润墙面。

（2）抹底层灰：一般采用水泥石灰混合砂浆，厚度为 7～9 mm，砂浆稠度为 80～110 mm，表面要求搓毛。

（3）做灰饼和冲筋。

（4）抹中层灰：待底层七八成干时，用混合砂浆抹中层灰，要求表面搓毛，使之平整而粗糙。

（5）粘贴分格条：根据设计要求，在中层面上弹出分格线，然后用素水泥浆粘贴分格条。若当天抹面层的分格条，两侧八字形斜角可抹成 45°；若当天不抹面的"隔夜条"，两侧八字形斜角可抹成 60°，如图 6-14 所示。

（6）抹面层灰、拉毛：拉毛面层，应在中层砂浆硬结后进行。

根据中层砂浆的干湿程度，浇水湿润墙面，刮水泥浆两遍，水灰比为 1∶（0.37～0.4），紧接着抹拉毛灰。

拉毛操作时，应由两人配合进行。一人在前抹面层灰，另一人在后进行面层拉毛。

拉粗毛头时，应使用铁刷子轻触面层灰用力拉回，要求用力均匀，快慢一致，且拉出凸峰状，形成峰尖，使毛头显露均匀，如有个别不均匀者，则可补拉 1～2 次。如图 6-15 所示。

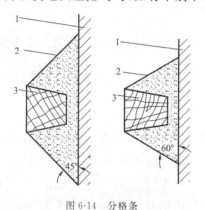 

图 6-14　分格条　　　　　　　　　图 6-15　拉粗毛
1—基层；2—水泥浆；3—分格条

拉中等毛头时，可用硬毛鬃刷把砂浆向墙面一点一带拉出毛疙瘩。

拉细毛头时，可用白麻缠成的圆刷子，粘着灰浆拉成花纹或各种图案，如图 6-16 所示。

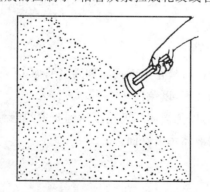

图 6-16　拉细毛

（7）起条勾缝：起条子时，一般以分格条的端头开始，用抹子轻轻敲动，条子即自动弹出。

如起条较难时,可在条子端头钉一小钉,轻轻将其向外拉。"隔夜条"不宜当时起条,应在罩面层达到一定强度之后再起。条子取出后应及时清理干净,收存待用。对于玻璃分格条,应及时用棉纱将沾在上面的砂浆擦干净。

取出条子后,应及时用纯水泥浆勾缝,修整分格缝,使之平整清晰。对于掉棱和缺角者,应用纯水泥浆补上,使其缝宽和深浅均匀一致。

(8)养护:养护时间根据气温确定。如果气温不高,则可用喷雾器向墙面喷洒少量水即可。如果气温高,太阳照射强烈,还应采取遮阳措施,以减缓水分的蒸发。否则墙面易开裂。

(三)施工注意事项及安全文明施工要求

1. 施工注意事项

(1)外墙预留孔洞和排水管等应处理完毕,门窗框已经安装就位,门窗口和墙体间的缝隙已用砂浆堵塞密实。

(2)墙面基层清理干净,缺陷补齐。

(3)拉毛应在中层砂浆硬结后进行,过早易掉灰,过迟粘结力不够。

2. 安全文明施工要求

(1)应配备必要的防护工具,如口罩、手套等。

(2)如眼内溅入石灰膏浆时,应先用大量清水冲洗,及时送医院治疗。

(3)高处作业时必须有保护措施。使用高凳施工时,要符合要求;操作者要集中注意力,以防坠落。

(四)常见的质量通病与防治措施

1. 毛面露底

由于用力过猛、提拉过快造成的。解决措施是:拉毛头时要注意"轻触慢拉",用力均匀,快慢一致。

2. 毛面接槎现象严重

由于拉毛头时不连续,中途停顿的原因造成。解决的办法是:在一个平面内应一气呵成,不要中途停顿。

3. 开裂现象

一般是由于浆料配合不恰当而造成的。解决的方法是:应在原浆料中加入适量砂子和细纸筋,即可避免开裂。

(五)成品、半成品保(养)护

(1)养护期间,应派专人看管;禁止用手摸碰和弄脏墙面。

(2)施工中禁止物体碰撞墙面,以免损坏毛头。

(3)不能向墙面用盆洒水,以免损坏强度还未达到要求的毛头。

(4)防止水泥砂浆和油质液体污染墙面。

二、操作练习

练习 墙面拉毛

1. 施工准备

材料准备:水泥、砂、水、石灰。

工具准备:硬鬃毛刷,白麻缠成的圆形刷子,其他常用抹灰工具。

2. 施工平面布置图

如图 6-9 所示。

3. 练习要求

数量要求:3 m²/人。

评分标准:见表 6-13。

课时要求:4 课时。

表 6-13　　　　　　　　　　拉毛墙面评分标准

序号	测定项目	分项内容	满分	评分标准	检测点					得分
					1	2	3	4	5	
1	颜色	均匀程度	20	参照样板,全部不符,无分;局部不符,酌情扣分。						
2	毛头	同上	30	显露均匀一致,满分						
3	面层	防止透底	20	每处透底扣 5 分,扣完为止。						
4	表面	防止接痕	15	每处接痕扣 5 分,扣完为止。						
5	工具	使用方法	10	错误无分,局部错误酌情扣分。						
6	工艺	符合操作规范	5	同上						

姓名:　　　日期:　　　总分:　　　学号:　　　指导教师签名:　　　班级:

4. 练习程序

基层清理→做灰饼→冲筋→抹底灰→抹中层灰→贴分格条→抹面层灰→拉毛→起条→勾缝→养护。

5. 实训现场善后处理

(1)用不完的浆料应收归料池或料桶,不能随处泼洒。

(2)工具必须清洗干净。

(3)完成的饰面应注意不要被碰损、弄脏。

三、干粘石

(一)施工准备

1. 现场准备

同拉毛。

2. 材料准备

水泥、小八厘石渣等。

3. 灰浆配制

配合比:水泥：石灰膏：砂：107 胶＝1：0.5：2：(0.05～0.15)。严寒地区可掺入羧甲基纤维素溶液,其配合比为水泥：纤维素溶液＝1：0.47。灰浆的稠度应不大于 80 mm。

4. 工具准备

除一般抹灰工具外,还要木拍板,400 mm×350 mm×60 mm 底部钉有 16 目筛网的木框盛料盘,如图 6-17、图 6-18 所示。

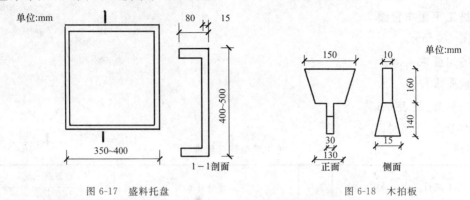

图 6-17　盛料托盘　　　　　　　　　图 6-18　木拍板

(二)操作方法

(1)基层清理。同"拉毛"。

(2)做灰饼和冲筋。

(3)抹中层灰。

(4)贴分格条。

(5)抹面层灰:适当洒水湿润墙面,接着抹水泥浆一遍,随即抹粘结层砂浆,厚度为 4~6 mm,比分格条低 2~4 mm,要求抹平且不显抹纹。视分格大小,一次抹一块或数块,避免分格块中留槎。如果抹不平,可用木直尺刮平,使灰浆厚薄均匀一致,且无脱壳、下坠、波浪等现象。

(6)撒石子:撒石子时要掌握好面层粘结砂浆的干湿程度,过干,石子粘不上;过湿,水泥灰浆会流淌。

施工时,应以 3~4 人为一组,两人抹粘结砂浆,两人跟着撒石子。先上部、左右边角,后撒下部。

撒石子时,一手拿木框盛料盘,一手用木拍板铲起石子轻微晃动一下,使石子在木拍板上均匀分布,尖端向上,然后让木拍板平行墙面反手往墙面上甩,用力要平稳有力,使石粒均匀、垂直嵌入粘结层砂浆中而不滑下来。用力过猛则石子陷入太深,形成凹洼,不易处理;用力过小,则石子不能粘贴上而掉落,空白处不易修补。

如果发现石粒不均匀或掉落石子过多,应进行补贴,以免墙面出现死坑或裂纹。

甩石粒时,为避免石粒飞溅,应用 1 000 mm×500 mm×1 000 mm 的木框下钉 16 目筛网的接料盘,放在操作面下方,紧靠墙边,边甩边接散落的石粒。

(7)修整拍平:在粘贴砂浆表面均匀地粘上一层石粒后,用抹子或油印橡胶滚子轻压赶平,使石粒嵌入砂浆中的深度不小于粒径的 1/2 为宜。拍压后石粒表面应平整坚实。拍平时不宜反复拍打、滚压,以免出现泛水出浆,待灰浆稍干 10~15 分钟后,即作第二次拍平,用力可比第一次强些,但仍以轻拍和不挤出灰浆为宜。拍打的铁板作用面(铁板印)应相互搭接 20~30 mm,以防出现铁板印迹。石子应突出灰浆 0.5~1 mm。第二次拍打应基本成活。如有不符合质量要求的地方(如下坠、石子不均匀、外露尖角太多、面层不平等),应作第三次拍打,以使表面平整,色泽均匀,线条清晰,但时间不应超过 45 分钟。完工后可取出分格条,随即用素水泥浆修补平直。

（8）养护：干粘石成活 24 小时后，应喷洒水养护。

（9）几个特殊部位的处理

阴阳角：阳角应与大面积的干粘石一起操作，先以一面有坡角的木条粘贴于未撒石子的一面，吊直；施工完一面后，再立木直条，使其略低于已做干粘石面，吊直后施工另一面干粘石，成活后，以木直条压紧做一些必要的修整。阴角做法与大面积相同，但应注意使灰浆刮平、刮直，压平石子，以免两面相交时出现阴角不直和相互污染等现象。阴阳角石子稀少，操作时应注意把石子撒密并分布均匀。

顶棚：顶棚也可做成干粘石，石子通过撒板向上抛，均匀后应做必要修整。

（三）施工注意事项及安全文明施工要求

1. 施工注意事项

外墙干粘石施工应在室内墙、地抹灰完成后进行，否则内部渗水浸湿外墙会影响质量。

2. 安全施工要求

（1）外装修工程是高空作业，脚手板要铺满、铺稳，不得滑动。两板搭头不得小于 150 mm，不稳固的地方应绑牢，严禁有空头板。

（2）三步架以上，必须设置护身栏杆和挡脚板。

（3）操作前，应先检查脚手架是否牢固；操作时，三人不得站在同一脚手板上。

（4）操作时必须戴安全帽。

（5）六级以上大风时，应停止施工。

（四）常见质量通病及其防治

1. 空鼓裂缝

主要原因：一是底层砂浆与基层粘结不牢；二是面层与底灰粘结不牢。防治措施：做好基层处理，抹面层灰之前，用 107 胶水（107 胶：水＝1：4）满刷一遍，严格控制好各层的砂浆配合比及抹灰厚度。

2. 接槎明显

主要原因：面层抹灰和甩石子操作衔接不及时，使石子粘结不良；接槎处灰浆软硬不一，抹灰不平。防治措施：做好工序搭接，抹面层后要"紧跟"甩石，如面层灰较干时，可淋少量水及时甩石拍平、压实。

3. 表面浑浊

主要原因：石子没有过筛或没有洗净，石子表面残留有浮灰。防治措施：施工前必须将石子过筛，冲洗晾干后再使用。

（五）成品、半成品保护

（1）在砂浆未达到强度之前，应防止脚手架和工具等撞击、触动，以免使石子脱落。

（2）干粘石做完以后，应立即安装水落管。以免雨水冲坏饰面。

四、操作练习

练习　墙面干粘石

1. 施工准备

（1）材料准备：水泥、大理石子（粒径 4～6 mm）、石灰膏、砂、107 胶。

（2）工具准备：盛料托盘、木拍板、分格条（木质或玻璃条）及常用抹灰工具。

2. 施工平面布置

如图 6-9 所示。

3. 练习要求

数量要求：同"滚涂"。

评分标准：见表 6-14。

表 6-14 干粘石墙面评分标准

| 序号 | 测定项目 | 分项内容 | 满分 | 评分标准 | 检测点 | | | | | 得分 |
					1	2	3	4	5	
1	面层	无空鼓裂缝	15	每处扣 3 分，扣完为止						
2	表面	无接痕	10	每处扣 2 分，扣完为止						
3	石子	均匀程度	20	参照样板，全部不符无分，局部不符，酌情扣分						
4	颜色	是否鲜亮	15	颜色浑浊，每处扣 3 分，扣完为止						
5	棱角部位	是否有黑边	15	黑边每处扣 3 分，扣完为止						
6	阴角部位	是否顺直	10	不顺直，每处扣 2 分，扣完为止						
7	工具	使用方法	10	错误无分，局部错误酌情扣分						
8	工艺	符合操作规范	5	同上						

姓名： 日期： 总分： 学号： 指导教师： 班级：

课时要求：4 课时。

4. 练习过程

（1）配制灰浆，底中层灰用 1∶3 水泥砂浆，面层用水泥∶石灰膏∶砂∶107 胶＝1∶0.5∶2∶（0.05～0.15）（质量比）的水泥砂浆。

（2）处理基层，打底灰。

（3）做灰饼、冲筋。

（4）抹中层灰，贴分格条。

（5）抹面层灰。

（6）撒石子。

（7）修整、拍平。

（8）养护。

5. 练习现场善后处理

同"拉毛"。

五、水刷石

（一）施工准备

1. 现场准备

施工平面布置图如图 6-9 所示。

2. 材料准备

(1)水泥:27.5 MPa普通水泥,32.5 MPa白水泥。

(2)颜料:应选耐碱、耐光的矿物颜料,并与水泥一次干拌均匀、过筛装袋备用。

(3)骨料:可用中、小八厘石,玻璃,粒砂。

(4)配合比:水刷石面层石子浆的配合比为1∶1.25或1∶1.5。稠度应为5~7 cm。

3. 工具准备

铁抹子、直尺、八字靠尺、鬃刷、喷雾器、分格条。

(二)操作方法

(1)基层处理:同"滚涂"。

(2)抹底子灰:用1∶3水泥砂浆抹底层灰6~8 mm厚。

(3)做灰饼、冲筋:同前基本功训练部分。

(4)抹中层灰:用1∶3水泥砂浆抹中层灰,厚度为6~8 mm。

(5)弹线分格:粘贴分格条:同前基本功训练部分。

(6)抹面层石子浆:根据气候情况酌情将中层浇水湿润,抹一遍素水泥浆作为结合层,随即抹面层石子浆。

抹石子浆应从每一分格块的下边抹起,抹完一个分格块后,用直尺检查其平整度,不平处应及时填补,并应把露出的石子尖楞轻轻拍平。当水平高度相同的各分格石子浆颜色不同时,应先抹深色石子浆,后抹浅色石子浆,预防串色。待石子浆面层水分稍干、墙面无水光时,进行修整,用铁抹子满溜一遍,将小孔压实挤严,靠近分格条边缘的石粒应略高1~2 mm。然后用软毛刷蘸水刷去表面灰浆,并用抹子轻轻拍打石粒。并再次刷一遍,反复进行,直至表面石子拍平压实。

在抹阳角时,一般先抹的一侧不宜用八字靠尺,将石子浆抹过转角之后,再抹另一侧。在抹另一侧时,需用八字靠尺将角靠直、找齐。这样可以避免两侧都用八字靠尺而在阳角处出现明显的接槎印。

(7)洗刷面层:待面层石子浆开始凝固后,用手指按后无指印时,再用刷子蘸水试刷,不掉石粒后即可,洗刷应由上而下进行,用刷子蘸水洗刷石子浆表面,将石子表面和缝隙处的水泥浆刷洗出来,反复进行,使石子均匀显露出粒径的1/4左右时,用清水冲净表面浮浆即可。如洗刷时间较迟,表面水泥浆已初凝时,可用5%稀盐酸溶液洗刷,再用清水冲净。

当使用喷雾器洗刷时,喷嘴离墙面距离以150~200 mm为佳,且喷嘴宜略微向下倾斜,从上往下喷洗。喷出的雾状水应随浑浊水下流而向下移动,速度不宜过快,以免残留的混水浆使墙面呈花斑;速度也不能过慢,以免冲洗过度使石粒脱落。喷刷上段时,未喷刷的下部墙面最好用水泥纸袋浸湿后贴盖,待上段喷刷好后,再把湿纸下移。当洗刷面积较大时,要安装"接水槽",使喷刷的水泥浆有组织地流走,不致冲毁下部墙面的石子浆。冲洗阴角时,应从外向内冲洗,以免棱角上的石子被冲洗掉。

(8)起条勾缝:洗刷完成后,取出分格条,并对损坏的棱角和底面的孔眼及不平处及时用水泥石子浆修补,24小时后进行养护。

(三)施工注意事项及安全施工要求

(1)施工注意事项:同"拉毛"部分。

(2)安全施工要求:在使用稀草酸或盐酸时,要戴好防护眼镜及塑料手套。其余同"拉毛"。

(四)常见的质量通病及防治措施

1.阳角处有黑边

主要原因:操作方法不正确;表面干湿掌握不适当;喷洗不干净。防治措施:抹阳角时应按"先抹后贴"的方法进行;洗刷时,应掌握好洗刷时间;用喷头淋水时,应骑墙角由上而下顺序进行。

2.面层石粒不均匀、混浊不清晰

主要原因:石子使用前,清洗不够;分格条粘贴方法不当。防治措施:原材料必须符合质量要求;分格条粘贴前应在水中浸泡充分,防止在操作中膨胀,起条时带来不便。

(五)成品、半成品保(养)护

同"拉毛"。有污染时,可用草酸溶液清洗,并用清水冲洗干净。

六、操作练习(墙面水刷石)

1.练习准备

(1)材料准备:普通水泥(32.5 MPa)、小八厘石子、砂、水。

(2)工具准备:鬃刷、喷雾器及常用抹灰工具。

2.施工平面布置图

参见图6-9所示。

3.练习过程

(1)配制砂浆:底中层灰用1:3的水泥砂浆、面层石子浆、水泥:小八厘为1:1.5。

(2)基层处理、抹底灰。

(3)做灰饼、冲筋。

(4)抹中层灰。

(5)弹线、分格。

(6)刷结合层。

(7)抹面层石子浆。

(8)洗刷面层。

(9)起条勾缝。

(10)养护。

4.评分标准

见表6-15。

表 6-15 水刷石墙面评分标准

序号	测定项目	分项内容	满分	评分标准	检测点					得分
					1	2	3	4	5	
1	面层	无空鼓裂缝	15	每处扣5分,扣完为止						
2	表面	无接痕	10	每处扣5分,扣完为止						
3	颜色	色泽一致	10	基本一致满分						

（续表）

序号	测定项目	分项内容	满分	评分标准	检测点 1	2	3	4	5	得分
4	石粒	清晰均匀	10	范围内符合每处扣2分						
		紧密平整	10	同上						
		无掉粒	10	同上						
5	阴角部位	黑边或尖棱	10	每处扣2分,扣完为止						
		平直	10	每处扣5分,扣完为止						
6	工具	使用方法	10	错误无分						
7	工艺	符合操作规范	5	同上						

姓名： 班级： 日期： 学号： 指导教师： 得分：

5. 练习现场善后处理

由于用水喷刷墙面时所用水量较多,流下来的水泥浆也多,因此,要用接水槽接水,不要满地流淌,其余同"滚涂"。

七、水磨石

（一）施工准备

1. 现场准备

水磨石施工属于湿作业,施工现场必须有良好的排水设施。施工前,水、电通,现场符合操作要求,现场平面布置如图6-19所示。

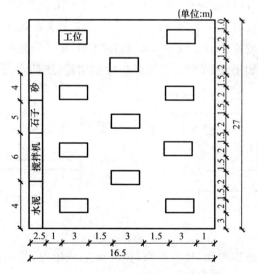

图6-19 水磨石练习现场施工平面布置图

2. 材料准备

(1)水泥:32.5 MPa普通水泥,42.5 MPa白水泥。

(2)砂子:应用粒径为0.35～0.15 mm的中砂。

(3)石子:4～8 mm可磨性石子。

(4)颜料:同水刷石。

(5)草酸:用清水稀释草酸,其浓度为5%～10%。在草酸溶液里加入1%～2%的氧化铝;能使水磨石地面呈现一层光泽膜。

(6)上光蜡:上光蜡的配合比为川蜡:煤油:松香水:鱼油＝1:4:0.6:0.1。配制时先将川蜡与煤油放入容器内加温至130℃(冒白烟),搅拌均匀后冷却备用,使用时再加入松香水、鱼油,搅拌均匀。也可以采用成品地板蜡。

(7)分格嵌条:常用的有铜条、铝条、玻璃条等三种。铜嵌条规格为宽×厚＝10 mm×(1～1.2) mm,铝嵌条规格为宽×厚＝10 mm×(1～2) mm,玻璃条的规格为宽×厚＝10 mm×3 mm。

(8)22号铅丝。

3.机具准备

除常用抹灰工具外,还应增加电动磨石机。

(二)操作方法

(1)基层处理:基层表面的落地灰砂、油污等应清除干净,垫层如有松散处,应清除刷净,并作补强处理。

(2)抹底层灰:同"水刷石"。

(3)做灰饼、冲筋:根据墙面水平线(标高控制线),在地面四周拉线,用与底层刮糙相同的水泥砂浆做灰饼,并用干硬性水泥砂浆冲筋。

有地漏的房间,应按排水方向找出0.15%～1%坡度的泛水。

(4)抹中层灰:待底层灰干至七八成以后,用水泥砂浆抹中层灰,厚度为7～8 mm为宜。

(5)弹线嵌条:在中层灰验收合格后,即可在其表面按设计要求弹出分格线。

铜嵌条与铝嵌条在镶嵌前应调直,并按每米打四个小孔穿上22号铅丝。

嵌条时,应先用靠尺板与分格线对齐,压好靠尺用水泥浆在镶条另一侧根部粘贴,抹成八字形灰埂,水泥浆涂抹高度应比嵌条低3 mm,俗称"粘七露三",然后拿去靠尺,再在未抹灰一侧抹上对称的灰浆固定,如图6-20所示。铝条应涂刷清漆、以防水泥腐蚀。

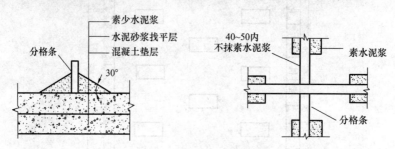

图6-20 镶嵌分格条示意

嵌条要求上下一致,镶嵌牢固,接头严密,拉5 m通线检查,其偏差不超过1 mm。镶条12小时后,浇水养护2～3天,要严加保护,防止破坏。

(6)抹面层石子浆:抹石子浆前,刮一遍素水泥浆作为结合层。

面层石子浆配合比为常用水泥:石子＝1:(1.5～2.0)(体积比),厚度为10～12 mm,高于分格嵌条1～2 mm,配合比可根据石子大小调整,水泥石子稠度以60 mm为宜。水泥石子浆抹面时,应先抹嵌条边,然后用铁抹子将石子浆向中间推抹、压实并高出镶条1～2 mm,完毕后应在表面均匀撒一层石子,用铁抹子拍实、压平,再用滚筒横竖滚实,边压边补石子,待表面泛浆后,再用铁抹子抹平。最后用刷子蘸水将泥浆刷去,露出表面石子即可,24 小时后浇水养护,养护时间为 2～7 天。在同一面层上采用几种颜色图案时。应先做深色,后做浅色,待前一种石子浆凝固后,再抹后一种石子浆。

(7)水磨面层:开磨前,应先试磨,以表面石子不松动方可开磨。开磨时间与温度的关系见表 6-16。磨第一遍,用粒度为 60～80 号粗砂轮磨,边磨边洒水,同时随时清扫石子浆。要求磨匀磨平,分格条全部外露,用水冲洗干净。待稍干后,刮一道与面层颜色相同的水泥浆,用以填补砂眼,掉落石子部位要求补齐。补浆后,在常温下养护 2～3 天。

表 6-16　　　　　　　　　　　　　**现制水磨石面层开磨参考时间**

施工环境平均温度(℃)	开磨时间(天)	
	人工磨	机械磨
20～30	1～2	2～3
10～20	1.5～2.5	3～4
5～10	2～3	5～6

磨第二遍,用粒度为 120～180 号砂轮磨,要求表面光滑。磨完后,再补刮一次浆,养护 2～3 天。磨第三遍,用粒度为 180～240 细砂轮磨,要求表面光滑。要求高的水磨石,应用 400 号泡沫砂轮研磨。磨完后,用清水冲洗干净、擦干,然后用草酸溶液刮洗,并用油石磨研,直至石子完全显露,表面光滑,再用清水洗净、擦干。

(8)打蜡:地面经酸洗晾干表面发白后,将蜡包在薄布内,均匀地薄薄涂一层,然后用钉有细帆布或麻布的木块代替磨石,装在磨石机上研磨。

打蜡研磨,分两遍成活,使水磨石地面光滑洁亮。对于边角处,应采用人工涂蜡。

(三)施工注意事项及安全操作要求

1. 施工注意事项

(1)在基层处理时,如发现垫层松散,必须作补强处理。

(2)嵌条必须牢固,接头严密。

(3)正式磨面层前,必须先试磨,以检查石子是否松动。

(4)磨面层中,不能干磨,应边磨边洒水。

2. 安全文明施工要求

(1)由于采用电动磨石机,因而在开机前检查其是否安全。

(2)操作人员应穿绝缘高筒靴。

(四)常见的质量通病与防治措施

1. 空鼓

水磨石地面分格块内容易产生四角空鼓的缺陷,主要是清扫不干净、扫浆不匀造成。因此,在开工前应清扫干净,四角和嵌条边上先上浆,扫匀拍实,发现空鼓应补好。

2. 磨纹、砂眼

为了防止磨纹、砂眼缺陷,应严格按照工艺规程操作,即磨三遍,最后一遍用细砂轮或泡沫磨轮出亮;擦两次浆,不得少擦;打两遍蜡,做到表面平整、光滑。

3.分格条歪斜,部分没有露出

为了防止这种质量毛病,应严格按设计弹线,铜条事先调直,用"粘七露三"八字角的方法粘贴分格条。石子浆罩面要高出分格条1～2 mm,磨均磨透。

(五)成品、半成品保(养)护

(1)施工完毕后,应铺锯末面养护。

(2)防止重物将面层损坏。

八、操作练习

练习　地面水磨石

1.施工准备

(1)材料准备:32.5 MPa普通硅酸盐水泥、中砂、4～8 mm石子、草酸、地板蜡、玻璃条。

(2)工具准备:手提式电动磨石机、直尺、楔形塞尺及其他常用抹灰工具。

2.施工平面布置图

如图6-19所示。

3.练习要求

(1)数量要求:每2人一组,人均完成3 m²的地面水磨石。

(2)质量要求:应符合相关规定。参见《建筑装饰基本理论知识》有关内容。

(3)课时要求:累计施工6课时。主要考虑了水磨石施工不是连续作业,在施工过程中有较长的养护时间。

4.操作过程

(1)配制浆料:底、中层灰的配制同"水刷石"施工。

(2)基层处理,打底灰。

(3)做灰饼、冲筋。

(4)抹中层灰。

(5)弹线嵌玻璃条。

(6)抹面层石子浆

(7)水磨面层。

(8)打蜡:采用成品地板蜡。

5.评分标准

见表6-17。

表6-17　　　　　　　　　　　水刷石墙面评分标准

| 序号 | 测定项目 | 分项内容 | 满分 | 评分标准 | 检测点 | | | | | 得分 |
					1	2	3	4	5	
1	分格块四角	无空鼓	20	每处扣5分,扣完为止						
2	表面	无磨纹	10	过多扣完,其余酌减						
		无砂眼	20	同上						
		平整	15	严重不平,扣完,其余酌减						
		光亮	10	无光亮扣完,其余酌减						

（续表）

序号	测定项目	分项内容	满分	评分标准	检测点					得分
					1	2	3	4	5	
3	分格条	位置准确 全部露出	10	符合要求，满分；局部不符合、酌情减分						
4	工具	使用方法正确	10	错误无分，其余同上						
5	工艺	符合操作要求	5	同上						

姓名：　　　班级：　　　日期：　　　学号：　　　指导教师：　　　得分：

6.练习现场善后处理

水磨石地面施工时，将有大量水泥浆产生，因而要有临时水沟或管道，有组织地排放，不能直接排放到下水道，否则会堵塞下水道。一般应先将泥水浆沉淀后再排放。

第四节　外墙涂饰工程施工

一、外墙涂饰工程材料的质量要求

外墙涂饰工程材料质量要求具体如下：

（1）涂料工程所用的涂料和半成品（包括施涂现场配制的）均应有品名、种类、颜色、制作时间、贮存有效期、使用说明和产品合格证。

（2）外墙涂料应使用具有耐碱和耐光性能的颜料。

（3）涂料工程所用腻子的塑性和易涂性应满足施工要求。干燥后应坚固，并按基层、底层涂料和面层涂料的性能配套使用。

（4）外墙涂料的质量要求要按照涂料的技术性能指标来考核。

二、外墙涂饰工程施工的一般要求

外墙涂饰工程施工一般要求如下：

（1）涂料工程的等级和产品的品种应符合设计要求和有关产品国家现行标准的规定。

（2）涂料工程施工包括室内外各种水性涂料、乳液型涂料、溶剂型涂料（包括油性涂料）、清漆以及美术涂饰等涂料的施工。但不包括刷涂大漆和硝基喷涂等。

（3）涂料工程使用的腻子，应坚实牢固，不得粉化、起皮和裂纹。腻子干燥后，应打磨平整、光滑并清理干净。外墙需要使用涂料的部位，应使用具有耐水性能的腻子。

（4）双组分或多组分涂料在施涂前，应按产品说明规定的配合比，根据使用情况分批混合，并在规定的时间内用完。所有涂料在施涂前和施涂过程中均应保持均匀。

（5）水性和乳液型涂料施涂时的环境湿度，应按产品说明书的湿度控制，冬季室内施涂时，应在采暖条件下进行，室温应保持均衡，不得突然变化。

（6）涂料施工分阶段进行时，应以分格缝、墙的阴角处或落水管处等为分界线。

（7）涂料干燥前，应防止雨淋、尘土沾污和热空气的侵袭。

（8）涂料工程基体或基层的含水率。混凝土和抹灰表面施涂溶剂涂料时含水率不得大于8％，施涂水性和乳液型涂料时含水率不得大于10％。木料制品含水率不得大于12％。

（9）施涂溶剂型、乳液型和水性涂料时，后一遍涂料必须在前一遍涂料干燥后进行。每一遍涂料应施涂均匀，各层必须结合牢固。

（10）建筑物的细木制品、金属构件与制品，如果为工厂制作组装，其涂料宜在生产制作阶段施涂，最后一遍涂料宜在安装后施涂。

（11）涂料的工作黏度和稠度，必须加以控制，使其在涂料施涂时不流坠、无刷痕。施涂过程中不得任意稀释。

（12）同一墙面应用同一批号的涂料，每遍涂料不宜施涂过厚，涂层应均匀、颜色一致。

三、外墙涂饰工程的施工方法

外墙涂料的施工方法有刷涂、滚涂、抹涂、喷涂等方法，每种施工方法都是在做好基层后施涂，不同的基层对涂料施工有不同的要求。

（一）刷涂

1. 施工方法

刷涂施工方法：采用鬃刷或毛刷施涂，头遍横涂走刷要平直，有流坠马上刷开，回刷一次，蘸涂料要少，一刷一蘸，不宜蘸的太多，防止流淌，由上向下一刷紧挨一刷，不得留缝。第一遍干后刷第二遍，一般为竖涂。

2. 施工注意事项

（1）上遍涂层干燥以后，再进行下遍涂层，间隔时间依涂料性能而定。

（2）涂料挥发快的和流平性差的，不可过多重复回刷。注意每层厚薄一致。

（3）刷罩面层时，走刷速度要均匀，涂层要均匀。

（4）第一遍深层涂料稠度不宜过大，深层要薄，使基层快速吸收为佳。

（二）滚涂

1. 滚涂施工方法

首先把涂料搅匀调至施工黏度，少量倒入平漆盘中摊开。用辊筒均匀地蘸涂料，并在底盘或辊网上滚动至均匀后再在墙面或其他被涂物上滚涂。

2. 滚涂施工注意事项

（1）接茬部位或滚涂达到一定段落时，应用空辊子滚压一遍，以保护滚涂饰面的均匀和完整，不留痕迹。

（2）光平面涂饰时，要求涂料流平性好，黏度可低些；立面滚涂时，要求涂料流平性小，黏度可高些。

（3）不要用力压滚，以保证厚薄均匀。不要让辊筒中的涂料全部挤出后才蘸料，应使辊筒内总保持一定数量的涂料。

（三）抹涂

1. 施工方法

（1）抹涂底层涂料：用刷涂、滚涂方法先刷一层底层涂料做结合层。

(2)抹涂饰面:其方法是底层涂料涂饰后 2 小时左右即可用不锈钢抹压工具涂抹,涂层厚度为 2～3 mm;抹完后,间隔 1 小时左右,用不锈钢抹子拍抹饰面压光,使涂料中的黏结剂在表面形成一层光亮膜;涂层干燥时间一般为 48 小时以上,期间未干应注意保护。

2.施工注意事项

(1)涂抹层的厚度为 2～3 mm。

(2)抹涂饰面涂料时,不得回收落地灰,不得反复抹压。

(3)工具和涂料应及时检查,如发现不干净或掺入杂物时应清除或不用。

(四)喷涂

1.施工方法

(1)喷枪移动范围不能太大,一般直线喷涂 700～800 mm 后下移折返喷涂下一行,一般选择横向或竖向往返喷涂。

(2)喷涂作业时手握喷枪要稳,涂料出口应与被涂面垂直。喷枪移动时应与被喷面保持平行,喷枪运行速度一般为 400～600 mm/s。

(3)打开空气压缩机进行调节,使其压力达到施工压力,施工喷涂压力一般在 0.4～0.8 MPa 范围内。

(4)喷涂时,喷嘴与被涂面的距离一般控制在 400～600 mm。

(5)将涂料调至施工所需稠度,装入贮料罐或压力供料筒中,关闭所有开关。

(6)喷涂面的上下或左右搭接宽度为喷涂宽度的 1/2～1/3。

(7)喷涂时应先喷门、窗附近,涂层一般要求两遍成活(横一竖一)。

(8)喷枪喷不到的地方应用涂刷,排笔填补。

2.施工注意事项

(1)涂层接茬边须留在分格缝处,以免出现明显的搭接痕迹。

(2)涂料稠度要适中。

(3)喷涂压力过高或过低均会影响涂膜的质感。

(4)涂料开桶后要充分搅拌均匀,有杂质要过滤。

(五)油质涂料的施工方法

油质涂料的施工方法:刷、滚、喷、弹均可以采用,多以刷涂为主。

刷涂的方法采用毛刷、排笔、鬃刷等工具进行操作,其方法见表 6-18。

表 6-18   刷涂油性涂料操作工序

工序	操作方法
开油	将刷子蘸上涂料,首先在被涂面上(木材面应顺木纤维方向)直刷几条,每条涂料的间距为 50～60 mm,把一定面积需要涂刷的涂料在表面上摊成几条
横油、斜油	开油后,油刷不再蘸涂料,把开好的直条涂料,横向、斜向刷涂均匀
竖油	顺着木纹方向竖刷,以刷除接痕
理油	待大面积刷匀刷齐后,将油刷上的剩余涂料在料油桶边上刮净,用油刷的毛尖轻轻地在涂料面上顺木纹理顺,并且刷均匀物面(构件)边缘和棱角的流漆

四、外墙涂饰涂料施工操作的注意事项

外墙涂饰涂料施工操作的注意事项如图 6-21 所示。

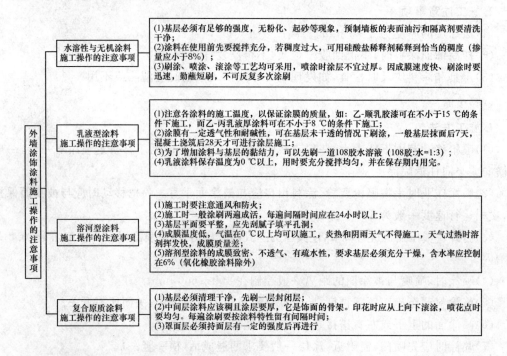

图 6-21　外墙涂饰操作注意事项

第五节　内墙涂饰工程施工

内墙涂饰是一种较为常用的高、中、低档装饰工程,与外墙涂料类装饰工程基本相同,外墙涂料可以用在内墙,但某些内墙涂料却不能用在外墙。由于某些内墙涂料与外墙涂料在使用性能、使用功能、使用范围等方面有区别,所以内墙涂饰工程在基层处理、施涂方法上也有差异。

一、内墙涂饰工程质量一般要求

内墙涂饰工程质量一般要求如下:

(1)涂料施工的环境温度不能低于涂料正常成膜温度的最低值,相对湿度也应符合涂料施工相应的要求。

(2)涂料施工前,必须根据设计要求按操作规程设计标准样板或样板间,经质检部门鉴定合格后方可大面积施工。样板或样板间应一直保留到竣工验收为止。

(3)建筑物中的细木制品、金属构件和制品,如为工厂制作组装,其涂料宜在生产制作阶段

施涂,最后一遍涂料宜在安装后施涂;如为现场制作组装,组装前应先涂一遍底子油(干性油、防锈涂料),安装后再施涂涂料。

(4)涂料使用前应调配好。双组分涂料的施工,必须严格按产品说明书规定的配合比,根据实际使用量分批混合,并在规定的时间内用完。其他涂料应根据施工方法、施工季节、温度、湿度等条件调整涂料的施工黏度或稠度,不应任意加稀释剂或水。施工黏度、稠度必须加以控制,使涂料在施涂时不流坠、不显刷纹。同一墙面的内墙涂料,应用相同品种和相同批号的涂料。

(5)涂料的溶剂(稀释剂)、底层涂料、腻子等均应合理地配套使用,不得滥用。

(6)所有涂料在施涂前及施涂过程中,必须充分搅拌,以免沉淀,影响施涂操作和施工质量。

(7)一般情况下,后一遍涂料的施工必须在前一遍涂料表面干燥后进行。每一遍涂料应施涂均匀,各层涂料必须结合牢固。

(8)采用机械喷涂时,应将不需施涂部位遮盖严实,以防沾污。

(9)涂料工程施工完毕,应注意保护成品。保护成膜硬化条件及已硬化成膜的部分不受沾污,其他非涂饰部位的涂料必须在涂料干燥前清理干净。

二、内墙涂饰工程施工方法

(一)木基层涂饰施工方法

下面以木基层混色涂饰步骤为例说明木基层涂饰施工方法。

木基层混色涂饰步骤如图 6-22 所示。

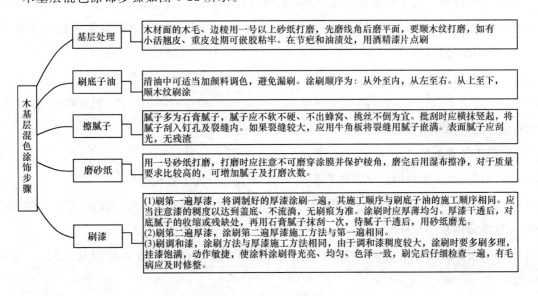

图 6-22 木基层混色涂饰步骤

(二)混凝土及抹灰基层上各种涂饰方法

1. 无机硅酸盐内墙涂饰

无机硅酸盐内墙涂料涂饰步骤如下：

(1)基层处理。基层要求平整,但不能太光滑,否则会影响涂料黏结效果。

(2)批刮腻子。内墙应根据装饰要求满刮1~2遍腻子。腻子干后应用砂纸打磨平整。

(3)涂刷涂料。涂料的涂刷可采用刷涂法,或刷涂与滚涂相结合的方法进行施工。刷涂时,涂料的涂刷方向和行程长短均应一致。由于涂料干燥较快,应勤蘸短刷,初干后不可反复涂刷。新旧接茬最好留在分格缝处。一般涂刷两遍即可,其时间间隔应以上一遍涂料充分干燥为准,但有的品种可以两遍连续涂刷,即刷完第一遍后随即刷第二遍。注意涂刷均匀。

(4)刷涂与滚涂相结合时,先将涂料刷涂于基层面上,随即用辊子滚涂。辊子上应蘸少量涂料,滚涂方向应一致,操作要迅速。

2. 乳胶类内墙涂料涂饰

乳胶类内墙涂饰步骤如下：

(1)基层处理。基层表面应平整、纹理质感均匀一致,否则会因光影作用而使涂膜颜色显得深浅不一致。基层表面不宜太光滑,以免影响涂料与基层的黏结力。

(2)涂刷稀乳液。为了增强基层与腻子或涂料的黏结力,可以在批刮腻子或涂刷涂料之前,先刷一遍与涂料体系相同或相应的稀乳液,这样稀乳液可以渗透到基层内部,使基层坚实干净,增强与腻子或涂层的结合力。

(3)满刮腻子。应满刮乳胶涂料腻子1~2遍,等腻子干后再用砂纸磨平。

(4)涂刷涂料。施工时涂料的涂膜不宜过厚或过薄。过厚易流坠起皱,影响干燥,过薄则不能发挥涂料的作用。一般以充分盖底、不透虚影、表面均匀为宜。涂刷遍数一般为两遍,必要时可适当增加涂刷遍数。在正常气温条件下,每遍涂料的时间间隔约1小时左右。

(5)面层涂料施工:待底层干燥后(约2小时后),将搅拌均匀的面层涂料用喷枪进行喷涂,喷嘴压力为0.2~0.25 MPa,喷嘴距墙为120~150 mm,喷涂时喷枪缓慢、匀速移动,有漏喷、疵病等可进行局部刮除后补喷,但时间间隔不宜超过2小时。

3. 施工注意事项

(1)底层、面层涂料的贮存温度为5~35 ℃,避免在日光下直接曝晒。

(2)面层涂料使用前,应将装有物料的容器充分摇动,使物料彩粒均匀分散,用木棒搅拌片刻,确保多彩颗粒相互分离。切忌机械高速搅拌以免破坏多彩花点的组合。

(3)面层涂料喷涂时,如有彩粒聚集、流淌、不均匀等现象,应查清原因马上刮除,重新喷涂。

(4)面层涂料喷涂要使用专用喷涂机具。

(5)不得用水或不适当的溶剂稀释物料。

（6）施工时，应保持场地空气流通，严禁在施工现场出现明火。

第六节 美术涂料与新型涂料涂饰工程施工

一、美术涂料涂饰工程施工

（一）美术涂料涂饰施工材料质量要求

（1）油漆、涂料、填充料、催干剂、稀释剂等材料选用必须符合《民用建筑工程室内环境污染控制规范》（GB 50325—2010）要求，并具备有关国家环境检测机构出具的有关有害物资限量等级检测报告。

（2）各色颜料应耐碱、耐光。

（二）仿天然石涂料施工

仿天然石涂料施工要点：

（1）涂底漆。底涂料用量每遍 $0.3~kg/m^2$ 以上，均匀刷涂或用尼龙毛辊滚涂，直到无渗色现象为止。

（2）放样弹线，粘贴线条胶带。为仿天然石材效果，一般设计均有分块分格要求。施工时弹线粘贴线条胶带，先贴竖直方向，后贴水平方向，在接头处可临时钉上铁钉，便于施涂后找出胶带端头。

（3）喷涂中层。中涂施工采用喷枪喷涂，空气压力在 $6\sim8~kg/m^2$ 之间，涂层厚度 $2\sim3~mm$，涂料用量 $4\sim5~kg/m^2$，喷涂面应与事先选定的样片外观效果相符合。喷涂硬化24小时，方可进行下道工序。

（4）揭除分格线胶带。中涂后可随即揭除分格胶带，揭除时不得损伤涂膜切角。应将胶带向上拉，而不是垂直于墙面牵拉。

（5）喷制及镶贴石头漆片。此做法仅用于室内饰面，一般是对于饰面要求颜色复杂、造型处理图案多变的现场情况。可预先将板片或贴纸类材料上喷成石头漆切片，待涂膜硬化后，即可用强力胶黏剂将其镶贴于既定位置以达到富有立体感的装饰效果。切片分硬版与软版两种，硬版用于平面镶贴，软版用于曲面或转角处的镶贴。

（6）喷涂罩面层。待中涂层完全硬化，局部粘贴石头漆片胶结牢固后，即全面喷涂罩面涂料。其配套面漆一般为透明搪瓷漆，罩面喷涂用量应在 $0.3~kg/m^2$ 以上。

（三）油漆涂饰施工

1. 油漆涂饰基层处理

油漆涂饰基层处理方法如图 6-23 所示。

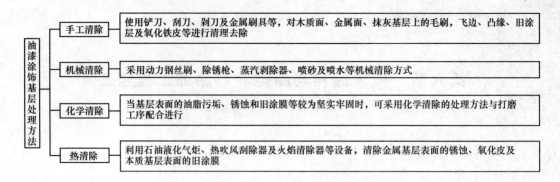

图 6-23　油漆涂饰基层处理方法

2. 腻子嵌、批

嵌、批的要点是实、平、光,即做到密实牢固、平整光洁,为涂饰质量打好基础。嵌、批工序要在涂刷底漆并待其干燥后进行,以防止腻子中的漆料被基层过多吸收而影响腻子的附着性。为避免腻子出现开裂和脱落,要尽量降低腻子的收缩率,一次填刮不要过厚,最好不超过 0.5 mm。批刮速度宜快,特别是对于快干腻子,不应过多地往返批刮,否则易出现卷皮脱落或将腻子中的漆料挤出封住表面而难以干燥。

2. 材质打磨

硬质涂料或含铅涂料一般需采用湿磨方法。如果湿磨易吸水基层或环境湿度大时,可用松香水与生亚麻油(3∶1)的混合物做润滑剂打磨。对于木质材料表面不易磨除的硬刺、木丝和木毛等,可采用稀释的虫胶漆(虫胶∶酒精＝1∶(7～8))进行涂刷,待干后再进行打磨;也可用湿布擦抹表面使木材毛刺吸水胀起干后再打磨。

3. 色漆调配

为满足设计要求,大部分成品色漆需进行现场混合调配,但参与调配色漆的漆基应相同或能够混溶,否则掺和后会引起色料上浮、沉淀或树脂分离与析出等情况。选定基本色漆后应先试配小样,与样品色或标准色卡比照,尤须注意湿漆干燥后的色泽变化。调配浅色漆时若用催干剂,应在配兑之前加入。试配小样时须准确记录其色漆配比值,以备调配大样时参照。

4. 油漆稠度调配

桶装的成品油漆,一般都较为稠厚,使用时需要酌情加入部分稀料(稀释剂)调节其稠度后方可满足施工要求。常用的油基漆的各种底漆的平均稠度为 35～40 s,一般情况下在此稠度范围内较适宜涂刷,油漆对毛刷的浮力与刷毛的弹力相接近。若刷毛软,需降低稠度;当刷毛硬时则需提高稠度。常用喷涂的稠度一般为 25～30 s,在此稠度范围内喷出油漆的速度快,覆盖力强,雾化程度好,中途干燥现象轻微。

5. 喷涂

(1)所用油漆品种应是干燥快的挥发性油漆,如硝基磁漆、过氯乙烯磁漆等。

(2)油漆喷涂的类别有空气喷涂、高压无气喷涂、热喷涂及静电喷涂等,在建筑工程中采用最多的是空气喷涂和高压无气喷涂。

(3)普通的空气喷涂喷枪种类繁多,一般有吸出式、对嘴式和流出式。高压无气喷涂利用

0.4～0.6 MPa 的压缩空气作动力,带动高压泵将油漆涂料吸入,加压到 15 MPa 左右通过特制喷嘴喷出,当加过高压的涂料喷至空气中时,随即剧烈膨胀雾化成扇形气流冲向被涂物面,此设备可以喷涂高黏度油漆,效率高、成膜厚、遮盖率高、涂饰质量好。

二、新型涂料涂饰工程施工

新型涂料、环保涂料发展很快,新产品不断出现,在简化施工过程中,缩短施工周期等方面有了很大改进,现介绍几种颗粒涂料的施工方法。

(一)碎瓷颗粒涂料涂饰施工

(1)喷涂(刷涂)结合层。为了增强饰面层与基层的黏结力,先在基层上喷一遍与饰面层相匹配的黏结力强的普通涂料,其厚度为 1.0 mm 左右,2 小时后即可喷饰面层。

(2)弹分段水平线。墙面过大时,为了分段喷涂,在结合层喷涂 2 小时后,从上至下每隔 1.2 m 弹一道水平线,作为喷涂面层时的施工分段线。

(3)喷涂饰面层。先将料筒内碎瓷颗粒涂料搅拌均匀,倒入喷枪料斗,每次只倒入料斗容量的 4/5,不得太满。喷涂时自上而下、从左至右,匀速缓慢移动,不得漏喷。每段喷涂完毕后,检查一遍,有不均匀处马上补喷。

(4)喷涂罩面层。当饰面层喷涂 3 小时后即可喷涂罩面层,罩面层涂料为无光透明(或有光)防水涂料,喷涂一到两遍即可使饰面层颗粒黏结牢固,又可防风雨侵蚀,防大气污染,保持鲜艳和饰面层的耐久性。

(二)防火防爆花岗石涂料涂饰施工

防火防爆花岗石涂料涂饰施工的操作方法:

(1)基层处理。与其他涂料涂饰施工处理相同。

(2)喷结合层。与其他涂料涂饰施工处理相同。

(3)弹分格线。先弹墙面的垂直中线和上下水平中线,作为基准线,按设计分块尺寸由基准线分格并弹出格线宽度(一般为 15～25 mm)。

(4)贴分格布。在分格宽度范围刷胶,由上至下贴分格布,然后贴水平分格布,也可采用标准单面胶分格布直接贴,在分格线上如果分格较深要贴分格木条(或用钢钉固定分格条),喷涂层在 1.5 mm 以内贴分格布,大于 2.5 mm 用木分格条分隔。

(5)喷涂饰面层。

当喷涂厚度小于 1.5 mm,采取大面积喷涂覆盖,操作方法同"碎瓷颗粒涂料"。

当喷涂厚度大于 2.5 mm,喷涂后半小时将木条轻轻活动一下,喷涂操作同"碎瓷颗粒涂料"。

(6)揭分格木条。钉木条时,钉子露出 10 mm,用扦子轻轻拨出木条,对分格边有毛刺处用抹子进行修补。

(7)喷保护层。同"碎瓷颗粒涂料"。

（三）高光漆涂饰施工

（1）刷涂底层无光漆为结合层，磨平磨光。

（2）喷涂面层，高光漆流平性好，刷后无痕迹，先横刷再竖刷（或均匀喷涂），漆的厚度为 0.5～1.0 mm，刷涂后 4～5 小时即可干硬光亮。产品有各种颜色，可喷涂单色面层也可喷涂多色图案面层，如用刷涂方法制作仿天然大理石花纹。利用喷色点制作仿花岗岩花纹或任意花色图案，操作工人如同绘画大师可绘制各种艺术图案。

本章小结

（一）涂饰工程施工操作方法

涂饰工程施工操作方法有刷涂、滚涂、喷涂、刮涂、弹涂、抹涂等。

（二）外墙涂饰工程材料质量要求

1.涂料工程所用的涂料和半成品（包括施涂现场配制的）均应有品名、种类、颜色、制作时间、贮存有效期、使用说明和产品合格证。

2.外墙涂料应使用具有耐碱和耐光性能的颜料。

3.涂料工程所用腻子的塑性和易涂性应满足施工要求。干燥后应坚固，并按基层、底层涂料和面层涂料的性能配套使用。

4.外墙涂料的质量要求要按照余料的技术性能指标来考核。

（三）外墙涂饰工程施工方法

1.刷涂。

2.滚涂。

3.抹涂。

4.喷涂。

（四）外墙涂饰施工操作注意事项

1.水溶性与无机涂料施工。

2.乳液型涂料施工。

3.溶剂型涂料施工。

4.复合原质涂料施工。

（五）混凝土及抹灰基层上各种涂饰方法

1.无机硅酸盐内墙涂料涂饰。

2.乳胶类内墙涂料涂饰。

3.丙缔酸系薄质涂料涂饰。

（六）新型涂料涂饰工程施工

1.碎瓷颗粒涂料涂饰施工。

2.防火防爆花岗石涂料涂饰施工。

3.高光漆涂饰施工。

复习思考题

一、简答题

1.涂饰工程材料的质量要求有哪些?

2.简述涂饰工程施工安全要求。

3.简述外墙涂饰工程材料质量要求。

4.简述外墙涂饰工程施工一般要求。

5.简述外墙涂饰施工操作注意事项。

6.简述内墙涂饰工程质量一般要求有哪些。

7.简述仿天然石涂料施工要点。

8.简述油漆涂饰施工要点。

9.简述不同新型涂料涂饰工程方法。

二、综合题

1.试述外墙刷涂、滚涂、喷涂、抹涂等施工方法的相同点与不同点。

2.试述内墙涂饰工程不同基层的施工方法。

第七章　吊顶工程施工

第一节　吊顶工程概述

一、吊顶的构造

吊顶从形式上分有直接式和悬吊式两种。其中悬吊式吊顶是目前采用的最广泛的类型。悬吊式顶棚的构造主要由基层、悬吊件、龙骨和面层组成。

(1)基层:建筑物结构件,主要为混凝土楼(顶)板或屋架。

(2)悬吊件:是悬吊式顶棚与基层连接的构件,一般埋在基层内,属于悬吊式顶棚的支撑部分。其材料可以根据顶棚不同的类型选用镀锌铁丝、钢筋、型钢吊杆(包括伸缩式吊杆)等。

(3)龙骨:是固定顶棚面层的构件,并将承受面层的重量传递给支承部分。

(4)面层:是顶棚的装饰层,使顶棚达到既具有吸声、隔热、保温和防火等功能,又具有美化环境的效果。

二、吊顶工程的类型

(一)开敞式吊顶

开敞式吊顶的饰面是敞开的。吊顶的单体构件,一般同室内灯光照明的布置结合起来,有的甚至全部用灯具组成吊顶,并加以艺术造型,使其变成装饰品。

(二)隐蔽式吊顶

隐蔽式吊顶是指龙骨不外露,罩面板表面呈整体的形式(又称为暗龙骨吊顶)。罩面板与龙骨的固定有三种方式:用螺钉拧在龙骨上;用胶黏剂粘在龙骨上;将罩面板加工成企口形式,用龙骨将罩面板连接成一个整体。

这种吊顶的龙骨,一般采用轻钢或镀锌铁片挤压成型,吊杆可选用钢筋或型钢,规格和连接构造均应经计算确定。吊杆一般应吊在主龙骨上,如果龙骨无主、次之分,则吊杆应吊在通长的龙骨上。

(三)活动式吊顶

活动式吊顶一般和铝合金龙骨或轻钢龙骨配套使用,它将新型的轻质装饰板明摆浮搁在龙骨上,便于更换(又称明龙骨吊顶)。龙骨可以是外露的,也可以是半露的,其构造如图7-1所示。

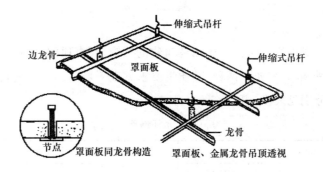

图 7-1　活动式吊顶装配示意图

(四)金属装饰板吊顶

金属装饰板吊顶包括各种金属条板、金属方板和金属搁栅安装的吊顶。它以加工好的金属条板卡在铝合金龙骨上,或是将金属条板、金属方板和金属搁栅用螺钉或自攻螺钉将条板固定在龙骨上。这种金属板安装完毕,不需要在表面再做其他装饰。

三、吊顶工程施工材料的质量要求

1. 罩面板的质量要求

(1)罩面板应具有出厂合格证。

(2)罩面板不应有气泡、起皮、裂纹、缺角、污垢和图案不完整等缺陷;表面应平整,边缘整齐,色泽一致;穿孔板的孔距排列整齐;胶合板、木质纤维板不应脱胶、变色和腐朽;金属装饰板不得生锈。

(3)吊顶工程常用的罩面板主要有石膏板、矿棉装饰吸声板、胶合板、纤维板、钙塑装饰板和金属板等。

2. 其他要求

(1)胶黏剂的类型应按所用罩面板的品种配套选用,现场配制的胶黏剂,其配合比应由试验确定。

(2)安装吊顶罩面板的紧固件、螺钉、钉子宜为镀锌的,吊杆所用的钢筋、角铁等应做防锈处理。

第二节　暗龙骨吊顶工程安装施工

一、暗龙骨吊顶工程施工材料的质量要求

(一)木龙骨

木龙骨一般宜选用针叶树类,树种及规格应符合设计要求,进场后应进行筛选,并将其中腐蚀部分、斜口开裂部分、虫蛀以及腐烂部分剔除,其含水率不得大于18%。

（二）轻钢龙骨

吊顶轻钢龙骨一般可用于工业与民用建筑物的装饰、吸声顶棚吊顶。

轻钢龙骨分 U 型和 T 型龙骨两种，其质量要求见表 7-1～表 7-4。其底面和侧面的平直度和组件的力学性能分别见表 7-5 和表 7-6。

表 7-1　　　　　　　　　　　　　　　　　尺寸允许偏差　　　　　　　　　　　　　　　　　mm

项目		允许偏差
长度 L	U、C、H、V、L、CH 型	±5
	T 型孔距	±0.3
覆面龙骨断面尺寸	尺寸 A	≤1.0
	尺寸 B	≤0.5
其他龙骨断面尺寸	尺寸 A	≤0.5
	尺寸 B	≤1.0
	尺寸 F（内部净空）	≤0.5
厚度 t、t_1、t_2		应符合 GB/T 2518—2008 表 7 中"公称宽度大于 600 mm 且小于等于 1 200 mm"的要求

表 7-2　　　　　　　　　　　　　　　　轻钢龙骨角度允许偏差　　　　　　　　　　　　　　　　mm

成型角较短边尺寸 B	允许偏差
B≤18 mm	≤2°00′
B>18 mm	≤1°30′

表 7-3　　　　　　　　　　　　弯曲内角半径 R（不包括 T 型、H 型和 V 型龙骨）

钢板厚度 t	t≤0.70	0.70<t≤1.00	1.00<t≤1.20	t>1.20
弯曲内角半径 R	R≤1.50	R≤1.75	R≤2.00	R≤2.25

表 7-4　　　　　　　　　　　　　　　　　轻钢龙骨表面质量

项目	技术要求
双面镀锌量/(g·m⁻³)	≥100
双面镀锌层厚度/μm	≥14

注：表面镀锌防锈的最终裁定以双面镀锌量为准。

表 7-5　　　　　　　　　　　　　　　　　侧面和底面平直度

类别	品种	检测部位	平直度/[mm·(1 000 mm)⁻¹]
墙体	横龙骨和竖龙骨	侧面	≤1.0
		底面	≤2.0
	通贯龙骨	侧面和底面	
吊顶	承载龙骨和覆面龙骨	侧面和底面	≤1.5
	T 型、H 型龙骨	底面	≤1.3

表 7-6　　　　　　　　　　　　　　　　　　龙骨组件的力学性能

类别		项目		要求
墙体		抗冲击性试验		残余变形量不大于 10.0 mm，龙骨不得有明显的变形
		静载试验		残余变形量不大于 2.0 mm
吊顶	U、C、V、L 型（不包括造型用 V 型龙骨）	静载试验	覆面龙骨	加载挠度不大于 5.0 mm 残余变形量不大于 1.0 mm
			承载龙骨	加载挠度不大于 4.0 mm 残余变形量不大于 1.0 mm
	T、H 型		主龙骨	加载挠度不大于 2.8 mm

（三）铝合金龙骨

用于活动式装配吊顶的明龙骨，大部分用金属材料挤压成型，断面加工成"⊥"形状。目前用得最多的要数铝合金龙骨。

主龙骨的侧面有长方形孔和圆形孔。长方形孔供次龙骨穿插连接，圆形孔供悬吊固定。次龙骨的长度，要根据罩面板的规格确定。在次龙骨的两端，为了便于插入主龙骨的方眼中，要加工成"凸头"形状。为了使多根次龙骨在穿插连接中保持顺直，在次龙骨的凸头部位弯了一个角度，使两根次龙骨在一个方眼中保持中心线重合。

边龙骨亦称封口角铝。其作用是吊顶毛边及检查部位等封口，使边角部位保持整齐、顺直。边龙骨有等肢和不等肢之分，一般常用 25 mm×25 mm 的等肢角边龙骨，色彩与板的色彩相同。

（四）罩面板

罩面板应具有出厂合格证；罩面板不应有气泡、起皮、裂纹、缺角、污垢和图案不完整等缺陷；表面应平整，边缘整齐，色泽一致。

（五）其他材料

安装吊顶罩面板的紧固件、螺钉、钉子宜为镀锌的，吊杆用的钢筋、角铁等应做防锈处理，胶黏剂的类型应按所用罩面板的品种配套选用，若现场配置胶黏剂，其配合比应由试验确定。其他如射钉、膨胀螺栓等应按设计要求选用。

二、暗龙骨吊顶安装施工准备

（一）木龙骨安装准备

在吊顶放线之前，顶棚上部的电气布线、空调管道、消防管道、供水管道、报警线路等均已安装就位并调试完成；自顶棚至墙体各开关和插座的有关线路敷设也已布置就绪；施工机具、材料和脚手架等已经准备完毕；顶棚基层和吊顶空间全部清理无误之后方可开始装饰施工。

1. 施工放线

放线包括标高线、天花造型位置线、吊挂点定位线、大中型灯具吊点等。标高线弹到墙面或柱面，其他线弹到楼板底面。此时，应同时检查处于吊顶上部空间的设备和管线对设计标高的影响；检查其对吊顶艺术造型的影响。如确实妨碍标高和造型的布局定位，应及时向有关部门提出，需按现场实际情况修改设计。

2. 木龙骨的处理

（1）防腐处理。建筑装饰工程中所用的木质龙骨材料，应按规定选材并实施在构造上的防潮处理，同时亦应涂刷防腐防虫药剂。

（2）防火处理。工程中木构件的防火处理，一般是将防火涂料涂刷或喷于木材表面，也可把木材置于防火涂料槽内浸渍。防火涂料据其胶结性质可分为油质防火涂料（内掺防火剂）与氯乙烯防火涂料、可赛银（酪素）防火涂料和硅酸盐防火涂料，在工程实践中可按表 7-7 进行选择使用。

表 7-7　　　　　　　　　　　　　　选择及使用防火涂料的规定

序号	防火涂料的种类	1 m² 木材表面所用防火涂料的质量/kg	特性	基本用途	限制和禁止的范围
1	硅酸盐涂料	≥0.5	无抗水性，在二氧化碳的作用下分解	用于不直接受潮湿作用的构件上	不得用于露天构件及位于二氧化碳含量高的大气中的构件
2	可赛银（酪素）涂料	≥0.7	—	用于不直接受潮湿作用的构件上	不得用于露天构件
3	掺有防火剂的油质涂料	≥0.6	抗水	用于露天构件上	—
4	氯乙烯涂料和其他涂料	≥0.6	抗水	用于露天构件上	—

注：允许采用根据专门规范规定且试验合格的其他防火剂。

3. 龙骨架的拼接

为方便安装，木龙骨吊装前通常先在地面进行分片拼接。

（1）分片选择。确定吊顶骨架面上需要分片或可以分片安装的位置和尺寸，根据分片的平面尺寸选取龙骨纵横型材（经防腐、防火处理后已晾干）。

（2）拼接。先拼接组合大片的龙骨骨架，再拼接小片的局部骨架。拼接组合的面积不可过大，否则不便吊装。

（3）成品选择。对于截面为 25 mm×30 mm 的木龙骨，可选用市售成品凹方型材；如为确保吊顶质量而采用木方现场制作，必须在木方上按中心线距 300 mm 开凿深 15 mm、宽 25 mm 的凹槽。骨架的拼接即按凹槽对凹槽的方法咬口拼联，拼口处涂胶并用圆钉固定。

传统的木工所用胶料多为蛋白质胶，如皮胶和骨胶；现多采用化学胶，如酚醛树脂胶、尿醛树脂胶和聚醋酸乙烯乳液等，目前在木质材料胶结操作中使用最普遍的是后两者，因其硬化快（胶结后即可进行加工）、黏结力强、并具耐水和抗菌性能。

（二）轻钢龙骨的安装准备

（1）以图纸为依据，统计出龙骨主件及各种配件的数量，进货验收准确无误后，用型材切割机分别截取所需的龙骨段备用。

（2）轻钢及铝合金吊顶龙骨安装之前，应进行图纸会审，明确设计意图和吊顶构造的特点。

（3）对于未镀锌的安装件（吊杆），安装前必须刷两遍防锈漆。现场焊接部分应补刷防锈漆。吊杆不允许用铁丝代用。

（4）根据吊顶面积、饰面板材的安装方法及品种规格等因素，按设计要求对吊顶骨架进行合理布局，排列出纵横龙骨的设置关系和尺寸距离，绘制出施工组装平面图。

（三）铝合金龙骨的安装准备

（1）检查结构施工情况。吊顶施工前，应对照吊顶设计图，检查结构尺寸是否同建筑设计相符。除复核结构空间尺寸外，特别要注意结构是否有需要处理的质量问题。如钢筋混凝土的蜂窝麻面，有无超过规范所规定的要进行处理的裂缝等结构上所遗漏的问题。如这些问题不处理，则将对吊顶施工产生一定的影响。

（2）检查设备安装情况。吊顶施工前，要检查设备管道是否安装完毕。如果是交叉施工，对于某些部位可以进行妥善安排。但对绝大多数工程来说，这种大面积的交叉施工是不宜提倡的。

（3）编制施工组织设计。根据工程的具体情况，编制分部工程施工组织设计。

龙骨的质量要求有如下几点：

（1）吊顶工程中常用的龙骨主要有木龙骨、轻钢龙骨和铝合金龙骨等。

（2）木龙骨一般宜选用针叶树类，其含水率不得大于 18%。轻钢龙骨、铝合金龙骨应具备出厂合格证。

（3）金属龙骨不得变形、生锈，规格、品种应符合设计及规范要求。

三、暗龙骨吊顶安装的施工要点

（一）基层处理的施工要点

1. 基层处理

吊顶基层必须有足够的强度。清除顶棚及周围的障碍物，对灯饰、舞台灯钢架等承重物固定支点，应按设计做好。检查已安装好的通风、消防、电器线路，并检查是否做完打压试验或外层保温、防腐等工作。这些工作完成后，方可进行吊顶安装工作。

2. 放线

（1）吊顶安装前应做好放线工作，即找好规矩、顶棚四角规方，并且不能出现大小头的现象。如发现有较大偏差，要采取相应补救措施。

（2）按设计标高找出顶棚面水平基准点，并采用充有颜色水的塑料细管，根据水平面确定墙壁四周及若干个顶棚面标高基准点。用墨线打出顶棚与墙壁相交的封闭线。

（3）为了确保龙骨分格的对称性（要和所安装的顶棚面尺寸相一致），要在顶棚基层面上找出对称十字线，并以此十字线，按吊顶龙骨的分格尺寸打出若干条横竖相交的线，作为固定龙骨挂件的固定点，即埋设膨胀螺栓或采用射钉枪射钉的位置。

（二）暗龙骨吊顶安装

1. 木龙骨吊顶安装

（1）安装吊点紧固件

无预埋的顶棚，可用金属膨胀螺栓或射钉将角钢块固定于楼板底（或梁底）作为安设吊杆的连接件。对于小面积轻型的木龙骨装饰吊顶，也可用膨胀螺栓固定木方（截面约为 40 mm×50 mm），吊顶骨架直接与木方固定或采用木吊杆。

（2）固定边龙骨

在木骨架吊顶施工中，沿标高线在四周墙（柱）面固定边龙骨的方法主要有两种：一种是沿吊顶标高线以上 10 mm 处，在建筑结构表面打孔，钻孔间距为 500～800 mm，在孔内打入木模，将边龙骨钉固定于木楔上；另一种做法是先在木龙骨上钻孔，再用水泥钉通过钻孔将边龙骨钉固定于混凝土墙、柱面（此法不宜用于砖砌体）。

（3）分片吊装

①将拼接组合好的木龙骨架托起，至吊顶标高位置。对于高度低于 3 m 的吊顶骨架，可用高度定位杆做临时支撑；吊顶高度超过 3 m 时，可用铁丝在吊点上做临时固定。

②根据吊顶标高线拉出纵横水平基准线，作为吊顶的平面基准。

③将吊顶龙骨架向下略做移位，使之与基准线平齐。待整片龙骨架调正调平后，即将其靠墙部分与沿墙龙骨钉接。

（4）龙骨架与吊点固定

固定做法有多种，视选用的吊杆及上部吊点构造而定，如以 6 mm 一级钢筋吊杆与吊点的预埋钢筋焊接；利用扁铁与吊点角钢以 M6 螺栓连接；利用角钢做吊杆与上部吊点角钢连接等。吊杆与龙骨架的连接，根据吊杆材料的不同可分别采用绑扎、钩挂及钉固等，如扁铁及角钢杆件与木龙骨可用两个木螺钉固定。

（5）叠级吊顶的上、下平面龙骨架连接

对于叠级吊顶，一般是从最高平面（相对地面）开始吊装，吊装与调平的方法同于上述，但其龙骨架不可能与吊顶标高线上的沿墙龙骨连接。其高低面的衔接，常用做法是先以一条木方斜向将上、下平面龙骨架定位，而后用垂直方向的木方将上、下两平面的龙骨架固定连接。

（6）龙骨架分片间的连接

分片龙骨架在同一平面对接时，将其端头对正，而后用短木方进行加固，将木方钉于龙骨架对接处的侧面或顶面均可。对一些重要部位的龙骨接长，需采用铁件进行连接紧固。

（7）龙骨的整体调平

木骨架按图纸要求全部安装到位之后，即在吊顶面下拉出十字或对角交叉的标高线，检查吊顶骨架的整体平整度。对于骨架底平面出现有下凸的部分，要重新拉紧吊杆；对于有上凹现象的部位，可用木方杆件顶撑，尺寸准确后将木方两端固定。各个吊杆的下部端头均按准确尺寸截平，不得伸出骨架的底部平面。

2. 轻钢龙骨吊顶安装

（1）弹线定位

采用吊线锤、水平尺或用透明塑料软管注水后进行测量等方法，根据吊顶的设计标高在四周墙（柱）面弹线，其水平允许偏差为 ±5 mm。如果有与吊顶构造相关的特殊部位，如检修马道或吊挂设备等，应注意吊顶构造必须与其脱开距离。

（2）固定吊顶边部骨架材料

吊顶边部的支承骨架应按设计的要求加以固定。对于无附加荷载的轻便吊顶，其 L 型轻钢龙骨或角铝型材等，较常用的设置方法是用水泥钉按 400～600 mm 的钉距与墙、柱面固定。应注意建筑基体的材质情况，对于有附加荷载的吊顶，或是有一定承重要求的吊顶边部构造，部分则需按 900～1 000 mm 的间距预埋防腐木砖，将吊顶边部支承材料与木砖固定。无论采用何种做法，吊顶边部支承材料底面均应与吊顶标高基准线相平（罩面板钉装时应减去板材厚度）且必须牢固可靠。

（3）固定吊点及安装吊杆

依据设计所选定的方式方法进行龙骨骨架悬吊点的处理，将吊杆与吊点紧固件精确连接。对于有预埋件的，即将吊杆与预埋件焊接、勾挂、拧固或其他方式的连接，焊接时必须是与预埋吊筋做搭接焊，钢筋吊杆直径不小于 6 mm，与预埋吊筋的搭接长度不小于 60 mm，焊缝应饱满，焊接部位应涂刷防锈涂料。不设预埋者，于吊点中心固定五金件或其他吊点紧固材料。

应计算好吊杆的长度尺寸,需要套丝的应注意套丝尺寸并留有余地以备紧固和调节,并选配好螺帽。

（4）安装主龙骨

①轻钢龙骨顶棚骨架施工,先高后低。主龙骨间距一般为 1 000 mm。离墙边第一根主龙骨距离不得超过 200 mm(排列最后距离超过 200 mm 时应增加一根),接头要错开,不可与相邻龙骨接头在一条直线上。吊杆的方向也要错开,避免主龙骨向一边倾倒。吊杆直径一般轻型选用 $\phi6$ mm,重型(上人)选用 $\phi8$ mm,如吊顶荷载较大,需经结构计算后,选定吊杆断面。

②主龙骨和次龙骨要求达到平直,为了消除顶棚由于自重下沉产生挠度和目视的视差,可在每个房间和中间部位,用吊杆螺栓进行上下调节,预先给予一定的起拱量。一般视房间的大小分别起拱 5～20 mm,待水平度全部调好后,再逐个拧紧吊杆螺帽。如顶棚需要开孔,先在开孔的部位画出开孔的位置,将龙骨加固好,再用钢锯切断龙骨和石膏板,保持稳固牢靠。

③顶棚板的分隔应在房间中部,做到对称,轻钢龙骨和板的排列可从房间中部向两边依次安装,使顶棚布置美观整齐。

（5）调平

主龙骨安装就位后,以一个房间为单位进行调平。调平方法可采用木方按主龙骨间距钉圆钉,将龙骨卡住先做临时固定,按房间的十字和对角拉线,根据拉线进行龙骨的调平调直。根据吊件品种,拧动螺母或是通过弹簧钢片,或是调整铁丝,准确后再进行固定。为使主龙骨保持稳定,使用镀锌铁丝做吊杆者宜采取临时支撑措施,可设置木方上端顶住顶棚基体底面,下端顶稳主龙骨,待安装吊顶板前再进行拆除。

（6）安装次龙骨

①对于双层构造的吊顶骨架,次龙骨紧贴承载主龙骨安装,通长布置,利用配套的挂件与主龙骨连接,在吊顶平面上与主龙骨相垂直,它可以是中龙骨,有时则根据罩面板的需要再增加小龙骨,它们都是覆面龙骨。次龙骨(中龙骨及小龙骨)的中距由设计确定,并因吊顶装饰板采用封闭式安装或是离缝及密缝安装等不同的尺寸关系而异。对于主、次龙骨的安装程序,由于主龙骨在上,次龙骨在下,所以一般的做法是先用吊件安装主龙骨,然后再以挂件在主龙骨下吊挂次龙骨。挂件(或称吊挂件)上端钩住主龙骨,下端挂住次龙骨即将二者连接。

②对于单层吊顶骨架,其次龙骨即是横撑龙骨。主龙骨与次龙骨处于同一水平面,主龙骨通长设置,横撑(次)龙骨按主龙骨间距分段截取,与主龙骨丁字连接。主、次龙骨的连接方式取决于龙骨类型。对于不同类型的龙骨,可根据工程实际需要确定。

（7）双层骨架构造的横撑龙骨安装

①对于 U、C 型轻钢龙骨的双层吊顶骨架构造,其覆面层是否设置横撑龙骨,由设计确定。横撑龙骨的位置,即是大块矩形罩面板的短边接缝位置。

②对于以轻钢 U 型(或 C 型)龙骨为承载龙骨,以 T 型金属龙骨作覆面龙骨的双层吊顶骨架,一般需设置横撑龙骨。特别是吊顶饰面板作明式安装时,则必须设置横撑龙骨。

③C 型轻钢吊顶龙骨的横撑龙骨由 C 型次龙骨截取,与纵向的次龙骨的丁字交接处,采用其配套的龙骨支托(挂插件)将二者连接固定。双层骨架的 T 型龙骨覆面层的 T 型横撑龙骨的安装,根据其龙骨材料的品种类型确定,与上述单层构造的横撑龙骨的安装做法相同。

3.铝合金龙骨吊顶安装

（1）弹线定位

放线主要是弹标高线和龙骨布置线。

①根据设计图纸,结合具体情况,将龙骨及吊点位置弹到楼板底面上。如果吊顶设计要求具有一定的造型或图案,应先弹出吊顶对称轴线,龙骨及吊点位置应对称布置。龙骨和吊杆的间距、主龙骨的间距是影响吊顶高度的重要因素。不同的龙骨断面及吊点间距,都有可能影响主龙骨之间的距离。各种吊顶、龙骨间距和吊杆间距一般都控制在 1.0～1.2 m。弹线应清晰,位置准确。

②确定吊顶标高。将设计标高线弹到四周墙面或柱面上;如果吊顶有不同标高,那么应将变截面的位置弹到楼板上。然后,再将角铝或其他封口材料固定在墙面或柱面,封口材料的底面与标高线重合,角铝常用的规格为 25 mm×25 mm,铝合金板吊顶的角铝应同板的色彩一致。角铝多用高强水泥钉固定,亦可用射钉固定。

(2)固定悬吊体系

固定悬吊体系的方法如图 7-2 所示。

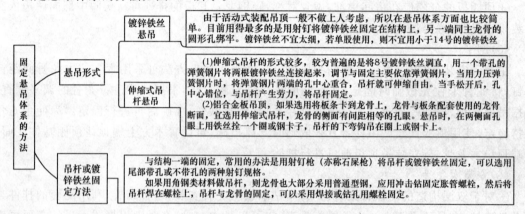

图 7-2　固定悬吊体系的方法

(3)安装与调平龙骨

主、次龙骨宜从同一方向同时安装,其施工程序为:就位→调平、调直→边龙骨固定→主龙骨接长。

①就位。安装时,根据已确定的主龙骨(大龙骨)位置及确定的标高线,先大致将其就位。次龙骨(中、小龙骨)应紧贴主龙骨安装就位。

②调平、调直。龙骨就位后,然后再满拉纵横控制标高线(十字中心线),从一端开始,一边安装一边调整,最后再精调一遍,直到龙骨调平和调直为止。如果面积较大,在中间还应考虑水平线适当起拱。调平时应注意一定要从一端调向另一端,要做到纵横平直。

特别对于铝合金吊顶,龙骨的调平、调直是施工工序中比较麻烦的一道。龙骨是否调平,也是板条吊顶质量控制的关键。因为只有龙骨调平,才能使板条饰面达到理想的装饰效果;否则,波浪式的吊顶表面,宏观看上去很不顺眼。

③边龙骨固定。边龙骨宜沿墙面或柱面标高线钉牢。固定时,一般常用高强水泥钉,钉的间距不宜大于 50 cm。如果基层材料强度较低,紧固力不好,应采取相应的措施,改用胀管螺栓或加大钉的长度等办法。边龙骨一般不承重,只起封口作用。

④主龙骨接长。一般选用连接件接长。连接件可用铝合金,亦可用镀锌钢板,在其表面冲成倒刺,与主龙骨方孔相连。全面校正主、次龙骨的位置及水平度,连接件应错位安装。

（三）罩面板的安装

1. 石膏板类罩面板的安装

（1）纸面石膏板的罩面钉装

纸面石膏板的安装要求板材应在自由状态下就位固定,以防止出现弯棱、凸鼓等现象。纸面石膏板的长边(包封边),应沿纵向次龙骨铺设。板材与龙骨固定时,应从一块板的中间向板的四边循序固定,不得采用在多点上同时作业的做法。

用自攻螺钉铺钉纸面石膏板时,钉距以 150～170 mm 为宜,螺钉应与板面垂直。自攻螺钉与纸面石膏板板边的距离:距包封边(长边)以 10～15 mm 为宜;距切割边(短边)以 15～20 mm 为宜。钉头略埋入板面,但不能致使板材纸面破损。在装钉操作中如出现有弯曲变形的自攻螺钉时,应予剔除,在相隔 50 mm 的部位另安装自攻螺钉。纸面石膏板的拼接处,必须是安装在宽度不小于 40 mm 的 C 型龙骨上;其短边必须采用错缝安装,错开距离应不小于 300 mm。安装双层石膏板时,面层板与基层板的接缝也应错开,上下层板各自的接缝不得同时落在同一根龙骨上。

（2）嵌缝处理

整个吊顶面的纸面石膏板铺钉完成后,应进行检查,并将所有的自攻螺钉的钉头涂刷防锈涂料,然后用石膏腻子嵌平。此后即可进行板缝的嵌填处理。

①清扫板缝,用小刮刀将嵌缝石膏腻子均匀饱满地嵌入板缝,并在板缝处刮涂约 60 mm 宽、1 mm 厚的腻子。随即贴上穿孔纸带(或玻璃纤维网格胶带),使用宽约 60 mm 的腻子刮刀顺穿孔纸带(或玻璃纤维网格胶带)方向压刮,将多余的腻子挤出,并刮平、刮实,不可留有气泡。

②用宽约 150 mm 的刮刀将石膏腻子填满宽约 150 mm 的板缝处带状部分。

③用宽约 300 mm 的刮刀再补一遍石膏腻子,其厚度不得超出 2 mm。

④待腻子完全干燥后(约 12 小时),用 2 号砂布或砂纸将嵌缝石膏腻子打磨平滑,其中间部分可略微凸起,但要向两边平滑过渡。

2. 平板及穿孔石膏罩面板安装

（1）黏结法安装

如果将石膏板直接粘贴于楼板底基层,要求基层表面坚实平整。可采用长城牌 405 胶黏剂,胶黏剂应涂刷均匀,不得漏涂,要粘实粘牢。

（2）钉固法安装

对于 U、C 型轻钢龙骨吊顶,可用自攻螺钉将石膏板与覆面龙骨固定;对于木龙骨吊顶,要求木龙骨的底宽×厚不小于 60 mm×40 mm,采用 25 mm 木螺钉固定石膏板。

钉装石膏板的螺钉间距以 150～170 mm 为宜,螺钉距板边的距离应不小于 15 mm,螺钉要均匀布置并与板面相垂直。螺钉帽嵌入石膏板面 0.5～1.0 mm,钉帽处涂刷防锈涂料,钉眼用石膏腻子抹平。

（3）搁置式安装

可将石膏装饰板平放搁置于 T 型轻钢龙骨吊顶的框格中,要求金属龙骨安装牢固平整,吊顶面线条顺直,石膏板落入框格后周边留有 1 mm 伸缩间隙。

3. 胶合板、纤维板、钙塑板安装

（1）胶合板应光面向外,相邻板色彩与木纹要协调,胶合板可用钉子固定,钉距为 80～150 mm,钉长为 25～35 mm,钉帽应打扁,并进入板面 0.5～1.0 mm,钉眼用油性腻子抹平。胶合板面如涂刷清漆时,相邻板面的木纹和颜色应近似。

(2)纤维板可用钉子固定,钉距为 80～120 mm,钉长为 20～30 mm,钉帽进入板面 0.5 mm,钉眼用油性腻子抹平。硬质纤维板应用水浸透,自然阴干后安装。

(3)胶合板、纤维板用木条固定时,钉距不应大于 200 mm,钉帽应打扁,并进入木压条 0.5～1.0 mm,钉眼用油性腻子抹平。

(4)钙塑装饰板用胶黏剂粘贴时,涂胶应均匀,粘贴后应采取临时固定措施,并及时擦去挤出的胶液。用钉固定时,钉距不宜大于 150 mm,钉帽应与板面起平,排列整齐。并用与板面颜色相同的涂料涂饰。

4. 纤维水泥加压板安装

(1)龙骨间距、螺钉与板边的距离及螺钉间距等,应满足设计要求和有关产品的要求。

(2)纤维水泥加压板与龙骨固定时,所用手电钻钻头的直径应比选用的螺钉直径小 0.5～1.0 mm;固定后,钉帽应做防锈处理,并用油性腻子嵌平。

(3)用密封膏、石膏腻子或掺界面剂胶的水泥砂浆嵌涂板缝并刮平,硬化后用砂纸磨光,板缝宽度应小于 50 mm;板材的开孔和切割,应按产品的有关要求进行。

5. 金属板安装

(1)金属铝板的安装应从边上开始,有搭口缝的铝板,应顺搭口缝方向逐块进行,铝板应用力插入齿口内,使其啮合。

(2)金属条板式吊顶龙骨一般可直接吊挂,也可增加主龙骨,主龙骨间距不大于 1.2 m,条板式吊顶龙骨形式应与条板配套;方板吊顶次龙骨分明装 T 型和暗装卡口两种,根据金属方板样式选定次龙骨,次龙骨与主龙骨之间用固定件连接;金属格栅的龙骨可明装也可暗装,龙骨间距由格栅做法确定。

(3)金属板吊顶与四周墙面所留空隙,用金属压缝条镶嵌或补边吊顶找齐,金属压条材质应与金属面板相同。

6. 装饰吸声罩面板安装

(1)矿棉装饰吸声板安装

矿棉装饰吸声板的安装如图 7-3 所示。

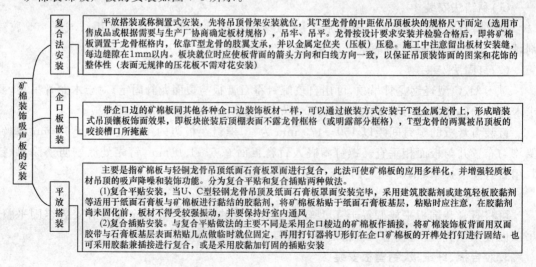

图 7-3　矿棉装饰吸声板的安装

（2）玻璃棉装饰天花板罩面

玻璃棉装饰天花板罩面安装施工要点有：

①玻璃棉装饰吸声板的饰面一般只做一面（喷饰涂料薄膜），另一面不做任何处理，安装施工时应将未处理的一面朝下搁置，以避免丧失吸声效果。

②玻璃棉装饰吸声板比较轻，明摆浮搁在铝合金龙骨的肢上，从自身的角度考虑，是可以满足要求的，不会掉下来，一般情况下亦不会变形。但是，对于风速比较大的部位，如空调口附近，很容易将板掀起。所以，一般常用木条或竹条压在饰面板上面，也可用钢丝卡固定。

③施工现场相对湿度应在85%以下，湿度过高不宜施工。室内要待全部土建工程完毕干燥后，方可安装玻璃棉装饰吸声板。

④玻璃棉装饰吸声板不宜用在湿度较大的建筑内，如浴池、厨房等。

⑤要注意保护玻璃棉装饰吸声板的饰面层，表面不得划伤、破损。在施工过程中要做好成品保护，对于易划、易碰部位，应采取适当保护措施。

⑥玻璃棉装饰吸声板遇水表面装饰层会鼓包，可成波浪形状。故在运输、码堆过程中，应加强保管，防止受潮。吸声板的饰面层是施胶后贴上去的，受潮后容易发生脱胶现象，导致表面不平，饰面层与玻璃棉板脱开，要注意防潮，不要被水淋。

⑦施工中要注意吸声板背面的箭头方向和白线方向，必须保持一致，以保证花样、图案的整体性。

⑧根据房间的大小及灯具的布置，以施工面积中心计算吸声板的用量，保证两侧间距相等。从一侧开始安装，保证施工效果。

⑨安装吸声板时，需戴清洁手套，以防将板面弄脏。

⑩对于强度要求特殊的部位（如吊挂大型灯具），在施工中应按设计要求施工。

第三节　明龙骨吊顶工程安装施工

明龙骨吊顶工程包括以轻钢龙骨、铝合金龙骨、木龙骨等为骨架，以石膏板、金属板、矿棉板、木板、塑料板或格栅等为饰面材料的龙骨吊顶工程。

一、明龙骨吊顶工程材料的质量要求

（1）明龙骨吊顶工程所用的木龙骨、轻钢龙骨、石膏板和金属板等材料要求与暗龙骨吊顶工程相同。

（2）当吊顶饰面使用玻璃板时，应使用安全玻璃并符合设计要求，玻璃应有出厂合格证。

二、明龙骨吊顶工程安装施工要点

（一）弹线与吊杆安装

明龙骨吊顶工程弹线与吊杆安装施工要点如图7-4所示。

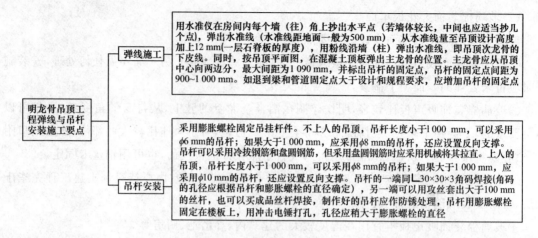

图 7-4　明龙骨吊顶工程弹线与吊杆安装施工要点

（二）龙骨安装

1. 主龙骨的安装

（1）主龙骨应吊挂在吊杆上，间距为 900～1 000 mm。主龙骨分为轻钢龙骨和 T 型龙骨。轻钢龙骨可选用 UC50 中龙骨和 UC38 小龙骨。主龙骨应平行房间长向安装，同时应起拱，起拱高度为房间跨度的 1/300～1/200。主龙骨的悬臂段不应大于 300 mm，否则应增加吊杆。主龙骨的接长应采取对接，相邻龙骨的对接接头要相互错开。主龙骨挂好后应基本调平。

（2）跨度大于 15 m 以上的吊顶，应在主龙骨上，每隔 15 m 加一道大龙骨，并垂直主龙骨焊接牢固。

（3）如有大的造型顶棚，造型部分应用角钢或扁钢焊接成框架，并应与楼板连接牢固。

2. 次龙骨的安装

次龙骨应紧贴主龙骨安装，间距为 300～600 mm。次龙骨分为 T 型烤漆龙骨、T 型铝合金龙骨和各种条形扣板厂家配带的专用龙骨。用 T 型镀锌铁片连接件把次龙骨固定在主龙骨上时，次龙骨的两端应搭在 L 型边龙骨的水平翼缘上，条形扣板有专用的阴角线做边龙骨。

3. 边龙骨的安装

边龙骨的安装应按设计要求弹线，沿墙（柱）上的水平龙骨线把 L 型镀锌轻钢条用自攻螺丝固定在预埋木砖上；如为混凝土墙（柱），可用射钉固定，射钉间距应不大于吊顶次龙骨的间距。

（三）罩面板安装

1. 贴塑装饰吸声板吊顶安装

（1）安装方法

贴塑装饰吸声板吊顶，目前比较流行的是明龙骨安装法和半暗龙骨安装法。

①明龙骨安装法。一般国内常用铝合金龙骨，用 T 型铝合金龙骨组成骨架，然后将饰面板平放在 T 型龙骨的水平肢上。

②半暗龙骨安装法。镀锌铁皮 T 型龙骨在国外用得比较普遍。这种龙骨用 0.3～0.5 mm 厚镀锌铁皮冲压成型，外露部分喷漆或粘贴塑料膜带，以保证有良好的装饰效果。

（2）龙骨悬吊

①龙骨悬吊要牢固，既可以用吊杆，也可以用镀锌铁丝或铜丝悬挂。

②吊杆间距不宜过大，应控制在 1.2 m 以内。

③镀铸铁丝或铜丝不能太细,应选用 10 号镀锌铁丝,吊距应控制在 1.2 m 以内。

④吊丝应直接固定在顶板上或梁上,不能绑在其他专业管道上,因为一旦管道维修或管道变形,将直接影响到吊顶的平整。

(3)安装顺序

①吊顶的安装顺序要掌握好,不能与设备管道或其他干扰比较大的工种交叉施工。

②特别要注意给水管道的试压,未经管道试压,吊顶不宜施工,因为管道试压一旦不合格,就会造成漏水,将直接影响到饰面板,被水渗透过的贴塑装饰板不宜再使用。因为贴塑面遇水将产生水迹,有的甚至会发生脱皮。

③罩面板及龙骨均属轻质材料,超过一定的压力将产生变形。龙骨变形和罩面板破损均会影响装饰效果。所以,合理安排施工时间,显得非常重要。

(4)龙骨外露部分

①龙骨外露体系既是骨架,又是罩面板的压条(或封口条)。因而龙骨要直、要平,如果变形,必须调整。

②吊顶龙骨要拉通线调整,跨度较大时,要按规定起拱。

③龙骨外露部分要干净,不能有油污、胶痕等缺陷。

(5)罩面板

贴塑装饰吸声板要注意保管,不应受潮、破损,应存放在干燥的房间。

2. 嵌装式装饰石膏板安装

(1)嵌装式装饰石膏板安装与龙骨应系列配套。

(2)嵌装式装饰石膏板安装前应分块弹线、花式图案应符合设计要求。当无设计要求时,嵌装式装饰石膏板宜由吊顶中间向两边对称排列安装,墙面与吊顶接缝应交圈一致。

(3)嵌装式装饰石膏板安装宜选用企口暗缝咬接法。安装时应注意企口的相互咬接及图案的拼接。

(4)龙骨调平及拼缝处应认真施工,固定石膏板时,应视吊顶高度及板厚,在板与板之间留适当间隙,拼缝缝隙用石膏腻子补平,并贴一层穿孔接缝纸。

3. 金属微穿孔吸声板安装

(1)必须认真调平、调直龙骨,这是保证大面积吊顶效果的关键。

(2)安装微穿孔吸声板宜采用板用木螺钉或自攻螺钉固定在龙骨上,对于有些铝合金板吊顶,也可将冲孔板卡到龙骨上,具体的固定方法要视板的断面决定。

(3)安装金属微穿孔板应从一个方向开始,依次安装。

(4)在方板或板条安装完毕后铺放吸声材料。条板可将吸声材料放在板条内;方板可将吸声材料放在板上面。

第四节　轻钢龙骨吊顶的施工

轻钢龙骨是轻金属龙骨的其中一个品种,它是以镀锌钢板(带)或彩色喷塑钢板(带)及薄壁冷轧钢板(带)等薄质轻金属材料,经冷弯或冲压等加工而成的顶棚装饰支撑材料。此类龙骨具有自重轻、强度高、防火性好、耐蚀性高、抗震性强、安装方便等优点。它可以使龙骨规格标准化,有利于大批量生产,使吊顶工程实现装配化,可由大、中、小龙骨与其相配套的吊件、连接件、挂件、挂插件及吊杆等进行灵活组装,能有效地提高施工效率和装饰质量。

轻钢龙骨的分类方法也较多,按其承载能力大小,可分为轻型、中型和重型三种,或者分为上人吊顶龙骨和不上人吊顶龙骨;按其型材断面形状,可分为 U 型吊顶、C 型吊顶、T 型吊顶和 L 型吊顶及其略变形的其他相应形式;按其用途及安装部位,可以分为承载龙骨、覆面龙骨和边龙骨等。

一、吊顶轻钢龙骨的主件和配件

(一)吊顶轻钢龙骨的主件

根据现行国家标准《建筑用轻钢龙骨》(GB/T 11981—2008)的规定(同时参考德国 DIN 标准及美国 ASTM 标准),建筑用轻钢龙骨型材制品是以冷轧钢板(或冷轧带钢)、镀锌钢板(带)或彩色涂层钢板(带)做原料,采用冷弯工艺生产的薄壁型钢。用作吊顶的轻钢龙骨,其钢板厚度为 0.27~1.50 mm;将吊顶轻钢龙骨骨架及其装配组合,可以归纳为 U 形、T 形、H 形和 V 形四种基本类型,如图 7-5~图 7-8 所示。其龙骨主体的断面形状及尺寸见表 7-8。

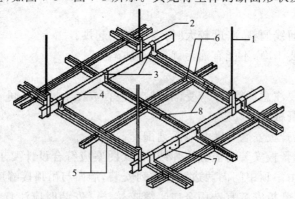

图 7-5 U 形吊顶龙骨示意图
1—吊杆;2—吊件;3—挂件;4—承载龙骨;5—覆面龙骨;
6—挂插件;7—承载龙骨连接件;8—覆面龙骨连接件

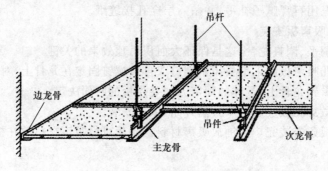

图 7-6 T 形吊顶龙骨示意图

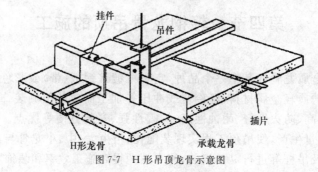

图 7-7 H 形吊顶龙骨示意图

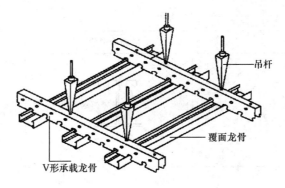

图 7-8 V形直卡式吊顶龙骨示意图

表 7-8　　　　　　　　　　　　　　吊顶轻钢龙骨断面形状及规格

龙骨名称		断面形状	规格尺寸/mm
U 形龙骨	承载龙骨		$A \times B \times t$ $38 \times 12 \times 1.0$ $45 \times 15 \times 1.2$ $50 \times 15 \times 1.2$ $60 \times B \times 1.2$ ($B = 24 \sim 30$)
	覆面龙骨		$A \times B \times t$ $25 \times 19 \times 0.5$ $50 \times 19 \times 0.5$ $50 \times 20 \times 0.6$ $60 \times 27 \times 0.6$
T 形龙骨	主龙骨		$A \times B \times t_1 \times t_2$ $24 \times 38 \times 0.3 \times 0.27$ $24 \times 32 \times 0.3 \times 0.27$ $14 \times 32 \times 0.3 \times 0.27$ $16 \times 40 \times 0.36$
	次龙骨		$A \times B \times t_1 \times t_2$ $24 \times 28 \times 0.3 \times 0.27$ $24 \times 25 \times 0.3 \times 0.27$ $14 \times 25 \times 0.3 \times 0.27$
	边龙骨		$A \times B \times t$ $A = B > 22$ $t \geqslant 0.4$

龙骨名称	断面形状	规格尺寸/mm
H 形龙骨		$A \times B \times t$ $20 \times 20 \times 0.3$
V 形龙骨　　承载龙骨		$A \times B \times t$ $20 \times 37 \times 0.8$
覆面龙骨		$A \times B \times t$ $49 \times 19 \times 0.45$

根据现行国家标准《建筑用轻钢龙骨》（GB/T 11981—2008）的定义，承载龙骨是吊顶龙骨骨架的主要受力构件，覆面龙骨是吊顶龙骨骨架构造中固定罩面层的构件；T 形主龙骨是 T 形吊顶骨架的主要受力构件，T 形次龙骨是 T 形吊顶骨架中起横撑作用的构件；H 形龙骨是 H 形吊顶骨架中固定饰面板的构件；L 形边龙骨通常被用作 T 形或 H 形吊顶龙骨中与墙体相连，并于边部固定饰面板的构件；V 形直卡式承载龙骨是 V 形吊顶骨架的主要受力构件；V 形直卡式覆面龙骨是 V 形吊顶骨架中固定饰面板的构件。其产品标记顺序为：产品名称→代号→断面形状宽度→高度→钢板厚度→标记号。

例如，断面形状为 U 形，宽度为 50 mm、高度为 15 mm、钢板带厚度为 1.2 mm 的吊顶承载龙骨标记为：建筑用轻钢龙骨 DU 50×15×1.2 GB/T 11981。

目前装饰装修设计、施工在产品选用中，对于吊顶轻钢龙骨的系列分类及其吊顶骨架的称谓较为复杂。例如，按龙骨型材的横截面形式和尺寸，U 形和 C 形系列的龙骨通常被称为 UC 形龙骨，如 UC60、UC50、UC38 等；一般由 U、C 形龙骨组装的吊顶骨架，靠顶棚四周墙（柱）的边缘部位也可不设 L 形边龙骨，吊顶罩面收边采用装饰线条。当吊顶龙骨骨架由 U 形龙骨做承载龙骨（也可用 C 形龙骨），以 T 形龙骨为覆面龙骨的吊顶骨架，以及由轻钢 T 形龙骨组装的单层骨架轻便吊顶，常用 L 形轻钢龙骨作边龙骨，故被称为 U 形、C 形、T 形及 L 形、T（或 LT）形龙骨。H 形龙骨、V 形直卡式（直卡式吊顶龙骨符号为 ZD）龙骨以及 Z 形吊顶龙骨等使用较少。

（二）吊顶轻钢龙骨的配件

根据现行国家标准《建筑用轻钢龙骨》（GB/T 11981—2008）和建材行业标准《建筑用轻钢龙骨配件》（JC/T 558—2007）的规定，轻钢龙骨配件是用于吊顶轻钢龙骨骨架组合和悬吊的配件,主要有吊件、挂件、连接件及挂插件等(图7-9～图7-11)。

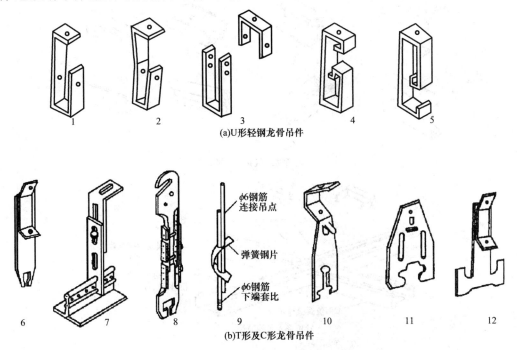

(a)U形轻钢龙骨吊件

(b)T形及C形龙骨吊件

图 7-9 吊顶金属龙骨的常用吊件

1～5—U形承载龙骨吊件(普通吊件);6—T形主龙骨吊件;7—穿孔金属带吊件(T形龙骨吊件);

8—游标吊件(T形龙骨吊件);9—弹簧钢片吊件;10—T形龙骨吊件;

11—C形主龙骨直接固定式吊卡(CSR吊顶系统);12—槽形主龙骨吊卡(C形龙骨吊件)

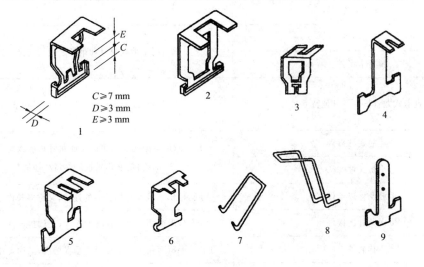

$C \geqslant 7$ mm
$D \geqslant 3$ mm
$E \geqslant 3$ mm

图 7-10 吊顶金属龙骨挂件

1,2—压筋式挂件(下部勾挂C形覆面龙骨);3—压筋式挂件(下部勾挂T形覆面龙骨);

4,5,6—平板式挂件(下部勾挂C形覆面龙骨);7,8—T形覆面龙骨挂件(T形龙骨连接钩、挂钩);

9—快固挂件(下部勾挂C形龙骨)

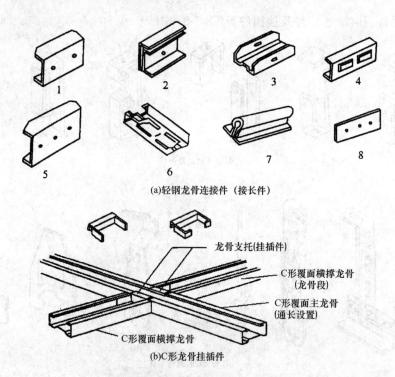

（a）轻钢龙骨连接件（接长件）

（b）C形龙骨挂插件

图 7-11　吊顶轻钢龙骨连接件及挂插件

1,2,4,5—U形承载龙骨连接件；3,6—C形覆面龙骨连接件；7,8—T形龙骨连接件

吊顶轻钢龙骨配件的常用类型及其在吊顶骨架的组装和悬吊结构中的用途，见表 7-9。

表 7-9　　　　　　　　　　　　吊顶轻钢龙骨配件

配件名称	用途
普通吊件	用于承载龙骨和吊杆之间的连接
弹簧卡吊件	
V 形直卡式龙骨吊件及其他特制吊件	用于各种配套承载龙骨和吊杆之间的连接
压筋式挂件	用于双层骨架构造吊顶的覆面龙骨和承载龙骨之间的连接，又称吊挂件，俗称"挂搭"
平板式挂件	
承载龙骨连接件	用于 U 形承载龙骨加长时的连接，又称接长件、接插件
覆面龙骨连接件	用于 C 形覆面龙骨加长时的连接，又称接长件、接插件
挂插件	用于 C 形覆面在吊顶水平面的垂直相接，又称支托、水平件
插件	用于 H 形龙骨（及其他嵌装暗式吊顶龙骨）中起横撑作用
吊杆	用于吊件和建筑结构的连接

（三）吊顶轻钢龙骨的技术要求

吊顶轻钢龙骨的技术要求主要包括外观质量、表面防锈、形状尺寸、角度偏差、力学性能和配件要求。

1. 外观质量

龙骨外形要平整,棱角清晰,切口不允许有毛刺和变形。镀锌层不许有起皮、起瘤、脱落等缺陷。对于腐蚀、损伤、黑斑、麻点等缺陷,按规定方法检测时,应符合表 7-10 中的要求。

表 7-10　　　　　　　　　　　　轻钢龙骨的外观质量

缺陷种类	优等品	一等品	合格品
腐蚀、损伤、黑斑、麻点	不允许	无较严重的腐蚀、损伤、黑斑、麻点等缺陷。面积小于或等于 1 cm² 的黑斑每米长度内不多于 3 处	

2. 表面防锈

轻钢龙骨表面应镀锌防锈,其双面镀锌量或双面镀锌层厚度应不小于表 7-11 中的规定。

表 7-11　　　　　　　　　　　　双面镀锌量或双面镀锌层厚度

项目	优等品	一等品	合格品
镀锌量/(g/m²)	120	100	80
镀锌层厚度/μm	16	14	12

3. 形状尺寸

轻钢龙骨的断面形状见表 7-8,其尺寸允许偏差应符合表 7-12 中的规定;若有其他要求,由供需双方协商确定。龙骨的侧面和底面的平直度应不大于表 7-13 中的规定,弯曲内角半径 R 应不大于表 7-14 中的规定。

表 7-12　　　　　　　　　　　　轻钢龙骨尺寸允许偏差　　　　　　　　　　mm

项目		优等品	一等品	合格品
长度 L	C、U、V、H 形		+20	
			−10	
	T 形孔距		±0.30	
覆面龙骨断面尺寸	尺寸 A		±1.00	
	尺寸 B	±0.30	±0.40	±0.50
其他龙骨断面尺寸	尺寸 A	±0.30	±0.40	±0.50
	尺寸 B		±1.00	
厚度 t		公差应符合相应材料的国家标准要求		

表 7-13　　　　　　　　　　　　吊顶轻钢龙骨侧面和底面的平直度　　　　　　mm/1 000

品种	检测部位	优等品	一等品	合格品
承载龙骨和覆面龙骨	侧面和底面	1.0	1.5	2.0
T 形龙骨和 H 形龙骨	底面		1.3	

表 7-14　　　　　　　　　　　　轻钢龙骨的弯曲半径　　　　　　　　　　R/mm

钢板厚度	≤0.70	≤1.00	≤1.20	≤1.50
弯曲内角半径 R	1.50	1.75	2.00	2.25

注:本表不包括 T 形、H 形和 V 形龙骨。

4. 角度偏差

轻钢龙骨的角度偏差应符合表 7-15 中的规定。

表 7-15　　　　　　　　　　　　　　轻钢龙骨的角度偏差

成型角较短边尺寸	优等品	一等品	合格品
10~18 mm	±1°15′	±1°30′	±2°00′
>18 mm	±1°00′	±1°15′	±1°30′

注：本表不包括 T 形、H 形龙骨。

5. 力学性能

吊顶轻钢龙骨组件的力学性能应符合表 7-16 中的规定。

表 7-16　　　　　　　　　　　吊顶轻钢龙骨组件的力学性能

类别	项目		要求
U 形、V 形吊顶	静载试验	覆面龙骨	加载挠度≤10.0 mm 残余变形量≤2.0 mm
		承载龙骨	加载挠度≤5.0 mm 残余变形量≤2.0 mm
T 形、H 形吊顶		主龙骨	加载挠度≤2.8 mm

6. 配件要求

轻钢龙骨配件的外观质量应符合表 7-17 中的规定；吊顶轻钢龙骨吊顶和挂件的力学性能应符合表 7-18 中的规定。

表 7-17　　　　　　　　　　　轻钢龙骨配件的外观质量要求

外观缺陷	优等品	一等品	合格品
切口毛刺、变形	不允许	不影响使用	不影响使用
腐蚀、损伤、黑斑、麻点	不允许	不允许	弯角处不允许，其他的部位允许有少量轻微的腐蚀点、损伤和斑点、麻点

表 7-18　　　　　　　　　　吊顶轻钢龙骨吊顶和挂件的力学性能

名称	被吊挂龙骨类别	荷载/N	指标
吊件	上人承载龙骨	2 000	3 个试件残余变形量平均值≤2.0 mm，最大值≤2.5 mm
	不上人承载龙骨	1 200	
挂件	覆面龙骨	600	挂件两角不允许有变形

二、轻钢龙骨的安装施工

（一）轻钢龙骨吊顶的施工工艺

轻钢龙骨吊顶的安装施工还是比较复杂的，现以轻钢龙骨纸面石膏板吊顶安装为例，说明轻钢龙骨吊顶的安装施工工艺。轻钢龙骨纸面石膏板吊顶的组成及安装示意图见图 7-12。轻钢龙骨的施工工艺主要包括：交验→找规矩→弹线→复检→吊筋制作安装→主龙骨安装→调平龙骨架→次龙骨安装→固定→质量检查→安装面板→质量检查→缝隙处理→饰面。

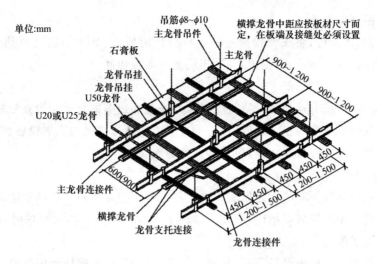

单位:mm

吊筋φ8~φ10
主龙骨吊件
石膏板
龙骨吊挂
龙骨吊挂
U50龙骨
U20或U25龙骨
横撑龙骨中距应按板材尺寸而定,在板端及接缝处必须设置
主龙骨
900~1 200
900~1 200
主龙骨连接件
600(900)
450
450
450
450
450
450
1 200~1 500
1 200~1 500
1 200~1 500
横撑龙骨
龙骨支托连接
龙骨连接件

图 7-12 轻钢龙骨纸面石膏板吊顶的组成及安装示意图

1. 交接验收

在正式安装轻钢龙骨吊顶之前,对上一步工序进行交接验收,如结构强度、设备位置、防水管线的铺设等,均要进行认真检查,上一步工序必须完全符合设计和有关规范的标准,否则不能进行轻钢龙骨吊顶的安装。

2. 找规矩

根据设计和工程的实际情况,在吊顶标高处找出一个标准基平面与实际情况进行对比,核实存在的误差并对误差进行调整,确定平面弹线的基准。

3. 弹线

弹线的顺序是先竖向标高、后平面造型细部,竖向标高线弹于墙上,平面造型和细部弹于顶板上,主要应当弹出以下基准线。

(1)弹顶棚标高线

在弹顶棚标高线前,应先弹出施工标高基准线,一般常用 0.5 m 为基线,弹于四周的墙面上。以施工标高基准线为准,按设计所定的顶棚标高,用仪器或量具沿室内墙面将顶棚高度量出,并将此高度用墨线弹于墙面上,其水平允许偏差不得大于 5 mm。如果顶棚有叠级造型者,其标高均应弹出。

(2)弹水平造型线

根据吊顶的平面设计,以房间的中心为准,将设计造型按照先高后低的顺序,逐步弹在顶板上,并注意累计误差的调整。

(3)吊筋吊点位置线

根据造型线和设计要求,确定吊筋吊点的位置,并弹于顶板上。

(4)弹吊具位置线

所有设计的大型灯具、电扇等的吊杆位置,应按照具体设计测量准确,并用墨线弹于楼板的板底上。如果吊具、吊杆的锚固件必须要用膨胀螺栓固定者,应将膨胀螺栓的中心位置一并弹出。

（5）弹附加吊杆位置线

根据吊顶的具体设计，将顶棚检修走道、检修口、通风口、柱子周边处及其他所有必须加"附加吊杆"之处的吊杆位置一一测出，并弹于混凝土楼板板底。

4. 复检

在弹线完成后，对所有标高线、平面造型线、吊杆位置线等进行全面检查复核，如有遗漏或尺寸错误，均应及时补充和纠正。另外，还应检查所弹顶棚标高线与四周设备、管线、管道等有无矛盾，对大型灯具的安装有无妨碍，应当确保准确无误。

5. 吊筋制作安装

吊筋应用钢筋制作，吊筋的固定做法视楼板种类的不同而不同。具体做法如下：

（1）预制钢筋混凝土楼板设吊筋，应在主体施工时预埋吊筋。如无预埋时，应用膨胀螺栓固定，并保证连接强度。

（2）现浇钢筋混凝土楼板设吊筋，一是预埋吊筋，二是用膨胀螺栓或用射钉固定吊筋，保证强度。

无论何种做法，均应满足设计位置和强度要求。

6. 安装轻钢龙骨架

（1）安装轻钢主龙骨

主龙骨按弹线位置就位，利用吊件悬挂在吊筋上，待全部主龙骨安装就位后进行调直调平定位，将吊筋上的调平螺母拧紧，龙骨中间部分按具体设计起拱（一般起拱高度不得小于房间短向跨度的 3/1 000）。

（2）安装副龙骨

主龙骨安装完毕即可安装副龙骨。副龙骨有通长和截断两种。通长副龙骨与主龙骨垂直，截断副龙骨（也叫横撑龙骨）与通长副龙骨垂直。副龙骨紧贴主龙骨安装，并与主龙骨扣牢，不得有松动及歪曲不直之处。副龙骨安装时应从主龙骨一端开始，高低叠级顶棚应先安装高跨部分后，再安装低跨部分。副龙骨的位置要准确，特别是板缝处，要充分考虑缝隙尺寸。

（3）安装附加龙骨、角龙骨、连接龙骨等

靠近柱子周边，增加附加龙骨或角龙骨时，应按具体设计安装。凡高低叠级顶棚、灯槽、灯具、窗帘盒等处，根据具体设计应增加连接龙骨。

7. 骨架安装质量检查

上列工序安装完毕后，应对整个龙骨架的安装质量进行严格检查。

（1）龙骨架荷重检查

在顶棚检修孔周围、高低叠级处、吊灯吊扇等处，根据设计荷载规定进行加载检查。加载后如龙骨架有翘曲、颤动等现象，应增加吊筋予以加强。增加的吊筋数量和具体位置，应通过计量而定。

（2）龙骨架安装及连接质量检查

对整个龙骨架的安装质量及连接质量进行彻底检查。连接件应错位安装，龙骨连接处的偏差不得超过相关规范规定。

（3）各种龙骨的质量检查

对主龙骨、副龙骨、附加龙骨、角龙骨、连接龙骨等进行详细质量检查。如发现有翘曲、扭曲以及位置不正、部位不对等现象,均应彻底纠正。

8. 安装纸面石膏板

（1）选板

普通纸面石膏板在上顶以前,应根据设计的规格尺寸、花色品种进行选板,凡有裂纹、破损、缺棱、掉角、受潮以及护面纸损坏的,均应一律剔除不用。选好的板应平放于有垫板的木架上,以免沾水受潮。

（2）纸面石膏板安装

在进行纸面石膏板安装时,应使纸面石膏板长边（即包封边）与主龙骨平行,从顶棚的一端向另一端开始错缝安装,逐块排列,余量放在最后安装。石膏板与墙面之间应留 6 mm 间隙。板与板之间的接缝宽度不得小于板厚。每块石膏板用 3.5 mm×25 mm 的自攻螺钉固定在次龙骨上,固定时应从石膏板中部开始,向两侧展开,螺钉间距 150～200 mm,螺钉距纸面石膏板板边（面纸包封的板边）不得小于 10 mm,不得大于 15 mm；距切割后的板边不得小于 15 mm,不得大于 20 mm。钉头应略低于板面,但不得将纸面钉破。钉头应做好防锈处理,并用石膏腻子抹平。

9. 石膏板安装质量检查

纸面石膏板装钉完毕后,应对其安装质量进行检查。如整个石膏板顶棚表面平整度偏差超过 3 mm、接缝平直度偏差超过 3 mm、接缝高低度偏差超过 1 mm、石膏板有钉接缝处不牢固,应彻底纠正。

10. 缝隙处理

纸面石膏板安装质量检查合格或修理合格后,根据纸面石膏板板边类型及嵌缝规定进行嵌缝。无论使用什么腻子,均应保证有一定的膨胀性。施工中常用石膏腻子。一般施工做法如下。

（1）直角边纸面石膏板顶棚嵌缝

直角边纸面石膏板顶棚之缝,均为平缝,嵌缝时应用刮刀将嵌缝腻子均匀饱满地嵌入板缝内,并将腻子刮平（与石膏板面齐平）。石膏板表面如需进行装饰时,应在腻子完全干燥后施工。

（2）楔形边纸面石膏板顶棚嵌缝

楔形边纸面石膏板顶棚嵌缝,一般应采用三道腻子。

第一道腻子:应用刮刀将嵌缝腻子均匀饱满地嵌入缝内,将浸湿的穿孔纸带贴于缝处,用刮刀将纸带用力压平,使腻子从孔中挤出,然后再薄压一层腻子。用嵌缝腻子将石膏板上所有钉孔填平。

第二道腻子:第一道嵌缝腻子完全干燥后,再覆盖第二道嵌缝腻子,使之略高于石膏板表面,腻子宽 200 mm 左右,另外,在钉孔上亦应再覆盖腻子一道,宽度较钉孔扩大出 25 mm 左右。

第三道腻子:第二道嵌缝腻子完全干燥后,再薄压 300 mm 宽嵌缝腻子一层,用清水刷湿边缘后用抹刀拉平,使石膏板面交接平滑。钉孔第二道腻子上再覆盖嵌缝腻子一层,并用力拉平使与石膏板面交接平滑。

上述第三道腻子完全干燥后,用2号砂纸安装在手动或电动打磨器上,将嵌缝腻子打磨光滑,打磨时不得将护纸磨破。

嵌缝后的纸面石膏板顶棚应妥善保护,不得损坏、碰撞,不得有任何污染。如石膏板表面另有饰面时,应按具体设计进行装饰。

(二)轻钢龙骨吊顶施工的注意事项

(1)顶棚施工前,顶棚内的所有管线,如智能建筑弱电系统工程全部线路(包括综合布线、设备自控系统、保安监控管理系统、自动门系统、背景音乐系统等)、空调管道、消防管道、供水管道等必须全部安装就位并基本调试完成。

(2)吊筋、膨胀螺栓应当全部做好防锈处理。

(3)为保证吊顶骨架的整体性和牢固性,龙骨接长的接头应错位安装,相邻三排龙骨的接头不应接在同一直线上。

(4)顶棚内的灯槽、斜撑、剪刀撑等,应按具体设计施工。轻型灯具可吊装在主龙骨或附加龙骨上,重型灯具或电扇则不得与吊顶龙骨连接,而应另设吊钩吊装。

(5)嵌缝石膏粉(配套产品)系以精细的半水石膏粉加入一定量的缓凝剂等加工而成,主要用于纸面石膏板嵌缝及钉孔填平等处。

(6)温度变化对纸面石膏板的线膨胀系数影响不大,但空气湿度则对纸面石膏板的线性膨胀和收缩产生较大影响。为了保证装修质量,避免干燥时出现裂缝,在湿度特大的环境下一般不宜嵌缝。

(7)大面积的纸面石膏板吊顶,应注意设置膨胀缝。

三、轻钢龙骨纸面石膏板吊顶的施工示意图

图7-13～图7-16所示为轻钢龙骨纸面石膏板吊顶的施工示意图。

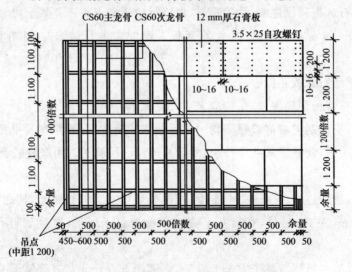

图7-13 轻钢龙骨纸面石膏板顶棚施工示意图

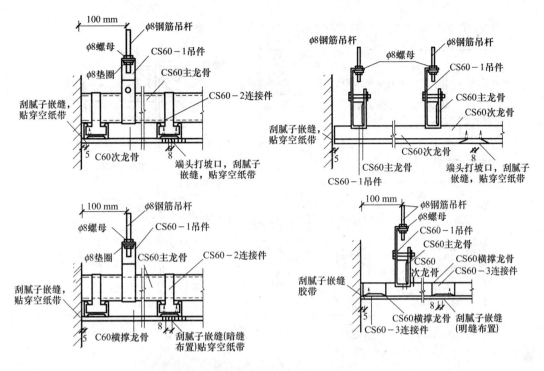

图 7-14 轻钢龙骨纸面石膏板顶棚构造节点示意图

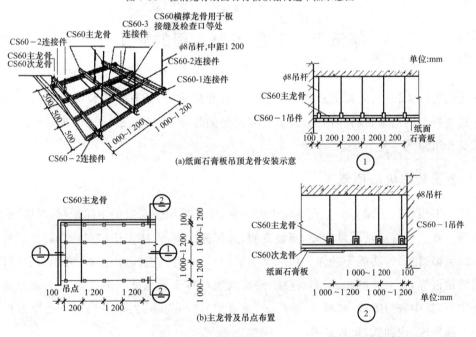

图 7-15 轻钢龙骨纸面石膏板顶棚龙骨安装及吊点布置示意图

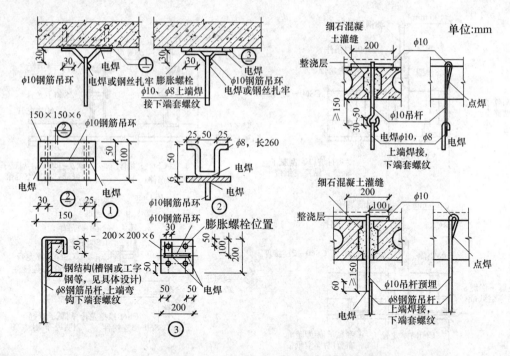

图 7-16　轻钢龙骨纸面石膏板顶棚吊杆锚固节点示意图

第五节　其他吊顶工程的施工

在建筑装饰工程中,除以上最常用的吊顶材料和形式外,还有金属装饰板吊顶、开敞式吊顶等。这些新型的吊顶材料和形式,具备许多优异的特点,是现代吊顶装饰发展的趋势,深受设计人员和用户的喜爱。

一、金属装饰板吊顶施工

金属装饰板吊顶是配套组装式吊顶中的一种,由于采用较高级的金属板材,所以属于高级装修顶棚。其主要特点是质量较轻、安装方便、施工速度快,安装完毕即可达到装修效果,集吸声、防火、装饰、色彩等功能于一体。板材有不锈钢板、防锈铝板、电化铝板、镀铝板、镀锌钢板、彩色镀锌钢板等,表面有抛光、亚光、浮雕、烤漆或喷砂等多种形式。其类型基本分为两大类:一是条形板,其中有封闭式、扣板式、波纹式、重叠式、凹凸式等;二是方块形板或矩形板,其中方形板有藻井式、内圆式、龟板式等。

(一)吊顶龙骨的安装

主龙骨仍采用 U 形承载轻钢龙骨,其悬吊固定方法与轻钢龙骨基本相同,固定金属板的纵横龙骨也如前述固定于主龙骨之下。当金属板为方形或矩形时,其纵横龙骨用专用特制嵌龙骨,呈纵横十字平面相交布置,组成与方形或矩形板长宽尺寸相配合的框格,与活动式吊顶的纵横龙骨一样。嵌龙骨类似夹钳构造,其与主龙骨的连接采用特制专用配套件,见表 7-19。

表 7-19　　　　　　　　　　　方形金属吊顶板的安装配套材料

名称	形式/mm	用途
嵌龙骨	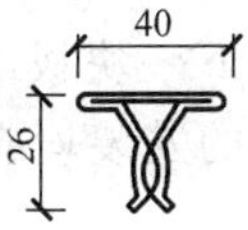 40 / 26	用于组装成龙骨骨架的纵向龙骨，用于卡装方形金属吊顶板
半嵌龙骨	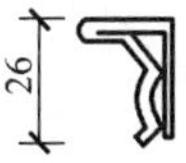 26	用于组装成龙骨骨架的边缘龙骨，用于卡装方形金属吊顶板
嵌龙骨挂件	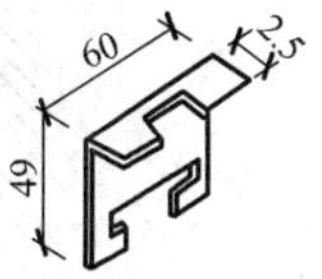 60 / 49 / 25	用于嵌龙骨和 U 形吊顶轻钢龙骨（承载龙骨）的连接
嵌龙骨连接件	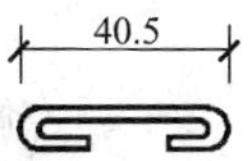 40.5	用于嵌龙骨的加长连接
U 形吊顶轻钢龙骨（承载龙骨）及其吊件和吊杆	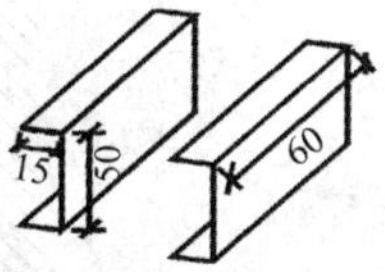 15 / 60	把大龙骨安装于设计位置上

当金属板为条形时，其纵向龙骨用普通 U 形或 C 形轻钢龙骨或专用特制带卡口的槽形龙骨，并垂直于主龙骨安装固定。因条形金属板有褶边，本身有一定的刚度，所以只需与条形互相垂直布置纵龙骨，纵龙骨的间距不大于 1 500 mm。用带卡口的专用槽形龙骨，为使龙骨卡在下平面，按卡口式龙骨间距钉上小钉，制成"卡规"，安装龙骨时将其卡入卡规的钉距内。卡规垂直于龙骨，在其两端经抄平后临时固在墙面上，并从卡规两端的第一个钉上斜拉对角线，使两根卡规本身既相互平行又方正，然后再拉线将所有龙骨卡口棱边调整至一直线上，再与主龙骨最后逐点连接固定。这样，当金属条形板安装时，才能很容易地将板的褶边嵌卡入龙骨卡口内。

（二）吊顶层面板的安装

1. 方形金属板安装

方形金属饰面板有两种安装方法：一种是搁置式安装，与活动式吊顶顶棚罩面安装方法相同；一种是卡入式安装，只需将方形板向上的褶边（卷边）卡入嵌龙骨的钳口，调平、调直即可，板的安装顺序可任意选择，如图 7-17(a)所示。

2. 长条形金属板安装

长条形金属板沿边分为"卡边"与"扣边"两种。

卡边式长条形金属板安装时，只需直接利用板的弹性将板沿按顺序卡入特制的带夹齿状的龙骨卡口内，调平、调直即可，不需要任何连接件。此种板形有板缝，故称为"开敞式"（敞缝式）吊顶顶棚。板缝有利于顶棚通风，可以不进行封闭，也可按设计要求加设配套的嵌条予以封闭。

扣边式长条金属板可与卡边型金属板一样,安装在带夹齿状龙骨卡口内,利用板本身的弹性相互卡紧。由于此种板有一平伸出的板肢,正好把板缝封闭,故又称封闭式吊顶顶棚。另一种扣边式长条形金属板即常称的扣板,则采用 C 形或 U 形金属龙骨,用自攻螺钉将第一块板的扣边固定于龙骨上,将此扣边调平、调直后,再将下一块板的扣边压入已先固定好的前一块的扣槽内,依此顺序相互扣接即可。长条形金属板的安装均应从房间的一边开始,按顺序一块板接一块板进行安装。

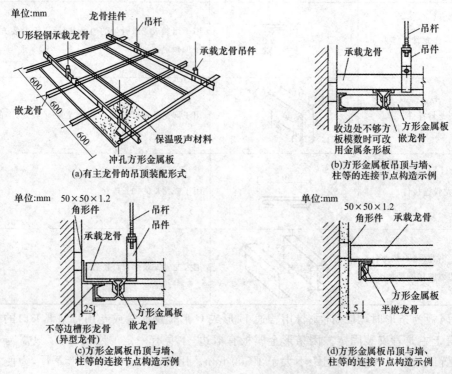

图 7-17　方形金属吊顶板卡入式安装示例

(三)吊顶的细部处理

1. 墙柱边部的连接处理

方形板或条形金属板与墙柱面的连接处可以离缝平接,也可以采用 L 形边龙骨或半嵌龙骨同平面搁置搭接或高低错落搭接。如图 7-17(b)、图 7-17(c)、图 7-17(d)所示。

2. 与隔断的连接处理

隔断沿顶龙骨必须与其垂直的顶棚主龙骨连接牢固。当顶棚主龙骨不能与隔断沿顶龙骨相垂直布置时,必须增设短的主龙骨,此短的主龙骨再与顶棚承载龙骨连接固定。总之,隔断沿顶龙骨与顶棚骨架系统连接牢固后,再安装罩面板。

3. 变标高处的连接处理

方形金属板可按图 7-18 所示进行处理。

当为条形板时,亦可参照图 7-18 处理,关键是根据变标高的高度设置相应的竖立龙骨,此竖立龙骨必须分别与不同标高的主龙骨连接可靠(每个节点不少于 2 个自攻螺钉或铝铆钉或小螺栓连接,使其不会变形,或焊接)。在主龙骨和竖立龙骨上安装相应的覆面龙骨及条形金属板。如采用卡边式条形金属板,则应安装专用特制的带夹齿状的龙骨(卡条式龙骨)作为覆面龙骨;如果用扣板式条形金属板,则可采用普通 C 形或 U 形轻钢作为覆面龙骨,以自攻螺钉

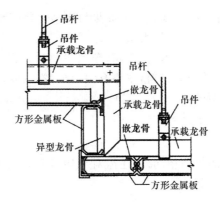

图 7-18　方形金属吊顶板变标高构造做法示例

固定在覆面龙骨上。

4.窗帘盒等构造处理

以方形金属板为例,可按图 7-19 所示对窗帘盒及送风口的连接进行处理。当采用长条形金属板时,换上相应的龙骨即可。

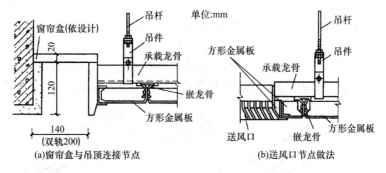

图 7-19　方形金属板吊顶窗帘盒与送风口节点做法示意图

5.吸声或隔热材料的布置

当金属板为穿孔板时,在穿孔板上铺壁毡,再将吸声隔热材料(如玻璃棉、矿棉等)满铺其上,以防止吸声材料从孔中漏出。当金属板无孔时,可将隔热材料直接满铺在金属板上。在铺时,应边安装金属板边铺吸声隔热材料,最后一块则先将吸声隔热材料铺在金属板上后再进行安装。

（四)金属装饰板施工的注意事项

(1)龙骨框格必须方正、平整,框格尺寸必须与罩面板实际尺寸吻合。当采用普通 T 形龙骨直接搁置时,T 形龙骨中至中的框格尺寸应比方形板或矩形板尺寸稍大些,以每边留有 2 mm 间隙为准;当采用专用特制嵌龙骨时,龙骨中至中的框格尺寸应与方形板或矩形板尺寸相同,不再留间隙。无论何种龙骨,均应先试装一块板,最后确定龙骨的准确安装尺寸。

(2)龙骨出现弯曲变形的情况,则不能用于工程,特别是专用特制嵌龙骨的嵌口弹性不好、弯曲变形不直时不得使用。

(3)纵横龙骨十字交叉处必须连接牢固、平整、交角方正。

二、开敞式吊顶的施工工艺

开敞式吊顶棚是通过一定数量的标准化定型单体构件相互组合成单元体,再将单元体拼排,通过龙骨或不通过龙骨而直接悬吊在结构基体下,形成既遮又透,有利于建筑通风及声学处理,还起到装饰效果的一种新型吊式顶棚。如果再嵌装一些高雅的灯饰,能使整个室内显出光彩和韵味,这种吊顶特别适用于大厅、大堂。

标准化定型单体构件,一般多用木材、金属、塑料等材料制造。由于金属单元构件质轻耐用、防火防潮、色彩鲜艳,是最常用的材料,主要有铝合金、彩色镀锌钢板、镀锌钢板等。金属单元构件又分为格片型和格栅型两类。

(一)木质开敞式吊顶的施工工艺

1. 安装准备工作

安装准备工作除与前边的吊顶相同外,还需对结构基底底面及顶棚以上墙柱面进行涂黑处理,或按设计要求涂刷其他深色涂料。

2. 弹线定位工作

由于结构基底及吊顶以上墙柱面部分已先进行涂黑或其他深色涂料处理,所以弹线应采用白色或其他反差强烈的色液。根据吊顶顶棚标高,用水柱法在墙柱面部位测出标高,弹出各安装件水平控制线,再根据顶棚设计平面布置图,将单元体吊点位置及分片安装布置线弹到结构上。分片布置线一般先从顶棚一个直角位置开始排布,逐步展开。

在正式弹线前,应核对顶棚结构基体实际尺寸与吊顶顶棚设计平面布置图所注尺寸是否相符,顶棚结构基体与柱面阴阳角是否方正,如有问题,应及时进行调整处理。

3. 单体构件拼装

木质单体构件拼装成单元体形式可以多种多样,有板与板组合框格式、方木骨架与板组合框格式、侧平横板组合柜框格式、盒式与方板组合式、盒与板组合式等,分别如图 7-20、图 7-21所示。

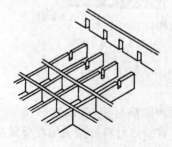
图 7-20 木板方格式单体拼装

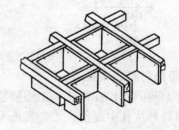
图 7-21 木骨架与木单板方格式单体拼装

木质单体构件所用板条规格通常为厚 9～15 mm、宽 120～200 mm,长按设计定;方木一般规格为 50 mm×50 mm。一般均为优质实木板或胶合板。板条及方木均需干燥,含水量不大于 8%(质量分数),不得使用易变形翘曲的树种加工的板条及方木。板条及方木均需经刨平、刨光、砂纸打磨,使规格尺寸一致后方能开始拼装。拼装后的吊顶形式如图 7-22～图 7-24所示。

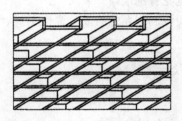
图 7-22 盒子板与方板拼装的吊顶形式

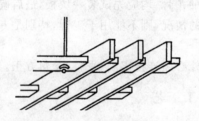
图 7-23 木条板拼装的开敞吊顶

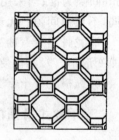
图 7-24 多边形与方形单体组合构造示意图

木质单体构件拼装方法可按一般木工操作方法进行,即开槽咬接、加胶钉接、开槽开榫加胶拼接或配以金属连接件加木螺钉连接等。拼装后的木质单元体的外表应平整光滑、连接牢固、棱角顺直、不显接缝、尺寸一致,并在适当位置留出单元体与单元体连接用的直角铁或异形连接件,连接件的形式如图7-25所示。其中盒板组装时应注意四角方正、对缝严密、接头处胶结牢固,对缝处最好采用加胶加钉的固定连接方式,使其不易产生变形,如图7-26所示。

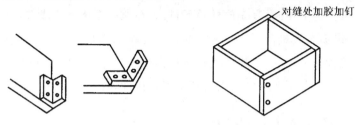

图7-25　分片组装的端头连接件　　　　图7-26　矩板对缝固定示意图

单元体的大小以方便安装而又能减少安装接头为准。木质单元体在地面组装成型后,宜逐个按设计要求做好防腐、防火的表面涂饰工作,并对外露表面面层按设计要求进行刮腻子、刷底层油和中层油等工作,待所有单元体拼装完成后,最后一道饰面层统一进行施工。

4. 单元安装固定

（1）吊杆固定

吊点的埋设方法与前面各类吊顶的方法原则上相同,但吊杆必须垂直于地面,且能与单元体无变形的连接,因此吊杆的位置可移动调整,待安装正确后再进行固定。吊杆左右位置调整构造如图7-27所示,吊杆高低位置调整构造如图7-28所示。

（2）单元体安装固定

木质单元体之间的连接,可在其顶面加铁板或角部加角钢,以木螺钉进行固定。安装悬吊方式可视实际情况选择间接安装或直接安装。间接安装是将若干个（片）单元体在地面通过卡具和钢管临时组装成整体,将组装的整体全部举起穿上吊杆螺栓调平后固定。直接安装是举起单元体,直接一个一个地穿上吊杆并进行调平固定。单元体的安装应从一角边开始,循序安装到最后一个角边为止。较难安装的最后一个单元体,事先预留几块单体构件不拼装,留一定空间将一个单元体或预留的几块单体构件用钉加胶补上,最后将整个吊顶顶棚沿墙柱面连接固定,防止产生晃动。

5. 饰面成品保护

木质开敞式吊顶需要进行表面终饰。终饰一般是涂刷高级清漆,露出自然木纹。当完成终饰后安装灯饰等物件时,工人必须戴干净的手套进行操作,对成品进行保护,以防止污染终饰面层。必要时应覆盖塑料布、编织布加以保护。

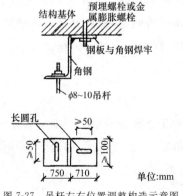

图7-27　吊杆左右位置调整构造示意图

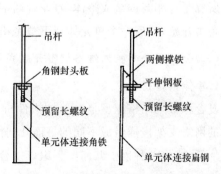

图7-28　吊杆高低位置调整构造示意图

(二)金属格片型开敞式吊顶的施工

1.单体构件拼装

格片型金属单体构件拼装方式较为简单,只需将金属格片按排列图案先裁锯成规定长度,然后卡入特制的格片龙骨卡口内即可,如图7-29所示。需要注意的是,格片斜交布置式的龙骨必须长短不一,每根均不相同,宜先放样后下料,先在地面上搭架拼成方形或矩形单元体,然后进行吊装。格片纵横布置式及十字交叉布置式可先拼成方形或矩形单元体,然后一块块进行吊装;也可先将龙骨安装好,一片片往龙骨卡口内卡入。十字交叉式格片安装时,必须采用专用特制的十字连接件,并用龙骨骨架固定其十字连接件,其连接示意图见图7-30所示。

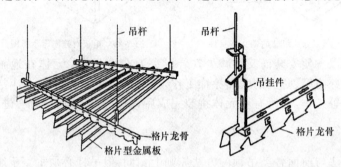

图7-29　格片型金属板单体构件安装及悬吊示意图

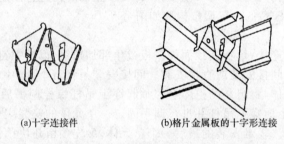

(a)十字连接件　　　　　　　(b)格片金属板的十字形连接

图7-30　格片型金属板的单体十字连接示意图

2.单元安装固定

格片型金属单元体安装固定一般用圆钢吊杆及专门配套的吊挂件,与龙骨连接。如图7-29。此种吊挂件可沿吊杆上下移动(压紧两片簧片即松、放松簧片即卡紧),对调整龙骨平整度十分方便。安装时可先组成单元体(圆形、方形或矩形体),再用吊挂件将龙骨与吊杆连接固定并调平即可。也可将龙骨先安装好,一片片单独卡入龙骨口内。无论采用何种方法安装,均应将所有龙骨相互连接成整体,且龙骨两端应与墙柱面连接固定,避免整个吊顶棚晃动。安装宜从角边开始,最后一个单元体留下数个格片先不勾挂,待固定龙骨后再挂。

(三)金属复合单板网络格栅型开敞式吊顶的施工

1.单体构件拼装

复合单板网络格栅型金属单体构件拼装一般都是以金属复合吸声单板,如图7-30,通过特制的网络支架嵌插组成不同的平面几何图案,如三角形、纵横直线形、四边形、菱形、工字形、六角形等,或将两种以上几何图形组成复合图案,如图7-31～图7-34所示。

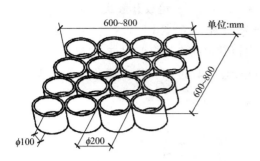

图 7-31 铝合金圆筒形天花板构造示意图

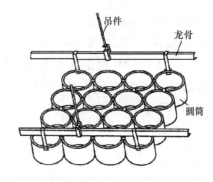

图 7-32 铝合金圆筒形天花板吊顶基本构造示意图

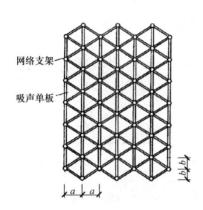

图 7-33 网络格栅型吊顶平面效果示意图
（a、b尺寸由设计决定）

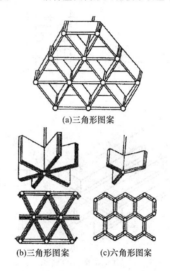

(a)三角形图案

(b)三角形图案　　(c)六角形图案

图 7-34 利用网络支架做不同的插接形式

2. 单元的安装固定

（1）吊顶吊杆的固定

此种吊顶顶棚吊点位置即吊杆位置需十分准确，参见图 7-27 的方法。网络支架所用吊杆两端均应有螺纹，上端用于和结构基体上连接件固定，下端用于和网络支架连接，吊杆规格按网络体单位面积重量经计算确定，一般可用 $\phi 10$ mm 左右圆钢制成。

（2）单元的安装固定

此种网络格栅单元体整体刚度较好，一般可以逐个单元体直接用人力抬举至结构基体上进行安装。安装时应从一角边开始，循序展开。应注意控制调整单元体与单元体之间的连接板，接头处的间距及方向应准确，否则将插不到网络支架插槽内。具体操作时，可先将第一个网络单元体按弹线位置安装固定，而后先临时固定第二个网络单元体的中间一个网络支架，下面用人扶着，使其可稍做转动和移动；同时将数块接头板往第一个单元体及第二个单元体相连接的两个网络支架槽插口内由下往上插入，边插边调平第二个单元体并将之固定好；随之将此数块接头板往上推到位，再分别安装上连接件及下封盖，并补上其他接头板。

（四）铝合金格栅型开敞式吊顶的施工

金属格栅型开敞式吊式顶棚在施工中应用较广泛的铝合金格栅，系用双层 0.5 mm 厚的薄铝板加工而成，其表面色彩多种多样，形式如图 7-35 所示，规格尺寸见表 7-20。单元体组合尺寸一般为 610 mm×610 mm 左右,有多种不同格片形状。但组成开敞式吊顶的平面图案大同小异,目前有 GD1、GD2、GD3、GD4 等四种,分别如图 7-36～图 7-39 及相应的表 7-21～表 7-23 所示。其中 GD1 型铝合金条并不能组成吊顶顶棚的网格效果,又与前述格片金属单体构件形状相异,但组装为开敞式吊顶顶棚后仍呈格栅形式,故也列入格栅型单体构件组合类别之中。

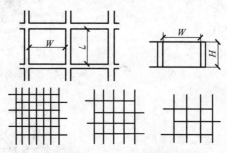

图 7-35　常用的铝合金格栅形式

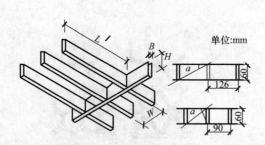

图 7-36　GD1 型铝合金格条吊顶组合形式

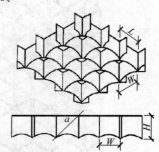

图 7-37　GD2 型格栅吊顶组装形式

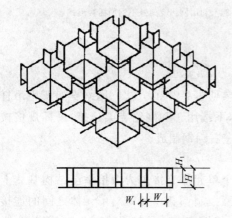

图 7-38　GD3 型格栅吊顶组装形式

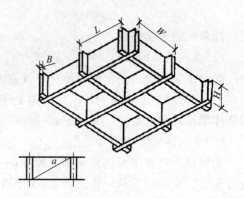

图 7-39　GD4 型格栅吊顶组装形式

表 7-20　　　　　　　　　　　　　常用的铝合金格栅单体构件尺寸

规格	宽度 W/mm	长度 L/mm	高度 H/mm	体积质量/(kg/m³)
I	78	78	50.8	3.9
II	113	113	50.8	2.9
III	143	143	50.8	2.0

表 7-21　　　　　　　　　　　　　　　GD1 格条吊顶棚规格　　　　　　　　　　　　　　　mm

型号	规格 L×H×W	厚度	遮光角 α	型号	规格 L×H×W	厚度	遮光角 α
GD1-1	1 260×60×90	10	3°～37°	GD1-3	1 260×60×126	10	3°～27°
GD1-2	630×60×90	10	5°～37°	GD1-4	630×60×126	10	5°～27°

表 7-22　　　　　　　　　　　　　　　GD2 格条吊顶棚规格　　　　　　　　　　　　　　　mm

型号	规格 L×H×W	厚度	遮光角 α	分格
GD2-1	25×25×25	0.80	45°	600×1 200
GD2-2	40×40×40	0.80	45°	600×600

1. 施工的准备工作

与前述各类开敞式吊顶顶棚的施工准备工作相同。由于铝合金格栅型单元比前述木质、格片质、网络型单元体整体刚度较差,故吊装时多用通长钢管和专用卡具,或不用卡具而采用带卡口的吊管,或预先加工好悬吊骨架,将多个单元体组装在一起吊装。此时吊点位置及相应吊杆数量较少,所以,应按事先选定的吊装方案设计好吊点位置,并埋设或安装好吊点连接件。

2. 单体构件的拼装

当格栅型铝合金板采用标准单体构件(普通铝合金板条)时,其单体构件之间的连接拼装,采用与网络支架作用相似的托架及专用十字连接件连接,如图 7-40 所示。当采用见表 7-20～表 7-23 铝合金格栅式标准单体构件时,通常是采用插接、拴接或榫接的方法,如图 7-41 所示。

表 7-23　　　　　　　　　　　　　GD3、GD4 格条吊顶棚规格　　　　　　　　　　　　　　mm

型号	规格 L×H×W	分格	型号	规格 L×H×W	厚度	遮光角 α
GD3-1	26×30×14×22	600×600	GD4-1	90×90×60	10	37°
GD3-2	48×50×14×36		GD4-2	125×125×60	10	27°
GD3-3	62×60×18×22	1 200×1 200	GD4-3	158×158×60	10	22°

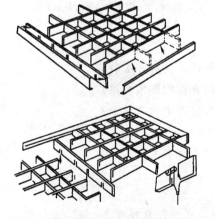

图 7-40　铝合金格栅以十字连接件进行组装示意图

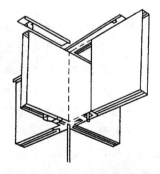

图 7-41　铝合金格栅型吊顶板拼装示意图

3. 单元的安装固定

(1)吊杆固定

按图 7-27 所示方法安装吊杆,此种方法可以调准吊杆位置。

（2）单元体的安装

铝合金格栅型吊顶顶棚安装，一般有两种方法：第一种是将组装后的格栅单元体直接用吊杆与结构基体相连，不另设骨架支承。此种方法使用吊杆较多，施工速度较慢。第二种是将数个格栅单元体先固定在骨架上，并相互连接调平形成一局部整体，再整个举起，将骨架与结构基体相连。第二种方法使用吊杆较少，施工速度较快，使用专门卡具先将数个单元体连成整体，再用通长的钢管将其与吊杆连接固定，如图 7-42 所示；再用带卡口的吊管及插管，将数个单元体担住，连成整体，用

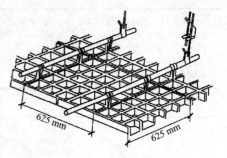

图 7-42　使用卡具和通长钢管安装示意图

吊杆将吊管固定于结构的基体下，如图 7-43 所示。单体构件拼装时即把悬吊骨架与其连成局部整体，而后悬吊固定于结构基体下，如图 7-44 所示。不论采用何种安装方式，均应及时与墙柱面连接。

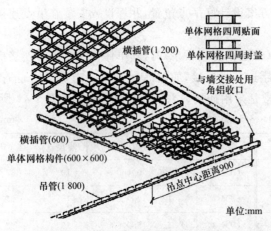

图 7-43　不用卡具的吊顶安装构造示意图

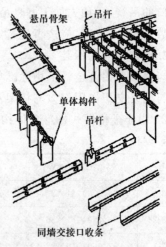

图 7-44　预先加工好悬挂构造的吊顶安装示意图

复习思考题

1.如何对吊顶进行分类？直接式吊顶和悬吊式吊顶各具有什么特点？

2.木龙骨吊顶在设计与施工中主要应当遵循哪些方面的国家标准？

3.木龙骨罩面对所用胶合板有哪些质量要求？各适用于什么场合？

4.简述木龙骨吊顶的安装施工工艺。

5.简述轻钢龙骨由哪些主件和配件组成？各有什么技术要求？

6.简述轻钢龙骨的安装施工工艺。

7.简述轻钢龙骨施工中应当注意的事项。

8.简述金属装饰板吊顶的安装施工工艺，以及施工中的注意事项。

第八章　石膏装饰装修件的安装施工

石膏装饰件是用高级石膏粉、玻璃纤维、石膏增强剂，经注模工艺生产而成。石膏装饰件具有浮雕型花纹、清晰美观、立体感强、装饰效果较好，防潮、防火、不变形等特点，石膏装饰件还具有可钉、可锯、可刨，装饰施工较容易等优点。

施工项目为在墙面、顶面安装石膏装饰件。

一、施工准备

1.材料准备

顶角线、线脚、角花、灯圈、石膏粉、107 胶水，羧甲基纤维素、铜或不锈钢螺丝。

2.工具准备

马凳、脚手板、墨斗、电锤、开刀、水平管、钢锯、抹布、卷尺、螺丝刀等。

二、墙面要求

(1)墙面、顶面为混合砂浆底，纸筋灰罩面已全部完成，并检验合格。

(2)墙面、顶面所需粘贴顶角线部位已进行过修正，符合粘贴要求。

三、安装程序

搭脚手架→基层清理→弹线→锯切→安装(固定)→修整。

四、安装要点

1.搭脚手架

沿墙面四周，搭好脚手架，高度为人站上后，头顶离顶棚约 100 mm 为宜，马凳的间距应小于 2 m，脚手板应连接牢固，不得有"空头板"。

2.基层清理

在墙面和顶面所需安装石膏装饰件部位进行清扫，如有空鼓、起壳等情况应铲除修整。

3.弹线

(1)用透明塑料软管，距顶棚下口 175 mm 处进行找平，并用铅笔划出水平点。每面墙不应少于两个点。

(2)根据找平点及线角的规格在墙面上弹出水平墨线，以其作为粘贴顶角线下口的限位线。如图 8-1 所示。

4.装饰角线锯切

当两条线板在 90°角处交接时，应采用 45°连接，为保证锯割角度准确，可采用靠模进行加工。如图 8-2 所示。

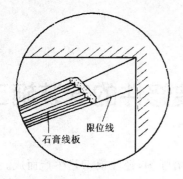
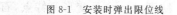
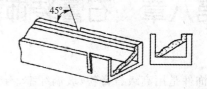

图 8-1　安装时弹出限位线　　　　图 8-2　按实际安装位置定位的靠模

5. 安装(固定)

(1)顶角线的安装

将加工好的顶角线背面边缘抹上石膏胶粘剂,厚度约 10～15 mm,托起下口对准限位线,上口与顶棚靠压紧密,同时左右平行推移几下,以便胶粘剂挤压密实到位,约 10 分钟后即可松手。如出现下坠现象,可用木方或竹条临时撑顶(待约 20 分钟后可拆除)。

对挤压出的石膏胶粘剂,应立即用湿布顺顶角线的两边擦净,如上下口边缘有少量的空隙,需用石膏胶粘剂随手补上。

注意:锯割 45°的顶角线时要作对进行。除阴阳角交接处需锯成 45°连接外,其他部位可用直头对接的方法。对接处应垂直、密实,如图 8-3 所示。

(2)角花、角线的安装

在完成顶角线粘贴后,全部检查合格,即可进行角花、角线的安装。根据设计要求弹出角花和角线的设定位置线,然后将四个角花按位置粘贴牢固,再采用直头对接法粘贴角线,如图8-4 所示。

(3)灯盘的固定

在顶棚画出房屋长度和宽度的中心十字线(线的长度超出灯盘的直径),将灯盘预放置设定位置,通过灯盘上的安装孔,一次找全顶棚上的固定点位置(可采用手枪钻钻孔于顶棚),如图 8-5 所示。移开灯盘用电锤打孔,放入木塞式膨胀管,复位安装。在灯盘的背面抹上石膏胶粘剂(四个孔洞口位置留出),将灯盘托起,对准已画出的安装位置线,压紧、压实、压平。再用不锈钢螺钉进行固定连接。螺钉不宜拧得过紧(只需沉入灯盘 2 mm 即可),以防表面花饰的损坏。

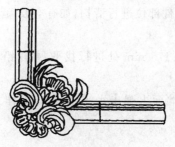
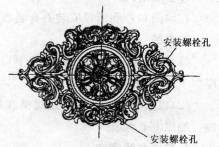

图 8-3　顶角线 45°连接示意　　　图 8-4　角花、角线连接示意　　　图 8-5　灯盘的固定点示意

最后用湿布沿灯盘的边缘,擦净多余的石膏胶粘剂,并把四个孔洞用石膏补平。

五、施工的注意事项

施工前一定要对所装饰的墙面进行检查,墙面质量应符合石膏装饰施工的各项要求;安装前应检查石膏装饰件的数量,并将严重损坏的拣出,对损坏较轻的装饰件可进行修补;脚手板搭设高度应以施工人员身高加上 100 mm 为宜;马凳间距、脚手板摆放应符合安全要求,每一块脚手板上所站人数不得超过 2 人;石膏胶粘剂的凝固时间较短,需随配随用。

六、常见的质量通病及防治措施

1. 空鼓

基层墙面没有清理干净或润水不足,石膏花饰背面有浮灰未扫清。解决方法是认真处理基层,除净石膏装饰背部浮灰并充分润水。

石膏腻子涂刷不均匀或时间过长。解决方法是按比例配制石膏腻子,并涂刷均匀,随涂随用。

2. 图案不规则

施工前没有预拼装,也没有按设计要求弹制施工控制线。解决方法是在石膏装饰件安装前,应根据装饰件的花型预拼装,再根据预拼装弹出施工控制线。

3. 石膏胶粘剂粘接力不强

配制时配比不当或停放时间过长。解决方法是在配制石膏腻子时使用计量工具,并现配现用。

七、操作练习

课题:屋顶面石膏装饰施工

练习目的:掌握石膏装饰施工要点和操作方法。

练习内容:在顶棚面上进行石膏饰件安装,如图 8-6 所示。

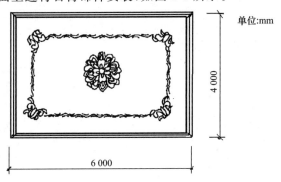

图 8-6　石膏装饰部位示意图

分组分工:3 人一组,12 课时完成。

练习要求和评分标准,见表 8-1。

表 8-1　　　　　　　　　　　　　　石膏装饰评分表

序号	评分项目	配分	评分要求	得分
1	花饰安装	20	牢固、平整、美观	
2	条形花饰位置	10	偏差每米不大于 1 mm,全长不大于 3 mm	

（续表）

序号	评分项目	配分	评分要求	得分
3	单独花饰位置	10	偏差不大于 10 mm	
4	花饰表面	20	表面光洁、图案清晰、接缝严密	
5	脚手安装	5	高度适宜、牢固、安全	
6	工具使用	5	正确使用、保养工具	
7	安全卫生	10	无事故隐患、现场整洁	
8	综合印象	20	操作程序、方法、职业道德	

班级： 姓名： 指导教师： 日期： 总得分：

复习思考题

1. 石膏装饰装修件的安装要点有哪些？
2. 石膏装饰装修件常见的质量通病的防治措施有哪些基本要求？

第九章 木装饰装修工程的施工

第一节 木地板的铺设施工

一、架铺式木地板的施工

架铺式木地板由地垄墙、木搁栅、剪刀撑、毛地板和企口地板等组成。

木地板架铺与实铺的差异，关键在于基层做法不同，而面层的处理大致相似。这里着重介绍架铺式木地板的基层施工操作，即包括从地垄墙、木搁栅、剪刀撑直至毛地板的施工操作，至于面层的铺钉与实铺面层雷同，留待后文讲述。现介绍首层架铺式木地板毛地板及其以下部位的施工。

1. 施工项目

施工项目为在地垄墙上架铺毛地板，详见施工图（图 9-1）。

图 9-1(a)为架铺式木地板施工图的平面图，最上一层为毛地板，从局部剖面上看到毛地板下面的搁栅。图 9-1(b)是两张立面图，一张是沿地垄墙的立面，另一张是垂直于地垄墙方向的立面，可以清楚地看出该架铺式木地板的构造做法。

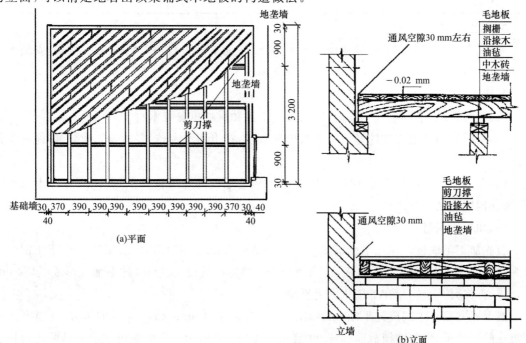

图 9-1 架铺式木地板施工图

2. 材料和工具

(1)材料:松木、圆钉、防腐剂等,详见备料单(表 9-1)。

表 9-1　　　　　　　　　　　　　备料单

序号	名称	规格	数量	含水率%	备注
1	毛地板	22×120	14 m²	≤15	
2	搁栅	50×120	36 m	≤15	
3	剪刀撑	40×50	16 m	≤15	
4	沿椽木	30×100	12 m	≤18	木材为东北红、白松 截面为净尺寸
5	垫木	20×100×200	33 块	≤15	
6	圆钉	100	1 kg		
7	圆钉	50	3 kg		
8	防腐剂		1.5 kg		
9	油毡	900×10 000	1 卷		

(2)工具:木工机械、手工工具,详见工具单(表 9-2)。

表 9-2　工具单

序号	名称	规格	数量	备注
1	平刨机床	MB 103	1 台	
2	压刨机床	MB 502 A	1 台	
3	圆锯机床	MJ 104	1 台	
4	手提电刨		1 台	
5	木工手工工具		1 套	
6	漆刷	2in	2 把	

3. 施工程序

看图、备料,清理基础墙、地垄墙→抄平、弹线→加工木板材→钉沿椽木→抄平、安装木搁栅→钉剪刀撑→铺钉毛地板→找平、刨光→清理现场。

4. 操作方法

(1)看施工图,了解工程工作内容,根据施工图和材料单备好木材。

(2)扫清铲净基础墙和地垄墙上的灰尘和砂浆,找出预埋木砖,并检查其数量、间距和牢固程度。

(3)根据+50 cm 水平线,用尺画出木搁栅和毛地板的表面位置点,并用墨斗弹出其水平线(即在四周立墙上弹线)。

(4)加工木板材。

首先加工毛地板。先在平刨机床上刨出一个平面和一个侧面,然后用压刨机床压刨成厚度为 22 mm 的(统一厚度)毛地板,再用圆锯机床将宽度超过 120 mm 的毛地板锯成≤120 mm 宽,最后再将另一个侧面在平刨机床上刨平直。

按上述方法将木搁栅先平刨,后压刨加工成截面为 50 mm×120 mm 的木方(注意利用平刨机床的制导板,将木搁栅截面刨成 90°直角),见图 9-2 所示。用圆锯机或手工锯截成每根长

3 140mm,共 11 根。如果长度不够,可按图 9-3 所示进行对接。对接所用的两侧木板不得高出木搁栅的表面和底面。

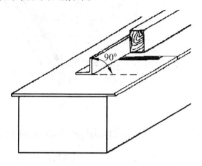

图 9-2 利用制导板将木料刨成直角方法

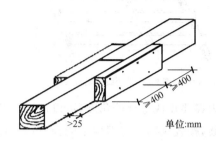

图 9-3 木搁栅接长方法

沿椽木和剪刀撑也按上述方法加工,剪刀撑的长度待安装时按实际斜度和长度截锯。

木材加工后按要求在需要的地方刷上两道防腐剂,架空堆放。

(5)木搁栅安装。

宽于墙截面 100～200 mm 油毡平铺三道于墙上,需接长的搭接处不少于 100 mm 长;沿椽木放在油毡上与墙内预埋木砖用钉钉牢,钉距不得大于 800 mm,钉牢后按施工图画出搁栅位置中线。

将靠立墙两边的搁栅放置在沿椽木上,端部中线对准沿椽木上所画的线就位,用水平尺检测搁栅面与立墙上所弹搁栅水平线是否一致,如有误差,用垫木的厚薄调整,见图 9-4。符合要求后,用 50 mm 圆钉将垫木和沿椽木固定,再将木搁栅用 100 mm 圆钉从侧面斜钉,使木搁栅固定在垫木和沿椽木上,如图 9-5 所示。然后用带通线或架直尺置于两边高度标准的搁栅上,如图 9-6 所示,逐一将其他搁栅加适当垫木调整到同一水平。再用直尺进行交叉、纵横检查,如有误差,可用木工刨刨削或加厚垫木,直至完全符合标准。中至中距应为 390 mm。垫木用 50 mm 圆钉垂直与沿椽木连接。所有纵向 11 根搁栅固定后,再将靠两边基础墙搁栅和搁栅之间空间用短搁栅料做成横挡(一边一道),高度与标准搁栅一致,如图 9-7 所示。在搁栅表面按施工图弹出两道剪刀撑中线,清理地垄墙内的杂物后就可以钉剪刀撑。

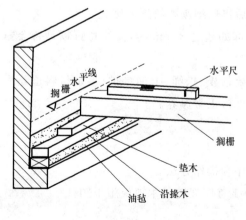

图 9-4 调整搁栅水平线

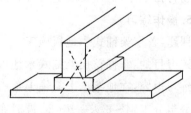

图 9-5 木搁栅固定方法

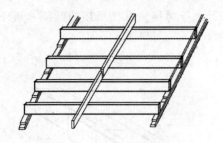

图 9-6　带曲线或架直尺

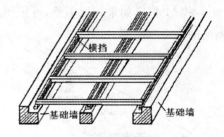

图 9-7　基础墙两边横档

剪刀撑要锯成适合的角度,可以用活动角尺调整所需要的角度,用活动角尺在剪刀撑木方上画出线,按线锯割。剪刀撑不能长,也不宜短,过长会超出搁栅面,过短则会斜度不够。每根剪刀撑与搁栅侧面连接的端部要钉 2 根 50 mm 圆钉,两根剪刀撑交叉接处钉 1～2 根 50 mm 钉,如图 9-8 所示。剪刀撑上下都不要超过搁栅上下面,并纵向对齐在一条直线上。

(6)铺钉毛地板。

毛地板与搁栅成 30°～45°铺钉,毛地板的心材一律朝上,边材朝下,板与板之间预留 3～5 mm 空隙,长向拼接要在搁栅中心,也要留 2 mm 左右的空隙,不能顶紧。每块板与每条搁栅用 50 mm 圆钉明钉钉接,钉帽砸扁冲入板内 3～5 mm,每块板与每道搁栅至少钉 2 只钉,接长部位每端都要钉 2 只钉,图 9-9 为毛地板铺钉法。

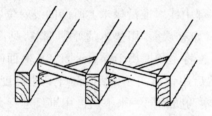

图 9-8　剪刀撑交叉处钉 1～2 根圆钉

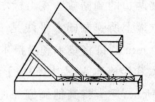

图 9-9　毛地板铺钉法

铺钉毛地板时不要铺设到四周立墙边,应留出 10～20 mm 的空隙,以便通气防潮。

刨削毛地板时先用粗刨,与板顺纹成 45°～60°刨削,其目的是为找平整个房间的板面,因为是接近横纹的刨削,比较费力,也容易戗槎,所以刨削量要小些,刀刃要快,一次不要刨削太长,要多刨几遍,直到整个地板面平整为止,然后再用细刨顺纹逐条刨光。

毛地板的刨削量应控制在 2 mm 左右,局部如超过 3 mm 时,要注意钉帽是否会露出,以免伤损刨刃。

(7)操作结束应清点工具并收放好,刨、锯要松楔、松绳,上油维护;多余材料退还入库,并将现场打扫干净;机械要断电、拉闸,擦净上油进行正常保养。

5. 操作练习

课题:首层架铺式木地板施工。

练习目的:掌握首层架铺式木地板施工程序和操作方法。

练习内容:在地垄墙上架铺毛地板,见图 9-1 首层架铺式木地板施工图。

分组分工:4～6 人一组,24 课时完成。

练习要求和评分标准:详见表 9-3。

现场善后整理:同前述操作方法(7)。

表 9-3　　　　　　　　　　　　　　考查评分表

序号	考察项目	单项配分	要求	考察记录	得分	备注
1	标高	10	尺量查点不少于 10 个			以＋50mm 水平线为准
2	平整度	10	允许偏差 2 mm，每超 1 mm 扣 1 分			2m 直尺、塞尺
3	搁栅间距	10	允许偏差 3 mm，每超 1 mm 扣 1 分			尺量
4	毛板缝隙	10	条缝、顶头缝			
5	毛板铺设角度	10	30°～45°之间			
6	钉法	10	钉距、钉帽、设置点等			
7	安全卫生	10	现场、工具、机械等			
8	综合印象	30	包括程序、方法、工效职业道德等			

班级：　　　　姓名：　　　　指导教师：　　　　日期：　　　　总得分：

二、实铺式木地板的施工

实铺式木地板由搁栅（主龙骨）和横档（次龙骨）组成基层框架，或不分主次龙骨用预制而成的搁栅框架，一般固定在钢筋混凝土或空心楼板的地坪上。基层与原结构的连接固定多采用预埋木砖和预埋件的方法，如原设计无预埋件，也可采取冲击电钻打孔塞木楔作为固定连接点的方法。

面层按设计分为单层构造和双层构造，面板有条形木地板和拼花木地板两种形式。面板与基层连接有钉接式和胶粘两种方法。

1. 施工项目及阅读图纸

在楼层混凝土地坪上实铺硬木（水曲柳）长条地板，详见施工图（图 9-10）和构造图（图 9-11）。从图上可看出，该项施工即将木搁栅钉固在楼板的预埋木楔上，再将面板（水曲柳长条木地板）铺钉在木搁栅上。

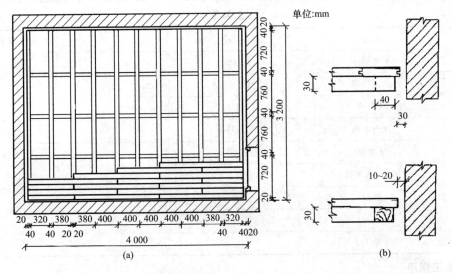

图 9-10　施工图

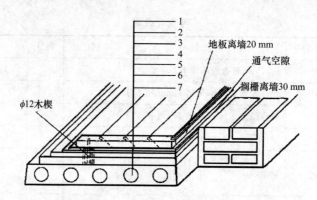

图 9-11 水曲柳长条地板构造

1—水曲柳地板；2—木搁栅框架；3—防腐层；4—净水泥找平层；5—原 1：2 水泥粉刷层（厚 20 mm）；

6—钿石混凝土找平层（厚 30 mm）；7—空心楼板或钢筋混凝土楼板

2. 材料和工具的准备

详见备料单（表 9-4）和工具单（表 9-5）。

表 9-4   备料单

序号	名称	规格（mm）	数量	含水率（%）
1	水曲柳长条地板	20×50×1 600	14 m²	≤12%
2	松木搁栅	50×40	73 m	≤12%
3	防腐剂	851 焦油聚氨酯	1.5 kg	
4	水泥	32.5 MPa 硅酸盐	5.5kg	
5	107 胶		1 kg	
6	圆钉	100	1 kg	
7	圆钉	60	0.5 kg	
8	圆钉	50	3 kg	
9	汽油、清漆		适量	

表 9-5   工具单

序号	名称	型号	数量	备注
1	平刨机床	MB 103	1	
2	压刨机床	MB 502 A	1	
3	圆锯机	MJ 104	1	
4	冲击电钻	回 ZIJ-16	1	备钻头
5	手电钻	JIZ 13	1	备钻头
6	水管、水平尺		各 1 根	
7	铁板		1 块	
8	漆刷		2 把	
9	木工手工工具		1 套	自备

3. 施工程序

清理楼（地）面→地坪修整、抄平、弹线→制作搁栅→刷防腐涂料→抄平、弹线→打孔、塞楔

→安装搁栅→找平、弹线→铺钉面板→刨地板、修边→清理现场。

4. 操作方法

(1)清扫干净施工场地,铲除砂浆等余留物,使地面无凸出物,特别是靠立墙边缘。

(2)用水管式水平尺(水平尺较短,可架在直木条上)测出地面最高点,以此点为地坪±0,在立墙四周弹出水平线(如高差超过 5 mm 要将高的部位铲凿一部分,以此缩小高差)。

(3)用素水泥浆在较低处刷 1～2 遍,根据需要用 32.5 MPa 水泥和 107 胶搅和均匀填补低处(先用铁板抹,再用直尺校验,再用铁板抹平)。

(4)根据施工图和材料单制作搁栅料(加工方法如上所述),主龙骨 11 根、次龙骨 20 m 左右,材料加工后,刷防潮、防腐涂料。

(5)将修整过的地坪再用长直尺和水平尺进行测量,清铲修补地面遗留的水泥块和杂物,并将地面清扫、拖净,刷 1～2 遍防腐涂料。检查房间的地面方正,找出房间的中心点,画出纵横垂直线。

根据施工图弹出房间短方向的主龙骨线,再弹出长方向的次龙骨线(除四周为搁栅料宽度线外,剩余都弹中线)。

按主龙骨两端距立墙≤100 mm,其中距≤400 mm 和次龙骨每根不少于 2 个连接点的要求,弹出打孔位置线,在四周立墙上弹出搁栅上表面的水平线。

(6)用冲击电钻打 ϕ12 mm、深度不超过 50 mm 的木楔孔,打孔特别注意用冲击电钻导制杆控制深度,以防伤损空心楼板或深度不够。孔打完要及时清除孔洞中及地面灰尘(可用圆钉帽朝下测试孔洞深度,剔掏洞中残留物),如有遗漏孔未打的或设置不合理要补打,用 12 mm ×12 mm 截面、50 mm 长的经防腐处理的小木方打入孔中,尾部要与地坪平齐,如有超出要将其凿平。

(7)先将靠立墙两边的主龙骨放在塞过木楔的位置,脚踩紧,用水平尺测量表面是否与所弹水平线一致。如有误差,可用薄垫木调整(如有局部超高,可用刨将搁栅背面刨削,其刨削量不得超过 5 mm),符合要求后用 100 mm 圆钉和木楔进行固定。两边主龙骨安装标准后,用带通线或架长直尺的方法校验和检查其他主龙骨,并逐个调整和固定(注意主龙骨两端不得顶到立墙,详见施工图立面),固定后的测平方法如搁栅的测平和修整方法。主龙骨安装后,安装次龙骨。次龙骨长度按实际长度画线、锯割,即不能长、又不能太短(可允许短 2 mm),先安装靠墙边的两排,再安装中间的。安装龙骨要牢固(钉要钉准木楔),钉偏的要补钉,钉帽砸扁顺纹冲入 3～5 mm。次龙骨(横档)不得高于主龙骨(可允许低于主龙骨 2～3 mm),并在次龙骨中部开深度 10 mm、宽 12 mm 的通风槽,如图 9-12(示意图)所示。

安装木搁栅结束后,要将操作时产生的刨花和木屑清除干净,在搁栅面弹出第一块木地板的位置线(弹线前要套方,第一块木地板与立墙有 10～20 mm 的空隙,可用于调整;按此线再弹出间距为 500 mm 的平行线,这些平行线是为控制和检查所铺地板是否平行通直而设置)。

(8)铺钉面板从靠近门口的一边开始。第一排地板铺钉很重要,其具体方法是:首先将第一块地板条放在定位线上,凹槽的一边朝立墙,用明钉与主龙骨连接(不要钉死),然后用垫木将与立墙之间空隙塞紧,如图 9-13 所示。垫木高度要小于地坪到地板面的高度(如高出会影响刨边和踢脚板的安装),垫木到位,经查符合标准后,再拼接第一排的第二块,直到第一排最后一块。最后一块要用撬棒挤紧顶头接缝,如图 9-14 所示。第一排全部就位后要带通线,查看所有地板条是否在一条直线上,如有偏差,要用垫木的厚薄来调整,直至达到标准后才可将钉全部钉牢,钉法如构造图。

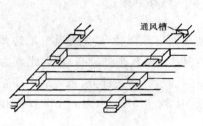

图 9-12　次龙骨锯凿通风槽

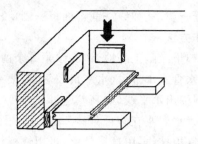

图 9-13　用垫木将与立墙之间的空隙塞紧

　　长条木地板接头要间隔错开,间隔的接缝要在一条直线上,如施工图平面。接头处不允许上严下空,如图 9-15 所示。

图 9-14　第一排最后一块挤紧顶头缝

图 9-15　接头不允许上严下空

　　第一排地板钉牢后,安装第二排地板。第二排的第一块用手先将接头处凹槽推入第一排的凸榫内,如图 9-16 所示。再用带有凹槽的垫木压在凸榫上,脚踏紧,用锤击打垫木,使地板条全部入槽,挤紧条缝的方法如图 9-17 所示。按上述方法逐一铺钉,每铺一排要用线拉一次,看是否有弯曲现象,如有,可调整拼缝的松紧(拼缝允许有 0.5～1 mm 的空隙)或修刨有凹槽的侧面,因凸凹槽之间有 0.5 mm 余量,只能微刨。地板铺设 500 mm 宽左右,可通过搁栅上弹的控制线用尺检查与线的尺寸是否一致、是否有大小头现象,如有,要在以后铺设中慢慢纠正过来。

图 9-16　用手将第二排地板凹槽推入凸榫皮

(a)　　　(b)

图 9-17　地板条入槽、挤紧条缝方法

　　当地板铺到有门口的地方,可按图 9-18 方法处理。铺设到最后一排时,一般需要裁锯。画线和裁锯方法如图 9-19、图 9-20 所示。

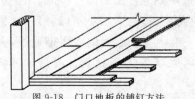

图 9-18　门口地板的铺钉方法

图 9-19　画线方法

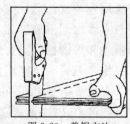

图 9-20　裁锯方法

裁锯地板要注意留出 10～20 mm 的通气位置，最后一排靠立墙边用明钉与搁栅连接，钉帽要砸扁冲入 3～5 mm。最后，用垫木塞紧与立墙之间空隙，垫木中距不大于 800 mm。

铺钉结束后，将工具圆钉收拾好，扫净刨花木屑，就可以刨削了。

（9）刨削面板方法与刨毛地板一样，先粗刨后细刨。靠立墙边缘的地板条可采取铺钉前预刨的方法，就是第一排和最后一排先整条刨好再钉，其他地板条只要刨削靠立墙 200 mm 左右长即可；还有一种方法是铺钉后，用边刨、短头刨、反口斜凿铲等方法，使地板刨削平整光滑。水曲柳木材刨削必须顺纹刨削，刀刃要锋利，有盖铁的要将盖铁压在离刀刃口0.5 mm处，刃口两拐角要磨成小圆弧，如图 9-21。这样刨削后的地板既光滑又无戗槎和刨痕。

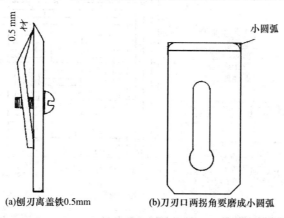

(a)刨刃离盖铁0.5mm　　(b)刀刃口两拐角要磨成小圆弧

图 9-21　水曲柳木材刨削

（10）善后清理。刨削结束后，现场进行打扫清理，收拾工具，退还多余材料。

5.操作练习

课题：实铺木地板。

练习目的：掌握在楼层地坪上实铺硬木长条地板的施工程序和操作方法。

练习内容：见图 9-10 施工图和图 9-11 构造图，铺设一间 12.8 m² 的硬木长条地板。

分组分工：4～6 人一组，20 课时完成。

练习要求和评分标准：见表 9-6（考查评分表）。

现场善后整理：同"4"操作方法(10)。

表 9-6　　　　　　　　　　　考查评分表

序号	考查项目	单项配分	要求	考查记录	得分
1	标高	10	尺量、查点不少于 10 个		
2	平整度	10	2 m 直尺塞尺检查，允许偏差 2 mm		
3	光滑无戗槎	10	手摸、观察		
4	搁栅通气槽	10	按施工图要求验收检查		
5	蹬踏无声响	15	有踏踩声响不得分		
6	安全、卫生	10	无工伤、现场整洁		
7	钉法	10	钉接合理、角度正确		
8	综合印象	25	程序、方法、职业道德等		

班级：　　　　姓名：　　　　指导教师：　　　　日期：　　　　总得分

三、拼花木地板的施工

拼花木地板的施工分为钉接法和胶粘法两种。前者以企口式拼花木地板条或块,用钉接法将拼花木地板钉在毛地板面层上;后者多直接用胶将拼花木地板粘贴在楼层水泥地面上。

1.施工项目

在楼层水泥地面胶粘一间水曲柳平口拼花木地板,详见构造图(图 9-22)和施工平面图(图 2-23)。

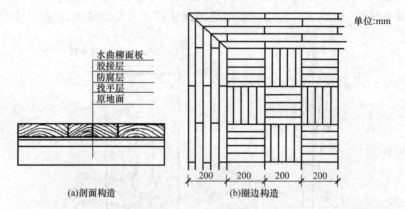

图 9-22　构造图

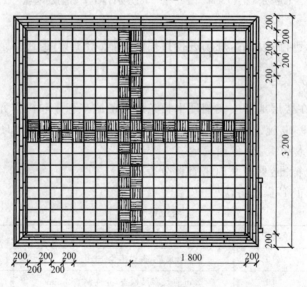

图 9-23　拼花木地板施工平面图

2.材料和工具准备

(1)材料主要有水曲柳地板条、胶合材料,详见备料单(表 9-7)。

表 9-7　　　　　　　　　　　　　　　备料单

序号	名称	规格	数量
1	水曲柳拼花地板	12×40×200	11 m²
2	水曲柳长条地板	12×40×400	2.9 m²
3	水泥	32.5 MPa 硅酸盐	50 kg

（续表）

序号	名称	规格	数量
4	107胶		3 kg
5	白乳胶	0.5 kg瓶装	6瓶
6	防腐剂	851焦油聚氨酯	2 kg
7	松木板条	10×（40～50）	15 m
8	圆钉	40	0.5 kg

（2）工具以手工工具为主，详见工具单（表9-8）。

表9-8　　　　　　　　　　　　　　　　工具单

序号	名称	型号	数量
1	铁板		2
2	刮板	有齿塑料	2
3	水平尺	1 200 mm长	2
4	漆刷	50 mm	2
5	拖把		2
6	木工手工工具		自备
7	其他公用工具可临时借用		

3. 施工程序

清洗地面→做防潮、找平层→材料准备、试铺→弹线→胶粘地板面层→刨磨面层→清场。

4. 操作方法

（1）清扫地面后，要用拖把或鬃刷将地面拖洗干净，不能有灰尘，用32.5 MPa水泥加水在地面均匀涂刷，横竖两遍。干燥后用水管式水平尺抄平，找出地面的最高点，以此点在立墙四周弹出水平线。

（2）将水泥（硅酸盐32.5 MPa）、107胶和水按100∶5∶26的比例搅拌均匀，倒在地面上。首先用长刮尺按所弹水平线将水泥浆刮平（刮的时候只要大部分平整，不要光滑），然后用长刮尺或长直尺按水平度检查所刮的水泥浆是否有超高的现象。如有，要将其刮往低处，所刮大部分符合要求后，再用铁板将水泥浆压实、抹平、抹光，最后再用长直尺放在水泥浆上校验其水平度（要纵横、交叉检查）。如有高出部分，可用直尺在地面上来回拖压几次留下痕迹，再用铁板将高出处的多余水泥浆抹到低处直至符合要求（最后用铁板抹平，要先里后外，逐步退出门外）。

（3）水泥浆找平层做好后等5～10小时，再刷防水涂料两遍（选用851焦油聚氨酯防水涂料）。

（4）铺胶面层前要进行挑选、试排工作。首先将成品地板条逐块挑选，剔除腐污、变形等不符合标准的板条，所挑选的地板条按木纹和色泽分类拼成方块，堆码整齐。

（5）取5块拼选好的地板块（每块由5条小地板块组成）横拼、竖拼各一次，如图9-24所示。量取其各长度，可较精确地了解其每块长、宽尺寸和长宽度拼块的误差，取其平均数作为弹分格线和计算的依据（通常几块木地板条宽度之和小于1块地板条的长度，如1小条木地板的宽度小于1/5长度0.5 mm以内，则按一条木地板为基数分格；如超过0.5 mm，则为不合格产品,不能铺设席纹地板)。

(6)按上述方法所取得的实际方格尺寸进行计算,对照施工图,如有误差,放在圈边部分解决,根据计算共需252块200 mm×200 mm地板块,因是双数,所以最中间的4块正方形地板拼接后成的十字线应与房间过中点的十字垂线重合,如图9-25所示。

(a)竖排

(b)横排

图9-24 每5条小地板(横排)组成的竖排、横排

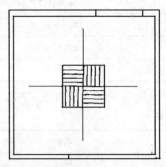

图9-25 双数地板块同房间十字线重合

用约10 mm厚的小木板条钉在立墙四周靠近地面的位置(为以后带控制线临时设置,用冲击电钻打孔塞木楔的方法固定,木板条一边要刨光,以便画线。门扇部位可用厚木料钉在门框上)。

(7)用尺量房间短方向,无论有无大小头,都取长度的1/2,弹出一条直线,并引划在立墙的木板条上,再过此线中点作垂线并弹线在地,引画在小板条上(注意此垂线一定要标准)。有此标准十字垂线再用尺一次分量出各分格线的端点,然后弹线于地面,引线于板条上。

所有方格线弹好后,要用长卷尺复核每个小方格的尺寸和对角线,还要复核整个席纹地板的尺寸和对角线(每一个200 mm×200 mm的小正方形和3 600 mm×2 800 mm大矩形的尺寸和对角线都要复核),圈边如有误差,可在做圈边时处理,复核后就可以试拼木地板。

(8)将木地板块从中十字线开始,按施工图所示,先纵横拼放各两排,再从中间向四面辐射,直至将252块小正方形地板块全部放好(注意不能用胶),其目的是为了检查所试排的地板块有无大小、色差和纹理错乱的现象。如有,应调整、更换和加工直到满意为止。再将地板块按后铺先收的顺序按不同方位堆放整齐,并编好号(可用纸画好每块地板的位置和编号),以防铺贴时出错。

(9)将水泥、白乳胶、107胶和水按100∶5∶5∶20的比例调制成水泥浆,再用调制好的水泥浆和水按1∶8的比例稀释后刷于要铺贴的地面。将水泥浆均匀涂抹于地面,用塑料带齿的刮板刮平,带通线于立墙的板条上就可以铺粘地板块了。地板块铺贴前用干净湿布擦净铺贴面,用手铲或胶刷均匀抹刷一层约为1 mm厚的水泥浆,然后贴在地面上的水泥浆上,用力向下压,并来回拖一下以压去中间的空气,使木板条上的水泥浆和地面上的水泥浆密实地结合在一起,如图9-26所示。最后移到需要的位置。

图9-26 用力往下压,同时来回拖一下压去中间的空气

因地面弹线已被水泥浆胶盖住，所以立墙上板条上的各点就成了纵横各方的控制点，应钉上圆钉带紧线。所铺贴的地板要以此线为准，线不要带得太高，也不能太低，以超过铺贴板面 5～8 mm 为宜。线一次不必带全，可用一部分带一部分，中间的两排纵横十字线铺贴时要常用长直尺架在地板上检查其平整度，高的地方可用锤轻敲调整，要使木板呈水平向下降，低的地方可以撬起再填些胶料，整个铺贴面高度差不得超过 1 mm。横向拼缝要均匀离缝，且每条缝隙不得大于 0.5 mm。尽量不要使泥胶溢出，泥胶若满溢到地板面层上，应及时用湿布擦干净。

中间纵横两排铺粘好，再向四周辐射铺粘时，要做好逐渐退出门外的计划，当天铺粘的地面不允许上人。铺粘到圈边处要特别注意：一是要通直，严格按带的控制线铺粘，不符合要求的地板块要经加工后再铺粘；二是要将多出的泥胶铲刮干净。如果圈边当天不能完成，圈边用 400 mm 长、400 mm 宽的同材质按施工图和构造图 9-22(b)所示。墙角处用 45°拼接，和席纹地板拼接处咬紧，与立墙交接处要留有 10～20 mm 的空隙，这些空隙可用于调整因原房间不方或宽窄不一所造成困难。圈边的接长处应隔条错开，且与小方块地板同缝，不符合要求的要修整。圈边最靠立墙的 1～2 排在铺粘前最好预先将表面刨光，且铺粘高度要略低于其他板块 1 mm 左右，并呈水平状，这样做是为了方便刨削。

铺粘结束后，将工具刷洗干净，金属工具要上油。常温下一天后可以上人，3～5 天后才可人工刨削。机械刨削要 7 天以后。如天气较热，每天可用湿布擦抹地板一次，使其内外都有水分，这样能使收缩更均匀（也可以均匀地洒些水），不要被太阳直接照射，以免由于收缩不均而引起翘曲和拔缝。

(10)小面积拼花地板可用手提式电刨与木纹呈 45°左右先粗刨，刨削量要小，刀刃要锋利，不平整的地方可来回多刨几遍，刨削量不大于 1 mm。然后用手工刨顺纹刨光，也可用手提式磨光机磨光。刨拼花地板要求与长条地板相同。

5. 操作练习

课题：拼花木地板。

练习目的：掌握胶粘法拼花木地板的施工程序和操作方法。

练习内容：在楼层水泥地面胶粘一间水曲柳平口拼花地板，其构造见图 9-22，施工平面图见图 9-23。

分组分工：4～6 人一组，14 课时完成。

练习要求和评分标准：见表 9-9 考查评分表。

表 9-9 考查评分表

序号	考查项目	单项配分	要求与检查	考查记录	得分
1	标高	10	尺量＋50 cm 水平线		
2	平整度	10	2 m 直尺、塞尺检查		
3	拼花图案	10	观察		
4	光滑	10	观察、手摸		
5	空鼓	10	敲击、踏踩		
6	缝隙	10	尺量、拉通线		
7	圈边	10	合理、割角严密		
8	安全、卫生	10	无工伤、现场整洁		
9	综合印象	20	程序、方法、职业道德等		

班级： 姓名： 指导教师： 日期： 总得分

现场善后整理:同(9)和(10)。

四、踢脚板的施工

木地板房间四周立墙面与木质地板转角处应设木踢脚板。踢脚板能起到保护墙面和压盖木地板边缘通风槽的作用。

1. 施工项目

制作与安装柳桉木材踢脚板,见施工平面图(图9-27)。

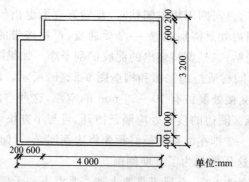

图9-27 施工平面图

2. 材料和工具

(1)材料以柳桉木板为主,详见备料单(表9-10)。

表 9-10　　　　　　　　　　　备料单

序号	名 称	规 格	数 量
1	白松踢脚板	25×125(mm)	15 m
2	防腐剂	851焦油聚氨酯	1 kg
3	圆钉	50 mm	1 kg
4	白乳胶	0.5 kg	1 瓶

(2)工具有木工机械和手工工具,详见工具单(表9-11)。

表 9-11　　　　　　　　　　　工具单

序号	名 称	型 号	数 量
1	平刨机床	MB 103	1
2	压刨机床	MB 502 A	1
3	圆刨机床	MJ 104	1
4	冲击电钻	回 ZIJ-16	1
5	水平尺	1 200 mm	1 把
6	漆刷	50 mm	2 把
7	木工手工工具		自备

3. 施工程序

加工踢脚板→清理现场→弹线、安装连接点→安装踢脚板→清理现场。

4. 操作方法

(1)踢脚板加工见图9-28。加工踢脚板,首先按规格下料,然后先在平刨机床上刨出一个侧面和一个正面,利用制导板使其两个面成为直角;然后按宽窄尺寸在圆锯机上裁成宽度为123 mm,再将厚度压刨成 20 mm 后,将几块已刨好两个宽面、一个侧面的踢脚板以平刨刨过的侧面向下对齐,钉在一起,再用压刨机床压刨到标准尺寸,如图 9-29。

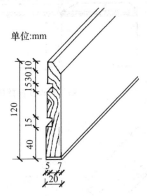

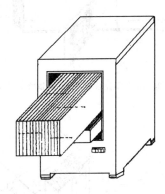

图 9-28　踢脚板加工图　　　　　图 9-29　几块板拼钉在一起后用压刨机压刨

注意,如果不将几块板钉在一起,则会因板较高、厚度较薄,使用压刨刨削木板会失稳而损坏被加工的板材。四面都刨削到标准尺寸后,选择背面(边材或较差的一面),用槽刨刨出两道深 5 mm、宽 15 mm 的槽口,再在正面上部刨成斜坡(图 9-30),最后用光刨刨光。踢脚板堆放整齐备用。

（2）清理施工现场的墙面,铲除砂浆或胶泥等杂物,抄平、弹出踢脚板上口的水平直线。有预埋木砖的,要找出来进行数量、间距、位置等方面的检查;没有预埋木砖的,用冲击电钻打 $\phi 12$ 的木楔孔,深度大于 50 mm,间距大于或等于 600 mm,且要上下对称地打两排孔。阴阳转角处的起止处必须要有固定点,塞紧木楔,且楔端部不得超过立墙饰面(木楔和踢脚板背面要经防腐处理)。

（3）房间内有阴阳转角的,一般从有阳角的部位开始。阳角转接为直角的,用 45°对接,其他角度都是以其角度的 1/2 对接。阴角处可用 45°(或其 1/2 角度)按图 9-31 所示,只在踢脚板上部约 1/5 高的地方为 45°角接,其下部 4/5 都为平板 90°钉接。这样不仅做法简单、牢固省时,且交接处较为密实。可先将有阴阳角相连的几个接头预制好再一次安装在立墙上,既能保证其严密无缝隙,又能保证与地面垂直。阳角处的做法应先将 45°画于踢脚板上口,正面和背面都用直角尺过出垂线,然后按正面留线、背后锯线的方法进行,如图 9-32 所示。长度相接要用斜搭接,如图 9-33 所示。遇到木门框收口处,一般以门框贴脸下部的墩子线为收口封头,如图 9-34 所示。

踢脚板安装用 50 mm 圆钉钉在木砖或木楔上,钉帽砸扁冲入 3～5 mm,阴阳角的接头和长度接头也要用钉加胶连接。安装固定要上下钉钉,使其高度一致,上口要通直,板面垂直于地板。踢脚板固定后,用手电钻在背后有槽口的位置置 $\phi 8 \sim \phi 10$ 的通气孔,间距不大于 900 mm 一组,每组孔距 25 mm,3 个(打通气孔尽量在房间的隐蔽处)。

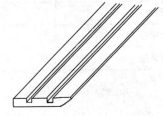

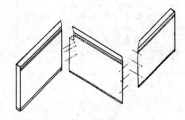

图 9-30　背面刨槽、正面上部刨成斜坡　　　图 9-31　踢脚板阴阳角制作方法

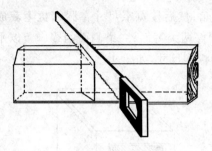

图 9-32　45°阳角正面留线、背后锯线

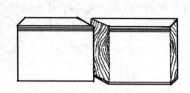

图 9-33　踢脚板长度斜搭接

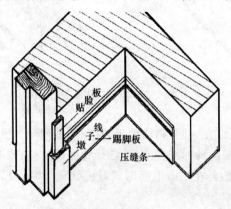

图 9-34　踢脚板

(4)踢脚板安装结束后,再钉上压缝条。压缝条一般购买成品,规格有 15 mm×15 mm 的直角三角形和 1/4 圆形两种。压缝条用 25 mm 圆钉钉于地板面层上,钉距不超过 300 mm,起止处离端点约 60~80 mm,钉帽砸扁冲入 2 mm。转角和接长都为 45°连接。

踢脚板与压缝条要钉接牢固,接头处要平整,高低一样,如有表面不平,要用刨子修平,还要用木砂纸打磨光滑。最后要清扫现场,收拾工具,退还剩余材料。

5. 操作练习

课题:踢脚板制作与安装。

练习目的:掌握木踢脚板制作安装的施工程序和操作方法。

练习内容:按图 9-27 制作安装柳桉木材的踢脚板。

分组分工:4~6 人一组,7 课时完成。

练习要求与评分标准:见表 9-12 考查评分表。

现场善后整理:同(4)。

表 9-12　　　　　　　　　　　　　　　考查评分表

序号	考查项目	单项配分	要求	考查记录	得分
1	制作尺寸光洁	15	断面尺寸±0.5 mm		
2	通风槽	10	深度±0.5 mm		
3	安装平直度	10	通线检查		
4	安装垂直度	8	水平尺检查		
5	安装阴阳角	10	无明显缝隙		

（续表）

序号	考查项目	单项配分	要求	考查记录	得分
6	接长、收口	7	合理		
7	钉法	10	符合要求		
8	安全、卫生	10	无工伤、现场整洁		
9	综合印象	20	程序、方法、职业道德等		

班级：　　　　姓名：　　　　指导教师：　　　　日期：　　　　总得分

五、木地板铺设施工的注意事项

前面我们已分别讲述了木地板的架铺、实铺和胶粘拼花的施工程序和操作方法，其中也分别提示了施工注意事项，现就木地板施工总体情况，再补充提示如下注意事项：

（1）木地板铺设施工必须要有足够的强度、稳定性和牢固性。严格控制木材的含水率、规格和材质，相对控制面板的木纹和色差。

（2）熟练掌握施工程序和操作方法，正确使用机械和工具是提高工效、保证质量的前提。

（3）不具备施工条件的不施工。抄平弹线要准确，严格执行工序间质量验收，防止不合格品进入下道工序，确保木地板制作安装工程的整体质量。

（4）注意安全文明施工。使用木质材料施工，在施工的准备和施工全过程中以及成品和半成品的保护期间，切记防火。粘贴面板要大量使用化学剂品，应注意查阅说明书，注意防火防毒。使用木工机械要严格按操作规程施工，防止工伤。施工现场堆放材料、开机生产、成品保护，均应注意文明生产，遵守环境保护的有关规定。

（一）木地板铺设施工质量通病及其对策

1. 踩踏时有响声

由于木搁栅固定不牢，含水率偏大或施工时周围环境潮湿等原因造成踩踏有响声。当采用"冂"形铁件锚固木搁栅时，因锚固铁钉变形间距过大，亦会造成木搁栅受力后变曲变形、滑移、松动，以致会出现此类质量通病。因此采用预埋铅丝法锚固木搁栅，施工时要注意保护铁丝，不要将铁丝弄断；木搁栅及毛地板必须干燥后使用，并注意铺设时的环境干燥；锚固铁件的间距应控制在 800 mm 以下，顶面宽度不小于 100 mm。14 号铅丝要与木搁栅脚扎牢固，并形成两个固定点，横撑或剪刀撑间距不应大于 800 mm，且与搁栅钉牢。搁栅钉完后，要认真检查有无响声，若不符合要求，不得进行下一道工序。

2. 地板拼缝不严

其主要原因是地板条规格不符合要求（如地板条不顺直，宽窄不一、企口榫太松等）。拼装企口地板条时缝大而虚，表面上看结合紧密，经刨平后即显出缝隙；面层板铺设到接近扫尾时，加工拼装不当，板条受潮，在铺设阶段含水过大，经风干收缩而产生大面积"拔缝"。因此，在铺设时要严格控制地板条的含水率，将材料存放于干燥通风的室内；拼装前应严格选料，剔除有腐朽、节疤、劈裂、翘曲等疵病的地板条；为使地板面层铺设严密，铺钉前房间应弹线找方，并弹出地板周边线。铺设长条地板时，应与搁栅垂直铺钉，接头置于搁栅上且相互错开。接头处两端各钉一枚钉子；铺钉接近扫尾时，要注意地板条的宽度，既不可硬性挤入，也不可加大缝宽；地板铺完后应及时上油或烫蜡，以免"拔缝"。

3. 表面不平

室内标高不一、地面不平整、木搁栅铺钉不平、刨平磨光不当等,均会造成木地板表面不平。因此,施工前应校正水平线,各室内标高要统一控制,及时调整误差;木搁栅经隐蔽验收后方可铺设毛地板或面层。施工顺序应遵守先湿后干作业、先低后高(标高控制)的原则,确保里外交圈一致。使用电动地板刨时,刨刀要细要快(转速不低于 4 000 r/min),行走速度要均匀,中途不得停顿,人工修边要尽量找平。

4. 地板起鼓

引起地板起鼓的原因有许多:室内湿度太大,保温隔音材含水率偏大,未设防潮层或地板未开通气孔,铺设面层后内部潮气不能及时排出;毛地板未拉开缝隙或缝隙偏小,受潮后鼓胀严重,引起面层起鼓;雨水渗漏、浸泡亦会使木地板严重起鼓。必须合理安排木地板施工工序,待室内湿作业完成至少 10 天后方可进行木地板施工;严格控制面层木地板条的含水率;杜绝管道漏水及阳台等处的倒泛水;毛地板之间拉开 3～5 mm 的缝隙,合理设置通气孔;室内上下水或暖气片试水应在木地板刷油或烫蜡后进行,杜绝木地板被水浸泡。

5. 拼花不规范

由于地板条规格不符合要求,宽窄不一,施工前又未严格挑选,安装时没有套方,致使拼花犬牙交错;铺钉时没有弹施工线或弹线不准,排档不匀;操作人员互不照应,造成混乱,以致不能保证拼花图案匀称、角度一致。所以,拼花地板应仔细挑选,规格整齐一致,最后分规格、颜色装箱编号。操作中也要逐一套方,不合要求的地板要经修理后再用;房间应先弹线后施工,席纹地板弹十字线,人字地板弹分档线,各对称边留空一致,以便圈边;铺设宜从中间开始,做到边铺边套方,不规矩的应及时找方。

6. 地面戗槎

造成原因是刨地板时吃刀太深或行走速度太慢,戗槎部分应经人工修理。

7. 踢脚板安装缺陷

由于木踢脚板变形翘曲,与墙面接触不严,木砖间距过大,垫木表面不在同一平面上,钉完后呈波浪形。因此,为防止木踢脚板翘曲,应严格选材并控制其含水率,在靠墙的一面设变形槽,槽深 3～5 mm,宽不小于 10 mm,木砖间距不得大于 800 mm,木砖要上下错位设置或立放,转角处或最端头必须设木砖,垫木要平整,并拉通线找平;踢脚板与木地板交接处有缝隙时,可加钉三角形或半圆形木压条。

(二)木地板铺设施工成品保护

按工序应分为基层施工结束和面层刨光、磨平后两个层次的成品保护。

(1)基层施工结束后,不要随便在上面走动,要保持整洁。需要临时加固的,要做好加固工作。

(2)面层刨光、磨平后,要及时清扫木屑、刨花,并刷干性底油一道。

(3)进出已刨、磨过的地板房间,不能穿有钉的鞋,以免磨损面层。

(4)有门窗的房间应避免阳光直射,以免局部收缩不均匀,人走关好门窗防止风雨。

(5)严禁用水冲洗木地板,特别防止其他工种在清洗石板材地面时将水溢到地板上。

(6)进门口处要加临时压条,保护门口边缘不受损坏。

(7)房间墙、顶要做饰面施工时,必须用遮挡物覆盖木地板面层上。

第二节　墙柱面木装饰的装修施工

一、木护墙和木墙裙

木护墙和木墙裙,通称护墙板,其区别在于,前者为全高,后者为局部。
现介绍室内隔墙装饰胶合板面层的木墙裙施工,如图 9-35 所示。

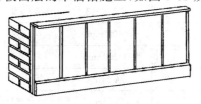

图 9-35　胶合板木墙裙示意图

1.施工图

详见图 9-36。

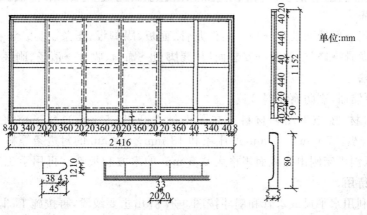

单位:mm

图 9-36　木墙裙施工图

2.材料和工具准备

(1)材料准备详见表 9-13。

表 9-13　　　　　　　　　　　　　　　　　木墙裙材料单

序号	名称	规格(mm)	数量	含水率%	备注
1	竖龙骨	30×40×1 150	7 根	≤15	
2	横龙骨	30×40	10 000	≤15	
3	木踢脚板	20×150	2 400	≤15	
4	木压条	22×45	2 400	≤15	
5	封边条	8×52	2 300	≤15	
6	水曲柳切面五夹胶合板	915×183 或 1 220×2 440	1.5 张 1 张		木料截面为净尺寸,单面刨光加 3 mm,双面刨光加 5 mm。红白松一等材
7	圆钉	70 50 25	0.5 kg 0.5 kg 0.1 kg		
8	白乳胶	0.5 kg	1 瓶		
9	防潮、腐涂料		1.5 kg		

（2）工具准备详见表 9-14。

表 9-14　　　　　　　　　　　　木墙裙工具单

序号	名称	型号	数量	其他
1	平刨机床	MB 103	1	
2	压刨机床	MB 502 A	1	
3	圆锯机床	MJ 104	1	
4	冲击电钻	回 MZ 14—200	1	
5	手电钻	J 12—13	1	
6	板锯	400 mm	1	
7	水平尺	1 200 mm	1	
8	线锤	0.25 kg	1	
9	墨斗	50 mm	1	
10	漆刷		2	
11	其他手工工具	1 套		自备

3. 施工程序

识图→备料→原墙面处理→加工制作龙骨、面板、踢脚板、压条、封边条→弹线→打孔、楔木塞→安装木龙骨→修整、弹线→安装面层、踢脚板→饰面、收口→清场、刷底油。

4. 操作方法

(1)清铲原墙面,刷防腐涂料 2 遍。

(2)加工木材:按施工图和材料单在圆锯机上开出 35 mm×45 mm 龙骨料,23 mm×153 mm 的踢脚板,27 mm×50 mm 的压条和 13 mm×55 mm 的封边条等料。

使用平、压刨机床刨出比截面规格大 0.5 mm 的木方和板料。再用手工工具进一步精加工后分类堆放待用。

(3)弹线:利用水平尺或水管和墨斗按图 9-37 弹出主要线段,再按施工图具体尺寸分别弹画出分格线和分档线。

(4)按龙骨设置的位置用冲击电钻打出 $\phi 12$、深度≥60 mm 的孔(每根竖龙骨不少于 3 个孔,横龙骨不少于 2 个孔)。并打入刷过防腐剂的木楔,木楔端部与墙面平齐。

(5)钉龙骨(龙骨与墙面用 70 mm 圆钉,钉帽要砸扁,冲入龙骨 3 mm)。先钉两端竖龙骨(龙骨上端齐高度控制线),同时用水平尺校验其垂直,如图 9-38 所示。再上下带线,按线钉其他竖龙骨。

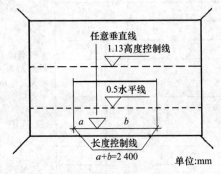

图 9-37　弹出主要线段示意

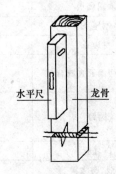

图 9-38　水平尺校验其垂直

龙骨与墙面之间的空隙要用防腐垫木垫实、垫平，并与龙骨连接牢固（用 40～50 mm 圆钉）。竖龙骨安装后要用 2 m 直尺检查其平整度，合格后再钉横龙骨。横龙骨表面要与竖龙骨表面平齐，安装后再用 2 m 直尺交叉检查，看横竖龙骨的交接处是否平整。

用手摸各龙骨交接处，如有不平的地方，可用木工刨顺纹刨削，直到平整光滑。

安装横龙骨时，要按竖龙骨之间的实际尺寸下料，料头要套方锯，既不能长，又不能短，以免影响龙骨的质量。遇有插座位置，要在插座四周加设龙骨框，如图 9-39 所示。

所有龙骨在安装、修整后，按规范要求打通气孔（竖向一排 3 个，每排间距不超过 1 000 mm），如图 9-40 所示。

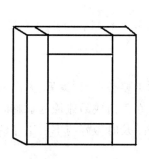

图 9-39　插座四周加设龙骨框示意

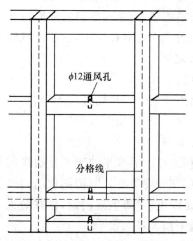

图 9-40　通气孔示意

（6）制作和安装面板层

如图 9-41 所示画线。画面板线要准确，用直角尺套方，用直尺量对角线，并留足加工余量，并在面板背面编好顺序和上下方向。

按锯割线锯割，再用手工刨，精刨到位。再用拖线法拖画出纵向的 3 mm 斜口线。用刨时，先粗刨，后精刨，再刨成斜面（注意，与封边条接合的两端不要刨成斜面，也不要将加工余量刨削完）。

将制作好的面板按顺序编号和上下符号逐一临时固定在龙骨的相应位置（即分格线上），每块板可临时钉 2～4 根 25 mm 圆钉，然后检查面板拼缝是否严密，总长度是否正好，特别要检查面板下口是否在一条直线上（可将制作好的踢脚板放上比试，如图 9-42 所示）。不合格的面板要修整，再将两端面板与封边条结合处精刨到位。

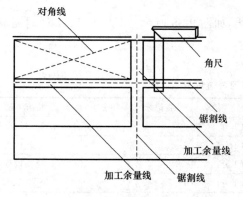

图 9-41　面板画线示意

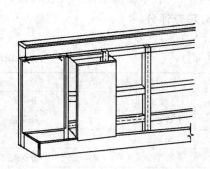

图 9-42　可将制作好的踢脚横放上比试

面板试钉合格后,应从最靠墙(柱)的一块开始正式逐一铺钉,以免错位。钉面板用25 mm圆钉,钉帽砸扁,顺纹冲入0.5~1 mm;钉板前应在龙骨架上刷上乳胶,要刷均匀,不能漏刷,也不要刷得太多,以防钉面板后溢出。如有溢出,及时用湿布擦干净,以免污损面层。面层的钉距纵向不超过100 mm,横向不超过80 mm。

面板钉好后,即可钉踢脚板。钉踢脚板时要注意两端,要和两端的面层上下为一条直线。踢脚板要上下钉钉,钉距与竖龙骨间距一样,也可按不超过600 mm间距。

接着安装封边条和压顶条。安装前要检查所安装位置的龙骨、面板是否平整,如有误差,可用单线木刨修整。合格后先钉封边条,最后钉压顶条。

封边条不能接,压条和踢脚板如需接长,一律为45°斜搭接。

如面板用汽钉枪射钉固定,应注意汽钉枪射口紧贴面板,并使其垂直于板面。钉距一般在50~60 mm之间。

(7)清理、上油

操作结束应及时将现场打扫干净,归还所借机具和多余材料。对于暂不油漆的面层应涂刷快干性底油一遍,以防面板污损。

5.产品保护

(1)面板制作前后要平放于干燥通风的室内。制作后要分类、按编号、方向堆放整齐。

(2)面层制作完毕要及时清扫现场,并刷底油一遍,在阳角或易碰撞处加临时护面保护。

(3)人走断电,下班关好门窗,做好防火、防雨等工作,及时做好与下道工序的交接手续。

6.质量通病及其对策

(1)龙骨安装缺陷主要表现在固定不牢、不平整、不方正、档距不符合要求等。这主要是由于结构与装修施工配合不当、木龙骨含水率偏大,选择圆钉尺寸偏小,操作不规范等原因造成。因此需熟悉图纸,按要求埋置预埋件,及时增补龙骨连接点,增加龙骨与墙体的结合点;严格控制含水率;合理设置纵横向龙骨,选用合适圆钉、螺钉,按工艺标准操作施工,严格执行持证上岗制度。

(2)面层安装缺陷其主要表现在花纹错乱、颜色不均、表面不平、留缝不匀、接缝不严、割角不严不方、棱角不直等。这主要是由于面板未挑选、未对色、未对木纹或没有编号、未注明上下等原因造成。因此要在施工前挑选好面层的优劣、花纹、色差,并分类存放;加工时尽量选色差小、纹理近似者用在一面墙;一个房间内注意木纹根部在下,防止倒置,上下拼接要对色、对纹;钉面板时自下而上进行,按序、按编号进行;割角接缝要细,要试好后再安装,收口要交圈出墙一致。

7.操作练习(作业内容)

制作、安装水曲柳切面五夹胶合板面层墙裙,如图9-36所示。2人一组,12课时完成。

8.考查评分

考查评分详见表9-15。

表 9-15　　　　　　　　　　　木墙裙操作练习考查评分表

序号	考查项目	单项配分	要求	考查记录	得分	检查方法
1	尺寸	10	每误差2 mm扣1分			总高、长、尺量
2	上口平直度	10	每误差2 mm扣1分			全长检查
3	垂直度	10	每误差2 mm扣1分			全高检查
4	表面平整度	10	每误差2 mm扣1分			2 m靠尺、塞尺

（续表）

序号	考查项目	单项配分	要求	考查记录	得分	检查方法
5	面板间距	10	每误差 2 mm 扣 1 分			尺量
6	拼接缝	10	允许偏差 0.5 mm			尺量
7	钉距	10	允许偏差 3 mm			尺量
8	安全卫生	10	无工伤、现场清			随堂考查
9	综合印象	20	程序、方法、工效、文明施工等			随堂考查

班级：　　　　姓名：　　　　指导教师：　　　　日期：　　　　总得分：

二、木装饰柱体

（一）装饰木圆柱的施工

本节讲述装饰木圆柱的施工操作，使读者掌握装饰木圆柱的施工程序和方法，掌握一般装饰柱体的检查验收方法。

1.施工项目

制作安装室内胶合板包面的装饰圆柱，详见图 9-43 所示。图 9-44 为施工现场平面布置图。图 9-45 为装饰木圆柱施工图。

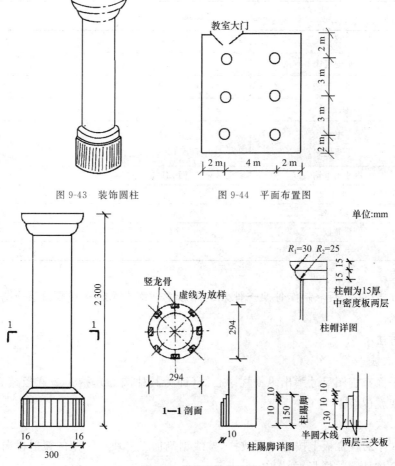

图 9-43　装饰圆柱　　　　图 9-44　平面布置图

图 9-45　装饰圆柱施工图

2. 材料和工具准备

详见表 9-16、表 9-17。

表 9-16 装饰圆柱材料单

序号	名称	规格(mm)	数量	其他
1	木竖龙骨	40×50×2 300	8 根	
2	水平支撑	20×50×290	6 根	
3	多层胶合板	360×360×15(厚) 330×330×15(厚)	各 1 块	
4	中密度板	210×2 000×20(厚)	1 块	
5	水曲柳胶合板	1 220×2 440×3(厚)	1 块	二类木方、含水率≤15%,截面为净尺寸
6	L 形角钢	5×50×50	4～8 块	
7	金属膨胀螺丝	φ12	4～8 只	
8	圆钉	60 20	0.5 kg 0.2 kg	
9	乳胶	0.5 kg/瓶	1 瓶	
10	立时得	0.25 kg/瓶	1 瓶	

表 9-17 工具单

序号	名称	型号	数量
1	平刨机床	MB 103	1
2	压刨机床	MB 502 A	1
3	圆锯机	ML 104	1
4	电剪 手提电钻	回 J1J 2 J 12—13	1
5	冲击电钻	回 ZIJ 16	1
6	水平尺		1
7	线锤		2
8	套筒扳手	M 12	1 只
9	手工工具		1 套

3. 施工程序

定位→放样、取样板→制作骨架→骨架组合修整→就位固定→包覆面层→制作安装柱脚、帽→清理现场。

4. 操作方法

(1)定位放线

按现场平面布置图尺寸弹出纵横柱中心线(即为圆柱圆心),按 1/2 直径减 3 mm 为半径画出圆柱骨架就位线。

(2)放样、取样板

在 3 mm 厚的胶合板上按施工图放样,按线锯割加工一块 1/4 圆的弧形横向龙骨样板,再加工一块 1/2 柱外圆的样板,如图 9-46 所示。

（3）骨架材料制作

按样板用厚度为 20 mm 的中密度板画出需要的弧形龙骨架（4 块一组，5 组），按线进行锯、刨、开槽，按施工图制作竖向龙骨（40 mm×50 mm×2 270 mm）8 根并开槽口，如图 9-47 所示。

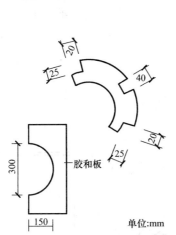

图 9-46　1/4 横龙骨板；1/2 圆柱外圆样板

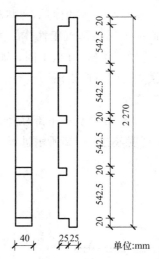

图 9-47　竖龙骨加工图

（4）骨架组合

将加工好的弧形横龙骨逐块与样板校验，合格后与竖龙骨用钉、胶连接，先组成两个半圆柱龙骨架，如图 9-48 所示，再拼合成圆木龙骨架。注意，因为横龙骨架材料是中密度板，所以装钉时要用手电钻钻出钉径 0.7 倍的孔再钉，以防开裂，从而影响结合强度。如钉帽在柱体表面竖向龙骨上，要砸扁钉帽并冲入 3 mm，每个接点不少于 2 只 50 mm 圆钉。

（5）圆柱架修整加固

柱体组成后，将竖向龙骨倒边，刨成与弧形样板弧度相同的弧面，用半圆样板从上至下逐一检查，特别要注意横竖龙骨交接部位。同时用水平支撑双面，交叉钉在竖龙骨上进行调整圆度和加固，连接方法如图 9-49 所示。水平柱支撑不少于 3 道（也可按骨架的牢固程度而定），注意水平支撑端部不得超出柱体表面，一般可短 5 mm 为宜。用明钉与竖龙骨连接，圆柱骨架组合牢固后要检查柱顶、底部和竖龙骨端部是否与横龙骨水平面相平整，如有误差，要进行修整，直到符合要求。再用木螺丝（40 mm）将角铁与竖龙骨下部连接，如图 9-50 所示。

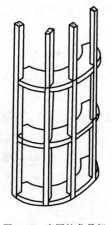

图 9-48　半圆柱龙骨架

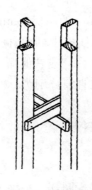

图 9-49　加固连接

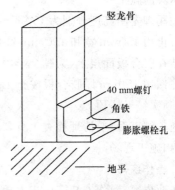

图 9-50　角铁与竖龙骨连接

（6）骨架就位和安装

将制作好的圆柱骨架按原定位置就位（各柱就位在所弹的骨架就位线上），画出角铁上的螺栓孔位置，将骨架移开，用冲击电钻在地面上打出 $\phi 12$ 的膨胀螺丝孔（L 形角铁可在上钳工课时制作）。安装好膨胀螺栓后，再将柱骨架套在安装好的螺栓中，并用套筒扳手将螺帽和垫片紧固，紧固时要用线锤校正柱体的垂直，校正可用两只线锤同时挂在柱顶，如图 9-51 所示。一边校正一边紧固螺帽，直至牢固。如因地平不平，可在连接件上角铁与地平交接处用防腐垫木调整（连接件要刷好防锈漆）。

（7）包覆面层

用整张 3 mm 胶合板将下部柱骨架试包，取得准确长度和中档拼长高度，加上交接处的斜搭接长度和高度，按图 9-52 所示进行制作。

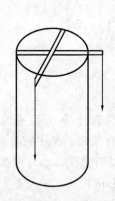

图 9-51　用两只线锤校正柱体垂直

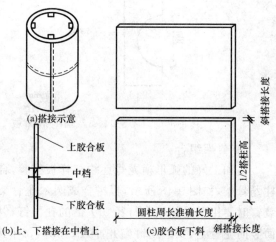

(a)搭接示意

上胶合板
中档
下胶合板

(b)上、下搭接在中档上

圆柱周长准确长度

(c)胶合板下料

图 9-52　包覆面层

下部胶合板制作好后，用废电线（护套线）或布条将胶合板捆在柱体上，要捆紧（至少要上中下三道）再校验一次。搭接交口、长、高度，如不符合要求，应修整直到标准才可以刷胶包钉，竖向斜搭接一定要在竖龙骨中部，并垂直于地面。先钉纵向第一排钉，钉好将胶合板再捆紧在柱体骨架上，按先竖后横，先中间后上下的顺序，沿圆弧的旋转方向直到搭接处重合。搭接重合处要在胶合板外再覆一根薄木条或胶合板条与柱竖龙骨临时钉紧（钉要长一些，不要钉到底，留出 10 mm 左右打弯，以便胶固化，达到强度后再将加固条拆除）。

用同样方法再将上半部胶合板铺钉好。注意，钉加固条要留出下部的柱踢脚位置，以免影响柱踢脚的施工。

柱踢脚先用高度分别为 150 mm 和 140 mm 的两层 3 mm 胶合板包覆在圆柱的底部，钉胶连接后再用 15 mm 宽和 130 mm 高的半圆木线按中到中、间距 30 mm，或不留空隙密排的方法胶结在胶合板面层上（为黏合牢固可用"立时得"或其他强力快干胶）。

柱帽用 15 mm 厚胶合板按施工图加工成直径分别为 330 mm 和 360 mm 的圆板，倒磨好圆角，顺次钉于柱顶。

施工结束后，要清理检查工具，将多余材料退回仓库，并将机械工具擦净上油，进行常规保养，清扫施工现场。

5. 操作练习

作业内容：制作安装室内三夹板包面的装饰圆柱。如图 9-43、图 9-44、图 9-45 所示。2 人一组,14 课时完成。

6.考查评分

见表 9-18。

表 9-18　　　　　　　　　　　　装饰圆柱考查评分表

序号	考查项目	单项配分	要求	得分
1	垂直度	20	允许偏差 3 mm 每超 1 mm 扣 1 分(全高)	
2	圆度	10	样板检查,每超过 1 mm 扣 1 分	
3	高度	10	允许偏差大于 3 mm、小于 2 mm,每超过 1 mm 扣 1 分	
4	直径	10	量周长计算允许偏差 3 mm 每超 2 mm 扣 1 分	
5	接缝	10	允许偏差 1 mm,超过 2 mm 不得分	
6	柱帽脚	10	弧纯、光滑尺寸正确	
7	安全卫生	10	安全操作、现场清理	
8	综合印象	20	程序、方法、工具使用、时间、态度等	

班级:　　　　姓名:　　　　指导教师:　　　　日期:　　　　总得分:

(二)扁方柱的装饰施工

1.施工项目

制作安装靠墙的扁方形仿爱奥尼克式装饰柱。详见施工图 9-53 和平面布置图 9-54。

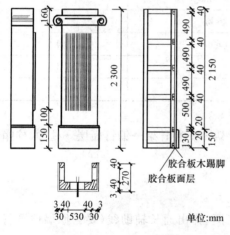

图 9-53　扁方形木装饰柱施工图

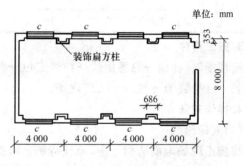

图 9-54　平面布置图

2.材料和工具准备

详见表 9-19、表 9-20。

表 9-19　　　　　　　　　　　　材料单

序号	名称	规格(mm)	数量
1	木龙骨	30×40×2 300	6
		30×40×620	6
		30×40×350	12

（续表）

序号	名称	规格(mm)	数量
2	柱帽(中密度板)	15×130×700	1
	木板	20×130×1 500	1
	圆木	φ100 以上×800	1
3	面板(三夹板)	1 220×2 440	1.5
4	圆钉	60 20	各 0.2 kg
5	乳白胶		0.5 kg

表 9-20　　　　　　　　　　　　　　工具单

序号	名称	型号	数量
1	木工机械		
2	冲击电钻	参见表 9-17	
3	手电钻		
4	板锯	400 mm	1
5	水平尺	1 200 mm	1
6	线锤	0.25 kg	1
7	胶刷	25 mm	1
8	钢丝锯		1
9	其他手工工具	自备	

3. 施工程序

清理场地、柱面→熟悉图线→拉线定位→制作骨架→安装骨架→铺钉面层→柱脚、柱帽制作安装→柱身装饰→收口→清理现场。

4. 操作方法

(1)放样画线

将施工现场地面清扫干净,原柱清铲。根据施工图,弹出通长辅助线(要与原墙柱平行)。在辅助线上用尺量出原柱轴线位置(也是装饰柱的中点)。

以辅助线和辅助线的柱中线为准,用直角尺按要求套方,在地面上画出扁方柱的骨架外缘线。再用线锤吊垂直线检查原柱各方向的垂直度是否能达到施工尺寸要求(因原建物柱体不一定很标准,施工图已放出余量)。各组要互相协调,无论任何一柱如误差大于施工图,所放的加工余量都必须统一增加装饰柱的尺寸。

(2)骨架制作

统一意见后如无异议,按骨架构造图制作。

按截面尺寸在木工机械上加工成统一规格,用平肩、通眼连接的方法(图 9-55),画线打眼、做榫,先制作成三片,再用 60 mm 圆钉带胶组合成"凵"型。在横筋上用手电钻打φ4 mm、间距不大于 60 mm 的安装钉孔,如图 9-56 所示。

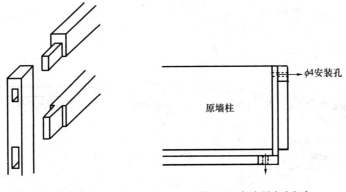

图 9-55　平肩通榫　　　　　　　　图 9-56　钉出固定点钉印

（3）骨架安装

将组合牢固的"⌐_」"型骨架套在原柱上，依据地面的骨架外边缘线就位，通过线锤、水平尺校正后，用 70 mm 圆钉通过横筋上的安装孔在原柱上钉出柱和架的固定点的钉印，如图 9-56 所示。每个固定点不能离原柱边缘太近，一般要离柱边 50～60 mm，上下错开，如图 9-57 所示。以免冲击电钻打孔离原柱的粉刷层太近而影响木楔塞紧，或原柱体因加楔后而引起边缘开裂等。钉出所有固定点后，将框架移开，用冲击电钻打孔，塞紧木楔，再将"⌐_」"型骨架复位。先从地面开始，按照地面所画的准确位置线（柱架和原柱体之间空隙由平垫木楔塞紧），将柱脚一周钉固在原柱木楔上，再用线锤、水平尺、直角尺校验柱体是否垂直，通过垫木调整，可用钉与柱体上部固定。

上下固定后再检查一遍，符合要求后将固定点逐一固定牢（钉帽要砸扁，顺纹冲入 3 mm）。

（4）面层的制作和安装

按尺寸将两侧五夹板裁好（如墙面不平、不直，可放些余量），再将侧面与正面交接的阳角处刨成 45°斜面，如图 9-58 所示。

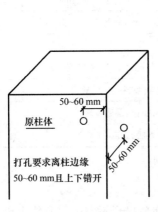

图 9-57　冲击电钻打孔要求

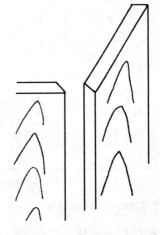

图 9-58　阳角处刨成 45°斜面

注意，两侧板要做对，不能加工成一顺边。两边侧面板先安装好，再将正面板按要求安装好。

（5）柱踢脚安装顺序如面板的安装顺序，先安装侧面后安装正面，柱帽按大样图（图 9-59）制作并安装。正面板中部木线条按图制作并安装。柱踢脚和木线条用立时得快干胶胶合在面板上，安装前要画好位置线，先试放，符合要求后一次粘贴到位。

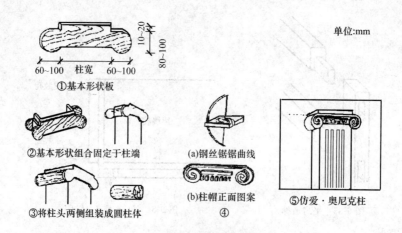

①基本形状板

②基本形状组合固定于柱端

③将柱头两侧组装成圆柱体

(a)钢丝锯锯曲线

(b)柱帽正面图案
④

⑤仿爱·奥尼克柱

单位:mm

图 9-59　柱帽的制作安装

（6）施工结束后，清理现场，擦净、养护机械，剩余材料入库。

5. 操作练习

作业内容：制作安装教室靠墙的扁方柱，使其成为仿爱奥尼克式装饰柱，如图 9-53、图 9-54 所示。

分工分组：2～4 人一组，12 课时完成。

作业要求：按施工程序和上述施工方法精心练习，每排柱都应在一直线上，高、宽、式样一致。

考查评分：详见表 9-21。

表 9-21　扁方柱操作练习考查评分表

序号	考查项目	配分	要求	得分
1	垂直度	10	全高允许偏差 1 mm、每超过 1 mm 扣 1 分	
2	方正度	10	通线、直角尺套方，每超 1 mm 扣 1 分	
3	高度	10	尺量允许偏差 1 mm 每超 1 mm 扣 1 分	
4	柱体截面尺寸	10	上、中、下力于 3 点，每误差 1 mm 扣 1 分	
5	接缝	10	塞尺量、每超过 1 mm 扣 1 分	
6	柱脚柱帽	20	制作安装、观察、尺量	
7	安全生产	10	安全操作、善后清理	
8	综合印象	20	程序、方法、态度、工效等	

班级：　　　　姓名：　　　　指导教师：　　　　日期：　　　　总得分：

（三）柱体装饰的通病与对策

圆、方柱的制作中最易出现不垂直、多根柱体的装饰会出现不在一道直线上以及与其他装修应交圈而不交圈或交圈不严密、不合理等现象。因此在装饰施工中必须熟悉图线，认真研究施工图，与其他装修工程配合协调。

施工中应不断检查基层龙骨架，要采用线锤吊和水平管（R）测量等方法，及时校验。对基层骨架不能有丝毫马虎，做好隐蔽工程验收工作。较大场地和规模的，要用仪器测量，多柱装饰的要拉通线。对面层的铺钉要先做样板和试装，不可一次到位。面层装饰要待骨架全部检查合格后,方可成批铺钉。

　　要注意保护半成品,如骨架制作安装后,也要像保护饰面一样,不得碰撞,保持表面整洁,为安装好饰面打好基础。面层饰面结束要清理胶渍和灰尘,及时刷底油一遍。1.5 m 以下部位要注意用遮挡物保护起来。

第三节　木门窗装饰装修施工

一、木门窗装饰

装饰木门扇分为实木镶板门和人造板包板门两类。

(一)实木镶板门扇的制作施工

1. 施工项目

制作全柳桉木质镶板半玻璃门,其施工和榫眼结合如图 9-60 所示。

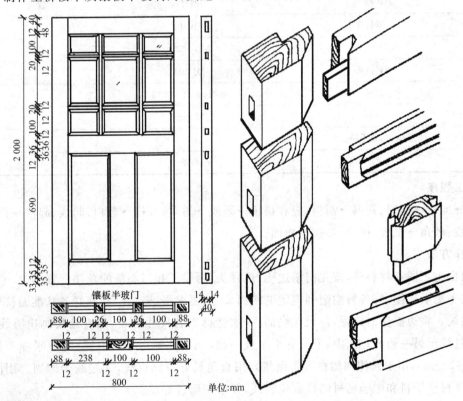

图 9-60　施工及榫眼结合示意图

2. 材料和工具准备

详见材料单(表 9-22)和工具单(表 9-23)。

表 9-22   材料单

序号	树种	名称	规格(mm)	数量	含水率%
1	柳桉木	边梃	45×105×2 040	2	≤13
2	柳桉木	上冒头	45×105×820	1	≤13
3	柳桉木	中冒头	45×125×820	1	≤13
4	柳桉木	下冒头	45×155×822	1	≤13
5	柳桉木	中竖梃	45×130×780	1	≤13
6	柳桉木	门心板	18×280×750	2块	≤13
7	柳桉木	梗子	45×50×1 000 45×50×700	各2	≤13
8		平板白玻	3 mm 厚	0.9 m²	
9		白乳胶	0.5 kg 瓶	0.5	

表 9-23   工具单

序号	名称	型号	数量
1	平刨机床	MB 103	1
2	压刨机床	MB 502A	1
3	圆锯机床	MJ 103	1
4	窗刨	起线、裁口一次性	1
5	槽刨	12 mm	1
6	手电钻(或手拉钻)		1
7	其他手工工具	自备	

3. 施工程序

识图→配料→截料、裁锯→刨料、板和拼板→画线→凿眼、开榫→裁口、起线、起槽→拉肩、修榫→清线、理角→试板、拼装、加楔→净面。

4. 操作方法

(1)根据施工图和材料单,按先门扇边梃、后冒头、再梗子和门心板的顺序配好料。

(2)先平刨后压刨,将各料刨削到规定的断面尺寸,要求平、直、方,并画好各基准面符号。

(3)画线。将边梃对放置,量尺在侧面,一次性标出各尺寸的点,用直角尺画出直线后,再将各线过线于另一侧面;上、中、下三冒头平放一排,一次性画出榫头位置(凡通眼榫头每端要加长 5～10 mm,用于修榫和加楔齐头余量),用直角尺套方画直线,并过线于四周。用同样方法画出 8 根梗子料和中竖梃料的榫眼位置线,并于四周过好线。

用拖线法或线勒子顺基准面拖出榫、眼宽度线,眼、榫宽度误差不得超过 0.3 mm,如误差较大,要更换或修理凿子。

(4)凿眼(也称打眼)。凿眼应在平整的木凳或工作台面板上进行,凿眼的位置应选在有凳腿的部位,如图 9-61 所示。

图 9-61　凿眼的位置应选在有凳腿的部位

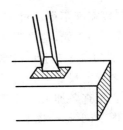

图 9-62　扁凿铲削不平整的孔洞两侧壁

作对的一双应同时凿眼，通眼应先凿背面，深至 1/2 以上，再翻转凿正面；凿通后用扁凿铲削不平整的孔洞两侧壁，如图 9-62 所示。凿眼时，内侧一边的长度方向应前后留线，另一侧凿线，这样略有斜度的榫眼组装加楔后会更紧密，且外大内小的榫头不易松动，又利于拼装时不伤损外侧榫眼边缘。凿榫眼要方正垂直，半眼深浅一致。

（5）锯榫、裁口、起槽口线。锯榫应先纵向在线中锯，锯到榫根后将锯拉垂直，并可超过根线 0.5～1 mm；三肩以上的榫先纵向立锯如上述，再平放锯纵向，锯必须短于根部线 0.5～1 mm，如图 9-63 所示。无论立纵锯还是平纵锯榫，宽都不得超过眼宽，可允许 0.5 mm 误差。上述锯榫法中，前者便于拉肩不伤榫的断面，后者拼装后正面无锯痕。

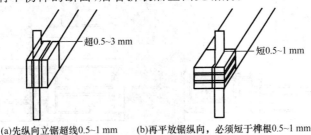

(a)先纵向立锯超线0.5～1 mm 　　　 (b)再平放锯纵向，必须短于榫根0.5～1 mm

图 9-63　锯榫

裁口、起线可用连起带裁的专用刨（窗刨），将刨刀和靠制一次调整好，先在废料上试刨，符合要求后，一次将全部需加工的工件都用同一刨子刨，且中途不得移动靠制。刨削方法是先在被刨料的前端刨起，逐渐向后退，直到整个加工件，从头到尾都刨出 3～5 mm 深的程度，才可从尾向前一次推刨到头，直到设置的深度。起槽用 12 mm 槽刨，方法同上述。

（6）拉肩修榫、拼板。将锯好纵向方的榫料平放在工作台（凳）面上，台（凳）面上临时垂直钉入圆钉或起子，将被加工的料推紧于圆钉；左手固定加工件，右手用细齿角锯将榫肩拉锯到纵锯过的位置，榫肩自然分离原体，如图 9-64 所示。这样拉肩既准确方正，又不会跳锯伤手。

榫头锯好后，要将端部四周铲修成斜坡形，通眼榫还要在加楔处锯好楔缝，楔缝为榫全长的 2/3。修过的榫可与眼试宽窄，如有超宽的必须用铲凿铲切，如图 9-65 所示。切不可用锉刀锉。

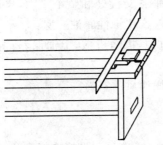

图 9-64　在工作台上用细齿锯拉肩

图 9-65　榫如超厚要用扁凿斜向铲切

门心板每块宽度不得超过 150 mm,超过范围的板要裁开重新拼接,拼缝以两块以上的木板侧立重叠成一条垂线,迎光观察不见亮为准。然后用手电钻或木工钻双面钻孔,孔径约为板厚 1/3,竹钉、铁钉加胶拼接。常温干燥一天便可刨削。刨削到需要的厚度后,再刨边、套方、齐头,直到符合规定尺寸(门心板尺寸应比入槽后的净尺寸长宽各小 2 mm,以防湿胀起鼓)。

(7)组装。检查各加工件并各部位试装,符合标准后,按照先简单后复杂。先中间后边缘的原则,参见图 9-66(a)~图 9-66(d)将 8 根梃子料合拼成井字形,再与上冒头组合;中、下冒头与中立梃先拼装成工字形,插入门心板后,再与上部组合就组装成内框架了。

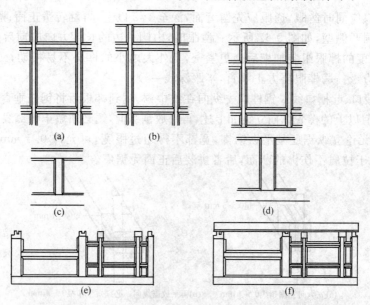

图 9-66 按照先简单、后复杂,先中间、后外缘的原则组装门扇

两根边梃作对于内侧面向上放置于平地面上,将内框架安置在同一基准面的边梃上,顺次对准榫、眼,使榫进入眼中(因榫头端部已四周铲修成斜坡,所以很容易入眼中),用锤顺次轻击各落入眼中榫的对应端,如图 9-66(e)、图 9-66(f)所示。慢慢地将榫打入眼中(并不要求一次到位),将地面另一边梃拿起翻转 180 度,将内侧的榫眼逐次套入各榫,垫木加锤击,使榫眼逐步基本到位。

组装好后,观察有无扭曲、翘曲等问题,直角尺套方。如有扭曲,操作的两人配合侧向推拉,可调整到超过原扭曲程度,同时锤击、加楔,即可调整好。如不方正要击打长边,顶紧短边,使其对角线相等一致。边框和冒头结合到位后,加满木楔用角锯齐头,翻转 180°,用同样方法将另一侧安装到位,带胶加楔,齐头组装完成。

组装好的门扇应平置于工作台上,用长细刨理平各交接处和整个平面,再用光刨净面,使其双面平整、光滑、纹理清晰。木门扇制作结束后,应刷快干性底油一遍。

(8)清扫现场。制作结束后要收拾工具,切断电源,擦净机械,上油保养;退还借用的工具和剩余材料,清扫教室卫生。

(9)产品保护。制作好的门扇应水平放置在干燥通风的室内。

5. 操作练习

课题:实木镶板门制作施工。

练习目的:掌握镶板木门扇的制作程序和操作方法,熟悉质量检查标准。

练习内容:制作全柳桉木质镶板半玻门一扇,见图 9-60 木门扇施工图。

分组分工:2 人一组,18 课时完成。

练习要求和评分标准,见表9-24。

表 9-24 　　　　　　　　　　　　　　考查评分

序号	考查项目	单项配分	要求	得分	其他说明
1	尺寸	10	全长、高尺量检查		
2	平整度	10	平台上楔塞尺检查		
3	裁口、起线、割角	10	全长顺直、无刨痕、对角密实		
4	门心板拼缝	10	不透光,无明显接缝		
5	对角线	10	允许偏差 2 mm		
6	表面光滑	10	无戗槎、毛刺、木纹清晰		
7	眼、榫	10	眼榫饱满、密实、无龟榫		
8	安全、卫生	10	无工伤、现场整洁		
9	综合印象	20	操作程序、方法、职业道德		

班级: 　　　　姓名: 　　　　指导教师: 　　　　日期: 　　　　总得分:

(二)包夹门扇的制作施工

1. 施工项目

制作榉木夹板包板门扇,详见图 9-67(a),其设计图案应和已制作过的地板与墙裙协调,如图 9-67(b)、图 9-67(c)所示。

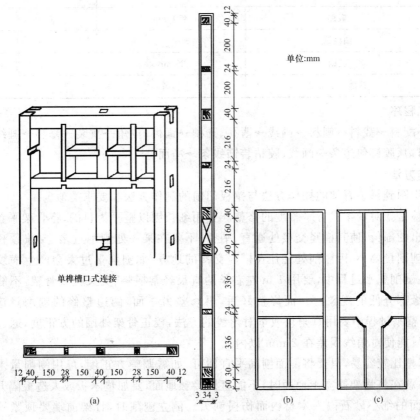

图 9-67　榉木夹板包板门扇施工图

2. 材料和工具

详见材料单(表 9-25)、工具单(表 9-26)。

表 9-25   材料单

序号	名称	规格(mm)	数量	含水率%
1	榉木三夹板	2 440×1 220	2	
2	白松骨架	40×45	10 m	≤15
3	白松骨架	33×40	7 m	≤15
4	榉木包边条	45×17	6 m	≤12
5	榉木木线条	6×10	6~8 m	≤12
6	立时得胶	0.75 kg 装	1	
7	圆钉	40 13	1 kg 0.2 kg	

表 9-26   工具单

序号	名称	型号	数量
1	平刨机床	MB 103	1
2	压刨机床	MB 502 A	1
3	圆锯机床	MB 103	1
4	板锯	400 mm	1
5	曲线锯		
6	胶刷	25 mm	2
7	其他木工工具	自备	

3. 施工程序

识图→配料→裁料→刨料→画线→凿孔、开槽→锯榫、拉角→拼装→修整→画线定位→胶合板面→修边、胶钉包边条→画线、胶粘装饰线条→净面。

4. 操作方法

(1)从识图到拼装骨架的操作方法与镶板门扇的制作方法和要求类似。

(2)修整是指对骨架进行平整度的修整。要用细长刨以整平为目的,将骨架平置于工作台上,刨削凸出的部位,使其横竖交接处通直、平整,不要在某一处刨削过多,要兼顾整个骨架的平整,每次刨削量要小,因刨削处往往在横竖交接的地方,如刨削量过大会产生横纹刨削处撕裂现象。在刨削整平过程中,要用 1 m 左右长的直尺经常横竖、交叉检查骨架,不能出现中间部位高、边缘部分低的现象。一面修好后,再修整另一面,两边整修的刨削量应控制在 1 mm 左右。整平过程中要用直角尺或量对角线的方法,校正骨架外围的方正度,通过修刨侧边来调整(这只能使对角线误差在 2 mm 以内)。

侧边修整比较容易,只要将侧面刨削平直即可,如需调整方正度,可用刨削量来控制。刨削侧面应注意在将骨架侧立于地面时,不能直接接触地面,要加垫木板或人造板隔开骨架与地面,以免地面的细小砂石嵌入木材内而伤损刨刃。侧立刨削时,骨架前端要顶紧较牢固的物体,如立墙或在工作台预钉卡口,如图 9-68 所示。总之,最好不要使骨架在刨削时松动和前后移动,以免因刨削而使骨架变形。刨削目的一是使侧边平直,达到设定的尺寸;二是使骨架方正,可用直角尺的内角测验,如图 9-69 所示,直到符合要求,并按设计要求画出面板拼接缝中线。

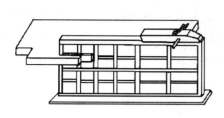

图 9-68　工作台卡口可卡紧骨架

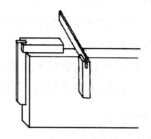

图 9-69　直角尺内角纵横检查角度

(3)胶粘面板是包夹门扇中最重要的环节。先将榉木夹板双面抹擦干净,看清木纹的分布情况,再选择长条纹路的夹板做 a 面,选择木纹较简单的做 b 面(外粘木线条来装饰),再根据图案拼接的方向成 30°或 45°画出 a 面上下 6 块拼接缝板和一块中部平纹板,如图 9-70 所示。排列画线裁板(注意要留加工量),板与板之间可平缝直接,也可以成 V 字形拼接,胶粘顺序为:先将中间直纹板临时固定在其位置(用小钉),再将上下与其拼接的夹板拼排,观察是否符合要求;以中间直纹板为标准,刨去多余毛边,直到横平竖直为止,并再临时固定在其位置。上部还有两块夹板按上述办法试排、修整(凡是外缘的板边,可暂时不要刨修到位,只要略大于骨架边缘即可,但一定不能小),如图 9-71 所示。观察所试排的板面图案和拼接缝,如有不满意的地方还可略做移动和修整(因为四周边缘还有一定余量),直到满意合格。按照试排时的顺序,拆除(临时固定钉小钉)一块、胶合一块。

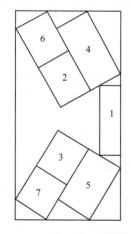

图 9-70　拼花面板的画线方法

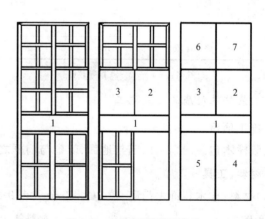

图 9-71　胶粘面板顺序和位置

胶合前再将夹板和骨架抹擦干净,将立时胶搅调均匀先涂刷于骨架上,后涂刷在夹板上(胶在木材上干燥得慢一点),刷胶后等 5～10 分钟(以胶膜不粘手为准);以面板长方向为准边,先侧立就位,符合标准后慢慢平放,一次到位,中途不得移位,再用平滑垫木垫在锤击处,从中间向四周辐射打击,使胶合层密实无空鼓。按上述方法逐一将板块胶合,擦净面板上的胶迹。翻转 360°,再将另一面胶合好(第二面因是整板胶合,所以应在胶合第一面之前套画出板背面的刷涂胶的位置线,如也是多块拼接式,就不必套画)。

胶合好的门扇经过一天的干燥,可刨削四周毛边。刨毛边时必须与板面垂直,不得向外倾斜,以免封边时露出缝隙而影响美观。将封边条用钉胶结合的方法固定于门扇四周侧面,但不得钉在安装合页、门锁的位置,再用光刨将封边条刨至与板面吻合,并且不得刨伤面板。最后在有线条装饰的板面按图案画好线,将线条加工好后胶粘于面板上(装饰线条以购买成品为主,弧形、圆形应配套购买,如自己加工,应以直线条为主)。擦净胶迹,刷快干性底油一遍。将门扇平放在室内工作台或有垫木且水平的地面,留待安装。

(4)清扫现场,退还剩余材料,对机械、工具维修保养。

5. 操作练习

课题:包板门扇制作施工。

练习目的:掌握包板门扇的制作程序和方法,熟悉质量检查标准。

练习内容:制作榉木夹板包板门一扇,见图9-67。

分组分工:2人一组、12课时完成。

练习要求和评分标准:见表9-27。

表 9-27 考查评分

序号	考查项目	单项配分	要求	得分	其他说明
1	尺寸	10	长、宽、厚,尺量检查		
2	平整度	15	平台上楔形塞尺检查		
3	对角线	7	±2 mm		
4	面板拼缝	10	横平竖直、纹路合理		
5	木线条	8	图案正确、弧度纯滑		
6	胶合牢度	10	手扒、锤轻击检查		
7	安全、卫生	10	无工伤、现场整洁		
8	综合印象	30	操作、方法、职业道德		

班级: 姓名: 指导教师: 日期: 总分:

(三)装饰木门扇的安装施工

1. 施工项目

安装榉木包夹门扇。门扇与地面、门扇与门框之间的缝隙详见图9-72。

2. 材料、工具

(1)材料:榉木装饰木门扇、樘,安装五金见表9-28。

表 9-28 材料单

序号	名称	规格(mm)	数量
1	榉木包夹门扇	800×2 000	1 扇
2	合页	钢质100	1 副
3	螺丝	钢质40	16 只
4	门锁	球型拉手	1 把
5	门吸		1 副
6	关门器		1 副

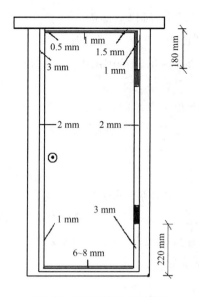

图 9-72　门扇与地面、门框缝隙

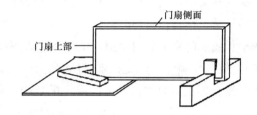

图 9-73　自制装门夹具示意图

（2）工具以木工手工工具为主，详见工具单（表 9-29）。

表 9-29　　　　　　　　　　　　　　　工具单

序号	名称	型号	数量
1	手电钻	JIZ—13	1
2	夹具	自制	1 副
3	打孔器	$\phi25\sim\phi60$	1 套
4	手工工具	自备	

3. 操作程序

检查门框→制作夹具→画线→刨削→安装门扇→调试→五金安装。

4. 操作方法

（1）检查门框。用水平尺、线锤和量尺分别检查门框的水平度和垂直度、框内裁口的尺寸和对角线，看看是否符合标准；如有误差，需调整。如水平、垂直和对角线及宽、长均误差在 2 mm 以内，可在安装门扇时刨削调整。

（2）制作一副安装门扇的木夹具，如图 9-73 所示，再刨削一根厚度为 6～8 mm 的板条（可以是一头厚 6 mm，一头厚 8 mm 的楔形板条）。

（3）画线。在门扇装锁的位置钉一根 3～4 in 的圆钉作为临时拉手（如果安装半玻门就不必钉临时拉手），将门扇搬到门框附近，木板条放在门口，再将门扇架在板条上；人站在门外，将门扇搬移至门框裁口处（此时因人在外手在内，所以只能大致就位）一手拉紧圆钉，另一手从地面板条边的缝隙抓住门扇下部，慢慢将门扇移到裁口边缘，观察门扇与门框左右两条的加工刨削余量或缝隙的大小。通过左右移动，使门扇加工量或亮缝均匀后，就可以用铅笔在门扇上画出门框边缘线（此时只能一只手画线，另一只手要拉紧圆钉，手要交换才能画出全部的线）。这次画线的主要目的是将加工余量刨削掉，不必很精确。

（4）刨削、二次画线和二次刨削。画好线的门扇卡顶在夹具上，塞紧木楔后就可刨削。刨削时应先刨门扇上部,如图 9-73 所示(因门扇侧横在夹具上,所以只能刨削全长的一大半,另一半待翻转门扇,刨削另一侧边时再刨削),再通长刨削侧边。门扇下部一般不要刨削,如需刨削,按刨门扇上部方法,同法刨削另一侧边。刨削中要将所画的线都刨削掉,不能留线,以免门扇大而放不进门框内。

刨削好的门扇第二次搬至门框附近,垫好 6~8 mm 板条于地面,门扇架在板条上,推入门框裁口内,使门扇上部顶紧门框中贯档或上冒头,可用填于地面的楔形板条楔紧,门扇才不会倾倒。

观察刨削后的门扇与框门缝隙是否合格,如图 9-74 所示。如不合格,再用铅笔按照要求先用尺量出标准点,再用长直尺画线或沿门框边缘画出左右两侧 2 mm 的平行线和上部 1 mm 的平行线于门扇上(这样刨削出来的门扇,利用合页安装的深浅也能达到缝隙大小不同的要求)。第二次画线一定要精确,缝隙的大小与此次画线有直接关系。门扇缝隙线画好后还要及时画出合页在门扇和门框上的同一标高的控制线,如图 9-74 所示合页控制线尺寸。同时要认准开启方向,不得将合页控制线画错方向。

二次刨削时应先刨削开启面,后刨削转轴面(即安装合页面),刨削到线后再向裁口面倾斜,如图 9-75 所示。同时将板面和侧面相交的棱角刨成弧形(俗称放楞),其目的是不割手。

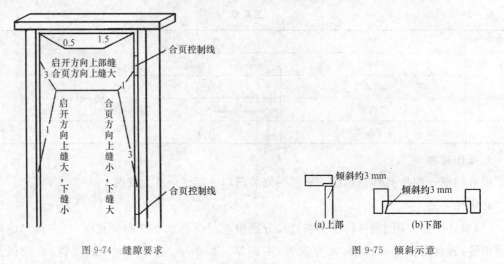

图 9-74　缝隙要求　　　　　　　　　　　图 9-75　倾斜示意

(5)安装合页和门扇。按照合页控制线在门扇和门框上分别画出合页尺寸(可用合页放在画线位置描画)和深度,如图 9-76 所示,逐一凿出合页槽。所凿合页槽的大小、深浅要符合要求,门扇的合页槽应与倾斜面平行(这样形式的门扇安装后不会自开),门框上的合页槽应上部深、下部浅,上下深度差为 1.5 mm 左右,目的是为达到图 9-72 所示各部缝隙要求。

安装合页用 40 mm 木螺丝,要拧入骨架内,不可钉入。如木质较硬,可钻螺丝直径 0.6~0.7 倍的孔,其深度不得超过螺丝长度的 3/5。

先将门扇上的合页安装牢固,再将门扇搬到与门框安装的位置并垫楔形木条于门扇下,移动门扇,使门扇的上合页嵌入门框的合页槽口内,如图 9-77 所示。用一根木螺丝先将上部合页与框连接固定,抽掉楔形木条关闭门扇,观察门扇与框的缝隙和平整度,缝隙如有误差,可调整门框合页口的深浅,平整度有误差,可调节合页离门框边缘的进出。符合标准后拧齐所有螺丝,平开木门扇安装结束,门锁、关门器、门吸等五金即可按要求安装。

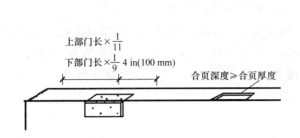

图 9-76　合页位置和深度

图 9-77　安装合页

（6）打扫卫生，收拾工具。如装锁的门扇锁装好后，要将钥匙系在小木板或人造板上，并编写好序号以免遗失和错乱，并把门关锁好。没有装锁的门扇将门扇开至墙边，用楔形木板条在地面将门扇楔紧，以免门扇被风吹得忽开忽关而损坏门框、门扇。

6. 作业练习

课题：木门扇安装。

练习目的：掌握安装室内门扇的操作程序和方法。

练习内容：安装一扇榉木包板门扇，如图 9-73 所示。

分组分工：每人一扇，4 课时完成。

练习要求和评分标准：见表 9-30。

表 9-30　　　　　　　　　　　　　　考查评分

序号	考查项目	单项配分	要求	得分	其他说明
1	平整度	15	关闭后、平靠尺、塞尺口不超过 2 mm		
2	上缝	10	楔形塞尺不超过 1 mm		
3	侧缝	10	楔形塞尺不超过 2 mm		
4	下缝	10	楔形塞尺不超过 6～8 mm		
5	合页	10	位置正确、平整、牢固		
6	开闭	15	无自开、自关现象		
7	安全、卫生	10	无工伤、现场整洁		
8	综合印象	20	不超时，门锁、五金等齐全		

班级：　　　　姓名：　　　　指导教师：　　　　日期：　　　　总分：

（四）装饰木门扇制作安装的通病及其防治对策

1. 门扇翘曲

主要原因是由于木材含水率超过了规定数值，选材不适当，成品堆放不合理，门扇过高，过宽而选料断面偏小，刚度不足而造成膨胀、干缩而变形等原因造成。另外，做镶板门只图造型，过度挖裁，使局部断面偏小，制作难度较大而影响质量亦会造成翘曲变形。因此，须用含水率达标的干燥木材及木质好的树种，合理设计图形，适当加大断面尺寸，桉木纹合理下锯和设置榫眼等提高制作质量。

2. 门扇窜角

主要原因是眼榫加工不当，拼装未规方，加楔位置不当等引起。故打眼应方正，榫头肩膀要方正,宽窄、大小要适当,先规方后拼装,合理设置加楔位置,并做好成品放置和保护。

3.包板装饰木门扇开胶,包边条与板面胶合不严密

原因是木材含水率偏大,胶合剂质量不好、胶结面有灰尘、干燥固化时间不够、敲击挤压不均匀和操作不当而引起,故须控制好木材含水率,选用合格的优质胶合剂,胶合前清扫现场,保持环境的清洁,涂胶均匀有序,不漏不重,敲击时垫实骨架,不乱敲乱打,待完全干燥固化后再进行下道工序,以保证包板门扇的质量。

4.门扇与门框翘曲

主要原因是合页安装不准确,不在同一的位置,因此在安装合页时一定要将合页位置画准确,并开出标准的槽口位置。安装时先安装1～2颗螺丝,关闭门扇检查,如有偏差(排除门框翘曲因素),应及时修整,待合格后再将全部螺丝拧紧。

5.门扇自开或回弹

主要原因是门扇边框侧面斜度过小或没有斜度,使合页闭合后间隙过小而引起。在安装时要按操作方法中的要求,将边框侧面刨出适当的斜度,并使合页槽的深度与斜面平行,就可避免门扇回弹或自开。

二、细木制品的制作和安装

细木制品系指室内的木质窗台板、窗帘盒、筒子板和门窗贴脸等项目。

在室内装饰工程中,这些细木制品既有其功能作用,又是其他装饰工程封边、过渡和配套项目。这些细木制品往往处于较醒目的位置,所以要选优质木材精心制作、仔细安装,才能收到良好的效果。

(一)木质窗帘盒的制作

窗帘盒有明、暗两种。明窗帘盒可预先加工,以减少现场制作的工期,然后在现场安装。

1.施工项目

制作暗榫槽、木板窗帘盒,详见加工图和构造图9-78。

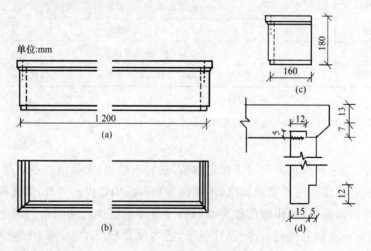

图9-78 加工图和构造图

2.材料和工具

材料以榉木板材为主,详见材料单(表9-31)。

表 9-31 材料单

序号	名称	规格（mm）	数量
1	榉木板	25×180×1 250	1块
	榉木板	25×170×1 250	1块
	榉木板	25×170×400	1块
2	单窗轨	滑轮式 1 200	1根
3	机螺丝	ϕ 4×40（带垫圈）	6根
4	白乳胶	0.5 kg 瓶	1
5	圆钉	40	0.2 kg

工具以手工工具为主，详见工具单（表 9-32）。

表 9-32 工具单

序号	名称	型号	数量
1	手电钻		1
2	裁口刨		1
3	槽刨	13 mm	1
4	板锯	细齿 300	1
5	手工工具	自备	

3. 制作程序

识图、配料→刨削→画线→制作盖板→制作主板→修整、光面→拼装、组合。

4. 操作方法

（1）按加工图和材料单配好盖板 1 块，立侧板 2 块（立侧板最好连在一起加工，不必先截短成单块尺寸）。

（2）刨削木板达到规定的尺寸（盖板可宽 3 mm 作修整余量），如板材不够宽可以拼接。

（3）画线。选择心材为基准面做好符号，画好盖板的暗榫槽位置线、装饰斜坡线和齐头线；画立木线时要考虑 45°斜角的加工难度，应留出适当加工余量，尤其是两块侧立板的加工方法和作对制作。所以将两块侧立板连在一块板上画线，两端只留 5～10 mm，加工余量放在中间，如果一端 45°斜角出错，还可以向中部移动，再重新锯割而不影响其长度；将两块板连在一块，便于加工（过短的板、方材不易刨削和锯斜角）。立板画线和排列方法参见图 9-79 所示。

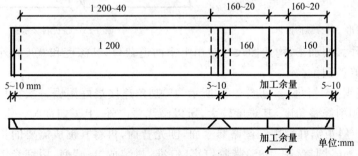

图 9-79　立板画线方法和排列布置

①先画正面标准尺寸和加工余量线；

②用 45°尺画出向内的 45°斜线，再将线过 a 图的背面（虚线示）

(4)盖板制作。按设计和美观的需要,盖板的榫槽不得明露,所以制作比较复杂。

用细齿板锯按线横向锯割一部分,如图 9-80 所示,再用凿、铲切掉被锯过的部位,然后用凿、铲、锯加工无法锯割的部位,如图 9-81 所示。使横向暗榫槽达到设计要求(用锯是因为横向凿槽难度较大,所以能锯多少尽量多锯,以不伤损美观为准)。

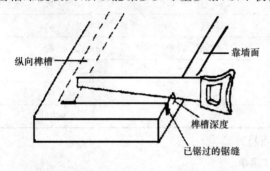

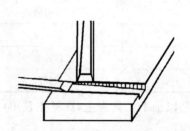

图 9-80 细齿锯横向锯割   图 9-81 用凿铲切掉被锯过的部分再用凿铲
                                          凿击锯无法锯割部分

加工纵向暗榫槽,同样不能用槽刨通长起槽,必须先用适当宽的凿(按图要求为 12 mm)按线先凿出一部分纵向槽,深度超过 5 mm(最好为 7 mm),并要深浅一致,其长度以大于槽刨的长度为准,如图 9-82 所示。按上述方法将另一端加工好,再用槽刨刨出纵向榫槽。榫槽要通直,侧壁垂直,深度大于实际尺寸 1~2 mm 为宜。

榫槽加工合格后再刨削装饰斜坡,按照构造图和画好的线,先刨横向后刨纵向,如图 9-83 所示。所刨斜坡面要平整、通直,横向刨削要小心、仔细,可适当在横切面上洒些水刨削,被加工的斜坡面尺寸要精确,不得出现弧面现象。

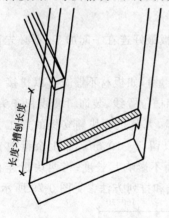

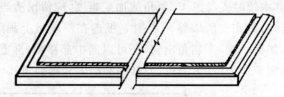

图 9-82 凿出一部分纵向槽口   图 9-83 顶板斜坡示意

(5)立板制作。按加工、构造图尺寸裁出上下两道裁口,其深度和宽度略小于实际尺寸,再用理线刨清理、修整到位。

按画好的线锯 45°斜角,参见图 9-84 所示,45°割角连接最好用锯一次锯标准,刨只能稍刨一点毛头,如靠刨削修整角度,其难度较大,所以画线要内外、上下四面画。锯割时将侧立板固定,锯割要准,45°斜角锯好后用细刨略修立面,刨光背面,再将其锯成需要的长度(指两端侧立板)。然后用 40 mm 圆钉(图 9-85)带胶钉牢、钉准,拼装成"凵"型,用细光刨将正面刨光,就可以与盖板试组合。观察榫与暗槽是否吻合,如有误差,可做调整。

(6)组装。将"凵"型立板榫带胶打入盖板暗榫槽中,再用 40 mm 圆钉砸扁钉帽从顶部钉入与立板钉接牢固。组合好的窗帘盒用细刨刨平下口,放楞棱,安装窗帘轨道,刷底油一遍。

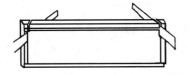

图 9-84 45°斜向锯割　　　　　　图 9-85 钉胶 45°连接

5. 操作练习

课题:木质窗帘盒的制作。

练习目的:掌握暗榫槽明窗帘盒制作程序和操作方法。

练习内容:制作暗榫槽木板窗帘盒,如图 9-77 所示。

分组分工:每人制作一榀,9 课时完成。

练习要求和评分标准,详见表 9-33。

表 9-33　　　　　　　　　　　　考察评分

序号	考查项目	单项配分	要求	得分	其他说明
1	各部尺寸	20	总长、宽、高各部尺寸检查		
2	表面整洁	15	无戗槎、毛刺、锤印、裁口顺直、交圈		
3	榫、槽配合	15	结合紧密、无松动		
4	45°斜角连接	20	牢固、无缝隙、方正		
5	安全、卫生	10	无事故、现场整洁		
6	综合印象	20	方法、程序、正确使用工具等		

班级:　　　姓名:　　　指导教师:　　　日期:　　　总分:

(二)筒子板和门窗贴脸的施工

筒子板和门窗贴脸既是装饰木门窗工程独立的工程项目,又能起整个装饰工程的过渡、封边、封口的作用。合理设计、精心制作筒子板和门窗贴脸,能起到事半功倍的效果。

1. 施工项目及阅读施工图纸

筒子板和门窗贴脸的制作安装,详见图 9-86 筒子板、门窗贴脸安装图。

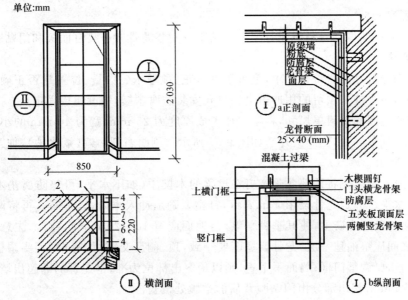

图 9-86　筒子板和门窗贴脸施工图

1—门贴脸;2—防腐木砖;3—面板;4—龙骨架;5—粉刷层;6—门框;7—防腐层

2. 材料、工具

材料以五夹板、木方、木板为主,详见材料单(表 9-34)。

表 9-34 材料单

序号	名称	规格(mm)	数量
1	五夹板	水曲柳 1 830×915	1 张
2	白松木方	30×45	13 m
3	圆钉	70	0.2 kg
	圆钉	40	0.2 kg
	圆钉	20	0.1 kg
4	白乳胶	0.5 kg	1 瓶
5	防腐剂	氟化钠 500 cc	1 瓶
6	油毡	1 000×7 000	1 张
7	榉木板	18×50	5.3 m

工具以手工工具为主,详见工具单(表 9-35)。

表 9-35 工具单

序号	名称	型号	数量
1	冲击电钻	回 Z1J-16	1
2	平刨机床	MB103	1
3	压刨机床	MB502A	1
4	圆锯机	MJ104	1
5	板锯	400 mm	1
6	手工工具	自备	

3. 施工程序

检查门窗洞口及埋件→制作龙骨架和门贴脸→安装龙骨架→装钉面板和门贴脸。

4. 操作方法

(1)检查门洞尺寸是否符合要求,是否垂直方正,预埋木砖数量、位置是否正确,混凝土过梁上有无埋件,不全或未预留的用冲击电钻打孔安装防腐木楔,增设连接固定点。

(2)按照构造图和材料单尺寸,将松木加工成厚度为 25 mm、宽为 40 mm 的小方,并钉制成三片龙骨架(顶部一片,侧面两片),如图 9-87 所示。刷防腐剂两遍(氟化钠),加工榉木门贴脸,如图 9-88 所示。

(3)安装龙骨架。先将顶部龙骨架钉在过梁的木楔中(如不水平,可垫防腐垫木调整),使纵、横方向都水平。固定龙骨架用 3 in 圆钉,钉帽要砸扁冲入木内,以下同。再将两侧龙骨架钉在门洞侧面的砖墙木砖上,使其垂直平整(与地面应留 10~20 mm 空隙)。注意,龙骨架与梁底和墙面之间应垫油毡一层,龙骨架宽度要一致,顶、侧要交圈,如有误差,要调整。调整方法:门框不垂直,要调整门框;墙面不垂直,则以最突出部位为准;木龙骨局部超出墙面(其最大值不得超过 5 mm),超出部分由门贴脸背后的空腹处覆盖。

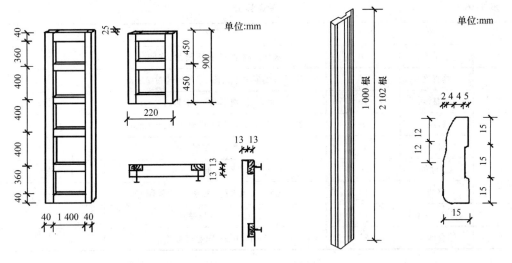

图 9-87　筒子板木龙骨骨架制作尺寸和方法　　　　　图 9-88　门贴脸式样断面大样

（4）面板安装。将 1 830 mm 长、915 mm 宽的五夹板裁成长 1 830 mm、宽 230 mm 三条，选出两条木纹近似的留做两侧，另一块取中间部分做顶板，另两小块做侧板的拼接板。

先将顶板在龙骨上比试宽度，以里口进裁口，外口略超出龙骨架为准，长度以离侧龙骨架 1～2 mm 为准，刷胶钉于顶龙骨架上。

将长条侧板按上述方法比试并拼接好与顶板的接缝，下部与短五夹板拼接缝（下部拼接缝一要在横档上，二要使短夹板够长），符合要求后刷胶钉牢，最后将下部短板拼钉好，两侧同样方法。

最后用长刨将凸出龙骨边缘的毛边刨直、刨平，使左右和顶部交圈。

（5）将加工好的门贴脸按实际尺寸画线，先画上部的一根。画线方法是以上面板为基准直线，定出左右两边侧板面的点，以此点用 45°尺向外斜出，用细齿锯留线锯割后比试，符合要求后，刷胶钉于筒子板木框架上。钉钉时，先钉入一部分后，用手摸贴脸条边缘与顶板面是否吻合，不能超下，也不能冒上，一定要平齐，合格后再钉牢。两侧贴脸也是先对 45°，合格后再定长度（有踢脚板和贴脸墩的，要扣除其高度），刷胶钉牢，方法与上部贴脸一样。

贴脸条钉好后，要将上部 45°对角处的尖角用凿或砂纸加工成小圆弧，再检查有无钉帽未冲入板内或冲入深度不够的现象，如有，要补冲。

（6）刷底油一遍，打扫现场卫生，收拾工具，退还多余材料。

5.操作练习

课题：筒子板和门窗贴脸施工。

练习目的：掌握筒子板和门窗贴脸的制作安装施工程序和操作方法。

练习内容：制作安装筒子板和门窗贴脸，如图 9-85 所示。

分组分工：2 人一组，12 课时完成。

练习要求和评分标准：详见表 9-36。

表 9-36　　　　　　　考查评分

序号	考查项目	单项配分	要求	得分	其他说明
1	水平度	10	水平尺测量、全长不超过 2 mm		
2	垂直度	10	线锤吊线不少于两面、全长不超过 2 mm		
3	平整度	10	1 m 平靠尺、楔形塞尺、不超过 2 mm		
4	钉距	7	纵向中到中 100,横向中到中 80±2 mm		
5	接缝	8	严密无缝隙		
6	45°对角	10	严实、准确		
7	整洁	10	无胶迹、无戗槎、无毛刺、无锤印		
8	安全、卫生	10	无工伤、现场整洁		
9	综合印象	25	程序、方法、职业道德等		

班级：　　　姓名：　　　指导教师：　　　日期：　　　总分：

（三）细木制品制作安装施工质量的通病及其防治对策

（1）窗帘盒制作过程中,往往会产生尺寸不准、割角不严、线条不交圈、45°连接错位、不严密、结合不紧密等缺陷,这主要是操作方法不当,使用工具不合理、线未画齐全及操作不认真等原因所造成。

为了杜绝以上缺陷,首先要统一画好线,套方过全线;正确使用工具精心操作,不符合要求的工件不带入下道工序,操作认真仔细。

（2）基层龙骨架固定不牢、不平整、不方正、档距不符合要求,这主要是由于结构与装修施工配合不当、预留洞口变形、木材含水率偏大、档距不合理、操作不规范等原因造成的。因此,须熟悉图纸,按要求埋置预埋件;安装前对墙面洞口进行检查、修理;严格控制木材的含水率;严格按工艺标准操作。

（3）面层安装缺陷主要表现在木纹错乱、颜色不均、棱角不直、表面不平、接缝不严、割角不严、不方、线角不顺直、不光滑等现象。这主要是因为未选料、未对色、未对木纹、门窗框未裁口或打槽,使筒子板正面直接贴在门窗框的背面,盖不住缝隙,造成结合不严;贴脸割角不方、不严,主要是 45°割得不准;贴脸条断面小,难加工,容易钉劈裂等。因此,要严格进行选材并控制面板的含水率;使用切面板时,尽量将花纹木心对上,将花纹大的安装在下面,花纹小的安装在上面,防止倒装;接缝严密;有筒子板的门窗框要预先裁口或打槽,筒子板应先安装顶部,找平后再安装两侧,并带胶装钉。

窗帘盒安装不平,主要是由于预埋件不在同一标高所造成的。因此,安装前应对预埋件进行修理、调整。

窗帘盒两端伸出窗洞口长度不一致,主要原因是操作不认真所致。安装前应将窗帘盒位置线画在墙皮上进行核对。

窗帘轨脱落,多由于盖板太薄或螺丝松动所造成。因此,盖板厚度不宜小于 15 mm,并采用机螺丝拧紧。

第四节　木龙骨吊顶

一、木龙骨吊顶的施工

木龙骨施工一般为结构造型和面层装饰两部分。结构造型由支承部分和基层部分组成。

（一）结构造型施工

1. 施工项目

制作安装迭级式带暗窗帘盒的木龙骨吊顶骨架，如图9-89所示。

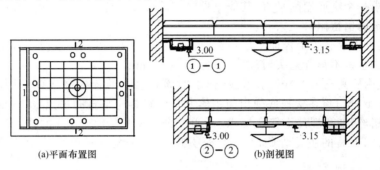

(a)平面布置图　　②—②　(b)剖视图

图 9-89　施工图

2. 材料和工具

材料以东北红、白松为主，详见材料单（表9-37）。工具详见工具单（表9-38）。

表 9-37　　　　　　　　　　　　　材料单

序号	名称	规格（mm）	数量	含水率％
1	主龙骨	55×105×3 200	3 根	≤15
2	次龙骨	45×45×3 200	12 根	≤15
3	间距龙骨	45×45	累计 36 m	≤15
4	圆钉	90 mm	2 kg	
		12 mm	1 kg	
		70 mm	2 kg	
5	镀锌铅丝	8#	1 kg	
6	防腐剂	氢酚合剂	1 kg	
7	防火剂	硅酸盐涂料	1 kg	
8	脚手（板）	自制		

表 9-38　　　　　　　　　　　　　工具单

序号	名称	型号	数量
1	刨机床	MB 103	1
2	压刨机床	MB 502A	1
3	圆锯机	MJ 225	1
4	手电钻	J 12-13	1
5	冲击电钻	回 2J-16	1

（续表）

序号	名称	型号	数量
6	水平尺或水管	500 mm 或 12×5 000 mm	1
7	手工工具	自备	
8	漆刷	2 in	2 把

3. 施工程序

看图→加工龙骨→搭设脚手→弹线→吊主龙骨→安装基层龙骨→预制迭级龙骨→安装、组合迭级龙骨架→起拱、整修。

4. 操作方法

（1）根据施工图和材料单加工木龙骨。加工应按先主龙骨、再次龙骨、间距龙骨和迭级龙骨的顺序进行。

主龙骨要求一个窄面刨削平直；其他龙骨要高低尺寸一样、宽窄尺寸一样（可先平刨后压刨），并刷防腐剂两遍待用。

（2）搭设满堂脚手。脚手板面距吊顶大面积 1.8 m 左右（以人站在脚手板上，头顶离吊顶面一拳为宜），脚手板不得有空头，板厚一般为 55～60 mm。

（3）根据室内标高＋500 mm 水平线，弹出四周立墙上的各标高线（一是标高为 3.15 m 处；二是标高 3 m 处）；再在楼板底弹出与主体龙骨位置相应垂直的吊点线，找出吊点预埋件，穿入 8 号镀锌铅丝（如预埋件不符合要求，可用冲击电钻打 φ12～φ16 的孔，安装金属膨胀螺栓为吊点）。将加工后的主龙骨临时吊在 8 号铅丝上，主龙骨长度应略短于房间长度 20～40 mm。

（4）安装标高为 3.15 m 处的基层龙骨架。按施工图（图 9-90）和构造示意图（图 9-91），首先将龙骨按标高线钉在预埋木砖上，所钉龙骨要求标高准确、牢固、四面交圈（如有接头必须在木砖上）。

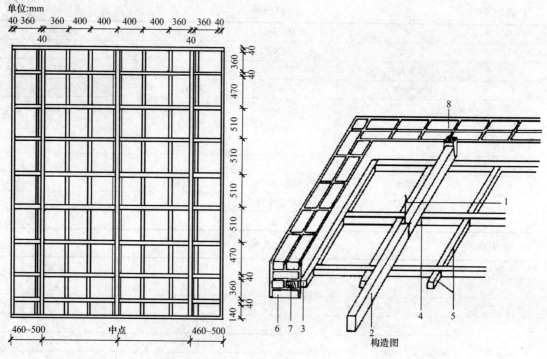

图 9-90　标高 3.15m 处龙骨架施工图

图 9-91　构造示意图

1—吊筋；2—主龙骨；3—沿墙龙骨；4—次龙骨；
5—间距龙骨；6—防腐木砖；7—砖墙；8—木楔

次龙骨和间距龙骨的分格线,应从对称两边的中点向两侧分量,准确地一次画好。

次龙骨应顺次安装。安装时,先将一端锯方正,顶紧沿墙龙骨;另一端放在对称沿墙龙骨下(注意位置不能错)按实际长度画出长度线。注意观察所安装位置的沿墙龙骨与立墙有无空隙,如没有空隙,可按实际尺寸加长 2~3 mm;如有空隙,还要再加上两边空隙的长度。长度锯好后,一端先放在设定位置;另一端因长度略长,应斜向先顶入沿墙龙骨上,再用锤逐渐打向设定位置,这样次龙骨安装能将沿墙龙骨撑紧,次龙骨也因两边顶紧而较为牢固。但是次龙骨加放的长度不能过长,一般不得超过 3 mm。如太长,一是难以就位,二是会引起次龙骨顶撑过度产生变形。安装方法如图 9-92 所示。次龙骨就位后,用 70 mm 圆钉在次龙骨靠近端部的侧面斜向钉在沿墙龙骨上。次龙骨与沿墙龙骨钉接法,如图 9-93 所示。

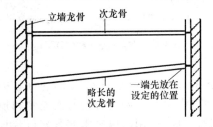

图 9-92　次龙骨安装方法

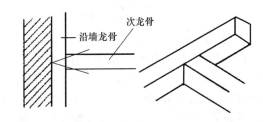

图 9-93　次龙骨与沿墙龙骨钉接方法示意

次龙骨与沿墙龙骨连接每端至少两根钉,并连接牢固,下部平整,不得有凹凸现象。所有次龙骨安装完毕后,将主龙骨从吊筋铅丝中放下,与次龙骨上部接合。先在次龙骨上弹出主龙骨位置线,将主龙骨移至次龙骨所弹的主龙骨位置线上,并用木楔将主龙骨两端楔紧,(因主龙骨一般要略短于实际长度,才容易先吊在吊筋上),再将次龙骨用 90 mm 圆钉从下面或侧面钉在主龙骨上,如图 9-94 所示。钉次龙骨时要带通线,以保证次龙骨与主龙骨连接后次龙骨通直且间距准确。次龙骨全部固定在主龙骨上后,在次龙骨的底面逐一弹出画在立墙龙骨上的分格线,以弹出的分格线为平行线做出垂直于分格线的间距龙骨线。用分量分格线的方法从中点向两端分画各间距龙骨的中点线,然后将间距龙骨一端先锯方正,顶紧次龙骨,另一端按实际尺寸画线,锯割前再次观察次龙骨是否通直,如有弯曲,可用间距龙骨放长撑、缩短拉的方法,将次龙骨调整通直。间距龙骨裁锯一定要按实际情况决定长度,次龙骨与间距龙骨逐排逐根钉接,其钉接法参见图 9-94 所示。间距龙骨钉结束后,可将主龙骨与吊筋铅丝绑扎牢固,并按起拱要求拧紧铅丝或吊杆螺栓、螺丝,达到需要起拱的高度。按要求弹出单块罩面板的中线,基层龙骨安装基本完成。再根据施工图,在基层龙骨上弹出标高 3 m 处的迭级龙骨位置线和立墙上的标高线。

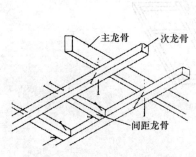

图 9-94　次龙骨与主龙骨钉接法、
间距龙骨与次龙骨的钉接法

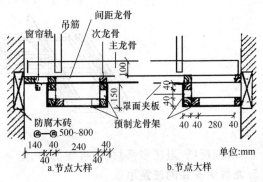

图 9-95　节点构造图

（5）迭级龙骨架的预制和安装。按龙骨架节点构造图 9-95、图 9-96 和图 9-97 构造大样图，将加工好的迭级龙骨方料按图 9-98 预制龙骨架制作加工图要求，制成 4 个龙骨架。（2 个 3.2 m 长，其中一个为"凵"形一个为 L 形；2 个 3.06 m 长都是 L 形）。预制的迭级龙骨架要达到设计要求，要有足够的强度和刚度，要求榫槽结合、钉胶结合尺寸准确、方正平直。

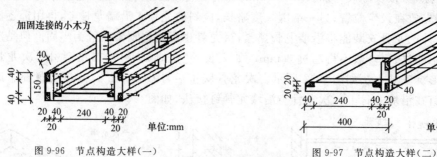

图 9-96 节点构造大样（一）　　　　　　　图 9-97 节点构造大样（二）

制作好的龙骨架先抬到脚手板上。

安装方法：先将一片长 3.2 m 的 L 形龙骨架抬托至 3.15 m 龙骨底面处，L 形的侧立边与已弹好的位置线对齐，底平面与立墙标高（3 m）弹线平齐，用 90 mm 圆钉分别与次龙骨和预埋木砖（或设置的连接点）钉接牢固（如立墙与龙骨架之间有空隙，应用防腐楔木塞紧），以保证 L 形迭级龙骨架侧立面与地面垂直、底面与地面水平。同样方法将另 2 片长 3.06 m 的 L 形迭级龙骨架安装好，最后安装带有暗窗帘盒侧板的长 3.2 m 的"凵"形迭级龙骨架。组合安装迭级龙骨架形式参见图 9-99 所示。为加强迭级龙骨架与上层龙骨架的连接牢度，可参照图 9-96，加钉小木方（板）。迭级龙骨架安装结束。

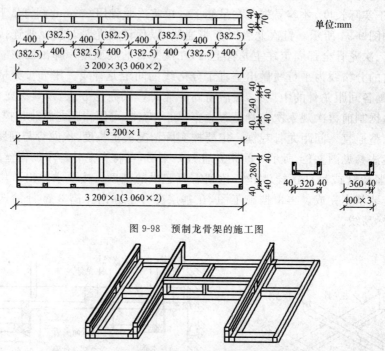

图 9-98 预制龙骨架的施工图

图 9-99 迭级龙骨架的组合示意

（6）清理现场，退还多余材料、机械擦净、上油保养。

5. 龙骨架安装的注意事项

安装的迭级龙骨架下部要与标高线吻合，四片骨架应等宽，交圈，侧面垂直于地面，底部水平于地面,交接处应无高低差。如立墙四周不方正,可在立墙和单片龙骨架之间加垫垫木,使其方正。

然后用拉通线或直靠尺检查所有龙骨基层和龙骨架的平整度,如有误差,应修整,特别注意所有接头处、纵横交接处的平直情况。最后再检查吊点、吊筋是否固定牢固,起拱高度是否因安装迭级龙骨架影响。如不符合要求,应根据具体情况调整,紧固吊筋和吊筋铅丝,或再增设吊点。安装结束后,再弹出罩面板中心线。

6.操作练习

课题:木龙骨吊顶结构造型施工

练习目的:掌握木龙骨吊顶结构造型施工程序和操作方法。

练习内容:制作安装迭级式带暗窗帘盒的木龙骨吊顶骨架。

分组分工:4~6人一组,18课时完成。

练习要求和评分标准,详见表9-39。

表 9-39　　　　　　　　　　　　　木龙骨吊顶骨架考查评分表

序号	考查项目	单项配分	要求	得分
1	标高	15	3.15 m、3.00 m处准确、交圈	
2	起拱	8	符合1/200要求且纯直	
3	平整度	10	纵横、交接、各连接点无高低	
4	牢固性	10	吊筋间距不大于800 mm、钉接牢固	
5	尺寸	10	各部分尺寸准确、允许偏差不超过2 mm	
6	方正度	10	房间对角线不超过3 mm,分格对角线不超1 mm	
7	弹线	7	准确、清晰、不漏不缺	
8	安全卫生	10	无工伤、场地清	
9	综合印象	20	程序不乱、操作合理、职业道德	

班级:　　　　姓名:　　　　指导教师:　　　　日期:　　　　总得分:

(二)木龙骨吊顶罩面

1.施工项目

制作安装迭级式带暗窗帘盒木龙骨吊顶面层,见图9-100所示。

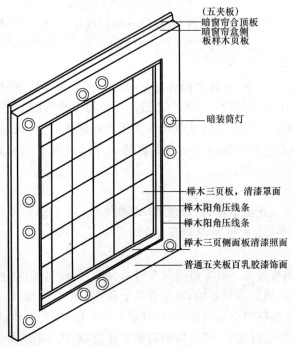

图 9-100　迭级式带暗窗帘盒木龙骨吊顶

2. 材料和工具

详见表 9-40、表 9-41。

表 9-40 材料单

序号	名称	规格(mm)	数量
1	榉木三夹板	1 220×2 440	5 张
2	椴木五夹板	1 220×2 440	2 张
3	阴角木线角	25×25×4 000	8 根
4	阳角木线角	30×30×4 000	4 根
5	白乳胶	0.5 kg	3 瓶
6	圆钉	30	0.5 kg
7	圆钉	20	1 kg
8	铝窗轨	单层 3.2 m	1 根

表 9-41 工具单

序号	名称	型号	数量
1	手电钻	J 12—13	1
2	开孔器	25—80	1 套
3	细齿板锯	400 mm	1
4	尖钉冲	自制	1
5	工作台	自制	1
6	手工工具	自备	
7	胶刷	20 mm	2 把

3. 施工程序

看图、量取标准尺寸→制作面板→预排、修整→铺钉面层→收口、压木线条→清理。

4. 操作方法

(1)选板、放样、画线

按示意图,挑选通长竖条纹、色泽相同或近似的榉木三夹板 5 张,椴木五夹板 2 张。

检查吊顶基层龙骨上所弹的拼花单板中心线的中距尺寸是否统一正确,对角线是否准确,如有误差,要修正。按照图 9-101 单块罩面样放样图放样画线,并留出锯、刨加工余量(注意,放样图括号中的数字是另三块整板画出单块面板的编号)。2 张五夹板画成 400 mm 宽的长条,共 6 块,用于标高 3.00 m 处罩面。

(2)裁板、修边

按所画的线,用板锯从正面下锯,锯裁成 36 块单块板、11 块侧立板和 6 块五夹板。再用细长刨将各板侧面刨削平直、方正,并达到设定尺寸。

(3)试排

将 36 块对花纹的单板按图 9-100 和预先策划的目的,临时试排固定在标高 3.15 m 处的基层龙骨上。试排应从房间的中心开始,以龙骨面上所弹的中心线为准,先将最中心的 4 块单板用 20 mm 的圆钉钉在该板四个拐角处(每角只需钉一根圆钉,且不要钉到底,留出钉帽以便拆除,以下同样方法)作为临时固定,然后向四周辐射排钉,如图 9-102 所示。

排钉时要横平竖直,拼接缝通直。试排结束后,要站在地面观察试排后的罩面板色泽、木纹、拼接缝是否达到要求,如有不协调处,可相互调换或修整(一般情况只需调换板块,除单板尺寸偏大需修刨外,一般不要轻易刨削板块),直至完全符合要求。

(4)加工斜坡造型、铺钉面板

将试排的罩面板逐块拆下(按照先钉的先拆、后钉的后拆,边拆边加工、边钉的方法)按照图 9-103 所示,先画线,再用细长刨按线刨成斜坡(注意,刨削加工一定要在平整的工作台上,以免损坏边角,也可用修边机进行加工。)

斜坡加工好后,在单板背面涂刷白乳胶,钉在原位(钉距不大于 100 mm,用 20 mm 圆钉;也可用射钉枪钉接)。

加工斜坡造型和铺钉面板可同时进行,每组人员可分成上、下两部分同时操作。但要相互协调、相互提醒对方,以防方向、木纹错乱。

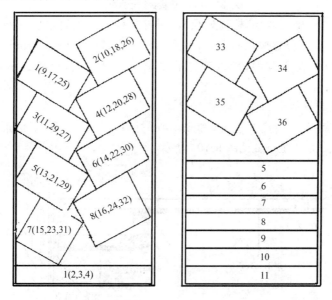

图 9-101 单块拼花罩面板侧立板下料放样图

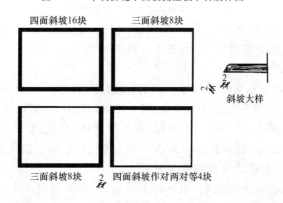

图 9-102 拼接罩面板斜坡加工图

侧立板铺钉较为简单,只是在拼接时要按图 9-103 所示进行斜面搭接,且要在竖向龙骨中心转角处以 45°对角,钉胶结合要求同上述。

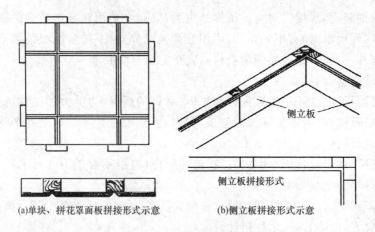

(a)单块、拼花罩面板拼接形式示意　　　(b)侧立板拼接形式示意

图 9-103　面板拼接形式

暗装窗帘盒的侧板和 3.15 m 标高处顶板,用五夹板面层铺钉(用 30 mm 圆钉,钉距不大于 120 mm,接缝,钉胶结合方法如同上述;如采用射钉枪,钉距 50～60 mm)。

因五夹板罩面终需刷乳胶漆,所以铺钉的要求主要是牢固,拼接处不松动,拼头无明显高低。

(5)压线条的安装

罩面板安装结束后,在标高 3.00 m 和 3.15 m 处有两道阴角条,阳角条设在标高 3.00 m 五夹罩面板与侧立板交接处。参见图 9-104 所示。

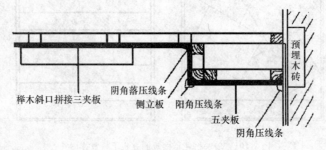

图 9-104　罩板拼接形式及阴、阳角处理

阴、阳角压线条,用钉(30 mm)和白乳胶结合钉于木龙骨上,接长和转角处采用 45°斜接,要求接头、转角平顺,接缝严密,钉距不大于 150 mm,钉帽砸扁顺纹冲入 1～2 mm。

(6)开灯孔、安装窗帘轨

按施工图,在标高 3.00 m 五夹罩面板上画出各筒灯的圆心,将开孔器调整到需要的尺寸,夹紧于手电钻夹头中,先在废旧夹板上试钻开孔,符合要求后,逐一在罩面板上钻灯具孔 12 个。

窗帘轨按实际长度缩短 30～50 mm 截锯,拆下固定件,将其用 30 mm 木螺钉固定在木龙骨上。固定时要先量好尺寸,使固定件安装在一条直线上,然后再将轨道安装在固定件上,试拉轨道制导绳,如连接件和滑动装置运行正常即可。

木龙骨胶合板吊顶制作安装结束(如暂时不油漆,还要及时刷快干底油一遍)。

(7)清理现场

工程结束后,要拆除脚手,退还多余材料和借用工具,擦净机械,进行保养。自备手工工具应清点,保养维护,清扫地面。

5.操作练习

课题:木龙骨吊顶罩面

练习目的:掌握迭级式带暗窗帘盒木龙骨吊顶面层的制作安装施工程序和操作方法。如图 9-100 所示。

分组分工:4～6 人一组,12 课时完成。

练习要求和评分标准:详见表 9-42。

表 9-42   罩面板考查评分

序号	考查项目	单分	要求	得分
1	罩面板整洁	10	无损伤、翘角、锤印、麻点污染	
2	平整方正	10	横平竖直、单板对角线不超 1 mm	
3	色泽木纹	15	色泽近似木纹无错乱、协调	
4	牢固	10	钉距正确,不超过 2 mm,用胶合理	
5	接缝	10	缝隙均匀一致、接头严密	
6	收口压缝	10	收口压缝合理、线条通直、拼接严密、四周交圈	
7	安全卫生	10	无工伤、场地、材料、工具清点	
8	综合印象	25	程序不乱、操作合理、按时完成	

班级: 姓名: 指导教师: 日期: 总得分:

二、木龙骨吊顶的质量通病及其防治对策

1. 吊顶拱度不匀

(1)主要原因

吊顶龙骨材质差、变形大、不顺直、含水率大;操作不规范、起拱不均匀;吊杆或吊筋间距过大,拱度不易调匀;吊顶龙骨接头不平;受力点结合不严密,受力后产生变形等。

(2)防治对策

选用比较干燥的松木、杉木等软质木材;按操作工艺弹线;严格控制主龙骨、次龙骨等龙骨的截面尺寸;各受力点必须装钉严密、牢固。

2. 木压条或板块明拼缝装钉不直,分格不均匀,不方正

(1)主要原因

装钉吊顶基层龙骨时,拉线找直和规方控制不严;龙骨间距分得不均;龙骨间距与板块尺寸不符;未按先弹线、再按弹线装钉板块或木压条的规程操作;板块不方正或尺寸不准等。

(2)防治对策

装钉吊顶龙骨时,必须保证位置准确,纵横顺直,分格方正;板块要裁截方正、准确,不得损坏棱角,四周要修去毛边,使板边挺直、光滑;装钉前,在每条纵横龙骨上按所分位置弹出中心线,然后试排,符合要求后沿墨线装钉板块;木压线条加工规格必须一致,表面要刨得平整光滑,且按所弹分格墨线装钉。

3. 纵横龙骨接头缝隙明显、高低不平

(1)主要原因

间距龙骨截锯尺寸不准,且锯割不方正;纵横龙骨钉接时,未注意下口高低平齐。

(2)防治对策

锯截间距龙骨要按实际尺寸,现场量取,用直角尺画线,照线锯割,保证割面方正;钉接要牢固,每端不少于 2 根圆钉,且选用合适长度圆钉;钉接时要用手捏平连接处下口,保证钉接时不错位,发现有高低不平要及时修整。

4.罩面板色泽、木纹杂乱

(1)主要原因

罩面板铺钉前未对板材进行挑选;单块板材加工后未编排、编号,或未预排、策划。

(2)防治对策

安装前,应对板材进行挑选,加工单块板材应统一预排和对木纹、色泽进行策划,并编好顺序和编号;木纹、色泽相同或近似的应尽量安排在一个房间或有规律地编排。

三、木龙骨吊顶安全施工的注意事项

(1)木龙骨吊顶施工脚手架必须搭设牢固,并有足够的稳定性和刚度,高度符合施工要求。

(2)脚手板要符合安全施工要求,其厚度不应少于 55 mm,且不得有腐朽、损伤等缺陷。铺设不得有空头板;搭接处要做临时固定,不得有松动和滑移现象,以防操作人员坠落。

(3)操作人员不得在脚手上嬉戏和哄闹,以防发生安全事故。

(4)工具材料不得随意放置在龙骨架上,以防坠落发生伤人事故。

(5)各连接点和龙骨架必须安装牢固,符合设计要求,不得随意减小各构件的截面尺寸,以确保骨架的负载。

(6)临时照明、机具等用电线路应符合工程用电规定,并应由专业电工安装、设置,不得私自拉、接和移动,做到人走断电,以防触电和火灾事故的发生。

第五节　木质隔墙(断)的施工

一、木隔墙的施工

木隔墙一般采用红松、白松、花旗松等做骨架,其断面一般有 40 mm×70 mm、40 mm×80 mm 和 50 mm×100 mm 等规格,竖龙骨之间的中距 400 mm～600 mm,横撑间距与竖向相同,也可以适当放大(主要由设计或面层而决定)。

所用木材必须符合国家对材质等级、含水率,以及防腐、防虫、防火处理的标准。主结构应预埋防腐木砖或其他埋件,且位置、数量和牢固度应符合设计要求。

1.施工项目

制作安装木龙骨胶合板隔墙。详见施工图 9-105。

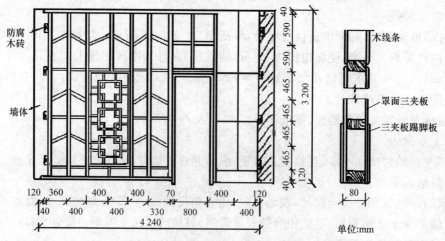

图 9-105　木龙骨胶合板隔墙施工图

2. 材料和工具

材料:白松木方为主,详见材料单(表9-43)。

表 9-43　　　　　　　　　　　　　　　　材料单

序号	名称	规格(mm)	数量	含水率%
1	上、下槛	45×85×4 300	2	≤15
2	竖龙骨	45×85×3 200	13	≤15
3	横龙骨	45×85×400 以上	32 m	≤15
4	水曲柳三夹板	1 220×2 440	9 张	
5	白乳胶	0.5 kg/瓶	6 瓶	
6	防腐涂料	氟酚合剂	4 kg	
7	木线条	15×15	22 m	
8	木门框	790×2 000	1 樘	
9	圆　钉	9 070 25	4 kg 3 kg	
10	木花格隔断	自制	1	

工具:木工机械和手工工具为主,详见工具单(表9-44)。

表 9-44　　　　　　　　　　　　　　　　工具单

序号	名称	型号	数量
1	平刨机床	MB 103	1
2	压刨机床	MB 502A	1
3	圆锯机床	MJ 205	1
4	冲击电钻	回 ZJ-16	1
5	水管	$\phi12$	6 m
6	胶刷	25 mm	2
7	钢錾		1
8	手工工具	自备	1套

3. 施工程序

看图→配料→加工龙骨→弹线,安装上、下槛→安装靠墙龙骨→分格、安装竖龙骨→安装横向龙骨→安装门框、木花格隔断→弹线,铺钉面板。

4. 操作方法

(1)配料、加工木材

根据施工图和材料单,按先长后短、先大后小的原则,配齐木龙骨。

通过木工机械锯、刨、压交叉操作将木龙骨加工好。要求木龙骨截面尺寸准确,上、下槛和竖龙骨窄面顺直,不得有 S 形弯曲。

上、下槛埋入墙体部位,与墙、地、顶接触部位的龙骨面刷防腐涂料两遍。堆置整齐待用。

(2)弹线,安装上、下槛

按施工图在地面弹出下槛龙骨边线,并用线锤吊点,引线于两侧立墙上,弹出靠墙龙骨的边线,并引线、弹线于梁底,为上槛边线。要求各线均与下槛线交圈,不得有误差。人字梯和工作台、凳可作临时脚手,用于顶部操作,但要注意安全,以免发生工伤。

检查安装上、下槛,靠墙龙骨相应墙、地、顶的预埋木砖和埋件位置、数量及牢固情况,如有不符合安装要求的,可用冲击电钻打 $\phi12\sim\phi16$ 的孔,塞防腐木楔来增设连接固定点。

用冲击电钻钻孔,钢錾剔凿的方法,开出上、下槛需埋入立墙的位置孔洞,孔洞的宽窄应比龙骨截面大些,深度应符合上、下槛埋入墙体的尺寸要求(如上、下槛为整料,一侧洞深应为上、下槛两端入墙尺寸之和,否则无法安装)。用同法凿出门框下部入地面的孔洞,深度为 20～40 mm。

上、下槛如不够长,可以接长,接长方法如图 9-106 所示。接长的上、下槛安装时应上下错开接头位置,以保证隔墙的整体性。

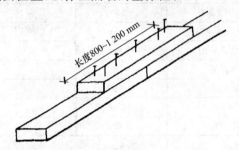

图 9-106　上、下槛拼接(接长方法)

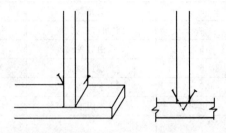

图 9-107　竖龙骨与上、下槛的钉法

先将下槛两端放入墙内(如需接长,可先放置、后拼接,这样墙孔就不必有一侧凿孔太深),按弹线就位,用 90 mm 圆钉钉于地面的连接点,钉距应在 400～600 mm 之间。

同法将上槛安装就位(安装上槛要四人配合,相互协调,特别注意要防止工具、材料坠落)。

(3)安装靠墙龙骨

安装前,应先将龙骨一端锯割方正,然后竖立站在下槛上,紧贴墙面,且上部与上槛边缘接触,画出实际长度线,截锯时要放长 2～3 mm;再将截锯后的靠墙龙骨上端顶紧于上槛的下部,下端先斜向放入下槛上,用锤打至与墙面结合,使靠墙龙骨顶紧于上、下槛,再用线锤吊线,调整其垂直。用这种方法安装竖龙骨,一是不会出现龙骨料被锯短的现象;二是龙骨安装紧固,不会因松动而倾倒造成砸人的事故。

靠墙龙骨往往遇到因墙面不垂直或不平整的情况,而造成木龙骨安装不符合要求的现象。遇此情况,可在立墙与靠墙龙骨之间加设合适防腐垫木调整。垫木应设置在紧靠钉接处,且不得超出龙骨截面。垫木的厚薄应符合龙骨的垂直的要求。调整好垂直度,用 90 mm 圆钉钉固。

(4)安装竖龙骨

首先应将木门框的位置确定在下槛上,通过线锤吊点引至上槛,根据确定的门框位置点用钢卷尺分画出各竖龙骨的中点于上、下槛上,用小角尺引线于上、下槛两侧(如竖龙骨需接长,要双面夹钉木方),将竖龙骨逐一与上下槛钉接牢固。钉龙骨的钉法如图 9-107 所示。竖龙骨与上下槛的钉接应平齐,不得有高低不平现象,以免影响面板铺钉。

竖龙骨安装后,用拉通长线或 2 m 托线板检查龙骨面横向是否平整、竖向是否垂直,全高的垂直度误差不得超过 3 mm,如有不符合要求的,应及时修整,直到符合标准。

(5)弹线、安装横向龙骨

用水管或水平尺,测找水平点于竖龙骨两端(可为任意高度),以测出的两水平点弹出一水平基准线,按此线分画出水平横龙骨的中点,横斜撑的控制点及室内地坪点,按测点在竖龙骨两侧弹出各线。

先安装水平横龙骨。水平龙骨两端应割锯方正,而长度应以满足竖龙骨垂直方向通直为准(竖龙骨的宽面往往有弯曲或顺弯现象),通过水平横龙骨的顶、拉,可以使竖龙骨(宽度方向)通直,如图 9-108 所示。水平横龙骨为罩面板的纵向拼接位置。

横向斜撑按控制线成八字形钉接在竖龙骨上。横斜撑的设置,一是为加强整体性,使隔墙

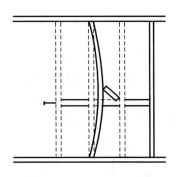

图 9-108　通过水平横龙骨的顶、拉可以使竖龙骨通直

有足够的刚度；二是因其有一定的斜度，可以楔紧竖龙骨与水平龙骨的间距；三是钉钉方便。为满足斜撑有一定的斜度，所以斜撑长度应比实际水平间距长 10～20 mm，且两端应锯成相对应的斜度，并与竖龙骨接合严密。

所有横向龙骨安装都应与竖龙骨两侧平齐，不得有凹凸现象，以免影响罩面板的平整和胶合能力。如有不符合要求的，应及时修整，严重不符的，要拆除重新安装，轻微地用木刨刨平。

（6）门框安装

门框为预制，安装前要核对隔墙所留的门洞尺寸和方正度是否准确，再确定门框裁口的开启方向，量取门框水平线锯口以下找头长度，与所凿錾的槽孔深度是否相符（门框下部有水平锯口线和埋入地坪的找头），如不相符，在保证门框找头埋入 20～30 mm 深度的前提下，将多余找头锯掉，并保证门框水平锯口与室内地坪吻合。然后将门框下部放入孔槽中，再将上部推入门洞。通过线锤吊点，使门框既要与地面垂直，又要与竖龙骨平行，且内裁口对角线还要相等，方可与隔墙龙骨钉接，钉接用 90 mm 圆钉（注意，不得钉在安装合页和门锁的安装位置）。

门框安装好后，应及时在裁口内外钉上薄木板或人造板保护条，以免门框被碰撞损坏；暂时不安装门扇的门框，原钉的八字撑不得拆除，以保证门框方正。安装木花格隔断，详见本节中的安装木花格隔断。

整个木龙骨安装结束后，应用 1：2 水泥砂浆将墙地面的凿錾孔空隙填补密实，填补时要仔细不得损污木构件。

（7）弹线、铺钉面板

按施工图在隔墙龙骨上弹出面板的纵横拼接线。拼接线应处于竖横龙骨的中部，如有不符合要求的龙骨，应修整。

按施工图对胶合板进行挑选，要求木纹、色泽相同或近似，且无缺角、损边。然后找方、画线、裁板、刨边、编号，将面板加工好待用。

将加工好的面板从门框拼接处开始，从下往上进行试排并临时固定在隔墙上，观察是否符合要求，必要时应及时修整，待符合要求才可正式铺钉。铺钉时，在胶合板背面涂刷白乳胶，用 20 mm 圆钉，采取拆除一块铺钉一块的方法，在隔墙两边同时进行。面板铺钉要求接缝宽窄一致，横平竖直，钉距相等，板面整洁无胶迹，无锤印，钉帽冲入 0.5～1.0 mm。面板与墙面、梁底面各交接处用木线条压缝，面板与地面交接处用同质胶合板加钉一层作为踢脚板。门框与面板交接处，用门贴脸覆盖压缝。木线条、门贴脸安装时应采用 45°对角，接缝严密，无高低。

（8）现场清理

工程结束，退还多余材料和借用工具，擦净机械，进行保养，手工工具应收拾齐全，打扫现场卫生。

5. 操作练习

课题：木隔墙施工

练习目的：掌握胶合板木隔墙的施工程序和操作方法。

练习内容：制作、安装室内胶合板木隔墙。详见图 9-105（施工图）。

分组分工：4 人一组、12 课时完成。

练习要求和评分标准，详见表 9-45。

表 9-45 考查评分

序号	项目	单项配分	要求	得分
1	龙骨尺寸（截面）	10	尺寸正确、规格一致	
2	平整度	10	拉通线、楔形塞尺检查	
3	方正度	10	尺量对角线，误差不超过 3 mm	
4	垂直度	10	线锤吊线、尺量、偏差不超过 3 mm	
5	门框安装	10	牢固、方正、垂直、对角线不偏差 2 mm	
6	面板拼接缝	10	拉通线、偏差不超过 1 mm	
7	面层整洁	10	无胶迹、无锤印等、观察检查	
8	安全卫生	10	无工伤、现场整洁	
9	综合印象	20	程序、方法、态度、职业道德等	

班级： 姓名： 指导教师： 日期： 总得分

二、木花格隔断的制作和安装

木花格隔断一般采用硬质木材，木纹清晰、美丽，且不易变形的板材制作。断面有 20 mm×120 mm、25 mm×150 mm 或 30 mm×180 mm 等规格，按一定的图案组装拼合而成。辅以少量的花饰点缀就更加突出其装饰特点。

1. 施工项目

实木板空透式木花格装饰隔断的制作安装，详见图 9-109、图 9-110。

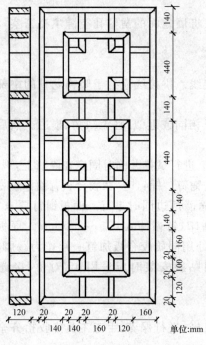

图 9-109 施工图

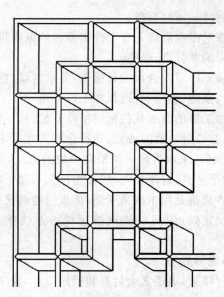

图 9-110 木花格隔断局部示意

2. 材料和工具

（1）材料以红榉木木板为主，详见材料单（表9-46）。

表 9-46　　　　　　　　　　　　　　　　材料单

序号	名称	规格尺寸(mm)(净尺寸)	数量
1	边框	20×120×800 20×120×1 820	2 块 2 块
2	正方框	20×120×480	12 块
3	连接板	20×120×200	20 块
4	中心直角板	20×120×150 以上	24 块
5	白乳胶	0.5 kg	2 瓶
6	阴角木线条	15×15	5.2 m
7	圆钉	60 25	1 kg 0.1 kg

注：所用板材木线条为红榉木，含水率低于15%。

（2）工具以手工工具为主，详见工具单（表9-47）。

表 9-47　　　　　　　　　　　　　　　　工具单

序号	名称	规格	数量
1	平刨	MB 103	1
2	圆刨	MB 502A	1
3	圆锯	MJ 202	1
4	手电钻	回 J 2—13	1
5	手工工具	自备	
6	梢孔模具	自制	

3. 制作程序

看图→配料→加工木板→画线→凿眼、做榫→制梢、打孔→斗角、试装→修整、组装→净面倒棱。

4. 操作方法

（1）配料和加工板料

根据施工图和材料单，按照要求配齐板料。

使用木工机械进行粗加工，手工工具精加工，使加工件截面方正、一致。

（2）画线

根据施工图要求的尺寸和节点构造示意图（图9-111）的连接方法画线。

（3）制作

先凿眼后锯榫，先制梢后打孔，先试装后打孔，先试装后斗角。

凿眼要方正，前后两端要留线，侧壁平滑，通眼应先凿背面再凿正面。

锯榫头纵向锯割可伤线（即锯出的榫宽略小于眼宽），要锯到榫眼，拉肩大面留半线，小面当线锯，且要与榫头垂直，45°割角时要留线，以便修整。

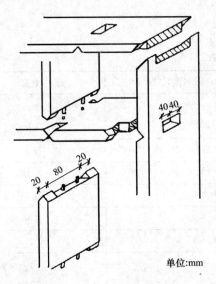

单位:mm

图 9-111　节点构造示意

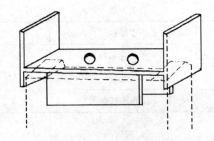

图 9-112　打梢孔铁模具

做梢钉可用毛竹,也可用硬质木材或胶木棒,先刨成小方再用半圆刨刨圆,长度以 300 mm 左右一根最好加工。木、竹梢做好后,可按梢的直径选择钻头,钻头应比梢的直径略大或相同,不得选用小于梢径的钻头,以免将木板撑裂。因为梢主要起固定位置的作用。打孔前应做一个横竖板都能同用的钻孔模具,这样可以保证所有钻孔板的间距中心相同,而免去画、找圆心的工序,梢孔模具可参见图 9-112 所示,模具上面可用来打横向板的孔,下面可用来打竖板孔。

斗角是整个操作过程中最细、最多也是最难的部分,榫、眼做好后方可斗角,斗角时既要保证缝隙紧密,又要保证尺寸正确,所以每一个细部都要规矩,才能做到榫到位、肩密实。

每一细部制作后都要进行试装。试装的目的是观察本身榫眼与斗角的严密、方正,还要实际比试与左邻右舍之间连接的尺寸和角度是否正确,总计大小 60 块板的制作过程中,总有正负偏差,所以就要靠局部试装、修整来消化偏差,只有局部的一致,才能保证整体准确。

(4)组装、净面

组装拼合前,要将各单板的宽面刨光,不得留有画线、锤印和污迹。

按照先内后外、先独立后组合的原则,将各方框中的小单板拼成直角,再与小方框同时拼合组成 3 个独立的正方形,再由 4 块中部连接板与 3 个正方形组合成长条形,然后将外围的 16 块连接板逐一安装在长条形上,最后与外框组装拼合而成。

拼装好的木花格隔断要平放在地面或工作台上修刨净面,刨削时应用细长刨,顺木纹将隔断两面所有拼接处刨平直,刨削应从外向内,先整平后刨光,最后放棱倒角。

制作好的隔断要用钢卷尺测量对角线是否正确,不符合要求的要两人合作,对挤较长的对角,边对挤边测量,直至符合要求;随后用小木方临时钉成八字形或人字形,固定好其方正,便可安装。

(5)安装木花格隔断

先检查木隔所留的洞口尺寸和方正度是否正确,一般留洞都要略大,将木花格隔断抬起并垂直于地面,平行推入隔墙预留洞中,按设定位置就位,用水平尺、线锤校正其方正,有空隙处用垫木垫实,用 50 mm 或 60 mm 圆钉砸扁钉帽,钉在隔墙的龙骨上。

15 mm×15 mm 的木线条盖压在隔断外侧与隔墙罩面板的交接阴角处,木线条转角和接长均用 45°斜接,用 25 mm 圆钉,钉距不大于 150 mm,钉胶结合,钉于木龙骨上。

（6）现场情理

工作结束后,要退还多余的材料和借用工具,机械擦拭干净,保养上油。收拾维护自己的手工工具,将现场打扫干净。

5.操作练习

课题:木花格隔断制作安装

练习目的:掌握木花格隔断施工程序和操作方法。

练习内容:制作安装榉木板空透式木花格装饰隔断。详见图 9-109 和图 9-110。

分组分工:4 人一组,12 课时完成。

练习要求和评分标准:详见表 9-48。

表 9-48　　　　　　　　　　　考查评分

序号	考查项目	配分	要求	得分
1	尺寸	15	总体尺寸允许偏差 2 mm,分部尺寸允许偏差 0.5 mm	
2	方正度	15	总体允许偏差 2 mm,分部允许偏差 0.5 mm	
3	割角、拼缝	20	各 45°角严密无缝、榫眼饱满到位	
4	整洁美观	20	无缺口损边、无锤印、胶迹、无污迹	
5	安全、卫生	10	无工伤、场地清	
6	综合印象	20	操作程序、合理用料、工作态度等	

班级:　　　　姓名:　　　　指导教师:　　　　日期:　　　　总得分:

三、木隔断施工的质量通病及其防治对策

（一）隔墙与结构或骨架固定不牢

1.主要原因

骨架料尺寸过小或材质较差;上、下槛与主体结构固定不牢靠,立筋（竖龙骨）、横龙骨、横撑之间连接不牢;安装不得当,即先安装了立筋,并将上、下槛断开,门、窗洞处两侧立筋的截面尺寸未加大,门窗框上部未加钉人字撑等。

2.防治对策

选材要严格,凡是腐朽、劈裂、扭曲、多节疤等疵病的木材不得使用。且应使上、下槛与主体结构连接牢固,骨架固定顺序应先立上、下槛,再立边框、立筋（竖龙骨）,最后钉水平横撑;遇到门洞,须加通天立筋,下脚卧入地楼板内嵌实,并应加大截面尺寸到 80 mm×70 mm,门窗框上部宜加钉人字撑。

（二）墙面粗糙、接头不平不严

1.主要原因

骨架料含水率偏大,干燥后产生变形;工序安排不合理,选面板没有考虑防潮防水;板面粗糙、厚薄不一;钉板顺序不当,拼缝不严或组装不规范,造成表面不平整等。

2.防治对策

选材要严格;骨架应按线组装,尺寸一致,找方找直,交接处要平整;工序要合理;面板应从

下至上逐块钉设,拼缝应位于立筋或横龙骨上。

(三)细部做法不规矩,装饰隔断不精细,割角不严实,表面不光滑

1.主要原因

对设计理解不够,未进行技术交流,施工操作不认真。

2.防治对策

熟悉图纸,多与设计人员商量,妥善处理每一个细部构造;加强对操作人员进行技术指导,提高操作人员的职业道德。

复习思考题

1.木地板的铺设施工在材料方面有哪些基本规定?

2.墙柱面木装饰装修施工方面有哪些基本要求?

3.木门窗装饰装修施工的主要工序有哪些?

4.木龙骨吊顶的施工要点?

5.木质隔墙(断)施工质量的影响因素有哪些?

第十章　铝合金、塑料门窗施工

第一节　铝合金门窗的制作与安装

铝合金门窗是经过表面处理的型材,通过下料、打孔、铣槽等工序,制作成门窗框料构件,然后再与连接件、密封件、开闭五金件一起组合装配而成。尽管铝合金门窗的尺寸大小及式样有所不同,但是同类铝合金型材门窗所采用的施工方法都相同。由于铝合金门窗在选型、色彩、玻璃镶嵌、密封材料的封缝和耐久性等方面,都比钢门窗、木门窗有着明显的优势,因此,铝合金门窗在高层建筑和公共建筑中获得了广泛的应用。例如,日本98%的高层建筑采用了铝合金门窗。我国铝合金门窗于20世纪70年代末期开始被使用。目前,生产与安装厂家已超过1 500家,年设计生产能力可达2 000万平方米以上;铝型材生产厂家已达200多家,年综合配套生产能力达20多万吨。因此,铝合金门窗将成为建筑业与装饰业中一种不可缺少的新型门窗。

一、铝合金门窗的特点、类型和性能

(一)铝合金门窗的特点

铝合金门窗是最近十几年发展起来的一种新型门窗,与普通木门窗和钢门窗相比,具有以下特点。

1. 质轻高强

铝合金是一种质量较轻、强度较高的材料,在保证使用强度的要求下,门窗框料与断面可制成空腹薄壁组合断面,减轻了铝合金型材的质量,一般铝合金门窗质量与木门窗差不多,比钢门窗轻50%左右。

2. 密封性好

密封性能是门窗质量的重要指标,铝合金门窗和普通钢、木门窗相比,其气密性、水密性和隔声性均比较好。推拉门窗比平开门窗的密封性稍差,因此推拉门窗在构造上加设尼龙毛条,以增加其密封性。

3. 变形性小

铝合金门窗的变形比较小,一是因为铝合金型材的刚度好,二是由于制作过程中采用冷连接。横竖杆件之间及五金配件的安装,均是采用螺钉、螺栓或铝钉,通过角铝或其他类型的连接件,使框、扇杆件连成一个整体。冷连接同钢门窗的电焊连接相比,可以避免在焊接过程中因受热不均而产生的变形现象,从而确保制作的精度。

4. 表面美观

一是造型比较美观,门窗面积大,使建筑物立面效果简洁明亮,并增加了虚实对比,富有较

强的层次感；二是色调比较美观，其门窗框料经过氧化着色处理，可具有银白色、金黄色、青铜色、古铜色、黄黑色等色调或带色的花纹，外观华丽雅致，不需要再涂漆或进行表面维修装饰。

5. 耐蚀性好

铝合金材料具有很高的耐蚀性，不仅可以抵抗一般酸碱盐的腐蚀，而且在使用中不需要油漆，表面不褪色、不脱落，不必要进行维修。

6. 使用价值高

铝合金门窗具有刚度好、强度高、耐腐蚀、美观大方、坚固耐用、开闭轻便、无噪声等优异性能，特别是对于高层建筑和高档的装饰工程，无论从装饰效果、正常运行、年久维修，还是从施工工艺、施工速度、工程造价等方面综合权衡，铝合金门窗的总体使用价值都优于其他种类的门窗。

7. 实现工业化

铝合金门窗框料型材加工、配套零件的制作，均可以在工厂内进行大批量的工业化生产，有利于实现门窗设计的标准化、产品系列化和零配件通用化，也能有力推动门窗产品的商业化。

（二）铝合金门窗的类型

根据结构与开启形式的不同，铝合金门窗可分为推拉门、推拉窗、平开门、平开窗、固定窗、悬挂窗、回转门、回转窗等。按门窗型材截面宽度尺寸的不同，可分为许多系列，常用的有 25、40、45、50、55、60、65、70、80、90、100、135、140、155、170 系列等。图 9-1 所示为 90 系列铝合金推拉窗的断面。

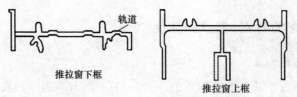

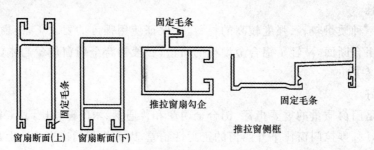

图 10-1　90 系列铝合金推拉窗的断面

铝合金门窗料的断面几何尺寸目前虽然已经系列化，但对门窗料的壁厚还没有硬性规定，而门窗料的壁厚对门窗的耐久性及工程造价影响较大。如果门窗料的板壁太薄，尽管是组合断面，也会因板壁太薄而易使表面受损或变形，影响门窗抗风压的能力。如果门窗的板壁太厚，虽然对抗变形和抗风压有利，但投资效益会受到影响。因此，铝合金门窗的板壁厚度应当合理，过厚和过薄都是不妥的。一般建筑装饰所用的窗料板壁厚度不宜小于 1.6 mm，门壁厚度不宜小于 2.0 mm。

根据氧化膜色泽的不同，铝合金门窗料有银白色、金黄色、青铜色、古铜色、黄黑色等几种，其外表色泽雅致、美观、经久、耐用,在工程上一般选用银白色、古铜色居多。氧化膜的厚度应满足设计要求,室外门窗的氧化膜应当厚一些,沿海地区与较干燥的内陆城市相比,沿海由于受海风侵蚀比较严重,氧化膜应当稍厚一些;建筑物的等级不同,氧化膜的厚度也要有所区别。所以,氧化膜厚度的确定,应根据气候条件、使用部位、建筑物的等级等多方面因素综合考虑。

（三）铝合金门窗的性能

铝合金门窗的性能主要包括:气密性、水密性、抗风压强度、保温性能和隔声性能等。

1.气密性

气密性也称空气渗透性能,指空气透过处于关闭状态下门窗的能力。与门窗气密性有关的气候因素,主要是室外的风速和温度。在没有机械通风的条件下,门窗的渗透换气量起着重要作用。不同地区气候条件不同,建筑物内部热压阻力和楼层层数不同,致使门窗受到的风压相差很大。另外,空调房间又要求尽量减少外窗空气渗透量,于是就提出了不同气密等级门窗的要求。

2.水密性

水密性也称雨水渗透性能,指在风雨同时作用下,雨水透过处于关闭状态下门窗的能力。我国大部分地区对水密性要求并不是十分严格,对水密性要求较高的地区,主要以台风地区为主。

3.抗风压强度

抗风压强度指门窗抵抗风压的性能。门窗是一种围护构件,因此既需要考虑长期使用过程中,在平均风压作用下,保证其正常功能不受影响,又必须注意到在台风袭击下不遭受破坏,以免产生安全事故。

4.保温性能

保温性能是指窗户两侧在空气存在温差条件下,从高温一侧向低温一侧传热的能力。要求保温性能较高的门窗,传热的速度应当非常缓慢。

5.隔声性能

隔声性能是指隔绝空气中声波的能力。这是评价门窗质量好坏的重要指标,优良的门窗其隔声性能也是良好的。

二、铝合金门窗的组成与制作

（一）铝合金门窗的组成

铝合金门窗的组成比较简单,主要由型材、密封材料和五金配件组成。

1.型材

铝合金型材是铝合金门窗的骨架,其质量如何关系到门窗的质量。除必须满足铝合金的元素组成外,型材的表面质量应满足下列要求:

（1）铝合金型材表面应当清洁,无裂纹、起皮和腐蚀现象,在铝合金的装饰面上不允许有气泡。

（2）普通精度型材装饰面上碰伤、擦伤和划伤,其深度不得超过 0.2 mm;由模具造成的纵向挤压痕深度不得超过 0.1 mm。对于高精度型材的表面缺陷深度,装饰面应不大于 0.1 mm,非装饰面应不大于 0.25 mm。

（3）型材经过表面处理后,其表面应有一层氧化膜保护层。在一般情况下,氧化膜厚度应

不小于 $20~\mu m$，色泽均匀一致。

2. 密封材料

铝合金门窗安装密封材料品种很多，其特性和用途也各不相同。铝合金门窗安装密封材料的品种、特性和用途见表 10-1。

表 10-1 铝合金门窗安装密封材料

品种	特性与用途
聚氯酯密封膏	高档密封膏，变形能力为 25%，适用于 ±25% 接缝变形位移部位
聚硫密封膏	高档密封膏，变形能力为 25%，适用于 ±25% 接缝变形位移部位，寿命可达 10 年以上
聚硅氧烷密封膏	高档密封膏、性能全面、变形能力达 50%，高强度、耐高温（$-54\sim260$ ℃）
水膨胀密封膏	遇水后膨胀将缝隙填满
密封垫	用于门窗框与外墙板接缝密封
膨胀防火密封件	主要用于防火门，遇火后可膨胀密封其缝隙
底衬泡沫条	和密封胶配套使用、在缝隙中能随密封胶变形而变形
防污纸质胶带纸	用于保护门窗料表面，防止表面污染

3. 五金配件

五金配件是组装铝合金门窗不可缺少的部件，也是实现门窗使用功能的重要组成。铝合金门窗的配件见表 10-2。

表 10-2 铝合金门窗的五金配件

品名		用途
门锁（双头通用门锁）		配有暗藏式弹子锁，可以内外启闭，适用于铝合金平开门
勾锁（推拉门锁）		有单面和双面两种，可做推拉门、窗的拉手和锁闭器使用
暗拨锁		适用于双扇铝合金地弹簧门
滚轮（滑轮）		适用于推拉门窗（70、90、55 系列）
滑撑铰链		能保持窗扇在 0°~60° 或 0°~90° 开启位置自行定位
执手	铝合金平开窗执手	适用于平开窗，上悬式铝合金窗开启和闭锁
	联动执手	适用于密闭型平开窗的启闭，在窗上下两处联动扣紧
	推拉窗执手（半月形执手）	有左、右两种形式，适用于推拉窗的启闭
地弹簧		装于铝合金门下部，铝合金门可以缓速自动闭门，也可在一定开启角度位置定位

(1)门的地弹簧为不锈钢面或铜面，使用前应进行开闭速度的调整，液压部分不得出现漏油。暗插为锌合金压铸件，表面镀铬或覆膜。门锁应为双面开启的锁，门的拉手可因设计要求而有所差异，除了满足推、拉使用要求外，其装饰效果占有较大比重。拉手一般常用铝合金和不锈钢等材料制成。

(2)推拉窗的拉锁，其规格应与窗的规格配套使用，常用锌合金压铸制品，表面镀铬或覆膜；也可以用铝合金拉锁，其表面应当进行氧化处理。滑轮常用尼龙滑轮，滑轮架为镀锌的钢制品。

(3)平开窗的窗铰应为不锈钢制品，钢片厚度不宜小于 1.5 mm，并且有松紧调节装置。滑块一般为铜制品，执手为锌合金压铸制品，表面镀锌或覆膜，也可以用铝合金制品，其表面应当进行氧化处理。

（二）铝合金门窗的制作与组装

铝合金门窗的制作施工比较简单，其工艺主要包括：选料→断料→钻孔→组装→保护或包装。

1. 料具的准备

（1）材料的准备

主要准备制作铝合金门的所有型材、配件等，如铝合金型材、门锁、滑轮、不锈钢、螺钉、铝制拉铆钉、连接铁板、地弹簧、玻璃尼龙毛刷、压条、橡皮条、玻璃胶、木楔子等。

（2）工具的准备

主要准备制作和安装中所用的工具，如曲线刷、切割机、手电锯、扳手、半步扳手、角尺、吊线锤、打胶筒、锤子、水平尺、玻璃吸盘等。

2. 门扇的制作

（1）选料与下料

在进行选料与下料时，应当注意以下几个问题：

①选料时要充分考虑铝合金型材的表面色彩、壁的厚度等因素，保证符合设计要求的刚度、强度和装饰性。

②每一种铝合金型材都有其特点和使用部位，如推拉、开启、自动门等所用的型材规格是不相同的。在确认材料规格及其使用部位后，要按设计的尺寸进行下料。

③在一般建筑装饰工程中，铝合金门窗无详图设计，仅仅给出洞口尺寸和门扇划分尺寸。在门扇下料时，要注意在门洞口尺寸中减去安装缝、门框尺寸。要先计算，画简图，然后再按图下料。

④切割时，切割机安装合金锯片，严格按下料尺寸切割。

（2）门扇的组装

在组装门扇时，应当按照以下工序进行：

①竖梃钻孔。在上竖梃拟安装横档部位用手电钻进行钻孔，用钢筋螺栓连接钻孔，孔径应大于钢筋的直径。角铝连接部位靠上或靠下，视角铝规格而定，角铝规格可用 22 mm×22 mm，钻孔可在上下 10 mm 处，钻孔直径小于自攻螺栓。两边框的钻孔部位应一致，否则会使横档不平。

②门扇节点的固定。上、下横档（上冒头、下冒头）一般用套螺纹的钢筋固定，中横档（中冒头）用角铝自攻螺栓固定。先将角铝用自攻螺栓连接在两边梃上，上、下冒头中穿入套扣钢筋；套扣钢筋从钻孔中深入边梃，中横档套在角铝上。用半步扳手将上冒头和下冒头用螺母拧紧，中横档再用手电钻上下钻孔，用自攻螺钉拧紧。

③锁孔和拉手的安装。在拟安装的门锁部位用手电钻钻孔，再伸入曲线锯切割成锁孔形状，在门边梃上，门锁两侧要对正，为了保证安装精度，一般在门扇安装后再装门锁。

3. 门框的制作

（1）选料与下料

视门的大小选用 50 mm×70 mm、50 mm×100 mm 等铝合金型材作为门框梁，并按设计尺寸下料。具体做法与门扇的制作相同。

（2）门框钻孔组装

在安装门的上框和中框部位的边框上，钻孔安装角铝，与安装门扇的方法相同。然后将中框和上框套在角铝上，用自攻螺栓进行固定。

（3）设置连接件

在门框上，左、右设置扁铁连接件，扁铁连接件与门框用自攻螺栓拧紧，安装间距为 150～200 mm，视门料情况与墙体的间距而定。扁铁连接件做成平的，一般为"︿"形，连接方法视墙体内埋件情况而定。

4. 铝合金门的安装

铝合金门的安装，主要包括：安装门框→填塞缝隙→安装门扇→安装玻璃→打胶清理等工序。

（1）安装门框

将组装好的门框在抹灰前立于门口处，用吊线锤吊直，然后再卡方正，以两条对角线相等为标准。在认定门框水平、垂直均符合要求后，用射钉枪将射钉打入柱、墙、梁上，将连接件与门框固定在墙、梁、柱上。门框的下部要埋入地下，埋入深度为 30～150 mm。

（2）填塞缝隙

门框固定好以后，应进一步复查其平整度和垂直度，确认无误后，清扫边框处的浮土，洒水湿润基层，用 1∶2 的水泥砂浆将门口与门框间的缝隙分层填实。待填灰达到一定强度后，再除掉固定用的木楔，抹平其表面。

（3）安装门扇

门扇与门框是按同一门洞口尺寸制作的，在一般情况下都能顺利安装上，但要求周边密封、开启灵活。对于固定门可不另做门扇，而是在靠地面处竖框之间安装踢脚板。开启扇分内外平开门、弹簧门、推拉门和自动推拉门。内外平开门在门上框钻孔伸入门轴，门下地里埋设地脚、装置门轴。弹簧门上部与平开门的做法相同，而在下部埋地弹簧，地面需预先留洞或后开洞，地弹簧埋设后要与地面平齐，然后灌细石混凝土，再抹平地面层。地弹簧的摇臂与门扇下冒头两侧拧紧。推拉门要在上框内做导轨和滑轮，也有的在地面上做导轨，在门扇下冒头处做滑轮。自动门的控制装置有脚踏式，一般装在地面上，其光电感应控制开关设备装于上框上。

（4）安装玻璃

根据门框的规格、色彩和总体装饰效果选用适宜的玻璃，一般选用 5～10 mm 厚的普通玻璃或彩色玻璃及 10～22 mm 厚的中空玻璃。首先，按照门扇的内口实际尺寸合理计划用料，尽量减少玻璃的边角废料，裁割时应比实际尺寸小 2～3 mm，这样有利于顺利安装。裁割后应分类进行堆放，对于小面积玻璃，可以随裁割随安装。安装时先撕去门框上的保护胶纸，在型材安装玻璃部位塞入胶带，用玻璃吸手安入玻璃，前后应垫实，缝隙应一致，然后再塞入橡胶条密封，或用铝压条拧十字圆头螺丝固定。

（5）打胶清理

大片玻璃与框扇接缝处，要用玻璃胶筒打入玻璃胶，整个门安装好后，以干净抹布擦洗表面，清理干净后交付使用。

5. 安装拉手

最后，用双手螺杆将门拉手安装在门扇边框两侧。

至此，铝合金门的安装操作基本完成。安装铝合金的关键是主要保持上、下两个转动部分在同一轴线上。

（三）铝合金窗的制作与组装

装饰工程中，使用铝合金型材制作窗较为普遍。目前，常用的铝型材有 90 系列推拉窗铝材和 38 系列平开窗铝材。

1. 组成材料

铝合金窗主要分为推拉窗和平开窗两类。使用的铝合金型材规格不同,所采用的五金配件也完全不同。

(1)推拉窗的组成材料

推拉窗由窗框、窗扇、五金件、连接件、玻璃和密封材料组成。

①窗框由上滑道、下滑道和两侧边封组成,这三部分均为铝合金型材。

②窗扇由上横、下横、边框和带钩的边框组成,这四部分均为铝合金型材,另外在密封边上有毛条。

③五金件主要包括装于窗扇下横之中的导轨滚轮,装于窗扇边框上的窗扇钩锁。

④连接件主要用于窗框与窗扇的连接,有 2 mm 厚的铝角型材及 M4×15 mm 的自攻螺丝。

⑤窗扇玻璃通常用 5 mm 厚的茶色玻璃、普通透明玻璃等,一般古铜色铝合金型材配茶色玻璃,银白色铝合金型材配透明玻璃、宝石蓝和海水绿玻璃。

⑥窗扇与玻璃的密封材料有塔形橡胶封条和玻璃胶两种。这两种材料不但具有密封作用,而且兼有固定材料的作用。用塔形橡胶封条固定窗扇玻璃,安装拆除非常方便,但橡胶条老化后,容易从封口处掉出;用玻璃胶固定窗扇玻璃,黏结比较牢固,不受封口形状的限制,但更换玻璃时比较困难。

(2)平开窗的组成材料

平开窗的组成材料与推拉窗大同小异。

①窗框:用于窗框四周的框边型铝合金型材,用于窗框中间的工字型窗料型材。

②窗扇:有窗扇框料、玻璃压条以及密封玻璃用的橡胶压条。

③五金件:主要有窗扇拉手、风撑和窗扇扣紧件。

④连接件:窗框与窗扇的连接件有 2 mm 厚的铝角型材,以及 M4×15 mm 的自攻螺钉。

⑤玻璃:窗扇通常采用 5 mm 厚的玻璃。

2. 施工机具

施工机具主要有:铝合金切割机、手电钻、ϕ8 mm 圆锉刀、R20 mm 半圆锉刀、十字螺丝刀、划针、铁脚圆规、钢尺和铁角尺等。

3. 施工准备

铝合金窗施工前的主要准备工作有:检查复核窗的尺寸、样式和数量→检查铝合金型材的规格与数量→检查铝合金窗五金件的规格与数量。

(1)检查复核窗的尺寸、样式和数量

在装饰工程中一般都采用现场进行铝合金窗的制作与安装。检查复核窗的尺寸与样式工作,即根据施工对照施工图纸检查有无不符合之处,有无安装问题,有无与电器、水暖卫生、消防等设备相矛盾的问题。如果发现问题,要及时上报,与有关人员商讨解决的方法。

(2)检查铝合金型材的规格与数量

目前,我国对铝合金型材的生产虽然有标准规定,但由于生产厂家很多,即使是同一系列的型材,其形状尺寸和壁厚尺寸也会有一定差别。这些误差会在铝合金窗的制作与安装中产生麻烦,甚至影响工程质量。所以,在制作之前要检查铝合金型材的规格尺寸,主要是检查铝合金型材相互接合的尺寸。

（3）检查铝合金窗五金件的规格与数量

铝合金窗的五金件分为推拉窗和平开窗两大类，每一类中又有若干系列，所以在制作之前要检查五金件与所制作的铝合金窗是否配套。同时，还要检查各种附件是否配套，如各种封边毛条、橡胶边封条和碰口垫等，能否正好能与铝合金型材衔接安装。如果与铝合金型材不配套，会出现过紧或过松现象。过紧，在铝合金窗制作时安装困难；过松，安装后会自行脱出。

此外，采用的各种自攻螺钉要长短结合，螺钉的长度通常为 15 mm 左右比较适宜。

4. 推拉窗的制作与安装

推拉窗有带上窗及不带上窗之分。下面以带上窗的铝合金推拉窗为例，介绍其制作方法。

（1）按图下料

下料是铝合金窗制作的第一道工序，也是最重要、最关键的工序。下料不准确，会造成尺寸误差，组装困难，甚至因无法安装成为废品。所以，下料应按照施工图纸进行，尺寸必须准确，误差值应控制在 2 mm 范围内。下料时，用铝合金切割机切割型材，切割机的刀口位置应在划线以外，并留出划线痕迹。

（2）连接组装

①上窗连接组装。上窗部分的扁方管型材，通常采用铝角码和自攻螺钉进行连接，如图10-2 所示。这种方法既可隐蔽连接件，不影响外表美观，连接又非常牢固，简单实用。铝角码多采用 2 mm 厚的直角铝角条，每个角码按需要切割其长度，长度最好能同扁方管内宽相符，以免发生接口松动现象。

两条扁方管在用铝角码固定连接时，应先用一小截同规格的扁方管做模子，模子长为20 mm 左右。在横向扁方管上要衔接的部位用模子定好位，将角码放在模子内并用手捏紧，用手电钻将角码与横向扁方管一并钻孔，再用自攻螺丝或抽芯铝铆钉固定，如图 10-3 所示。然后取下模子，再将另一条竖向扁方管放到模子的位置上，在角码的另一个方向上打孔，固定即可。一般的角码每个面上打两个孔即可。

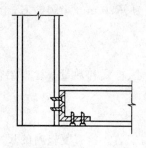

图 10-2　窗扁方管连接

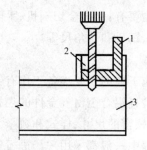

图 10-3　安装前的钻孔方法

1—角码；2—模子；3—横向扁方管

上窗的铝型材在四个角处衔接固定后，再用截面尺寸为 12 mm×12 mm 的铝槽做固定玻璃的压条。安装压条前，先在扁方管的宽度上画出中心线，再按上窗内侧长度切割四条铝槽条。按上窗内侧高度减去两条铝槽截高的尺寸，切割四条铝槽条。安装压条时，先用自攻螺丝把槽条紧固在中线外侧，然后再离出大于玻璃厚度 0.5 mm 距离，安装内侧铝槽，但自攻螺丝不需要上紧,最后装上玻璃时再固紧。

②窗框连接。首先测量出在上滑道上面的两条固紧槽孔距,侧边的距离和高低位置尺寸,然后按这个尺寸在窗框边封上部衔接处划线打孔,孔径在 $\phi5$ mm 左右。钻好孔后,用专用的碰口胶垫放在边封的槽口内,再将 M4×35 mm 的自攻螺丝穿过边封上打出的孔和碰口胶垫上的孔,旋进下滑道下面的固紧槽孔内,如图 10-4 所示。在旋紧螺钉的同时,要注意上滑道与边封对齐、各槽对正,最后再上紧螺丝,然后在边封内装毛条。

按同样的方法,先测量出下划道下面的固紧槽孔距、侧边距离和其距上边的高低位置尺寸。然后按这三个尺寸在窗框边封下部衔接处划线打孔,孔径在 $\phi5$ mm 左右。钻好孔后,用专用的碰口胶垫放在边封的槽口内,再将 M4×35 mm 的自攻螺钉穿过边封上打出的孔和碰口胶垫上的孔,旋进下滑道下面的固紧槽孔内,如图 10-5 所示。注意,固定时不得将下滑道的位置装反,下滑道的滑轨面一定要与上滑道相对应,这样才能使窗扇在上、下滑道上滑动。

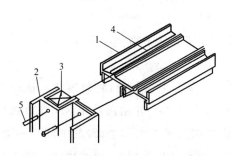

图 10-4　窗框下滑部分的连接安装

1—上滑道;2—边封;3—碰口胶垫;

4—上滑道上的固紧槽;5—自攻螺钉

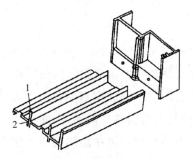

图 10-5　窗框下滑部分的连接安装

1—下滑道的滑轨;2—下滑道的固紧槽孔

窗框的四个角衔接起来后,用直角尺测量并校正一下窗框的直角度,最后上紧各角上的衔接自攻螺钉。将校正并紧固好的窗框立放在墙边,以防碰撞损坏。

③窗扇的连接。窗扇的连接分为 5 个步骤。

a.在连接装拼窗扇前,要先在窗框的边框和带钩边框的上、下两端处进行切口处理,以便将上、下横档插入切口内进行固定。上端开切长 51 mm,下端开切长 76.5 mm,如图 10-6 所示。

b.在下横档的底槽中安装滑轮,每条下横档的两端各装一只滑轮。安装方法如下:

把铝窗滑轮放进下横档一端的底槽中,使滑轮框上有调节螺钉的一面向外,该面与下横档端头边平齐,在下横档底槽板上划线定位,再按划线位置在下横档底槽板上打两个直径为4.5 mm的孔,然后再用滑轮配套螺钉,将滑轮固定在下横档内。

c.在窗扇边框和带钩边框与下横档衔接端划线打孔。孔有三个,上、下两个是连接固定孔,中间一个是留出进行调节滑轮框上调整螺钉的工艺孔。这三个孔的位置要根据固定在下横档内的滑轮框上孔位置来划线,然后再打孔,并要求固定后边框下端与下横档底边平齐。边框下端固定孔的直径为 4.5 mm,并要用 $\phi6$ mm 的钻头划窝,以便固定螺钉与侧面基本齐平。工艺孔的直径为 8 mm 左右。钻好后,再用圆锉在边框和带钩边框固定孔位置下边的中线处,锉出一个 $\phi8$ mm 的半圆凹槽。此半圆凹槽是为了防止边框与窗框下滑道上的滑轨相碰撞。

窗扇下横档与窗扇边框的连接如图 10-7 所示。

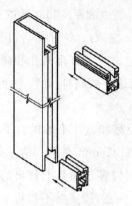

图 10-6　窗扇的连接

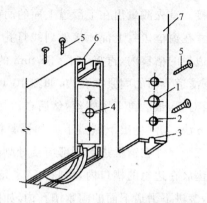

图 10-7　窗扇下横档安装

1—调节滑轮；2—固定孔；3—半圆槽；4—调节螺钉；

5—滑轮固定螺钉；6—下横档；7—边框

　　需要说明的是，旋转滑轮上的调节螺钉，不仅能改变滑轮从下横档中外伸的高低尺寸，而且也能改变下横档内两个滑轮之间的距离。

　　d. 安装上横档角码和窗扇钩锁。其基本方法是：截取两个铝角码，将角码放入横档的两头，使一个面与上横档端头面平齐，并钻两个孔（角码与上横档一并钻通），用 M4 自攻螺钉将角码固定在上横档内。再在角码另一个面上（与上横档端头平齐的那个面）的中间打一个孔，根据此孔的上下、左右尺寸位置，在扇的边框与带钩边框上打孔并划窝，以便用螺钉将边框与上横档固定，其安装方式如图 10-8 所示。注意，所打的孔一定要与自攻螺钉相配。

　　安装窗钩锁前，先要在窗扇边框开锁口，开口的一面必须是窗扇安装后面向室内的一面。而且窗扇有左右之分，所以开口位置要特别注意不要开错。窗钩锁通常是安装于边框的中间高度处，如果窗扇高大于 1.5 m，装窗钩锁的位置也可以适当降低一些。开窗钩锁长条形锁口的尺寸，要根据钩锁可装入边框的尺寸来确定。

　　开锁口的方法是：先按钩锁可装入部分的尺寸在边框上划线，用手电钻在划线框内的角位打孔，或在划线框内沿线打孔，再把多余的部分取下，用平锉修平即可。然后，在边框侧面再挖一个 $\phi25$ mm 左右的锁钩插入孔，孔的位置应正对内钩之处，最后把锁身放入长形口内。

　　通过侧边的锁钩插入孔，检查锁内钩是否正对圆插入孔的中线。内钩向上提起后，用手按紧锁身，再用手电钻，通过钩锁上、下两个固定螺钉孔，在窗扇边封的另一面打孔，以便用窗锁固定螺杆贯穿边框厚度来固定窗钩锁。

　　e. 上密封毛条及安装窗扇玻璃。窗扇上的密封毛条有两种：一种是长毛条，另一种是短毛条。长毛条装于上横档顶边的槽内和下横档底边的槽内，而短毛条装于带钩边框的钩部槽内。另外，窗框边封的凹槽两侧也需要装短毛条。毛条与安装槽有时会出现松脱现象，可用万能胶或玻璃胶局部粘贴。在安装窗扇玻璃时，要先检查复核玻璃的尺寸。通常，玻璃尺寸长宽方向均比窗扇内侧长宽尺寸大 25 mm。然后，从窗扇一侧将玻璃装入窗扇内侧的槽内，并紧固连接好边框，其安装方法如图 10-9 所示。

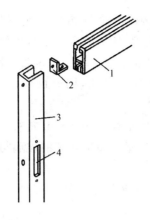

图 10-8　窗扇上横档安装

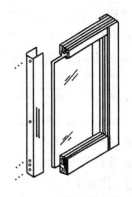

图 10-9　安装窗扇玻璃

1—上横档；2—角码；3—窗扇边框；4—窗锁洞

最后，在玻璃与窗扇槽之间用塔形橡胶条或玻璃胶进行密封，如图 10-10 所示。

④上窗与窗框的组装。先切两小块 12 mm 的厘米板，将其放在窗框上滑道的顶面，再将口字形上窗框放在上滑道的顶面，并将两者前后左右的边对正。然后，从上滑道向下打孔，把两者一并钻通，用自攻螺钉将上滑道与上窗框扁方管连接起来，如图 10-11 所示。

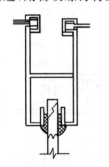

图 10-10　玻璃与窗扇槽的密封

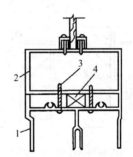

图 10-11　上窗与窗框的连接

1—上滑道；2—上窗扁方管；3—自攻螺钉；4—木垫块

（3）推拉窗的安装

推拉窗常安装于砖墙中，一般是先将窗框部分安装固定在砖墙洞内，再安装窗扇与上窗玻璃。

①窗框安装。砖墙的洞口先用水泥修平整，窗洞尺寸要比铝合金窗框尺寸稍大些，一般四周各边均大 25～35 mm。在铝合金窗框上安装角码或木块，每条边上各安装两个，角码需要用水泥钉钉固在窗洞墙内，如图 10-12 所示。

对安装于墙洞中的铝合金窗框进行水平和垂直度的校正。校正完毕后，用木楔块把窗框临时固紧在窗洞中，然后用保护胶带纸把窗框周边贴好，以防止用水泥周边塞口时造成铝合金表面损伤。该保护胶带可在水泥周边塞口工序完成及水泥浆固结后再撕去。

窗框周边填塞水泥浆时，水泥浆要有较大的稠度，以能用手握成团为准。水泥浆要填塞密实，将水泥浆用灰刀压入填缝中，填好后窗框周边要抹平。

②窗扇的安装。塞口水泥浆在固结后，撕下保护胶带纸，便可进行窗扇的安装。窗扇安装前，先检查一下窗扇上的各条密封毛条，是否有少装或脱落现象。如果有脱落现象，应用玻璃

胶或橡胶类胶水进行粘贴,然后用螺丝刀拧旋边框侧的滑轮调节螺钉,使滑轮向下横档内回缩。这样即可托起窗扇,使其顶部插入窗框的上滑槽中,使滑轮卡在下滑道的滑轮轨道上,再拧旋滑轮调节螺钉,使滑轮从下横档内外伸。外伸量通常以下横档内的长毛刚好能与窗框下滑面接触为准,以便使下横档上的毛条起到较好的防尘效果,同时窗扇在轨道上也可移动顺畅。

③上窗玻璃安装。上窗玻璃的尺寸必须比上窗内框尺寸小 5 mm 左右,不能与内框相接触。因为玻璃在阳光的照射下会因受热而产生体积膨胀。如果安装的玻璃与窗框接触,受热膨胀后往往造成玻璃开裂。

上窗玻璃的安装比较简单,安装时只要把上窗铝压条取下一侧(内侧),安上玻璃后,再装回窗框上,拧紧螺钉即可。

④窗钩锁挂钩的安装。窗钩锁的挂钩安装于窗框的边封凹槽内,如图 10-13 所示。挂钩的安装位置尺寸要与窗扇上挂钩锁洞的位置相对应。挂钩的钩平面一般可位于锁洞孔的中心线处。根据这个对应位置,在窗框边封凹槽内划线打孔。钻孔直径一般为 4 mm,用 M5 自攻螺钉将锁钩临时固紧,然后移动窗扇到窗框边封槽内,检查窗扇锁可否与锁钩相接锁定。如果不行,则需检查是否锁钩位置高低的问题,或锁钩左右偏斜的问题,只要将锁钩螺钉拧松,向上或向下调整好再拧紧螺钉即可。偏斜问题则需测一下偏斜量,再重新打孔固定,直至能将窗扇锁定。

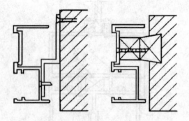 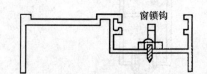

图 10-12　窗框与砖墙的连接安装　　　　图 10-13　窗锁钩的安装位置

5. 平开窗的制作与安装

平开窗主要由窗框和窗扇组成。如果有上窗部分,可以是固定玻璃,也可是顶窗扇。但上窗部分所用的材料,应与窗框所用铝合金型材相同,这一点与推拉窗上窗部分是有区别的。

平开窗根据需要,也可以制成单扇、双扇、带上窗单扇、带上窗双扇、带顶窗单扇和带顶窗双扇等六种形式。下面以带顶窗双扇平开窗为例介绍其制作方法。

(1)窗框的制作

平开窗的上窗边框是直接取之于窗边框,故上窗边框和窗框为同一框料,在整个窗边上部适当位置(大约为 1.0 m),横加一条窗工字料,即构成上窗的框架。而横窗工字料以下部位,就构成了平开窗的窗框。

①按图下料。窗框加工的尺寸应比已留好的砖墙洞小 20～30 mm。按照这个尺寸将窗框的宽与高方向材料裁切好。窗框四个角是按 45°对接的方式,故在裁切时四条框料的端头应裁成 45°。然后,再按窗框宽尺寸,将横窗工字料截下来。竖窗工字料的尺寸,应按窗扇高度加上 20 mm 左右榫头尺寸截取。

②窗框连接。窗框的连接采用 45°拼接,窗框的内部插入铝角,然后每边钻两个孔,用自攻螺钉上紧,并注意对角要对正、对平。另外一种连接方法为撞角法,即利用铝材较软的特点,在连接铝角的表面冲压几个较深的毛刺。因为所用的铝角是采用专用型材,铝角的长度又按

窗框内腔宽度裁割，能使其几何形状与窗框内腔相吻合，故能使窗框和铝角挤紧，进而使窗框对角处连接。

横窗工字料之间的连接，采用榫接方法。榫接方法有两种：一种是平榫肩方式；另一种是斜角榫肩方式。这两种榫结构均是在竖向的窗中间工字料上做榫，在横向的窗工字料上做榫眼，如图10-14所示。

横窗工字料与竖窗工字料连接前，先在横窗工字料的中间长度处开一个长条形榫眼孔，其长度为20 mm左右，宽度略大于工字料的壁厚。如果是斜角榫肩结合，需在榫眼所对的工字料上横档和下横档的一侧开裁出90°的缺口，如图10-15所示。

竖窗工字料的端头应先裁出凸字形榫头，榫头长度为8～10 mm左右，宽度比榫眼长度大0.5～1.0 mm，并在凸字榫头两侧倒出一点斜口，在榫头顶端中间开一个5 mm深的槽口，如图10-15所示。然后，再裁切出与横窗工字料上相对的榫肩部分，并用细锉将榫肩部分修平整。需要注意的是，榫头、榫眼、榫肩这三者间的尺寸应准确，加工要细致。

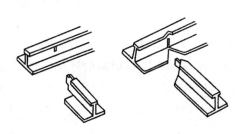
图10-14　横竖窗工字的连接

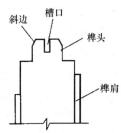
图10-15　竖窗工字料凸字形榫头做法

榫头、榫眼部分加工完毕后，将榫头插进榫眼，把榫头的伸出部分，以开槽口为界分别向两个方向拧歪，使榫头结构部分锁紧，将横向工字形窗料与竖向工字形窗料连接起来。

横向窗工字料与窗边框的连接，同样也用榫接方法，其做法与前述相同。在榫接时，以横向工字两端为榫头，窗框料上做榫眼。

在窗框料上所有榫头、榫眼加工完毕后，先将窗框料上的密封胶条上好，再进行窗框的组装连接，最后在各对口处上玻璃胶进行封口。

（2）平开窗扇的制作

制作平开窗扇的型材有三种：窗扇框、窗玻璃压条和连接铝角。

①按图下料。下料前，先在型材上按图纸尺寸划线。窗扇横向框料尺寸，要按窗框中心竖向工字形料中间至窗框边框料外边的宽度尺寸来切割。窗扇竖向框料要按窗框上部横向工字形料中间至窗框边框料外边的高度尺寸来切割，使得窗扇组装后，其侧边的密封胶条能压在窗框架的外边。

横、竖窗扇料切割下来后，还要将两端再切成45°的斜口，并用细锉修正飞边和毛刺。连接铝角是用比窗框铝角小一些的窗扇铝角，其裁切方法与窗框铝角相同。窗压线条按窗框尺寸裁割，端头也切成45°，并整修好切口。

②窗扇连接。窗扇连接主要是将窗扇框料连成一个整体。连接前，需将密封胶条植入槽内。连接时的铝角安装方法有两种：一种是自攻螺钉固定法；另一种是撞角法。其具体方法与窗框铝角安装方法相同。

（3）安装固定窗框

①安装平开窗的砖墙窗洞，首先用水泥浆修平，窗洞尺寸大于铝合金平开窗框30 mm左

右。然后，在铝合金平开窗框的四周安装镀锌锚固板，每边至少两道，应根据其长度和宽度确定。

②对装入窗洞中的铝合金窗框，进行水平度和垂直度的校正，并用木楔块把窗框临时固紧在墙的窗洞中，再用水泥钉将锚固板固定在窗洞的墙边，如图10-16所示。

③铝合金窗框边贴好保护胶带纸，然后再进行周边水泥浆塞口和修平，待水泥浆固结后再撕去保护胶带纸。

（4）平开窗的组装

平开窗组装的内容有：上窗安装、窗扇安装、装窗扇拉手、安装玻璃、装执手和风撑。

①上窗安装。如果上窗是固定的，可将玻璃直接安放在窗框的横向工字形铝合金上，然后用玻璃压线条固定玻璃，并用塔形橡胶条或玻璃胶进行密封。如果上窗是可以开启的一扇窗，可按窗扇的安装方法先装好窗扇，再在上窗顶部装两个铰链，下部装一个风撑和一个拉手即可。

②装执手和风撑基座。执手是用于将窗扇关闭时的扣紧装置，风撑则是起到窗扇的铰链和决定窗扇开闭角度的重要配件，风撑有90°和60°两种规格。

执手的把柄装在窗框中间竖向工字形铝合金料的室内一侧，两扇窗需装两个执手。执手的安装位置尺寸一般在窗扇高度的中间位置。执手与窗框竖向工字形料的连接用螺钉固定。与执手相配的扣件装于窗扇的侧边，扣件用螺钉与窗扇框固定。在扣紧窗扇时，执手连动杆上的钩头可将装在窗扇框边相应位置上的扣件钩住，窗扇便能扣紧锁住。窗扇高度大于1.0 m时，也可以安装两个执手。

风撑的基座装于窗框架上，使风撑藏在窗框架和窗扇框架之间的空位中，风撑基底用抽芯铝铆钉与窗框的内边固定，每个窗扇的上、下边都需装一只风撑，所以与窗扇对应窗框上、下都要装好风撑。安装风撑的操作应在窗框架连接后，即在窗框架与墙面窗洞安装前进行。

安装风撑基座时，先将基座放在窗框下边靠墙的角位上，用手电钻通过风撑基座上的固定孔在窗框上按要求钻孔，再用与风撑基座固定孔同直径的铝抽芯铆钉将风撑基座固定。

③窗扇与风撑连接。窗扇与风撑连接有两处：一处是与风撑的小滑块；另一处是与风撑的支杆。这两处定位在一个连杆上，与窗扇框固定连接。该连杆与窗扇固定时，先移动连杆，使风撑开启到最大位置，然后将窗扇框与连杆固定。风撑安装后，窗扇的开启位置如图10-17所示。

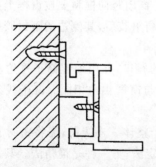

图10-16 开平窗框与墙身的固定

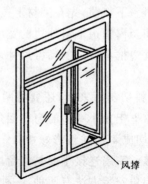

图10-17 窗扇与风撑的连接安装

④装拉手及玻璃。拉手是安装在窗扇框的竖向边框中部，窗扇关闭后，拉手的位置与执手靠近。装拉手前先在窗扇竖向边框中部用锉刀或铣刀把边框上压线条的槽锉一个缺口，再把

装在该处的玻璃压线条切一个缺口,缺口大小按拉手尺寸而定。然后,钻孔用自攻螺钉将把手固定在窗扇边框上。

玻璃的尺寸应小于窗扇框内边尺寸 15 mm 左右,将裁好的玻璃放入窗扇框内边,并马上把玻璃压线条装卡到窗扇框内边的卡槽上。然后,在玻璃的内边各压上一周边的塔形密封橡胶条。

在平开窗的安装工作中,最主要的是掌握好斜角对口的安装。斜角对口要求尺寸、角度准确,加工细致。如果在窗框、扇框连接后,仍然有些角位对口不密合,可用与铝合金相同色的玻璃胶补缝。

平开窗与墙面窗洞的安装有两种方法:一种是先装窗框架,再安装窗扇;另一种是先将整个平开窗完全装配好之后,再与墙面窗洞安装。具体采用哪种方法,可根据不同的情况而确定。一般大批量的安装制作时,可用前一种方法;少量的安装制作,可用后一种方法。

三、铝合金门窗的质量要求及验收标准

门窗是重要的装饰部位,铝合金门窗由于耐腐蚀性好、质轻高强、表面美观,是当今应用最广泛的装饰材料。铝合金门窗的装饰效果将影响建筑整体的效果,因此,对铝合金门窗材料、制作和安装的要求都是很高的。

根据国家标准《建筑装饰装修工程质量验收规范》(GB 50210-2018)对金属门窗安装工程的质量验收规定,铝合金门窗局部擦伤、划伤分级控制见表10-3,门窗框允许尺寸偏差见表10-4,门窗框、扇装配间隙允许偏差见表10-5,门窗洞口尺寸见表10-6,铝合金门窗安装质量要求及检验方法见表10-7,金属门窗安装工程质量验收标准见表10-8,铝合金门窗安装的允许偏差和检查方法见表10-9。

表 10-3　　　　　　　　　铝合金门窗局部擦伤、划伤分级控制表

项目	等级		
	优等品	一等品	合格品
擦伤、划伤深度	不大于氧化膜厚度	不大于氧化膜厚度2倍	不大于氧化膜厚度3倍
擦伤总面积/mm²	≤500	≤1 000	≤1 500
划伤总长度/mm	≤100	≤150	≤150
擦伤或划伤处数	≤2	≤4	≤6

表 10-4　　　　　　　　　　门窗框允许尺寸偏差　　　　　　　　　　　mm

项目		等级		
		优等品	一等品	合格品
门窗框槽口宽度高度允许偏差	≤2 000	±1.0	±1.5	±2.0
	>2 000	±1.5	±2.0	±2.5
门窗框槽口对边尺寸偏差	≤2 000	≤1.5	≤2.0	≤2.5
	>2 000	≤2.5	≤3.0	≤3.5
门窗框槽口对角线尺寸偏差	≤3 000	≤1.5	≤2.0	≤2.5
	>3 000	≤2.5	≤3.0	≤3.5

表 10-5　　　　　　　　门窗框、扇装配间隙允许偏差　　　　　　　　mm

项目	等级		
	优等品	一等品	合格品
门窗框、扇各相邻构件同一平面高低差	≤0.3	≤0.4	≤0.5
门窗框、扇与各相邻构件装配间隙	≤0.3		≤0.5
门窗框与扇、扇与扇竖向缝隙偏差	±10		

注:用于铝合金地弹簧门。

表 10-6　　　　　　　　　　门窗洞口尺寸　　　　　　　　　　mm

墙面装饰类型	宽度	高度	
一般粉刷面	门窗框宽度±50	窗框高度±50	门框高度±25
玻璃马赛克贴面	±60	±60	±30
大理石贴面	±80	±80	±40

表 10-7　　　　　　　铝合金门窗安装质量要求及检验方法

序号	项目	质量等级	质量要求	检验方法
1	平开门扇窗	合格	关闭严密,间隙基本均匀,开关灵活	观察和开闭检查
		优良	关闭严密,间隙均匀,开关灵活	
2	推拉门扇窗	合格	关闭严密,间隙基本均匀,扇与框搭接量不小于设计要求的80%	观察和用深度尺检查
		优良	关闭严密,间隙基本均匀,扇与框搭接量符合设计要求	
3	弹簧门扇	合格	自动定位准确,开启角度为90°±3°,关闭时间在3~15 s范围之内	用秒表、角度尺检查
		优良	自动定位准确,开启角度为90°±1.5°,关闭时间在6~10 s范围之内	
4	门窗附件安装	合格	附件齐全,安装牢固,灵活适用,达到各自的功能	观察、手扳和尺量检查
		优良	附件齐全,安装位置正确、牢固,灵活适用,达到各自的功能,端正美观	
5	门窗框与墙体间缝隙填嵌	合格	填嵌基本饱满密实,表面平整,填嵌材料、方法基本符合设计要求	观察检查
		优良	填嵌基本饱满密实,表面平整、光滑、无裂缝,填嵌材料、方法基本符合设计要求	
6	门窗外现	合格	表面洁净,无明显划痕、碰伤,基本无锈蚀;涂胶表面基本光滑,无气孔	观察检查
		优良	表面洁净,无划痕、碰伤,无锈蚀、涂胶表面基本光滑、平整,厚度均匀,无气孔	
7	密封质量	合格	关闭后各配合处无明显缝隙,不透气、透光	观察检查
		优良	关闭后各配合处无缝隙,不透气、透光	

表 10-8 　　　　　　　　　　　　　　　　金属门窗安装工程质量验收标准

项目	项次	质量要求	检验方法
主控项目	1	金属门窗的品种、类型、规格、尺寸、性能、开启方向、安装位置、连接方式及铝合金门窗的型材壁厚,均应符合设计要求;金属门窗的防腐处理及填嵌、密封处理应符合设计要求	观察;尺量检查;检查产品合格证书、性能检测报告、进场检收记录和复检报告;检查隐蔽工程验收记录
	2	金属门窗框和副框的安装必须牢固;预埋件的数量、位置、埋设方式、与框的连接方式必须符合设计要求	手扳检查;检查隐蔽工程验收记录
	3	金属门窗扇必须安装牢固,并应开关灵活、关闭严密,无倒翘;推拉门窗扇必须有防止脱落措施	观察;开启和关闭检查;手扳检查
	4	金属门窗配件的型号、规格、数量应符合设计要求,安装应牢固,位置应正确,功能应满足使用要求	观察;开启和关闭检查;手扳检查
一般项目	5	金属门窗表面应清洁、平整、光滑、色泽一致,无锈蚀;大面应无划痕、碰伤;涂膜或保护层应连续	观察检查
	6	铝合金门窗的推拉门窗扇开关力≤100 N	用弹簧秤检查
	7	金属门窗框与墙体之间的缝隙应填嵌饱满,并采用密封胶进行密封;密封胶表面应光滑、顺直,无裂纹	观察;轻敲门窗框检查;检查隐蔽工程验收记录
	8	金属门窗扇的橡胶密封条或毛毡密封条应安装完好,不得有脱槽现象	观察;开启和关闭检查
	9	有排水孔的金属门窗,排水孔应畅通,位置和数量应符合设计要求	观察检查

注:1.本表根据《建筑装饰装修工程质量验收规范》(GB 50210-2018)有关规定的条文编制。

　　2.本表金属门窗工程质量验收标准,同时适用于铝合金门窗、普通钢门窗、涂色镀锌钢板门窗等金属门窗安装工程的质量验收。

　　3.本表所列"一般项目",也包括表 10-9 中所列允许偏差项目。

表 10-9 　　　　　　　　　　　　　　　　铝合金门窗安装的允许偏差和检查方法

项次	项目		允许偏差/mm	检查方法
1	门窗槽口宽度、高度	≤1 500 mm	±1.5	用钢尺检查
		>1 500 mm	±2.0	
2	门窗槽口对角线长度差	≤2 500 mm	±3.0	用钢尺检查
		>2 500 mm	±4.0	
3	门窗框的正面、侧面垂直度		±2.5	用垂直检查尺检查
4	门窗横框的水平度		±2.0	用 1 m 水平尺和塞尺检查
5	门窗横框的标高		±5.0	用钢尺检查
6	门窗竖向偏离中心		±5.0	用钢尺检查
7	双层门窗内外框间距		±4.0	用钢尺检查
8	推拉门窗扇与框的搭接量		±1.5	用钢直尺检查

第二节　塑料门窗的施工

塑料门窗是以聚氯乙烯或其他树脂为主要原料,以轻质碳酸钙为填料,添加适量助剂和改性剂,经双螺杆挤压机挤压成型的各种截面的空腹门窗异型材,再根据不同的品种规格选用不同截面异型材组装而成。由于塑料的刚度较差、变形较大,一般在空腹内嵌装型钢或铝合金型材进行加强,从而增强了塑料门窗的刚度,提高了塑料门窗的牢固性和抗风能力。因此,塑料门窗又称为"钢塑门窗"。

塑料门窗是目前最具有气密性、水密性、耐腐蚀性、隔热保温、隔声、耐低温、阻燃、电绝缘性、造型美观等优异综合性能的门窗制品。实践证明:其气密性为木窗的 3 倍,为铝合金门窗的 1.5 倍;热导率是金属门窗的 1/12～1/8,可节约暖气费 20％ 左右;其隔声效果也比铝合金门窗高 30 分贝以上。另外,塑料本身的耐腐蚀性和耐潮性优异,在化工建筑、地下工程、卫生间及浴室内都能使用,是一种应用广泛的建筑节能产品。

塑料门窗的种类很多,根据原材料的不同,塑料门窗可以分为以聚氯乙烯树脂为主要原料的钙塑门窗(又称"U-PVC 门窗");以改性聚氯乙烯为主要原料的改性聚氯乙烯门窗(又称"改性 PVC 门窗");以合成树脂为基料、以玻璃纤维及其制品为增强材料的玻璃钢门窗。

一、塑料门窗材料的质量要求

(一)塑料异型材及密封条

塑料门窗采用的塑料异型材、密封条等原材料,应符合现行的国家标准《门窗框用聚氯乙烯型材》(GB 8814-2017)和《塑料门窗用密封条》(GB 12002-1989)的有关规定。

(二)塑料门窗的配套件

塑料门窗采用的紧固件、五金件、增强型钢、金属衬板及固定片等,应符合以下要求:

(1)紧固件、五金件、增强型钢、金属衬板及固定片等,应进行表面防腐处理。

(2)紧固件的镀层金属及其厚度,应符合国家标准《紧固件电镀层》(GB/T 5267.1-2002)的有关规定;紧固件的尺寸、螺纹、公差、十字槽及机械性能等技术条件,应符合国家标准《十字槽盘头自攻螺钉》(GB/T 845-2017)、《十字槽沉头自攻螺钉》(GB/T 846-2017)的有关规定。

(3)五金件的型号、规格和性能,均应符合国家现行标准的有关规定;滑撑铰链不得使用铝合金材料。

(4)全防腐型塑料门窗,应采用相应的防腐型五金件及紧固件。

(5)固定片的厚度≥1.5 mm,最小宽度≥15 mm,其材质应采用 Q235-A 冷轧钢板,其表面应进行镀锌处理。

(6)组合窗及连窗门的拼樘料,应采用与其内腔紧密吻合的增强型钢作为内衬,型钢两端应比拼樘长出 10～15 mm。外窗的拼樘料截面尺寸及型钢形状、壁厚,应能使组合窗承受瞬时风压值。

(三)玻璃及玻璃垫块

塑料门窗所用的玻璃及玻璃垫块的质量,应符合以下规定:

(1)玻璃的品种、规格及质量,应符合国家现行产品标准的规定,并应有产品出厂合格证,中空玻璃应有检测报告。

(2)玻璃的安装尺寸应比相应的框、扇(梃)内口尺寸小 4~6 mm,以便安装,确保阳光照射膨胀不开裂。

(3)玻璃垫块应选用邵氏硬度为 70~90(A)的硬橡胶或塑料,不得使用硫化再生橡胶、木片或其他吸水性材料;其长度宜为 80~150 mm,厚度应按框、扇(梃)与玻璃的间隙确定,一般宜为 2~6 mm。

(四)门窗洞口框墙间隙密封材料

一般常为嵌缝膏(建筑密封胶),应具有良好的弹性和黏结性。

(五)材料的相容性

与聚氯乙烯型材直接接触的五金件、紧固件、密封条、玻璃垫块、嵌缝膏等材料,其性能与 PVC 塑料具有相容性。

二、塑料门窗的安装施工

(一)塑料门窗的制作

塑料门窗的制作一般都是在专门的工厂进行的,很少在施工工地现场组装。在国外,甚至将玻璃都在工厂中安装好才送往施工现场安装。在国内,一些较为高档的产品也常常采取这种方式供货。但是,由于我国的塑料门窗组装厂还很少,而且组装后的门窗经长途运输损耗太大,因此,很多塑料门窗装饰工程仍然存在着由施工企业自行组装的情况,这对于确保制作质量还是有一定难度的。

(二)安装施工的准备工作

1. 安装材料

(1)塑料门窗:框、窗多为工厂制作的成品,并有齐全的五金配件。

(2)其他材料:主要有木螺钉、平头机螺钉、塑料胀管螺钉、自攻螺钉、钢钉、木楔、密封条、密封膏、抹布等。

2. 安装机具

塑料门窗在安装时所用的主要机具有:冲击钻、射钉枪、螺丝刀、锤子、吊线锤、钢尺、灰线包等。

3. 现场准备

(1)门窗洞口质量检查。按设计要求检查门窗洞口的尺寸,若无具体的设计要求,一般应满足下列规定:门洞口宽度为门框宽加 50 mm,门洞口高度为门框高加 20 mm;窗洞口宽度为窗框宽加 40 mm,窗洞口高度为窗框高加 40 mm。

门窗洞口尺寸的允许偏差值为:洞口表面平整度允许偏差 3 mm;洞口正、侧面垂直度允许偏差 3 mm;洞口对角线允许偏差 3 mm。

(2)检查洞口的位置、标高与设计要求是否符合,若不符合应立即进行改正。

(3)检查洞口内预埋木砖的位置和数量是否准确。

(4)按设计要求弹好门窗安装位置线,并根据需要准备好安装用的脚手架。

（三）塑料门窗的安装方法

由于塑料门窗的热膨胀性较大，且弯曲弹性模量较小，加之又是成品现场安装，如果稍不注意，就可能造成塑料门窗的损伤变形，影响使用功能、装饰效果和耐久性。因此，安装塑料门窗的技术难度比钢门窗和木门窗大得多，在施工过程中应当特别注意。

塑料门窗安装施工的工艺流程为：门窗洞口处理→找规矩→弹线→安装连接件→塑料门窗安装→门窗四周嵌缝→安装五金配件→清理。主要的施工要点如下：

1. 门窗框与墙体的连接

塑料门窗框与墙体的连接固定方法，常见的有连接件法、直接固定法和假框法三种。

（1）连接件法

这是用一种专门制作的铁件将门窗框与墙体相连接，是我国目前运用较多的一种方法。其优点是比较经济，且基本上可以保证门窗的稳定性。连接件法的做法是：先将塑料门窗放入门窗洞口内，找平对中后用木楔临时固定。然后，将固定在门窗框型材靠墙一面的锚固铁件用螺钉或膨胀螺钉固定在墙上，如图 10-18 所示。

（2）直接固定法

在砌筑墙体时，先将木砖预埋于门窗洞口设计位置处，当塑料门窗安入洞口并定位后，用木螺钉直接穿过门窗框与预埋木砖进行连接，从而将门窗框直接固定于墙体上，如图 10-19 所示。

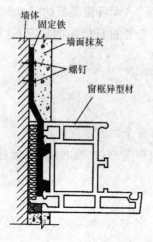
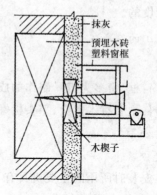

图 10-18　框墙间连接件固定法　　　　图 10-19　框墙间直接固定法

（3）假框法

先在门窗洞口内安装一个与塑料门窗框配套的镀锌铁皮金属框，或者当木门窗换成塑料门窗时，将原来的木门窗框保留不动，待抹灰装饰完成后，再将塑料门窗框直接固定在原来的框上，最后再用盖口条对接缝及边缘部分进行装饰，如图 10-20 所示。

2. 连接点位置的确定

在确定塑料门窗框与墙体之间的连接点的位置和数量时，应主要从力的传递和 PVC 窗的伸缩变形两个方面来考虑，如图 10-21 所示。

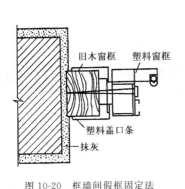

图 10-20　框墙间假框固定法

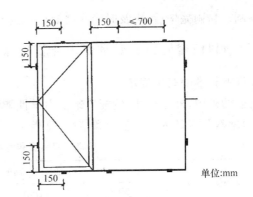

图 10-21　框墙连接点布置图

（1）在确定连接点的位置时，首先应考虑能使门窗扇通过合页作用于门窗框的力，尽可能直接传递给墙体。

（2）在确定连接点的数量时，必须考虑防止塑料门窗在温度应力、风压及其他静荷载作用下可能产生的变形。

（3）连接点的位置和数量还必须适应塑料门窗变形较大的特点，保证在塑料门窗与墙体之间微小的位移，不至于影响门窗的使用功能及连接本身。

（4）在合页的位置应设连接点，相邻两个连接点的距离不应大于 700 mm。在横档或竖框的地方不宜设连接点，相邻的连接点应在距其 150 mm 处。

3. 框与墙间缝隙的处理

（1）由于塑料的膨胀系数较大，所以要求塑料门窗与墙体间应留出一定宽度的缝隙，以适应塑料伸缩变形。

（2）框与墙间的缝隙宽度可根据总跨度、膨胀系数、年最大温差计算出最大膨胀量，再乘以要求的安全系数求得，一般可取 10～20 mm。

（3）框与墙间的缝隙应用泡沫塑料条或油毡卷条填塞，填塞不宜过紧，以免框架发生变形。门窗框四周的内外接缝缝隙应用密封材料嵌填严密，也可用硅橡胶嵌缝条，但不能采用嵌填水泥砂浆的做法。

（4）不论采用何种填缝方法，均要做到以下两点：

①嵌填封缝材料应当能承受墙体与框间的相对运动，并且保持其密封性能，雨水不能由嵌填封缝材料处渗入。

②嵌填封缝材料不应对塑料门窗有腐蚀、软化作用，尤其是沥青类材料对塑料有不利作用，不宜采用。

（5）嵌填密封完成后，则可进行墙面抹灰。当工程有较高要求时，最后还需加装塑料盖口条。

4. 五金配件的安装

塑料门窗安装五金配件时，必须先在杆件上进行钻孔，然后用自攻螺丝拧入，严禁在杆件上直接锤击钉入。

5. 安装完毕后的清洁

塑料门窗扇安装完毕后，应暂时将其取下，并编号单独保管。门窗洞口进行粉刷时，应将门窗表面贴纸保护。粉刷时如果框扇沾上水泥浆，应立即用软质抹布擦洗干净，切勿使用金属工具擦刮。粉刷完毕后,应及时清除玻璃槽口内的渣灰。

三、塑料门窗安装的质量要求及验收标准

1. 行业标准的有关规定

门窗的外观、外形尺寸、装配质量及力学性能等,应符合国家标准和行业标准的有关规定:

(1)塑料门窗基本尺寸公差和精度,见表 10-10、表 10-11。

表 10-10　　　　　　　　　塑料门窗高度和宽度的尺寸公差

精度等级	高度和宽度的尺寸公差/mm			
	≤900	901~1 500	1 501~2 000	>2 000
一	±1.5	±1.5	±2	±2.5
二	±1.5	±2	±2.5	±3
三	±2	±2.5	±3	±4

注:1. 检测量具为钢卷尺和钢直尺,在尺起始 100 mm 内,尺面应有 0.5 mm 最小分度刻线。

2. 测量前应先从宽和高两端向内标出 100 mm 间距,并做好记号,然后测量高或宽两端记号间距离,即为检测的实际尺寸。

表 10-11　　　　　　　　　塑料门窗对角线尺寸公差

精度等级	对角线尺寸公差/mm		
	≤1 000	1 001~2 000	>2 000
一	±2.0	±3.0	±4.0
二	±3.0	±3.5	±5.0
三	±3.5	±4.0	±6.0

(2)塑料门窗的物理性能分级见表 10-12,保温性能及空气隔声性能分级见表 10-13。

表 10-12　　　　　　　　　塑料门窗的物理性能分级

类别	等级	性能指标		
		抗风压性能/Pa	空气渗透性能/10 Pa	雨水渗透性能/Pa
A 类(高性能窗)	优等品(A$_1$级)	≥3 500	≤0.5	≥400
	一等品(A$_2$级)	≥3 000	≤0.5	≥350
	合格品(A$_3$级)	≥2 500	≤1.0	≥350
B 类(中性能窗)	优等品(B$_1$级)	≥2 500	≤1.0	≥300
	一等品(B$_2$级)	≥2 000	≤1.5	≥300
	合格品(B$_3$级)	≥2 000	≤2.0	≥250
C 类(低性能窗)	优等品(C$_1$级)	≥2 000	≤2.0	≥200
	一等品(C$_2$级)	≥1 500	≤2.5	≥150
	合格品(C$_3$级)	≥1 000	≤3.0	≥100

表 10-13　　　　　　　　塑料门窗保温性能及空气隔声性能分级

等级	I	II	III	IV
传热系数 K_0/[W/(m^3·K)]	≤2.00	>2.00 且≤3.00	>3.00 且≤4.00	>4.00 且≤5.00
传热阻 R_0/(m^2·K/W)	≤0.50	<0.50 且≥0.33	<0.33 且≥0.25	<0.25 且≥0.20
空气声计权隔声量/dB	≥35(优等品)	≥30(一等品)	≥25(合格品)	—

（3）塑料门窗力学指标，见表 10-14。

表 10-14　　　　　　　　塑料（塑钢）门窗力学性能基本指标

项次	试验名称	门指标	窗指标
1	开关力	平开门扇平铰链的开关力≤80 N，滑撑铰链的开关力≤80 N 且≥30 N；推拉门扇的开关力≤100 N	平开窗扇平铰链的开关力≤80 N，滑撑铰链的开关力≤80 N 且≥30 N；推拉窗扇的开关力≤100 N
2	悬端吊重	在 500 N 力作用下，残余变形≤2 mm，试件不损坏，保持使用功能	在 500 N 力作用下，残余变形≤2 mm，试件不损坏，保持使用功能
3	翘曲	在 300 N 力作用下，允许有不影响使用的残余变形，试件不损坏，保持使用功能	在 300 N 力作用下，允许有不影响使用的残余变形，试件不损坏，保持使用功能
4	开关疲劳	开关速度为 10～20 次/分钟，经不少于 1 万次开关，试件不损坏，压条不松脱，保持使用功能	开关速度为 15 次/分钟，经不少于 1 万次开关，试件及五金不损坏，其固定处及玻璃压条不松脱
5	大力关闭	经模拟 7 级风压连续开关 10 次，试件不损坏，保持使用功能	经模拟 7 级风压连续开关 10 次，试件不损坏，保持使用功能
6	窗撑	—	能支撑 200 N 力，不移位，连接处型材不破裂
7	软冲	冲击能量 1 500 N·cm，正常	—
8	角强度	平均值≥3 000 N，最小值≥平均的 70%	平均值≥3 000 N，最小值≥平均的 70%

（4）塑料门窗的耐候性。外门窗用型材人工老化应≥1 000 小时，内门窗用型材人工老化应≥500 小时。老化后的外观及变色、褪色和强度，应符合表 10-15 中的规定。

表 10-15　　　　　塑料门窗老化后的外观及变色、褪色和冲击强度要求

项次	名称	技术要求
1	外观	无气泡、裂纹等
2	变色与褪色	不应超过 3 级灰度
3	冲击强度保留率	简支梁冲击强度保留率≥70%

（5）门窗的抗风压、空气渗透、雨水渗漏三项基本物理性能，应符合 JG/T 3017《PVC 塑料门》、JG/T 3018《PVC 塑料窗》的分级规定及设计要求，并应附有相应等级的质量检测报告。若设计对保温、隔声性能提出要求，其性能既应符合设计要求也应同时符合上述标准的规定，所有门窗产品应具有出厂合格证。

2. 塑料窗的构造尺寸

塑料窗的构造尺寸，应包括预留洞口与待安装窗框的间隙及墙体饰面材料的厚度，其间隙应符合表 10-16 中的规定。

表 10-16　　　　　　　　洞口与窗框（或门边框）的间隙

墙体饰面层材料	洞口与窗框（或门边框）的间隙/mm
清水墙	10
墙体外饰面抹水泥砂浆或贴马赛克	15～20
墙体外饰面贴釉面瓷砖	20～25
墙体外饰面镶贴大理石或花岗石	40～50

注：窗下框与洞口的间隙，可根据设计要求选定。

3.塑料门的构造尺寸

塑料门的构造尺寸,应满足下列要求:

(1)塑料门边框与洞口的间隙,应符合表 10-16 中的规定。

(2)无下框平开门门框的高度,应比洞口大 10～15 mm;带下框平开门或推拉门的门框高度,应比洞口高度小 5～10 mm。

4.塑料门窗表面及框扇结构质量

塑料门窗表面及框扇结构质量,应符合下列规定:

(1)塑料门窗表面,不应有影响外观质量的缺陷。

(2)塑料门窗不得有焊角开焊、型材断裂等损坏现象;框和扇的平整度、直角度和翘曲度以及装配间隙,应符合 JG/T 3017《PVC 塑料门》、JG/T 3018《PVC 塑料窗》等标准的有关规定,不得有下垂和翘曲变形,以免妨碍开关功能。

5.门窗五金配件及密封装设

门窗五金配件及密封装设,应符合下列要求:

(1)安装五金配件时,宜在其相应位置的型材内增设 3 mm 厚的金属衬板。五金配件的安装位置、数量,均应符合国家标准的规定。

(2)密封条的装配,应均匀、牢固,其接口应黏结严密、无脱槽现象。

第三节　自动门的施工

自动门是一种新型金属门,主要用于高级建筑装饰。自动门按门体材料的不同,有铝合金自动门、无框全玻璃自动门及异型薄壁钢管自动门等;按门的扇形区分,有两扇形、四扇形和六扇形等不同的自动门;按自动门所使用的探测传感器的不同,又可分为超声波传感器、红外线探头、微波探头、遥控探测器、毯式传感器、开关式传感器、拉线开关式传感器和手动按钮式传感器等。目前,我国比较有代表性的自动门品种与规格见表 10-17。

表 10-17　　　　　　　　　　　国产有代表性的自动门品种与规格

品种	规格尺寸/mm		生产单位
	宽度	高度	
TDLM-10 系列铝合金推拉自动门	2 050～4 150	2 075～3 575	沈阳黎明航空铝窗公司
ZM-E 型铝合金中分式微波自动门	分两扇、四扇、六扇形,除标准尺寸外,可由用户提出尺寸订制		上海红光建筑五金厂
100 系列铝合金自动门	950	2 400	哈尔滨有色金属材料加工厂

注:表中所列自动门品种均含无框全玻璃自动门。

我国生产的微波自动门,具有外观新颖、结构精巧、启动灵活、运行可靠、功耗较低、噪声较小等特点,适用于高级宾馆、饭店、医院、候机楼、车站、贸易楼、办公大楼等建筑物。下面重点介绍微波自动门的结构与安装施工。

一、微波自动门的结构

微波自动门的传感系统采用微波感应方式,当人或其他活动目标进入微波传感器的感应范围时,门扇便自动开启,当活动目标离开感应范围时,门扇又会自动关闭。门扇的自动运行,有快、慢两种速度自动变换,使启动、运行、停止等动作达到良好的协调状态,同时可确保门扇之间的柔性合缝。当自动门意外地夹住行人或门体被异物卡阻时,自控电路具有自动停机的功能,比较安全可靠。

1. 微波自动门的门体结构

以上海红光建筑五金厂生产的 ZM-E2 型微波自动门为例,微波自动门体结构分类见表 10-18。

表 10-18　　　　　　　　　　ZM-E2 型微波自动门门体分类系列

门体材料	表面处理(颜色)	
铝合金	银白色	古铜色
无框全玻璃门	白色全玻璃	茶色全玻璃
异型薄壁钢管	镀锌	油漆

微波自动门一般多为中分式,标准立面主要分为两扇形、四扇形、六扇形等,如图 10-22 所示。

2. 控制电路结构

控制电路是自动门的指挥系统,由两部分组成:其一是用来感应开门目标讯号的微波传感;其二是进行讯号处理的二次电路控制。微波传感器采用 X 波段微波讯号的“多普勒效应”原理,对感应范围内的活动目标所反应的作用讯号进行放大检测,从而自动输出开门或关门控制讯号。一档自动门出入控制一般需要用 2 只感应探头、1 台电源器配套使用。二次电路控制箱是将微波传感器的开关门讯号转化成控制电动机正、逆旋转的讯号处理装置,它由逻辑电路、触发电路、可控硅主电路、自动报警停机电路及稳压电路等组成。主要电路采用集成电路技术,使整机具有较高的稳定性和可靠性。微波传感器和控制箱均使用标准插件连接,因而同机种具有互换性和通用性。微波传感器和控制箱在自动门出厂前均已安装在机箱内。

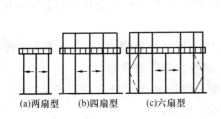

(a)两扇型　　(b)四扇型　　(c)六扇型

图 10-22　自动门标准立面示意图

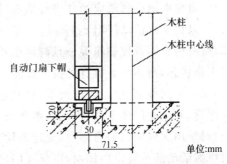

图 10-23　自动门下轨道埋设示意图

二、微波自动门的技术指标

以 ZM-E2 型微波自动门为例,微波自动门的技术参数见表 10-19。

表 10-19　　　　　　　　　　ZM-E2 型微波自动门的技术参数

项目	指标	项目	指标
电源	AC 220 V/50 Hz	感应灵敏度	现场调节至用户需要
功耗	150 W	报警延时时间	10~15 s
门速调节范围	0~350 mm/s(单扇门)	使用环境温度	−20~+40 ℃
微波感应范围	门前 1.5~4 m	断电时手推力	<10 N

三、微波自动门的安装施工

1. 地面导向轨道的安装

铝合金自动门和玻璃自动门的地面上装有导向性下轨道。异型钢管自动门无下轨道。有下轨道的自动门在土建做地坪时,必须在地面上预埋 50 mm×75 mm 方木条 1 根。微波自动门在安装时,撬出方木条便可埋设下轨道,下轨道长度为开门宽的 2 倍。图 10-23 为自动门下轨道埋设示意。

2. 微波自动门横梁安装

自动门上部机箱层主梁是安装中的重要环节。由于机箱内装有机械及电控装置,因此,对支承横梁的土建支承结构有一定的强度及稳定性要求。常用的两种支承节点如图 10-24 所示,一般砖结构宜采用图 10-24(a)的形式,混凝土结构宜采用图 10-24(b)的形式。

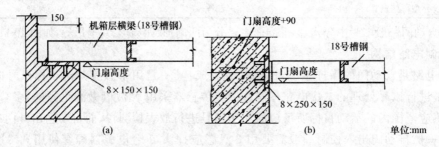

图 10-24 机箱横梁支承节点

3. 微波自动门的使用与维修

自动门的使用性能与使用寿命,与施工及日常维护有密切关系,因此,必须做好下列各个方面工作:

(1)门扇地面滑行轨道应经常进行清洗,槽内不得留有异物。结冰季节要严格防止有水流进下轨道,以免卡阻活动门扇。

(2)微波传感器及控制箱等一旦调试正常,就不能再任意变动各种旋钮的位置,以防止失去最佳工作状态,而达不到应有的技术性能。

(3)铝合金门框、门扇及装饰板等,是经过表面化学防腐氧化处理的,产品运抵施工现场后应妥善保管,并注意门体不得与石灰、水泥及其他酸、碱性化学物品接触。

(4)对使用比较频繁的自动门,要定期检查传动部分装配紧固零件是否有松动、缺损等现象。对机械活动部位要定期加油,以保证门扇运行润滑、平稳。

第四节   全玻璃门的施工

在现代装饰工程中,采用全玻璃装饰门的施工日益普及。所采用玻璃多为厚度在 12 mm 的厚质平板白玻璃、雕花玻璃及彩印图案玻璃等,有的设有金属扇框,有的活动门扇除玻璃之外,只有局部的金属边条。其门框部分通常以不锈钢、黄铜或铝合金饰面,从而展示出豪华气派,如图 10-25 所示。

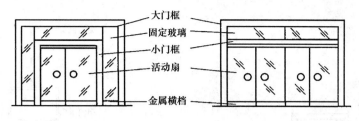

图 10-25 全玻璃装饰门的形式示例

一、全玻璃门固定部分的安装

1. 施工的准备工作

在正式安装玻璃之前，地面的饰面施工应已完成，门框的不锈钢或其他饰面包覆安装也应完成。门框顶部的玻璃限位槽已经留出，其槽宽应大于玻璃厚度 2～4 mm，槽深为 10～20 mm，如图 10-26 所示。

不锈钢、黄铜或铝合金饰面的木底托，可采用木方条首先钉固于地面安装位置，然后再用黏结剂将金属板饰面黏结卡在木方上，如图 10-27 所示。如果采用铝合金方管，可采用木螺丝将方管拧固于木底托上，也可采用角铝连接件将铝合金方管固定在框柱上。

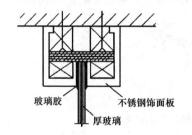

图 10-26 顶部门框玻璃限位槽构造

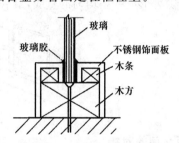

图 10-27 固定玻璃扇下部底托做法

厚玻璃的安装尺寸，应从安装位置的底部、中部和顶部进行测量，选择最小尺寸为玻璃板宽度的切割尺寸。如果上、中、下测得的尺寸一致，其玻璃宽度的裁割应比实测尺寸小2～3 mm。玻璃板的高度方向裁割，应小于实测尺寸 3～5 mm。玻璃板裁割后，应将其四周进行倒角处理，倒角宽度为 2 mm，如若在施工现场自行倒角，应手握细砂轮做缓慢细磨操作，防止出现崩角、崩边现象。

2. 安装固定玻璃板

用玻璃吸盘将玻璃板吸起，由 2～3 人合力将其抬至安装位置，先将上部插入门顶框限位槽内，下部落于底托之上，而后校正安装位置，使玻璃板的边部正好封住侧框柱的金属板饰面对缝口，如图 10-28 所示。在底托上固定玻璃板时，可先在底托木方上钉木条，一般距玻璃4 mm 左右；然后在木条上涂刷胶黏剂，将不锈钢板或铜板黏卡在木方上。固定部分的玻璃安装构造如图 10-29 所示。

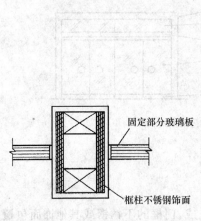

图 10-28　固定玻璃扇与框柱的配合

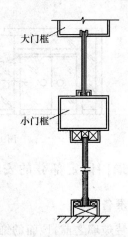

10-29　玻璃门竖向安装构造示意图

3. 注胶封口

在玻璃准确就位后,在顶部限位槽处、底托固定处以及玻璃板与框柱的对缝处,注入玻璃密封胶。首先,将玻璃胶开封后装入打胶枪内,即用打胶枪的后压杆端头板顶住玻璃胶罐的底部;然后一只手托住打胶枪的枪身,另一只手握着注胶压柄不断松压循环地操作压柄,将玻璃胶注于需要封口的缝隙端,如图 10-30 所示。由需要注胶的缝隙端头开始,顺着缝隙匀速移动,使玻璃胶在缝隙处形成一条均匀的直线,最后用塑料片刮去多余的玻璃胶,用棉布擦净胶迹。

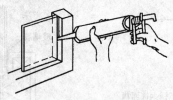

图 10-30　注胶封口操作示意图

4. 玻璃板之间的对接

门上固定部分的玻璃需要对接时,其对接缝应有 2~4 mm 的宽度,玻璃板的边部都要进行倒角处理。当玻璃块留缝定位并安装稳固后,即将玻璃胶注入其对接的缝隙,用塑料片在玻璃板对缝的两边把胶刮平,用棉布将胶迹擦干净。

二、玻璃活动门扇的安装

玻璃活动门扇的结构是不设门扇框,活动门扇的启闭由地弹簧进行控制。地弹簧同时又与门扇的上部、下部金属横档进行铰接,如图 10-31 所示。

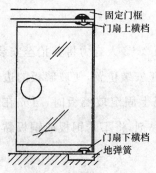

图 10-31　活动门扇的安装示意图

玻璃门扇的安装方法与步骤如下：

(1)活动门扇在安装前,应先将地面上的地弹簧和门扇顶面横梁上的定位销安装固定完毕,两者必须在同一轴线上,安装时应用吊锤进行检查,做到准确无误,地弹簧转轴与定位销为同一中心线。

(2)在玻璃门扇的上、下金属横档内划线,按线固定转动销的销孔板和地弹簧的转动轴连接板。具体操作可参照地弹簧产品安装说明书。

(3)玻璃门扇的高度尺寸,在裁割玻璃时应注意包括插入上、下横档的安装部分。一般情况下,玻璃高度尺寸应小于实测尺寸 3～5 mm,以便安装时进行定位调节。

(4)把上、下横档(多采用镜面不锈钢成型材料)分别装在厚玻璃门扇的上、下端,并进行门扇高度的测量。如果门扇高度不足,即其上、下边距门横及地面的缝隙超过规定值,可在上、下横档内加垫胶合板条进行调节,如图 10-32 所示。如果门扇高度超过安装尺寸,只能由专业玻璃工将门扇多余部分切割去。

(5)门扇高度确定后,即可固定上、下横档。在玻璃板与金属横档内的两侧空隙处,由两边同时插入小木条,轻敲稳实,然后在小木条、门扇玻璃及横档之间形成的缝隙中注入玻璃胶,如图 10-33 所示。

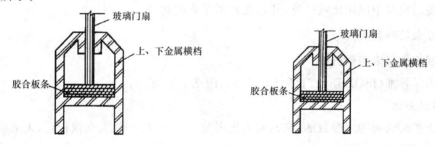

图 10-32　加垫胶合板条调节玻璃门扇高度尺寸　　　　图 10-33　门扇玻璃与金属横档的固定

(6)进行门扇定位的安装。先将门框横梁上的定位销本身的调节螺钉调出横梁平面 1～2 mm,再将玻璃门扇竖起来,把门扇下横档内的转动销连接件的孔位对准地弹簧的转动销轴,并转动门扇将孔位套在销轴上。然后把门扇转动 90°使之与门框横梁成直角,把门扇上横档中的转动连接件的孔对准门框横梁上的定位销,将定位销插入孔内 15 mm 左右(调动定位销上的调节螺钉),如图 10-34 所示。

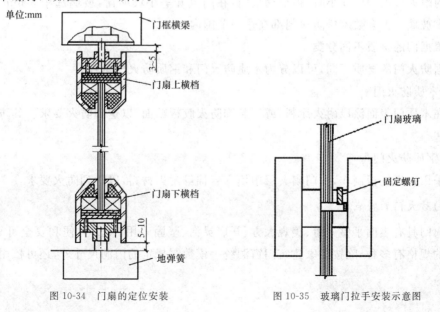

图 10-34　门扇的定位安装　　　　　　　　图 10-35　玻璃门拉手安装示意图

(7)安装门拉手。全玻璃门扇上扇拉手孔洞一般是订购时就加工好的,拉手连接部分插入孔洞时不能太紧,应当略有松动。安装前在拉手插入玻璃的部分涂少量的玻璃胶;如若插入过松,可在插入部分裹上软质胶带。在拉手组装时,其根部与玻璃贴靠紧密后再拧紧螺钉,如图 10-35 所示。

第五节　特种门窗的施工

特种门窗的种类很多,除去以上几种门窗外,其他基本上都属于特种门窗的范畴。在建筑装饰工程中常用的有:卷帘防火、防盗窗、防火门、隔声门、金属转门、金属铰链门和弹簧门等。

一、防火门的安装施工

防火门是具有特殊功能的一种新型门,是为了解决高层建筑的消防问题而发展起来的,目前在现代高层建筑中应用比较广泛,并深受使用单位的欢迎。

(一)防火门的种类

1. 根据耐火极限不同分类

根据国际标准(ISO),防火门可分为甲、乙、丙三个等级。

(1)甲级防火门

以防止扩大火灾为主要目的,它的耐火极限为 1.2 小时,一般为全钢板门,无玻璃窗。

(2)乙级防火门

以防止开口部火灾蔓延为主要目的,它的耐火极限为 0.9 小时,一般为全钢板门,在门上开一个小玻璃窗,玻璃选用 5mm 厚的夹丝玻璃或耐火玻璃。性能较好的木质防火门也可以达到乙级防火门。

(3)丙级防火门

它的耐火极限为 0.6 小时,为全钢板门,在门上开一小玻璃窗,玻璃选用 5 mm 厚夹丝玻璃或耐火玻璃。大多数木质防火门都在这一范围内。

2. 根据门的材质不同分类

根据防火门的材质不同,可以分为木质防火门和钢质防火门两种。

(1)木质防火门

即在木质门表面涂以耐火涂料,或用装饰防火胶板贴面,以达到防火要求。其防火性能要稍差一些。

(2)钢质防火门

即采用普通钢板制作,在门扇夹层中填入岩棉等耐火材料,以达到防火要求。

(二)防火门的特点

防火门具有表面平整光滑、美观大方、开启灵活、坚固耐用、使用方便和安全可靠等特点。防火门的规格有多种,除按国家建筑门窗洞统一模数制规定的门洞尺寸外,还可依用户的要求订制。

（三）防火门的施工

1. 划线

按设计要求的尺寸、标高,画出门框框口位置线。

2. 立门框

先拆掉门框下部的固定板,凡框内高度比门扇的高度大于 30 mm 者,洞两侧地面必须设预留凹槽。门框一般埋入±0.000 标高以下 20 mm,必须保证框口上、下尺寸相同,允许误差小于 1.5 mm,对角线允许误差小于 2 mm。将门框用木楔临时固定在洞内,经校正合格后,固定木楔,门框铁脚与预埋铁板件焊牢。

3. 安装门扇及附件

门框周边缝隙,用 1:2 的水泥砂浆或强度不低于 10 MPa 的细石混凝土嵌塞牢固,应保证与墙体连接成整体;经养护凝固后,再粉刷洞口及墙体。

粉刷完毕后,安装门扇、五金配件及有关防火装置。门扇关闭后,门缝应均匀平整,开启自由轻便,不得有过紧、过松和反弹现象。

（四）防火门的注意事项

（1）为了防止火灾蔓延和扩大,防火门必须在构造上设计有隔断装置,即装设保险丝,一旦火灾发生,热量使保险丝熔断,自动关锁装置就开始动作进行隔断,达到防火目的。

（2）由于火灾时的温度会使金属防火门膨胀,可能不好关闭;或是因为门框阻止门膨胀而产生翘曲,从而引起间隙;或是使门框破坏。因此必须在构造上采取措施,防止这类现象产生,这是很重要的。

二、隔声门的安装施工

1. 隔声门的类型

隔声门主要起隔声作用,常用于声像室、广播室、会议室等有隔声要求的房间。隔声门要求用吸声材料做成门扇,门缝用海绵橡胶条等具有弹性的材料封严。常见的隔声门主要有下列三种:

（1）填芯隔声门

用玻璃棉丝或岩棉填充在门扇芯内,门扇缝口处用海绵橡胶条封严。

（2）外包隔声门

在普通木门扇外面包裹一层人造革或其他软质吸声材料,内填充岩棉,并将通长压条用泡钉钉牢,四周缝隙用海绵橡胶条粘牢封严。

（3）隔声防火门

在门扇木框架中嵌填岩棉等吸声材料,外部用石棉板、镀锌铁皮及耐火纤维板镶包,四周缝隙用海绵橡胶条粘牢封严。

2. 隔声门的施工

（1）在制作隔声门时,门扇芯内应用超细玻璃棉丝或岩棉填塞,但不宜挤压太密实,应保持其不太松动,且有一定空隙,以确保其隔声效果。

（2）门扇与门框之间的缝隙,应用海绵橡胶条等弹性材料嵌入门框上的凹槽中,并且一定要粘牢卡紧。海绵橡胶条的截面尺寸应比门框上的凹槽宽度大 1 mm,并凸出框边 2 mm,保证门扇关闭后能将缝隙处挤紧关严。

(3)双扇隔声门的门扇搭接缝应做成双 L 形缝。在搭接缝的中间应设置海绵橡胶条。门扇关闭时,搭接缝两边将海绵橡胶条挤紧,门扇之间应留 2 mm 的缝隙,接头处木材与木材不应直接接触。

(4)外包隔声门宜用人造革进行包裹。在人造革与木门窗之间应填塞岩棉毯,然后用双层人造革压条规则地压在门扇表面,再用泡钉钉牢,人造革表面应包紧、绷平。

(5)在隔声门扇底部与地面间应留 5 mm 宽的缝隙,然后将 3 mm 厚的橡胶条用通长扁铁压钉在门扇下部。与地面接触处的橡胶条应伸长 5 mm,封闭门扇与地面的缝隙。

(6)有防火要求的隔声防火门,门扇可用耐火纤维板制作,两面各镶钉 5 mm 厚的石棉板,再用 26 号镀锌铁皮满包,外露的门框部分亦应包裹镀锌铁皮。

(7)隔声门的五金应与隔声门的功能相适应,如合页应选用无声合页等。

三、金属转门的安装施工

1. 金属转门的特点

金属转门有铝质、钢质两种金属型材结构。铝质结构是采用铝镁硅合金挤压型材,经阳极氧化成银白、古铜等色,其外形美观、耐蚀性强、质量较轻、使用方便。钢质结构是采用 20 号碳素结构钢无缝异型管,选用 YB 431-64 标准,冷拉成各种类型转门、转壁框架,然后喷涂各种涂料而成。它具有密闭性好、抗震性能优良、耐老化能力强、转动平稳、使用方便、坚固耐用等特点。

金属转门主要适用于宾馆、机场、商店等高级民用及公共建筑。

2. 金属转门的施工

金属转门的安装施工,应当按以下步骤进行:

(1)在金属转门开箱后,检查各类零部件是否齐全、正常,门樘外形尺寸是否符合门洞口尺寸和转门壁位置的要求,预埋件的位置和数量是否正确。

(2)木桁架按洞口左右、前后位置尺寸与预埋件固定,并保持水平,一般转门与弹簧门、铰链门或其他固定扇组合,就可先安装其他组合部分。

(3)装转轴,固定底座。底座下要垫实,不允许出现下沉,临时点焊上轴承座,使转轴垂直于地平面。

(4)装圆转门顶与转门壁。转门壁不允许预先固定,便于调整与活扇的间隙,装门扇保持 90°夹角,旋转转门,保证上下间隙。

(5)调整转门壁的位置,保证门扇与转门壁的间隙。调节门扇高度与旋转松紧,如图 10-36 所示。

(6)先焊上轴承座,用混凝土固定底座,埋插销下壳,固定门壁。

(7)安装门扇上的玻璃,一定要安装牢固,不准有松动现象。

(8)若用钢质结构的转门,在安装完毕后,还应喷涂涂料。

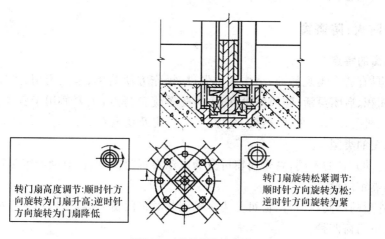

图 10-36 转门调节示意图

四、装饰门的安装施工

1. 装饰门的类型

装饰门主要起着装饰的作用,建筑工程中常用的有普通装饰门、塑料浮雕装饰门和普通木板门改装装饰门三种类型。

(1)普通装饰门

根据其组成结构不同,又可分为镶板门和玻璃门两种。

(2)塑料浮雕装饰门

其门扇用木材装钉成框架,面板为三合板塑料浮雕热压黏合而成。

(3)改装装饰门

普通木板门改装装饰门是住宅重新装修中最常见的一种形式,即在普通老式木门扇的两侧加装饰面板与压条,如水曲柳胶合板、压层板、硬木板或塑料层压板改造而成的装饰门。

2. 装饰门的安装施工

(1)实木装饰门要采用干燥的硬木制作,要求木纹自然、协调、美观,所选用的五金配件应与门相适应。

(2)普通装饰门要显示出木材的本色,一般应刷透明聚酯涂料,通常称为"靠木油"。

(3)塑料浮雕装饰门一般是由工厂加工成型,在现场进行安装。安装时,与门框配套,并选用与其色调相适应的五金配件。塑料浮雕装饰门在运输和存放过程中,要特别注意对成品的保护,以免将塑料浮雕损坏;门扇要直立存放在仓库内,避免风吹日晒雨淋。

(4)将普通木门改装成装饰门时,应先将五金配件卸掉,将旧门拆下,清除旧门扇上的涂料或油漆。如有压条时,应将其刨平。如旧门扇上有空档,要嵌入胶合板或门芯板,并用黏结法和气钉钉牢,以便在铺贴新面板时能够提供均匀涂刷胶黏剂的表面。然后按照旧门的尺寸,根据装饰门的要求,将贴面薄板进行准确裁割、精心刨平、修整,以便能准确地进行安装。胶黏剂一般应选用接触型胶黏剂,乳胶可用于内门,外门宜采用防水胶。在操作时,应在旧门表面及新加板的背面均匀涂刷胶黏剂,当胶不粘手时,按要求将其定位,并黏结到一起,再用小圆钉临时固定。胶黏剂固化后,将门锁装配孔和执手装配孔开好,重新安装上全部小五金配件。如新改装的装饰门较厚,则需重新调整合页的位置,使其与旧门框配套。为了确保美观,在旧门框两侧亦需用胶合板镶包平齐,使其与门扇配套、协调。

五、卷帘防火、防盗窗

1. 卷帘门窗的特点

卷帘门窗具有造型美观新颖、结构紧凑先进、操作方便简单、坚固耐用、刚性较强、密封性好、不占地面面积、启闭灵活、防风防尘、防火防盗等优良特点，主要适用于各类商店、宾馆、银行、医院、学校、机关、厂矿、车站、码头、仓库、工业厂房及变电室等。

2. 卷帘门窗的类型

(1)根据传动方式的不同，卷帘门窗可分为电动卷帘门窗、遥控电动卷帘门窗、手动卷帘门窗和电动手动卷帘门窗。

(2)根据外形的不同，卷帘门窗可分为全鳞网状卷帘门窗、真管横格卷帘门窗、帘板卷帘门窗和压花帘卷帘门窗四种。

(3)根据材质的不同，卷帘门窗可分为铝合金卷帘门窗、电化铝合金卷帘门窗、镀锌铁板卷帘门窗、不锈钢钢板卷帘门窗和钢管及钢筋卷帘门窗五种。

(4)根据门扇结构的不同，卷帘门可分为以下两种：

①帘板结构卷帘门窗。其门扇由若干帘板组成，根据门扇帘板的形状，卷帘门的型号有所不同。其特点是：防风、防砂、防盗，并可制成防烟、防火的卷帘门窗。

②通花结构卷帘门窗。其门扇由若干圆钢、钢管或扁钢组成。其特点是美观大方，轻便灵活。

(5)根据性能的不同，卷帘门窗可分为普通型卷帘门窗、防火型卷帘门窗和抗风型卷帘门窗三种。

3. 防火卷帘门的构造

防火卷帘门由帘板、卷筒体、导轨、电气传动等部分组成。帘板可用 1.5 mm 厚的冷轧带钢轧制成 C 形板重叠连锁，具有刚度好、密封性能优的特点；亦可采用钢质 L 形串联式组合结构。防火卷帘门配有温感、烟感、光感报警系统和水幕喷淋系统，遇有火情可自动报警、自动喷淋，门体自控下降，定点延时关闭，使受灾区域人员得以疏散。防火卷帘门全系统防火综合性能显著。

4. 防火卷帘门的安装

防火卷帘门的安装与配试是比较复杂的，一般应按如下顺序进行：

(1)按照设计型号，查阅产品说明书；检查产品零部件是否齐全；测量产品各部位的基本尺寸；检查门洞口是否与卷帘门尺寸相符；检查导轨、支架的预埋件位置和数量是否正确。

(2)测量洞口的标高，弹出两导轨的垂线及卷帘卷筒的中心线。

(3)将垫板电焊在预埋铁板上，用螺丝固定卷筒的左右支架，安装卷筒。卷筒安装完毕后，应检查其是否转动灵活。

(4)安装减速器、传动系统和电气控制系统。安装完毕后进行空载试车。

(5)将事先装配好的帘板安装在卷筒上。

(6)安装导轨。按施工图规定位置，将两侧及上方导轨焊牢于墙体预埋件上，并焊成一体，各导轨应在同一垂直面上。

(7)安装水幕喷淋系统，并与总控制系统连接。

(8)试车。先用手动方法进行试运行，再用电动机启动数次。全部调试完毕，安装防护罩，调整至无卡住、阻滞及异常噪声即可。

（9）安装防护罩。卷筒上的防护罩可做成方形，也可做成半圆形。护罩的尺寸大小应与门的宽度和门条板卷起后的直径相适应，保证卷筒将门条板卷满后与护罩仍保持一定的距离，不相互碰撞，经检查无误后，再与护罩预埋件焊牢。

（10）粉刷或镶砌导轨墙体的装饰面层。

复习思考题

1. 简述门窗的作用、组成以及门窗的分类。

2. 门窗制作与安装的基本要求是什么？应注意哪些事项？

3. 简述木门与窗的基本组成构造，以及制作工艺。

4. 按开启方式不同，木门窗有哪几种？

5. 简述装饰木门窗安装的施工要点。

6. 简述铝合金门窗的特点、类型、性能和组成。

7. 简述铝合金门窗的安装工艺和质量要求。

8. 塑料门窗有哪些主要优点？对材料有哪些质量要求？

9. 简述塑料门窗的施工工艺和质量要求。

10. 简述自动门的种类、微波自动门的结构和安装施工工艺。

11. 简述全玻璃门的安装施工工艺。

12. 简述防火门、隔声门、金属转门、装饰门、卷帘防火与防盗窗的安装施工工艺。

第十一章　玻璃装饰装修工程施工

玻璃装饰是建筑装饰工程中的重要组成部分,玻璃的性能、品种、规格、色彩的多样化,可以满足不同建筑装饰的需要,特别是玻璃的一次加工,给建筑装饰增加了更大的空间。目前常用的各种玻璃幕墙、玻璃饰面、玻璃家具、家具隔板、玻璃屏风、艺术玻璃门、玻璃艺术品等,均达到了非常理想的装饰和使用效果。

第一节　玻璃装饰装修的基本知识

一、玻璃加工的基本知识

（一）玻璃的裁割与打孔

1. 玻璃裁割的原理

玻璃是均质连续的脆性材料,特别是表面非常均匀连续,当其受到非连续破坏时,在外力的作用下,其内应力会在其破坏部位集中,这就是应力集中原理。而正是利用这一原理,使玻璃在破坏处产生集中的拉应力,从而使玻璃发生脆性破坏,达到裁割的目的。

2. 玻璃裁割的方法

玻璃裁割应根据不同的品种、厚度、外形尺寸采用不同的操作方法。

（1）平板玻璃裁割

裁割薄玻璃,可用 12 mm×12 mm 细木直条量出裁割尺寸,再在直尺上定出所划尺寸。要考虑留 3 mm 空当和 2 mm 刀口。操作时,将直尺上的小钉紧靠玻璃一端,玻璃刀紧靠直尺的另一端,一手握小钉按住玻璃边口使之不松动,另一手握刀笔直向后退划,然后板开。若是厚玻璃,需要在裁口上刷煤油,一可防滑,二可使划口渗油,容易产生应力集中,易于裁开。

（2）夹丝玻璃裁割

夹丝玻璃因高低不平,裁割时刀口容易滑动难以掌握,因此要认清刀口,握稳刀头,用力比裁割一般玻璃要大,速度相应要快,这样才不致出现弯曲不直的情况。裁割后,双手紧握玻璃,同时用力向下扳,使玻璃沿裁口线裂开。如有夹丝未断,可在玻璃缝口内夹一细长木条,再用力向下扳,夹丝即可扳断。然后用钳子将夹丝压平,以免搬运时划破手掌,裁割边缘宜刷防锈涂料。

（3）压花玻璃裁割

裁割压花玻璃时,压花面应向下,裁割方法与夹丝玻璃相同。

（4）磨砂玻璃裁割

裁割磨砂玻璃时,毛面应向下,裁割方法与平板玻璃相同,但向下扳时用力要大且均匀。

3. 玻璃打孔的方法

按所打孔径的大小,一般采用两种方法,一种是台钻钻孔,另一种是玻璃刀划孔。玻璃裁内圆的方法是利用应力集中原理和化整为零的思路,将内外圆要裁部分化整为零。

(1)玻璃刀划孔

当孔径较大时,采用玻璃刀划孔,先划出圆的边缘线,然后从背后敲出边缘裂痕,再利用微分化整为零的思路,将内圆用玻璃刀横竖排列成小方块,越小越好,从背后先敲出一小块,逐渐敲完,最后用磨边机磨边修圆,这是玻璃内圆。当要裁圆形玻璃即保留中间部分时,将圆外的部分去掉,方法同样。

(2)玻璃钻孔

利用台钻和金刚砂或玻璃钻头直接在玻璃上钻孔,方法如下:

①研磨法钻孔。先定出圆心并点上墨水,将玻璃垫实,平放于台钻平台上,不得移动,再将内掺煤油的 $280\sim320$ 目金刚砂点在玻璃钻眼处,不断上下运动钻磨,边磨边点金刚砂。研磨自始至终用力要轻而均匀,尤其是接近磨穿时,用力更要轻,要有耐心。

②直接钻孔。孔也可以用专用的、不同直径的玻璃钻头直接钻孔,但在钻孔过程中要用水冷却。

4.玻璃裁割中的注意事项

(1)根据玻璃种类、厚薄和裁割要求的不同,正确选用割切方法。

(2)玻璃应集中裁割,按先大后小、先宽后窄顺序进行。

(3)钢化玻璃(钢化玻璃是普通玻璃先裁好后钢化而成的玻璃)严禁裁割,也不能局部取舍。

(4)玻璃和框之间的配合变形间隙不小于玻璃的厚度。

(5)玻璃裁割的质量,关键在刀口。刀口的质量关键是裁割时用力要均匀一致,划时只能听到割声而不能看见刀痕,见刀痕说明用力不均,刀不稳,刀口处的玻璃表面会出现不规则的破坏。因此必须使刀口均匀一致、细腻,不可见划痕,才能保证质量。

(二)玻璃的表面处理

玻璃的表面处理种类很多,在建筑装饰工程中常见到的主要有:喷砂、磨砂、磨边与倒角、镜面和铣槽等。

1.喷砂

利用专用设备,将准备好的玻璃放在设备内,用高压喷枪将喷料喷在其表面,产生均匀麻面。

2.磨砂

常用于人工研磨,即将平板玻璃平放在垫有棉毛毯等柔软物的操作台上,将 $280\sim300$ 目金刚砂堆放在玻璃面上并用粗瓷碗反扣住,然后用双手轻压碗底,并推动碗底打圈移动研磨;或将金刚砂均匀地铺在玻璃上,再将另一块玻璃覆盖在上面,一手拿稳上面一块玻璃的边角,一手轻轻压住另一玻璃一边,推动玻璃来回打圈研磨;也可在玻璃上放置适量的矿砂或石英砂,再加少量的水,用磨砂铁板研磨。研磨时用力要适当,速度可慢一些,以避免玻璃压裂或缺角。

3.磨边与倒角

玻璃的磨边和倒角是利用专用设备将玻璃边按设计磨掉并抛光。

4.镜面

由平板玻璃经抛光而制成,有单面抛光和双面抛光两种,其表面光滑有光泽。

5.铣槽

在玻璃上按要求的槽的长、宽尺寸划出墨线,将玻璃平放在固定的砂轮机的砂轮下,紧贴工作台,使砂轮对准槽口的墨线,选用厚度稍小于槽宽的细金刚砂轮,开磨后,边磨边加水冷却,注意控制槽口深度,直至完成。

(三)玻璃的热加工

将平板玻璃加热到一定温度,使玻璃产生一定的变形而不破坏,按需要的形状定形后逐渐冷却而固定成型,如圆弧玻璃的加工制作。

(四)玻璃钢化处理

玻璃钢化可以提高普通玻璃的抗拉强度。方法是先按使用要求裁好,再放到加热炉中,加热到一定温度后急速冷却,这样就在玻璃内部产生了预压应力,使玻璃的抗拉强度提高到原来的 $3\sim5$ 倍。钢化玻璃破碎后成为均匀小块,不至于伤人,是安全玻璃的一种。

二、玻璃安装的基本知识

(一)玻璃脆性的处理

玻璃脆性决定其不能与其他硬质材料直接接触,接触处必须做好缓冲过渡处理,一般可采用抗老化橡胶材料过渡。

(二)玻璃热胀冷缩处理

玻璃的变形要在安装时给予充分的考虑,一般平面内变形余量不小于玻璃的厚度,故安装尺寸应小于设计尺寸。

(三)玻璃牢固性处理

玻璃的安装应根据使用情况的不同而采用不同的固定形式,但无论何种形式,均离不开玻璃胶的黏结,这样处理使玻璃永远受到均匀一致的支承反力作用。所以要充分注意受力均匀的问题,才会确保安装的安全、牢固。

第二节 玻璃屏风的施工

玻璃屏风是建筑装饰工程中常见的装饰形式,一般是以单层玻璃板安装在框架上,常用的框架为木骨架和不锈钢柱架。玻璃板和骨架相配有两种方式:一种是挡位法;另一种是黏结法。

一、木骨架玻璃屏风的施工

在木骨架玻璃屏风的施工中,主要应注意以下事项:

(1)玻璃与骨架木框的结合不能过于紧密,玻璃放入木框后,在木框的上部和侧面应留有 3 mm 左右的缝隙,该缝隙是为玻璃热胀冷缩而设置的。对于大面积玻璃板来说,留缝是非常重要的,否则在受热膨胀时发生开裂。

(2)在玻璃正式安装时,要检查玻璃的四角是否方正,检查木框的尺寸是否准确,是否有变形的现象。在校正好的木框内侧,定出玻璃安装的位置线,并固定好玻璃板靠位线条,如

图 11-1 所示。

（3）把玻璃装入木框内，其两侧距木框的缝隙应当相等，并在缝隙中注入玻璃胶，然后钉上固定压条，固定压条最好用钉枪钉牢。

对于面积较大的玻璃板，安装时应用玻璃吸盘器吸住玻璃，再用手握吸盘器将玻璃提起来进行安装，如图 11-2 所示。

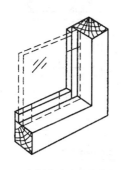

图 11-1　木框内玻璃的安装方式　　　　图 11-2　大面积玻璃用吸盘器安装

（4）木压条的安装形式有多种多样，在建筑装饰工程中常见的安装形式如图 11-3 所示。

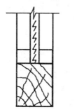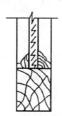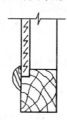

图 11-3　木压条固定玻璃的常见形式

二、金属骨架玻璃屏风的施工

在金属骨架屏风的施工中，主要应注意以下事项：

（1）玻璃与金属框架安装时，先要安装玻璃靠位线条，靠位线条可以是金属角线，也可以是金属槽线。固定靠位线条通常是用自攻螺钉。

（2）根据金属框架的尺寸裁割玻璃，玻璃与框架的结合不能太紧密，应该按小于框架 3～5 mm 的尺寸裁割玻璃。

（3）玻璃安装之前，在框架下部的玻璃放置面上涂一层厚度为 2 mm 的玻璃胶，如图 11-4 所示。玻璃安装后，玻璃的底边压在玻璃胶层上，或者放置一层橡胶垫，玻璃底边压在橡胶垫上。

（4）把玻璃放入框内，并靠在靠位线条上。如果玻璃的面积比较大，应用玻璃吸盘器进行安装。玻璃板距金属框两侧的缝隙距离应当相等，并在缝隙中注入玻璃胶，然后安装封边压条。

如果封边压条是金属槽，而且为了表面美观不能直接用自攻螺钉固定时，可先在金属框上固定木条，然后在木条上涂万能胶，把不锈钢槽条或铝合金槽条卡在木条上，以达到装饰的目的。如果没有特殊要求，可用自攻螺钉直接将压条槽固定在框架上。常用的自攻螺钉为 M4 或 M5。安装时先在槽条上打孔，再通过此孔在框架上打孔，这样安装就不会走位。打孔的钻头要小于自攻螺钉的直径 0.8 mm。在全部槽条的安装孔位都打好后，再进行玻璃的安装。

玻璃的安装方式如图 11-5 所示。

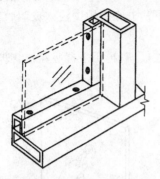

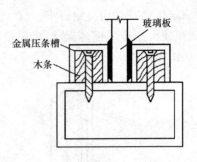

图 11-4　玻璃靠位线条及底边涂玻璃胶　　　　图 11-5　金属框架上的玻璃安装

第三节　玻璃镜的安装施工

室内装饰中玻璃镜的使用较为广泛,玻璃镜的安装部位主要有顶面、墙面和柱面。安装固定通常用玻璃钉、黏结和压条等方式。

一、顶面玻璃镜的安装施工

(一)对基面的要求

基面应为板面结构,通常是木夹板基面,如果采用嵌压式安装基面,也可以是纸面石膏板基面。基面要求平整、无鼓肚现象。

(二)嵌压式固定安装

嵌压式固定安装常用的压条为木压条、铝合金压条、不锈钢压条,其固定方式如图 11-6 所示。

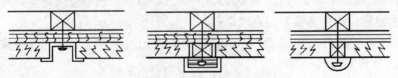

图 11-6　嵌压式固定镜面玻璃的几种形式

顶面嵌压固定前,需要根据吊顶骨架的布置进行弹线,因为压条应固定在吊顶骨架上,并根据骨架来安排压条的位置和数量。

固定木压条最好用 20~25 mm 的钉枪钉固定,避免用普通圆钉,以防止在钉压条时震破玻璃镜。

铝压条和不锈钢压条可用木螺钉固定在其凹部。如采用无钉工艺,应先用木衬条卡住玻璃镜,再用万能胶将不锈钢压条粘卡在木衬条上,然后在不锈钢压条与玻璃镜之间的角位处封玻璃胶,如图 11-7 所示。

(三)玻璃钉的固定安装

(1)玻璃钉需要固定在木骨架上,安装前应按木骨架的间隔尺寸在玻璃板上打孔,孔径小于玻璃钉端头直径 3 mm。每块玻璃板上需钻出四个孔，孔位均匀布置，并不能太靠近镜面的边缘，以防开裂。

（2）根据玻璃镜面的尺寸和木骨架的尺寸，在顶面基面板上弹线，确定镜面的排列方式。玻璃镜应尽量按每块尺寸相同进行排列。

（3）玻璃镜安装应逐块进行。镜面就位后，先用直径 2 mm 的钻头通过玻璃镜上的孔位在吊顶骨架上钻孔，然后再拧入玻璃钉。拧入玻璃钉后应对角拧紧，以玻璃不晃动为准，最后在玻璃钉上拧上装饰帽，如图 11-8 所示。

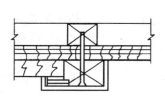
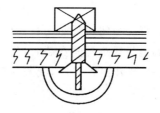

图 11-7　嵌压式无钉工艺　　　　　图 11-8　玻璃钉固定安装

（4）玻璃镜在垂直面的衔接安装。玻璃镜在两个面垂直相交时的安装方法有角线托边和线条收边等几种形式，如图 11-9 所示。

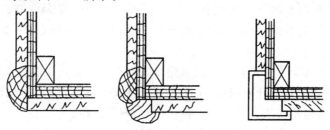

图 11-9　玻璃镜在垂直面的衔接安装

（四）黏结加玻璃钉双重固定安装

在一些重要场所，或玻璃面积大于 1 m² 的顶面、墙面，经常采用黏结后加玻璃钉固定的方法，以保证玻璃镜在开裂时不至于下落伤人。玻璃镜黏结的方法如下：

（1）将玻璃镜的背面清扫干净，除去尘土和砂粒。

（2）在玻璃镜面的背面涂刮一层白乳胶，用一张薄的牛皮纸粘贴在镜面背面，并用塑料片刮平整。

（3）分别在玻璃镜背面的牛皮纸上和顶面木夹板面涂刷万能胶，当胶面不粘手时，玻璃镜按弹线位置粘贴到顶面木夹板上。

（4）用手抹压玻璃镜，使其与顶面黏合紧密，并注意边角处的粘贴情况。黏结后再用玻璃钉将镜面固定四个点，固定方法如前述。注意：粘贴玻璃镜时，不得直接用万能胶涂在玻璃镜面背后，防止对镜面涂层产生腐蚀损伤。

二、墙面、柱面玻璃镜的安装

墙面、柱面上玻璃镜的安装与顶面安装的要求和工艺均相同。

另外，墙面组合粘贴小块玻璃镜面时，应从下边开始，按弹线位置向上逐块粘贴，并在块与块的对接缝中涂少许玻璃胶。

玻璃镜在墙、柱面转角处的衔接有线条压边、磨边对角和用玻璃胶收边等方式。用线条压边时，应在粘贴玻璃镜的面上留出一条线条的安装位置，以便固定线条；用玻璃胶收边，可将玻璃胶注在线条的角位，也可注在两块镜面的对角口处。常见的角位收边方式如图11-10所示。

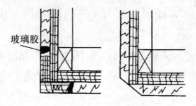

图11-10　角位收边方式

如果玻璃镜直接与建筑基面安装，应检查其基面的平整度。如不平整，应重新批刮或加木夹板基面。玻璃镜与建筑基面安装时，通常用线条嵌压或玻璃钉固定，但在安装之前，应在玻璃镜背面粘贴一层牛皮纸保护层，线条和玻璃钉都应钉在埋入墙内的木楔上。

第四节　玻璃栏板的安装施工

玻璃栏板又称"玻璃栏河"或"玻璃扶手"，是以大块透明的安全玻璃为楼梯栏板，以不锈钢、铜或木制扶手立柱为骨架，固定于楼地面基座上，用于建筑回廊（跑马廊）或高级宾馆的主楼梯栏板等部位。

玻璃扶手厚玻璃的安装主要有半玻式和全玻式两类。半玻式是厚玻璃用卡槽安装于楼梯扶手立柱之间；或者在立柱上开出槽位，将厚玻璃直接安装在立柱内，并用玻璃胶固定。全玻式是厚玻璃的下部与地面安装，上部与不锈钢管和全铜管连接。

玻璃栏板上安装的玻璃，其规格、品种由设计而定，而且强度、刚度、安全性均应计算准确，以满足不同场所使用的要求。

一、回廊栏板的安装

回廊栏板由三部分组成：扶手、玻璃栏板和栏板底座。

（一）扶手安装

扶手固定必须与建筑结构相连且必须连接牢固，不得有变形。同时扶手又是玻璃上端的固定支座。一般用膨胀螺栓或预埋件将扶手的两端与墙或柱连接在一起，扶手的尺寸、位置和表面装饰依据设计确定。

（二）扶手与玻璃的固定

木质扶手、不锈钢扶手和黄铜扶手与玻璃板的连接，一般做法是在扶手内加设型钢，如槽钢、角钢或H形型钢等。如图11-11、图11-12所示为木扶手及金属扶手内部设置型钢与玻璃栏板相配合的构造做法。有的金属圆管扶手在加工成型时，即将嵌装玻璃的凹槽一次制成，这样可减少现场焊接工作量，如图11-13所示。

（三）玻璃栏板单块间的拼接

玻璃栏板单块与单块之间，不得拼接太紧，一般应留出8 mm的间隙。玻璃与其他材料的相交部位也不能贴靠过紧，要留出8 mm的间隙。但在间隙之间一定要注入聚硅氧烷系列密封胶。

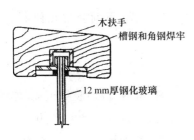

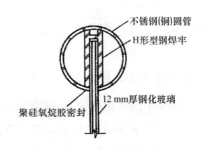

图 11-11　木扶手与玻璃栏板的连接　　　　　图 11-12　金属扶手加设型钢安装玻璃栏板

（四）栏板底座的做法

玻璃栏板底座的构造处理,主要是解决玻璃栏板的固定和踢脚部位的饰面处理。固定玻璃的做法非常多,一般是采用角钢焊成的连接铁件,两条角钢之间留出适当的间隙,即玻璃栏板的厚度再加上每侧 3～5 mm 的填缝间隙,如图 11-14 所示。此外,也可采用角钢与钢板相配合的做法,即一侧用角钢,另一侧用同角钢长度相等的 6 mm 厚的钢板。钢板上钻 2 个孔并设自攻螺纹,在安装玻璃栏板时,在玻璃和钢板之间垫设氯丁橡胶胶条,拧紧螺钉,将玻璃固定。

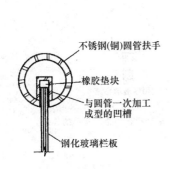

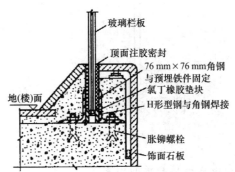

图 11-13　一次加工成型的金属　　　　　图 11-14　用角钢固定玻璃的底座做法示例
　　　　扶手与玻璃栏板的安装固定

玻璃栏板的下端不能直接坐落在金属固定件或混凝土地面上,应采用橡胶垫块将其垫起。玻璃板两侧的间隙,可填塞氯丁橡胶定位条将玻璃栏板夹紧,而后在缝隙上口注入聚硅氧烷胶密封。

二、楼梯玻璃栏板的安装

对于室内楼梯栏板,其形式可以是全玻璃,称为全玻式玻璃楼梯栏板,如图 11-15 所示;也可以是部分玻璃,称为半玻式玻璃楼梯栏板,如图 11-16 所示。

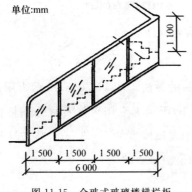

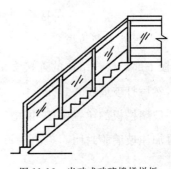

图 11-15　全玻式玻璃楼梯栏板　　　　　图 11-16　半玻式玻璃楼梯栏板

室内楼梯玻璃栏板的构造做法比较灵活,施工工艺也较简单,下面介绍几种常用的安装方法:

(一)全玻式栏板上部的固定

全玻式楼梯扶手结构比较简单,主要由不锈钢管、厚玻璃、角钢、玻璃胶等组成,如图11-17所示。全玻式楼梯栏板的上部与不锈钢或黄铜管扶手的连接,一般有三种方式:第一种是金属管的下部开槽,厚玻璃栏板插入槽内,以玻璃胶进行封口;第二种是在扶手金属管的下部安装卡槽,厚玻璃栏板嵌装在卡槽内;第三种是用玻璃胶将厚玻璃栏板直接与金属管黏结,如图11-18所示。

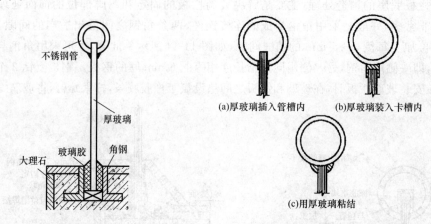

图 11-17 全玻式楼梯扶手的结构   图 11-18 玻璃栏板与金属扶手的连接

(二)半玻式玻璃栏板的固定

半玻式玻璃栏板的安装固定方式,多是用金属卡槽将玻璃栏板固定于立柱之间;或者是在栏板立柱上开出槽位,将玻璃栏板嵌装在立柱上,并用玻璃胶固定,如图11-19所示。

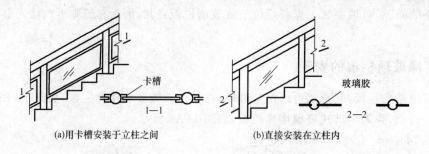

(a)用卡槽安装于立柱之间   (b)直接安装在立柱内

图 11-19 半玻式楼梯栏板玻璃的安装方式

(三)全玻式栏板下部的固定

玻璃栏板下部与楼梯结构的连接多采用较简易的做法。图11-20(a)所示为用角钢将玻璃板夹住定位,然后打玻璃胶并封闭缝隙。图11-20(b)所示为采用天然石材饰面板作为楼梯面装饰,在安装玻璃栏板的位置留槽,留槽宽度要大于玻璃厚度的 5~8 mm,将玻璃栏板安放于槽内之后,再加注玻璃胶封闭。玻璃栏板下部可加垫橡胶垫块。

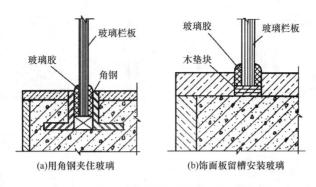

(a)用角钢夹住玻璃　　　　　(b)饰面板留槽安装玻璃

图 11-20　全玻式栏板下部与楼梯地面的连接方式

三、玻璃栏板施工的注意事项

(1)在墙、柱等结构进行施工时,应注意栏板扶手的预埋件埋设,并保证其位置准确。

(2)玻璃栏板底座在土建施工时,其固定件的埋设应符合设计要求。需加立柱时,应确定其准确位置。

(3)为保证人们靠近时的安全感,多层走廊部位的玻璃栏板较合适的高度为 1.10 m 左右。

(4)栏板扶手安装后,要注意成品保护,防止由于工种之间的干扰而造成扶手的损坏。对于较长的栏板扶手,在玻璃安装前应注意其侧向弯曲,应在适当部位加设临时支柱,以相应缩短其长度而减少变形。

(5)栏板底座部位固定玻璃栏板的铁件(角钢及钢板等),其高度不宜小于 100 mm。固定件的中间距离不宜大于 450 mm。

(6)不锈钢及黄铜管扶手,其表面如果有油污或杂物等影响光泽时,应在交工前擦拭干净,必要时要进行抛光。

第五节　空心玻璃砖墙的施工

空心玻璃装饰砖亦称玻璃透明花砖,是当代建筑装饰中较为新颖、档次较高的装饰材料之一。空心玻璃装饰砖主要为方扁体空心的玻璃半透明体,其表面或内部有花纹显出,不仅可以提供自然采光,而且兼有隔热、隔声、防透光和散光的作用,还具有抗压、耐磨、防火、防潮等优良性能,其装饰效果光洁明亮、典雅富贵,是一种极好的新型建筑装饰材料,有非常好的发展前景。

空心玻璃装饰砖由两块分开压制的玻璃,在高温下封接加工而成。这种装饰材料的用途十分广泛,在屏风、顶棚、楼地面、阳台、外窗、柜台、浴室等地方均可采用。其图案极为丰富,有平行纹、宽行纹、孔羽纹、爱明纹、凤尾纹、水波纹、菱形纹、锦砖纹、云雾纹、斜格纹、激光纹、水珠纹、密平纹、云形纹、流星纹、钻石纹、方台纹等多种。如图 11-21 所示为空心玻璃装饰砖部分图案示例,其厚度有 50 mm、80 mm、95 mm 和 100 mm 等。

空心玻璃装饰砖墙的施工方法基本上可以分为砌筑法和胶筑法两种。

(a)方台纹　　　　(b)水波纹　　　　(c)流星纹

(d)水波纹　　　　(e)钻石纹　　　　(f)云形纹

(g)云形纹　　　　(h)平行纹　　　　(i)菱形纹

图 11-21　空心玻璃装饰砖部分图案示例

一、空心玻璃装饰砖墙的砌筑法

砌筑法是将空心玻璃装饰砖用 1∶1 的白水泥石英彩色砂浆(白砂或彩砂),与加固钢筋砌筑成空心玻璃砖墙(或隔断)的一种构造做法,如图 11-22 和图 11-23 所示。

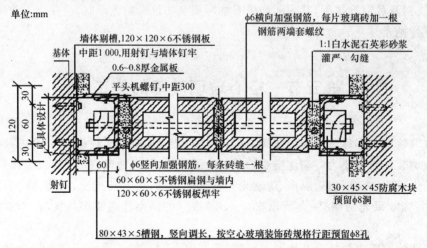

图 11-22　砌筑法节点示意图(一)

(一)砌筑法的施工工艺

空心玻璃装饰砖墙砌筑法的施工是比较复杂的,其主要的施工工艺流程为:基层处理→砌结合层→浇筑勒脚→玻璃砖的选择→安装固定件→砌筑玻璃砖→砖缝勾缝→封口与收边→清理表面。

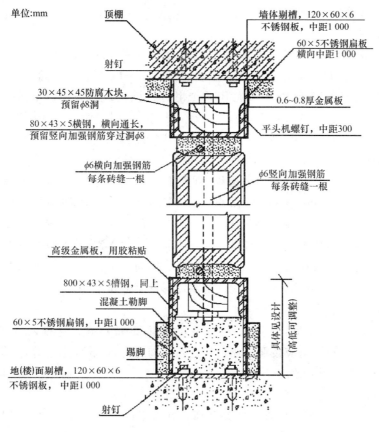

单位:mm

顶棚

射钉

30×45×45防腐木块，预留φ8洞

80×43×5横钢，横向通长，预留竖向加强钢筋穿过洞φ8

φ6横向加强钢筋每条砖缝一根

高级金属板，用胶粘贴

800×43×5槽钢，同上

混凝土勒脚

60×5不锈钢扁钢，中距1 000

踢脚

地(楼)面剔槽，120×60×6不锈钢板，中距1 000

射钉

墙体剔槽，120×60×6不锈钢板，中距1 000

60×5不锈钢扁板横向中距1 000

0.6~0.8厚金属板

平头机螺钉，中距300

φ6竖向加强钢筋每条砖缝一根

具体见设计（高低可调整）

图 11-23　砌筑法节点示意图(二)

1. 基层处理

在要砌筑空心玻璃装饰砖墙的地方,将灰尘、垃圾、油污、杂物等清理干净,并洒水洗刷,以便于玻璃砖与基层黏结牢固。

2. 砌结合层

在基层(地面)清理完毕后,涂上一道配合比为 1∶1 的素水泥浆结合层,每边应比勒脚宽150 mm。

3. 浇筑勒脚

先剔槽做埋件,在地(楼)面上剔槽,用射钉将 120 mm×60 mm×6 mm 的不锈钢钢板钉于槽内。间距 1 000 mm 用 60 mm×h×5 mm 的不锈钢扁钢(两块)与以上钢板焊牢,每边焊上一块,供固定槽钢之用。h 为扁钢的高度,由具体设计而确定。待以上工序完成后,浇筑混凝土勒脚,勒脚的高度及混凝土的强度等按工程设计要求确定。

如果空心玻璃装饰砖墙的高度与所用空心玻璃装饰砖的皮数、尺寸、砖缝等相加之和有差别时,可以用勒脚加高或降低来进行调整。

4. 玻璃砖的选择

根据具体的设计要求和其所处的环境,认真选择空心玻璃装饰砖的规格尺寸和花色图案,并在施工现场进行干砌试摆检验设计效果。如果对所选择的空心玻璃装饰砖确定后,应将空心玻璃装饰砖墙面按施工大样图排列编号,并再次在施工现场进行试拼,在试拼中要特别注意砖缝宽度及加强钢筋等,校正四边尺寸是否正确,是否与具体设计尺寸相吻合,分析在施工过程中会出现的砖的模数配套问题。

5.安装固定件

在空心玻璃装饰砖墙两侧原有砖墙或混凝土墙上剔槽,槽的规格为:长 120 mm、宽 60 mm、深 6 mm,在竖向每隔 1 000 mm 距离剔一个。槽剔完毕后要清理干净,将 120 mm× 60 mm×6 mm 的不锈钢扁钢放入槽内,用两个射钉将该钢板与墙体钉牢,在每块 60 mm× 60 mm×5 mm 的不锈钢与该板焊牢,使之形成一个"卡"形固定件,用以固定槽钢之用。空心 玻璃装饰砖墙顶端与顶棚衔接之处,一般可参照上述程度施工。

6.砌筑玻璃砖

在砌筑空心玻璃砖之前,应先安装槽钢,即将上下左右的〔80 槽钢一一安装到位,并用 平头机螺钉将槽钢与 60 mm×60 mm×5 mm 的不锈钢扁钢拧牢,每块扁钢上一般拧 4 个平头 机螺钉,然后用配合比为 1∶1 的白水泥石英彩砂浆砌筑空心玻璃砖。砌筑时,每砌一皮空心 玻璃砖,都要在横向砖缝内加配一根直径为 6 mm 的横向加强钢筋;在整个空心玻璃砖每条竖 向砖缝内,也要加配一根直径为 6 mm 的竖向钢筋。钢筋应拉紧,两端与槽钢用螺钉固定。每 砌完一层,需用湿布将空心玻璃砖面上所沾的水泥彩砂浆擦拭干净。

7.砖缝勾缝

空心玻璃砖墙砌筑完毕后,应清理表面,整理缝隙,准备勾缝。勾缝大小、造型(凸缝、凹 缝、平缝、其他缝)、颜色等,均应按照具体设计进行。勾缝时,应先勾水平缝,再勾竖直缝,缝应 平滑顺直、颜色相同、深度一致。

8.封口与收边

空心玻璃装饰砖墙的封口与收边是关系到装饰效果的一道重要工序。用 0.6～0.8 mm 厚的高级金属板或木线饰条,对空心玻璃装饰砖墙进行封口与收边处理。所有封口与收边材 料均粘贴于扁钢之上,使之与扁钢取平,然后再粘贴饰条。当空心玻璃装饰砖墙位于洞口内, 且四周用灰缝封口、收边时,横竖向加强钢筋锚固方向的变更,不锈钢扁钢及槽钢均予以取消, 玻璃砖墙四周封口、收边用 1∶1 白水泥石英彩砂浆灰缝。

9.清理表面

当空心玻璃装饰砖墙体砌完后,应用棉丝将玻璃砖墙表面擦拭干净,并对墙身平整度、垂 直度等进行检查。如有不符合有关规范规定之处,应按规范要求修正补救。

(二)施工注意事项

(1)加配的直径 6 mm 的钢筋在安装前,必须将两端先行套好螺纹。

(2)配制的 1∶1 白水泥石英彩砂浆,其稠度一定要适宜,过稀、过干均不得使用。

(3)所用的加强钢筋、钢板及槽钢等,凡非不锈钢材质的,均应当进行防锈处理。

(4)硬木线脚封边饰条的规格及线脚形式等,要按照具体设计进行施工。

(5)空心玻璃装饰砖墙不能承受任何垂直方向的荷载,在设计、施工时应特别注意。

(6)凡砖墙射钉处,均需在墙内预砌 C20 细石混凝土预制块一块(规格见具体设计)。如 预砌细石混凝土块有困难时,应将射钉改为不锈钢膨胀螺栓。

(7)选空心玻璃砖时,凡有缺棱、掉角、裂纹、碰伤、色差较大、图案模糊、四角不方的情况, 应一律剔除,并运离工地,以免与好砖混淆。

(8)玻璃砖墙宜以 1.5 m 高为一个施工段,待下部施工段胶结材料达到设计强度后再进 行上部施工。

二、空心玻璃装饰砖墙的胶筑法

胶筑法是将空心玻璃装饰砖用胶黏结成空心玻璃砖墙(或隔断)的一种新型构造做法。其构造如图 11-24、图 11-25 所示。

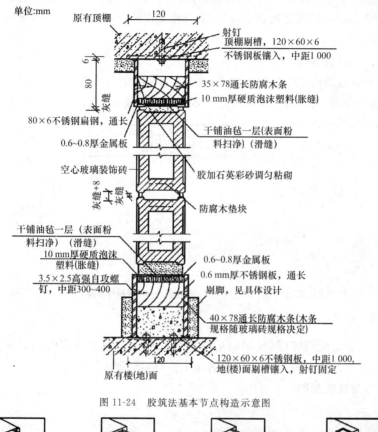

图 11-24　胶筑法基本节点构造示意图

(a)Γ形不锈钢板镶嵌法　(b)匚形不锈钢板镶嵌法　(c)不锈钢平板镶嵌法　(d)墙体开槽镶嵌法

图 11-25　胶筑法镶嵌示意图

(一)安装四周的固定件

(1)将玻璃砖墙两侧原有砖墙或钢筋混凝土墙剔槽,槽剔完毕后清理干净,将 120 mm×60 mm×6 mm 的不锈钢板放入槽内,用射钉与墙体钉牢。

(2)在每块 120 mm×60 mm×6 mm 的不锈钢板上,将 80 mm×6 mm 通长不锈钢扁钢与该板焊牢,使之形成固定件,供固定防腐木条及硬质泡沫塑料(胀缝)之用。

(二)安装防腐木条及胀缝、滑缝材料

(1)将四周通长防腐木条用高强自攻螺钉与固定件上的不锈钢扁钢钉牢(扁钢先钻孔),自攻螺钉中距 300～400 mm,胶点涂于防腐木条顶面(即与硬质泡沫塑料粘贴之面),沿木条两边每隔 1 000 mm 点涂 20 mm 胶点一个,边涂边将 10 mm 厚硬质泡沫塑料粘于木条之上,供作玻璃砖墙胀缝之用。

（2）在硬质泡沫塑料之上，干铺一层防潮层，供作玻璃砖墙滑缝之用。

（三）胶筑空心玻璃装饰砖墙墙体

（1）在空心玻璃装饰砖墙勒脚上皮的防潮层上涂石英彩色砂浆（彩色砂浆中掺入胶拌匀）一道，厚度、胶砂配合比及彩砂颜色等均由具体设计决定，边涂边砌空心玻璃砖。

（2）第一皮空心玻璃装饰砖墙砌毕，经检查合格无误后，再砌第二皮及以上各皮空心玻璃砖。每皮空心玻璃砖砌前必须先安装防腐木垫块（用胶合板制作），使之卡于上下皮玻璃砖凹槽内，木垫块宽度等于空心玻璃砖厚减 15～20 mm。木垫块顶面、底面及与空心玻璃砖凹槽接触面上，均应满涂胶一道，每块玻璃砖上应放木垫块 2～3 块，边放边砌上皮玻璃砖。如此继续由下向上一皮一皮地进行胶粘砌筑，直至砌至顶部为止。木垫块及安放方式如图 11-26 所示。

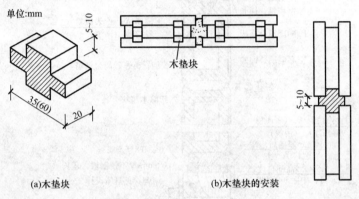

(a)木垫块　　　　　　　　　(b)木垫块的安装

图 11-26　木垫块安放方式

（3）空心玻璃装饰砖墙四周（包括墙的两侧、顶棚底、勒脚上皮等处）均需增加 Φ6 加强钢筋 2 根，每隔三条直砖缝应加竖向邦加强钢筋 1 根，钢筋两端套螺纹。

其他工序与砌筑法相同。

第六节　装饰玻璃饰面的施工

在现代建筑装饰工程中，玻璃板饰面已被广泛采用，越来越受到人们的喜爱。玻璃制作技术发展非常迅速，玻璃板饰面种类繁多，目前装饰工程上常用的有：镭射玻璃装饰板饰面、微晶玻璃装饰板饰面、幻影玻璃装饰板饰面、彩金玻璃装饰板饰面、珍珠玻璃装饰板饰面、宝石玻璃装饰板饰面、浮雕玻璃装饰板饰面、热反射玻璃装饰板饰面、镜面玻璃装饰板饰面、彩釉钢化玻璃装饰板饰面和无线遥控聚光有声动感画面玻璃装饰板饰面等。

在外墙建筑装饰饰面中，常用的有：镭射玻璃装饰板饰面、微晶玻璃装饰板饰面、幻影玻璃装饰板饰面、彩釉钢化玻璃装饰板饰面、玻璃幕墙、空心玻璃砖等。至于其他玻璃装饰板饰面，则适宜用于内墙装饰及外墙局部造型装饰面。

一、装饰玻璃饰面板

（一）镭射玻璃装饰板的装饰施工

镭射玻璃装饰板饰面也称为激光玻璃装饰板、光栅玻璃装饰板，是当代激光技术与建材技术相结合的一种高科技新产品。北京的五洲大酒店、深圳阳光酒店、上海外贸大厦、广州越秀公园、珠海酒店等一些著名的现代建筑,都不同程度地采用了镭射玻璃装饰板饰面,取得了良好的效果。

镭射玻璃装饰板饰面的抗压、抗折、抗冲击强度,都明显高于天然石材。其用途十分广泛,不仅可用作内墙面装饰,而且还可用于顶棚和楼地面以及吧台、隔断、灯饰、屏风、柱面、家具、工艺品等的装饰。

1. 镭射玻璃装饰板的分类

镭射玻璃装饰板的分类方法很多,从结构上分,可分为单片、夹层两种;从材质上分,有单层浮法玻璃、单层钢化玻璃、表层钢化底层浮法玻璃、表底层均为钢化玻璃、表底层均为浮法玻璃;从透明度上分,有反射不透明玻璃、反射半透明玻璃及全透明玻璃三种;从花型上分,有根雕、水波纹、星空、叶状、彩方、风火轮、大理石纹、花岗石纹、山水、人物等多种;从色彩上分,有红、白、蓝、黑、黄、绿、茶等颜色;从几何形状上分,有方形板、圆形板、矩形板、曲面板、椭圆板、扇形板等多种。

2. 镭射玻璃装饰板墙体装饰施工

镭射玻璃装饰板建筑装饰的做法,一般有铝合金龙骨贴墙做法、直接贴墙做法和离墙吊挂做法三种。

(1)铝合金龙骨贴墙做法

镭射玻璃装饰板铝合金龙骨贴墙做法,是将铝合金龙骨直接粘贴于建筑墙体上,再将镭射玻璃装饰板与龙骨粘牢固,如图 11-27、图 11-28 所示。铝合金龙骨贴墙做法施工简便、快捷,造价也比较经济。

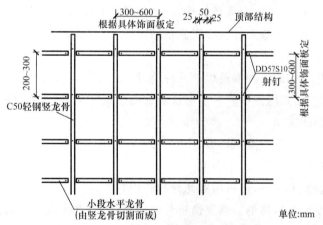

图 11-27　龙骨贴墙做法布置、锚固示意图

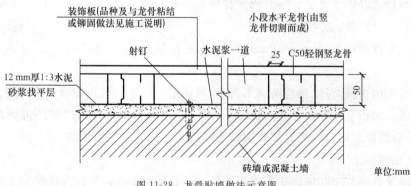

图 11-28　龙骨贴墙做法示意图

铝合金龙骨贴墙做法比较复杂,其主要施工工艺流程为:墙体表面处理→抹砂浆找平层→安装贴墙龙骨→镭射玻璃装饰板试拼编号→上胶处打磨净、磨糙→调胶→涂胶→镭射玻璃装饰板就位、粘贴→加胶补强→清理嵌缝。

①墙体表面处理。墙体表面处理比较简单,即将墙体表面上的灰尘、污垢、油渍等清除干净,并洒水湿润。

②找平层施工。在砖墙的表面抹一层 12 mm 厚 1:3 的水泥砂浆找平层,这是整个工程施工质量高低的基础,必须保证十分平整。

③安装贴墙龙骨。用射钉将龙骨与墙固定,射钉的间距一般为 200～300 mm,小段水平龙骨与竖直龙骨之间应留 25 mm 的缝隙,竖龙骨顶端与顶层结构之间(如地面)均应留 13 mm 缝隙,作通风之用。全部龙骨安装完结后,必须进行抄平、修整。

④试拼、编号。按具体设计的规格、花色和几何图形等翻制施工大样图,排列编号,进行试拼,校正尺寸,四角套方。

⑤调胶。随调随用,超过施工时效时间的胶不得继续使用。

⑥涂胶。在镭射玻璃装饰板背面沿竖向及横向龙骨位置,点涂胶,胶点厚 3～4 mm,各胶点面积总和按每 50 kg 玻璃板为 120 cm^2 掌握。

⑦镭射玻璃装饰板就位、粘贴。按镭射玻璃装饰板试拼的编号,顺序上墙就位,进行粘贴。利用玻璃装饰板背面的胶点及其他施工设备,使镭射玻璃装饰板临时固定,然后迅速将玻璃板与相邻板进行调平、调直。必要时可用快干型大力胶涂于板边,帮助定位。

⑧加胶补强。粘贴后,对黏合点详细检查,必要时需加胶补强。

⑨清理嵌缝。镭射玻璃装饰板全部安装粘贴完毕后,将板面清理干净,板间是否留缝及留缝宽度应按具体设计办理。

镭射玻璃装饰板采用的品种如玻璃基片种类、厚度、层数以及玻璃装饰板的花色、规格、透明度等,均需在具体施工图内注明。为了保证装饰质量及安全,室外墙面装饰所用的镭射玻璃装饰板宜采用双层钢化玻璃。

如所用装饰板并非方形板或矩形板,则龙骨的布置应另出施工详图,安装时应照具体设计的龙骨布置详图进行施工。

内墙除可用铝合金龙骨外,还可用木龙骨和轻钢龙骨。

木龙骨或轻钢龙骨胶粘镭射玻璃装饰板分两种:一种是在木龙骨或轻钢龙骨上先钉一层胶合板,再将镭射玻璃装饰板用胶黏剂贴于胶合板上;另外一种是将镭射玻璃装饰板用胶黏剂直接贴于木龙骨或轻钢龙骨上。前者称龙骨加底板胶贴做法,后者称龙骨无底板胶贴做法。

墙体在钉龙骨之前,必须涂 5～10 mm 厚的防潮层一道,均匀找平,至少三遍成活,以兼做找平层用。木龙骨应用 30 mm×40 mm 的龙骨,正面刨光,满涂防腐剂一道,再满涂防火涂料三道。

木龙骨与墙的连接,可以预埋防腐木砖,也可用射钉固定。轻钢龙骨只能用射钉固定。

镭射玻璃装饰板与龙骨的固定,除采用粘贴之外,其与木龙骨的固定还可用玻璃钉锚固法,与轻钢龙骨的固定用自攻螺钉加玻璃钉锚固或采用紧固件镶钉做法。

(2)直接贴墙做法

镭射玻璃装饰板直接贴墙做法不需要龙骨,而将镭射玻璃装饰板直接粘贴于墙体表面之上,如图 11-29 所示。该做法要求墙体需砌得平整,并要求墙体表面找平层的施工必须特别注意下列两点:第一要求找平层特别坚固,与墙体要黏结好,不得有任何空鼓、疏松、不实、不牢之处;第二要求找平层必须十分平整,不论在垂直方向还是水平方向,均不得有正负偏差,否则镭射玻璃装饰板的装饰质量难以保证。

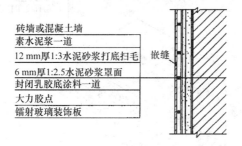

图 11-29　直接贴墙做法示意图

施工工艺流程为:墙体表面处理→刷一道素水泥浆→找平层→涂封闭底漆→板编号、试拼→上胶处打磨净、磨糙→调胶→点胶→板就位、粘贴→加胶补强→清理、嵌缝。

①刷素水泥时,为了黏结牢固,必须掺胶。

②找平层。底层为 12 mm 厚 1∶3 水泥砂浆打底、扫毛,再抹 6 mm 厚 1∶2.5 水泥砂浆罩面。

③涂封闭底漆。罩面灰养护 10 天后,当含水率小于 10％时,刷或涂封闭乳胶漆一道。

④粘贴。直接向墙体粘贴的镭射玻璃装饰板产品,其背面必须有铝箔。凡不加铝箔者,不得用本做法施工。

找平层粘贴镭射玻璃装饰板如有不平之处,必须垫平,可用快干型大力胶加细砂调匀补平,如必须铲平的,可用铲刀铲平。其余同铝合金龙骨贴墙做法相同。

(3)离墙吊挂做法

镭射玻璃装饰板离墙吊挂做法适用于具体设计中必须将玻璃装饰板离墙吊挂之处,如墙面突出部分、突出的腰线部分、突出的造型面部分、墙内必须加温部分等。图 11-30～图 11-32所示为离墙吊挂做法及吊挂件示意图。

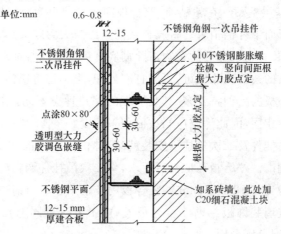

图 11-30　离墙吊挂做法示意图

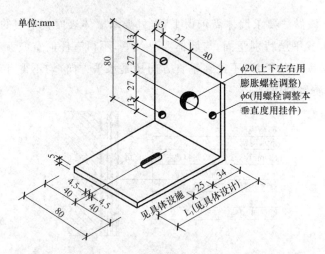

图 11-31　离墙吊挂做法一次吊挂件示意图

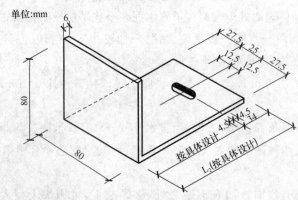

图 11-32　离墙吊挂做法二次吊挂件示意图

离墙吊挂做法比较复杂,其主要施工工艺为:墙体表面处理→墙体钻孔打洞装膨胀螺栓→装饰板与胶合板基层粘贴复合→板试拼与编号→安装不锈钢挂件→上胶处打磨净、磨糙→调胶与点胶→板就位粘贴→清理嵌缝。

①镭射玻璃装饰板与胶合板基层的粘贴。镭射玻璃装饰板在上墙安装以前,必须先与12～15 mm厚胶合板基层粘贴。在粘贴前,胶合板需满涂防火涂料三遍,防腐涂料一遍,且镭射玻璃装饰板必须用背面带有铝箔者。将胶合板的正面与大力胶黏结、接触之处,应预先打磨干净,将所有浮松物以及不利于黏结的杂物清除彻底。镭射玻璃装饰玻璃板背面涂胶处,只需将浮松物及不利于黏结的杂物清除即可,不需打磨处理,也不得将铝箔损坏。

由于镭射玻璃装饰板的品种特别多,其装饰板的基片种类不同,结构层数也不同,则装饰板单位面积的质量也不相同,因此涂胶应当按面积来控制。

②将不锈钢一次吊挂件及二次吊挂件安装就绪,并借吊挂件的调整孔将一次吊挂件调垂直,上下、左右的位置调准。按墙板高低前后要求,将二次吊挂件调正。

上述做法也可改为先将12～15 mm厚胶合板用胶粘贴于不锈钢二次吊挂件上(施工方法同上),然后再将镭射玻璃装饰板粘贴于胶合板上(施工方法也同上)。这两种做法各有优缺点,施工时可按具体情况分别采用。

3.镭射玻璃装饰板墙体装饰施工的注意事项

镭射玻璃装饰板的特点是具有较好的光栅效果,但光栅效果随着环境条件的变化而变化。同一块镭射玻璃装饰板放在某一处可能是色彩万千,但如果放在另一处可能会变得光彩全无。因此,镭射玻璃装饰板墙面装饰,设计时必须根据其环境条件科学地选择其装饰位置。

在设计时应当特别注意,普通镭射玻璃装饰板的太阳光直接反射比,国家标准规定应大于4%。但是,由于生产厂家的工艺、选材不同,其反射比差别较大,有的产品最高可达到25%左右。

太阳光直接反射比随着视角和光线入射角的变化而变化。一般条件下,镭射玻璃装饰板建筑外墙面装饰,设计时应将该板布置在与视线位于同一水平面处或低于视线之处,这样装饰效果最佳。当仰视角在45°以内时,效果则逐渐减弱。因此,设计时应充分考虑装饰位置的高度以及光照、朝向和远距离视觉效果等因素。

(二)微晶玻璃装饰板装饰施工

微晶玻璃装饰板也是当代高级建筑新型装饰材料之一。这种玻璃装饰板具有耐磨、耐风化、耐高温、耐腐蚀及良好的电绝缘和抗电击穿等优良性能,其各项物理、化学、力学性能指标均优于天然石材。板的表面光滑如镜,色泽均匀一致,光泽柔和莹润,适用于建筑物内外墙面、顶棚、楼地面装饰。

微晶玻璃装饰板色彩有多种,有白、灰、黑、绿、黄、红等,并有平面板、曲面板两类。用于外墙装饰的装饰板,需采用板后涂有 PVA 树脂的产品。

微晶玻璃装饰板,基本上也分为铝合金龙骨贴墙做法、直接贴墙做法和离墙吊挂做法三种,其构造及施工工艺与镭射玻璃装饰板装饰墙面相同。

(三)幻影玻璃装饰板装饰施工

幻影玻璃装饰板是一种具有闪光及镭射反光性能的玻璃装饰板,其基片为浮法玻璃或钢化玻璃,分为单层和夹层两种。

幻影玻璃装饰板不仅可以用于建筑内外墙的装饰,也可以用于建筑顶棚或楼地面的装饰。其色彩鲜艳多样,有金、银、紫、玉、绿、宝石蓝和七彩珍珠等,各种彩色的幻影玻璃装饰板可单独使用,也可互相搭配组合。幻影玻璃装饰板有硬质和软质两种,硬质适用于平面装饰,软质适用于曲面装饰。另外,3 mm 厚钢化玻璃基片适用于建筑墙面装饰,5 mm 厚钢化玻璃基片适用于建筑墙面及楼地面装饰,8 mm 厚钢化玻璃基片适用于舞厅、戏台地面装饰,(8+5) mm 厚钢化玻璃基片适用于舞厅架空地面,可在玻璃下面装灯。

幻影玻璃装饰板发展迅速,现有幻影玻璃装饰板、幻影玻璃壁面、幻影玻璃地砖、幻影玻璃软板(片)、幻影玻璃吧台等多种产品。

幻影玻璃装饰板装饰效果很好,如图 11-33、图 11-34 所示是用幻影玻璃装饰板装饰室内的效果。幻影玻璃装饰板建筑装饰的基本构造及做法,与镭射玻璃装饰板装饰相同,这里不再重复讲述。

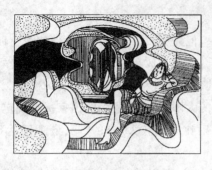

图 11-33　幻影玻璃装饰板效果(一)　　　　图 11-34　幻影玻璃装饰板效果(二)

(四)彩釉钢化玻璃装饰板施工

彩釉钢化玻璃装饰板,系以釉料通过丝网(或辊筒)印刷机印刷在玻璃背面,经过烘干、钢化处理,将釉料永久性烧结于玻璃面上而制成,其具有反射光和不透光两大功能,以及色彩、图案永不褪色等特点。既是安全玻璃装饰板,又是艺术装潢玻璃,不仅适用于建筑室内外墙面装饰及玻璃幕墙等处,还适用于顶棚、楼地面、造型面及楼梯栏板、隔断等处。

1. 彩釉钢化玻璃装饰板的分类

(1)按色彩分类

可以分为 S 系列(单色与多色与透明及不透明)、M 系列(金司釉料)、G 系列(仿花岗石图案)和非标准系列(任何花色均可按要求加工)。

(2)按图案分类

可以分为圆点系列(各种底色、各色圆点)、色条系列(各种底色,各色条纹,横条、竖条、斜条、宽条、窄条等)、碎点系列(各种底色,各色碎点)、色带系列(各种底色,各色色带)、仿花岗石系列(各种名贵花岗石装饰板,花色俱全)。不是以上标准图案者,均可根据要求进行加工。

以上各种花色图案的彩釉钢化玻璃装饰板在装饰中,既可以分别单独使用,也可以互相搭配使用。

2. 彩釉钢化玻璃装饰板的规格

彩釉钢化玻璃装饰板的厚度有 4 mm、5 mm、6 mm、8 mm、10 mm、12 mm、15 mm、19 mm 等多种,规格最小者有 300 mm×500 mm,最大者有 2 000 mm×10 000 mm 等,玻璃幕墙所用的最大规格可达 2 000 mm×10 000 mm 左右。

3. 彩釉钢化玻璃装饰板的施工

彩釉钢化玻璃装饰板装饰的构造及施工方法与镭射玻璃装饰板装饰相同,但在施工中应当注意以下事项,见表 11-1。

表 11-1　　　　　　　　　**彩釉钢化玻璃装饰板装饰施工的注意事项说明**

序号	注意事项说明
1	彩釉钢化玻璃装饰板应保存于材料仓库内或防雨、防潮、干燥通风之处,如受条件所限不得不露天存放时,装饰板需用防水篷布盖严,以防雨水流入,下面必须用 100 mm 以上厚的木台垫高,并在木台上加铺防水材料如油毡等加以防水。另外,必须定期打开篷布通风,及时检查装饰板是否受潮受湿

（续表）

序号	注意事项说明
2	在接近彩釉钢化玻璃装饰板附近,进行喷砂、切割、焊接等作业时,应用隔板将彩釉钢化玻璃装饰板隔开,以免损伤装饰板
3	在施工或风雨期间,混凝土浆、砌筑砂浆、抹灰砂浆和钢材受水湿后的流液等,对彩釉钢化玻璃装饰板均有腐蚀作用,应严防装饰板遭受到上述各种侵蚀、污染,以免腐蚀
4	彩釉钢化玻璃装饰板在安装之前,不要过早开箱,以免开箱后由于不能及时安装而在搬运及再存放过程中受到损伤
5	彩釉钢化玻璃装饰板不能进行切割、打眼等第二次加工,故在订货时必须提出准确的装饰板的几何图形、规格尺寸及所有切角、打孔等的位置尺寸,让生产单位按要求生产
6	施工过程中对彩釉钢化玻璃装饰板上的指纹、油污、灰尘、胶迹、灰浆、残渣等,应随时清理干净,以免在装饰板上产生霉迹,影响装饰效果。在保证不损坏密封胶及铝合金框架的前提下,可使用玻璃清洁剂进行清理
7	彩釉钢化玻璃装饰板在安装时要分清正、反两面,千万不可用颠倒,光滑无釉的面为装饰板的正面
8	彩釉钢化玻璃装饰板虽然具有优良的热稳定性,但也不宜距蒸汽管过近,否则易发生性能变化,一般以距离管道150～200 mm为宜。

（五）水晶玻璃墙面砖等装饰施工

水晶玻璃墙面砖等装饰施工包括的内容很多,如水晶玻璃墙面砖装饰施工、珍珠玻璃装饰板施工、彩金玻璃装饰板施工、彩雕玻璃装饰板施工、宝石玻璃装饰板建筑内墙装饰施工。以上这些施工均系当代建筑内墙高档新型装饰,千姿百态,各有特点。

水晶玻璃墙面砖系以钢化玻璃加工而成,光滑坚固,耐腐蚀、耐摩擦,分为浮雕、彩雕两类。

珍珠玻璃装饰板质地坚硬,耐摩擦、耐酸碱,反射率和折射率均很高,具有珍珠光泽。

彩金玻璃装饰板是当代最新的一种装潢材料,表面光彩夺目,金光闪闪,质地坚硬,耐磨性好,耐酸碱及各类溶剂,适用于墙面、水晶舞台、顶棚等处的装饰。

彩雕玻璃装饰板,又称彩绘玻璃装饰板,其色彩迷人,立体感强,在夜间打上灯光,艺术效果更佳。

宝石玻璃装饰板,质地坚硬,耐磨性高,耐酸碱及各类溶剂。

以上各种新型装饰板(砖)的规格尺寸,与高级浮法玻璃、钢化玻璃相同,主要适用于装饰墙面、顶棚,尤其适用于舞台、舞厅的装饰。

上述几种装饰板(砖)建筑内墙的基本构造做法及施工工艺,与镭射玻璃装饰板建筑内墙装饰相同。

二、镜面玻璃建筑内墙装饰施工

镜面玻璃建筑内墙装饰所用的镜面玻璃,在构造与材质等方面和一般玻璃镜均有所不同。镜面玻璃是以高级浮法平板玻璃为基材,经过镀银、镀铜、镀漆等特殊工艺加工而制成。与一般镀银玻璃镜、真空镀铝玻璃镜相比,这种玻璃具有镜面尺寸比较大、成像清晰逼真、抗盐雾性优良、抗热性能好、使用寿命长等特点。表11-2中为镜面玻璃的抗蒸汽、抗盐雾性能及产品规格。

表 11-2　　　　　　　　　镜面玻璃的抗蒸汽、抗盐雾性能及产品规格

项目		说明		
等级		A 级	B 级	C 级
镜面玻璃反射表面	抗 50 ℃蒸汽性能	759 小时后无腐蚀现象	506 小时后无腐蚀现象	253 小时后无腐蚀现象
	抗盐雾性能	759 小时后不应有腐蚀	506 小时后不应有腐蚀	253 小时后不应有腐蚀
镜面玻璃的边缘	抗 50 ℃蒸汽性能	506 小时后无腐蚀现象	253 小时后,平均腐蚀边缘不应大于 100 μm,其中最大者不得超 250 μm	253 小时后,平均腐蚀边缘不应大于 150 μm,其中最大者不得超 400 μm
	抗盐雾性能	506 小时后,平均腐蚀边缘不应大于 250 μm,其中最大者不得超 400 μm	253 小时后,平均腐蚀边缘不应大于 250 μm,其中最大者不得超 400 μm	253 小时后,平均腐蚀边缘不应大于 400 μm,其中最大者不得超 600 μm
产品规格/mm		厚度:2~12;最大尺寸:2 200×3 300	厚度:2~12;最大尺寸:2 200×3 300	厚度:2~12;最大尺寸:2 200×3 300

(一)镜面玻璃内墙木龙骨的施工工艺

镜面玻璃内墙木龙骨的施工工艺比较简单,其主要工艺流程为:墙面清理、修整→涂防潮层→装防腐、防火木龙骨→安装阻燃型胶合板→安装镜面玻璃→清理嵌缝→封边、收口。其主要工序做法如下:

1.墙体表面涂防潮(水)层

墙体表面涂防潮层一道,非清水墙体的防潮层厚 4~5 mm,至少 3 遍成活。清水墙体的防潮层厚 6~12 mm,兼作找平层用,至少 3~5 遍成活。

2.安装防腐、防火木龙骨

镜面玻璃内墙所用的木龙骨,一般为 30 mm×40 mm 的木龙骨,正面刨光,背面刨一道通长防翘凹槽,并满涂氟化钠防腐剂一道,防火涂料三道。按中距为 450 mm 双向布置,用射钉与墙体钉牢,钉头必须射入木龙骨表面 0.5~1.0 mm 左右,钉眼用油性腻子抹平。木龙骨要切实钉牢固,不得有松动、不牢、不实等情况。在木龙骨与墙面之间的缝隙处,要用防腐、防火木片(或木块)垫平、塞实。

3.安装镜面玻璃

安装镜面玻璃常用紧固件镶钉法和胶黏法。

(1)紧固件镶钉法做法

紧固件镶钉法做法主要包括弹线、安装、修整表面和封边收口等主要工序。

①弹线。根据具体设计和镜面玻璃的规格尺寸,在胶合板上将镜面玻璃位置及镜面玻璃分块一一弹出,作为施工的标准和依据。

②安装。按照具体设计用紧固件及装饰压条等,将镜面玻璃固定于胶合板及木龙骨上。钉距和采用何种紧固件、何种装饰压条,以及镜面玻璃的厚度、尺寸等,均按具体工程实际和具体设计办理。紧固件一般有螺钉固定、玻璃钉固定、嵌钉固定和托压固定等,如图 11-35~图 11-38 所示。

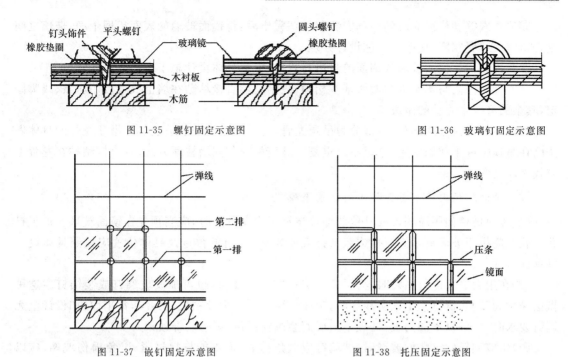

图 11-35　螺钉固定示意图　　　　　　　　　　　　图 11-36　玻璃钉固定示意图

图 11-37　嵌钉固定示意图　　　　　　　　　　　　图 11-38　托压固定示意图

③修整表面。整个镜面玻璃墙面安装完毕后,应当严格检查装饰质量是否符合规范要求。如果发现不牢、不实、不平、松动、倾斜、压条不直及平整度、垂直度、方正度偏差不符合质量要求的地方,均应彻底修正,必须符合规范规定。

④封边收口。整个镜面玻璃墙面装饰的封边、收口及采用何种封边压条、收口装饰条等,均按照具体设计办理。

(2)胶粘法做法

胶粘法做法的施工工艺为:弹线→做保护层→打磨、磨糙→上胶→上墙胶贴→清理嵌缝→封边收口。

①弹线。胶粘法做法的弹线与紧固件镶钉法相同。

②做保护层。做保护层即做镜面玻璃保护层,将镜面玻璃背面清扫干净,彻底清除所有尘土、砂粒、杂物、碎屑等。在背面满涂白乳胶一道,满堂粘贴薄牛皮纸保护层一层,并用塑料薄板(片)将牛皮纸刮贴平整。也可以在准备点胶处刷一道混合胶液,粘贴上铝箔保护层,周边铝箔宽 150 mm,与四边等长。其余部分铝箔均为 150 mm^2。

③打磨、磨糙。凡胶合板表面与大力胶点黏结之处,均要预先打磨净,将浮松物、垃圾、杂物、碎屑以及不利于黏结之物清除干净,以利于黏结。对于表面过于光滑之处,还应进行磨糙处理。镜面玻璃背面保护层上点涂胶处,亦应清理干净,不得有任何不利于黏结之处,但不准采用打磨的处理方法。

④上胶(涂胶)。上胶即在镜面玻璃背面保护层上进行点式涂胶,也就是将大力胶点涂于玻璃背面。

⑤上墙胶贴。将镜面玻璃按胶合板上的弹线位置,按照预先编号依次上墙就位,逐块进行粘贴。利用镜面玻璃背面中间的快干型大力胶点及其他施工设备,使镜面玻璃临时固定,然后迅速将镜面玻璃与相邻玻璃进行调正、顺直,同时将镜面玻璃按压平整。待大力胶硬化后将固定设备拆除。

⑥清理嵌缝。待镜面玻璃全部安装和粘贴完毕后,将镜面玻璃的表面清理干净,玻璃之间是否留缝及留缝宽度,均应按具体设计办理。

⑦封边收口。镜面玻璃装饰面的封边与收口,应按具体设计施工。

无龙骨的做法与木龙骨的做法基本相同,只是玻璃直接粘贴在墙上或直接用压条、线脚固定,其余的可按木龙骨的做法。

玻璃顶棚做法分两部分,一部分为吊顶龙骨,另一部分为安装玻璃板。吊顶龙骨的具体做法已在吊顶工程中详细叙述,这里不再重复。玻璃板安装同墙柱面方法,有直接粘贴在龙骨上或找平层上两种。

(二)镜面玻璃内墙木龙骨施工的注意事项

(1)镜面玻璃如用玻璃钉或其他装饰钉镶钉于木龙骨上时,应当预先在镜面玻璃上加工打孔。孔径应小于玻璃钉端头直径或装饰钉直径3 mm。钉的数量及具体位置应按照具体设计办理。

(2)在用大力胶进行粘贴时,为了满足美观方面的要求,也可加设玻璃钉或装饰钉。这种做法被称为胶粘、镶钉。工程实践证明,镜面玻璃采用大力胶粘贴,已经非常牢固,如设计上无镶钉要求时,最好以不加为宜,处理不当反而会画蛇添足,影响装饰效果。

(3)用玻璃钉固定镜面玻璃时,玻璃钉应对角拧紧,但不能拧得过紧,以免损伤玻璃,应以镜面玻璃不晃动为准。拧紧后,应最后将装饰钉帽拧上。

(4)阻燃型胶合板应采用两面刨光的一级产品,板面上也可加涂油基封底剂一道。

(4)镜面玻璃也可将四边加工磨成斜边。这样,由于光学原理的作用,光线折射后可使玻璃直观立体感增强,给人以一种高雅新颖的感受。

复习思考题

1.简述玻璃裁割、打孔、表面处理、热加工、钢化处理的方法,以及在裁割中的注意事项。

2.简述玻璃脆性处理和热胀冷缩处理的方法。

3.简述木骨架玻璃屏风、金属骨架玻璃屏风的施工工艺。

4.玻璃镜固定的基本方法有哪几种?

5.简述回廊玻璃栏板、楼梯玻璃栏板的施工工艺,以及玻璃栏板施工中的注意事项。

6.简述空心玻璃装饰砖墙砌筑法和胶筑法的施工方法。

7.简述在装饰工程中常见的装饰玻璃饰面的种类。

8.简述镭射玻璃装饰板、微晶玻璃装饰板、幻影玻璃装饰板、彩釉钢化玻璃装饰板和水晶玻璃装饰板的施工工艺。

9.简述镜面玻璃内墙木龙骨的施工工艺和注意事项。

第十二章　建筑幕墙工程施工

随着科学技术的进步,外墙装饰材料和施工技术也在突飞猛进地发展,不仅涌现了外墙涂料和装饰饰面,而且产生了玻璃幕墙、石材幕墙和金属幕墙等一大批新型外墙装饰形式,并越来越向着环保、节能、智能化方向发展,使建筑显示出亮丽风光和现代化的气息。

幕墙工程按帷幕饰面材料的不同,可分为玻璃幕墙、石材幕墙、金属幕墙、混凝土幕墙和组合幕墙等。其中,玻璃幕墙按其结构形式及立面外观情况,可分为金属框架式玻璃幕墙、玻璃肋胶接式全玻璃幕墙、点式连接玻璃幕墙;又可细分为金属明框式玻璃幕墙、隐框式玻璃幕墙、半隐框式玻璃幕墙、后置式玻璃肋胶接全玻璃结构幕墙、骑缝式或平齐式玻璃肋胶接全玻璃结构幕墙、接驳点式连接全玻璃幕墙、张力索杆结构点支式玻璃幕墙。金属框架式玻璃幕墙工程按其构件加工和组装方式,又分为元件式玻璃幕墙和单元式玻璃幕墙。

幕墙工程应遵循安全可靠、实用美观和经济合理的原则;幕墙工程的材料、设计、制作、安装施工及工程质量验收,应执行中华人民共和国行业标准《玻璃幕墙工程技术规范》(JGJ 102-2017)、《玻璃幕墙工程质量验收标准》(JGJ/T 139-2016)、《金属与石材幕墙工程技术规范》(JGJ 133-2015)和国家标准《建筑装饰装修工程质量验收规范》(GB 50210-2018)等相关强制性规定;对幕墙设计、制作和安装施工,要进行全过程的质量控制。

幕墙技术的应用为建筑装饰提供了更多的选择,它新颖耐久、美观时尚、装饰感强,与传统外装饰技术相比,具有施工速度快、工业化和装配化程度高、便于维修等特点,它是融建筑技术、建筑功能、建筑艺术、建筑结构为一体的建筑装饰构件。由于幕墙材料及技术要求高,相关构造具有特殊性,同时它又是建筑结构的一部分,因此工程造价要高于一般做法的外墙。幕墙的设计和施工除了应遵循美学规律外,还应遵循建筑力学、物理、光学、结构等规律的要求,做到安全、实用、经济、美观。

第一节　幕墙工程的重要规定

幕墙工程是外墙非常重要的装饰工程,其设计计算、所用材料、结构形式、施工方法等,关系到幕墙的使用功能、装饰效果、结构安全、工程造价、施工难易等各个方面。因此,为确保幕墙工程的装饰性、安全性、易装性和经济性,在幕墙的设计、选材和施工等方面,应严格遵守下列重要规定:

(1)幕墙及其连接件应具有足够的承载力、刚度和相对于主体结构的位移能力。幕墙构架立柱的连接金属角码与其他连接件应采用螺栓连接,并应有防松动措施。

(2)隐框、半隐框幕墙所采用的结构黏结材料,必须是中性聚硅氧烷(硅酮)结构密封胶,其性能必须符合《建筑用硅酮结构密封胶》(GB 16776—2005)中的规定;聚硅氧烷结构密封胶必须在有效期内使用。

(3)立柱和横梁等主要受力构件,其截面受力部分的壁厚应经过计算确定,且铝合金型材的壁厚≥3.0 mm,钢型材壁厚≥3.5 mm。

(4)隐框、半隐框幕墙构件中,板材与金属之间聚硅氧烷结构密封胶的黏结宽度,应分别计算风荷载标准值和板材自重标准值作用下聚硅氧烷结构密封胶的黏结宽度,并选取其中较大值,且≥7.0 mm。

(5)聚硅氧烷结构密封胶应打注饱满,并应在温度15~30 ℃、相对湿度＞50％、洁净的室内进行,不得在现场的墙上打注。

(6)幕墙的防火除应符合现行国家标准《建筑设计防火规范》(GB 50016-2014)和《高层建筑设计防火规范》(GB 50045-95)的有关规定外,还应符合下列规定:

①应根据防火材料的耐火极限决定防火层的厚度和宽度,并在楼板处形成防火带。

②防火层应采取隔离措施。防火层的衬板应采用经过防腐处理,且厚度≥1.5 mm的钢板,不得采用铝板。

③防火层的密封材料应采用防火密封胶。

④防火层与玻璃不应直接接触,一块玻璃不得跨越两个防火分区。

(7)主体结构与幕墙连接的各种预埋件,其数量、规格、位置和防腐处理必须符合设计要求。

(8)幕墙的金属框架与主体结构预埋件的连接、立柱与横梁的连接及幕墙面板的安装,必须符合设计要求,安装必须牢固。

(9)单元幕墙连接处和吊挂处的铝合金型材的壁厚应通过计算确定,不小于5.0 mm。

(10)幕墙的金属框架与主体结构应通过预埋件连接,预埋件应在主体结构混凝土施工时埋入,预埋件的位置必须准确。当没有条件采用预埋件连接时,应采用其他可靠的连接措施,通过试验确定其承载力。

(11)立柱应采用螺栓与角码连接,螺栓的直径应经过计算确定,且不小于10 mm。不同金属材料接触时,应采用绝缘垫片分隔。

(12)幕墙上的抗裂缝、伸缩缝、沉降缝等部位的处理,应保证缝的使用功能和饰面的完整性。

(13)幕墙工程的设计应满足方便维护和清洁的要求。

第二节　玻璃幕墙的施工

玻璃幕墙是目前最常用的一种幕墙,其是由金属构件与玻璃板组成的建筑外墙围护结构。

一、玻璃幕墙的基本技术要求

(一)对玻璃的基本技术要求

用于玻璃幕墙的玻璃种类很多,有中空玻璃、钢化玻璃、半钢化玻璃、夹层玻璃、防火玻璃等。玻璃表面可以镀膜,形成镀膜玻璃(也称热反射玻璃,可将1/3左右的太阳能吸收和反射掉,降低室内的空调费用)。中空玻璃在玻璃幕墙中的应用十分广泛,具有优良的保温、隔热、隔声和节能效果。

玻璃幕墙所用的单层玻璃厚度一般为 6 mm、8 mm、10 mm、12 mm、15 mm、19 mm；夹层玻璃的厚度一般为(6+6) mm,(8+8) mm(中间夹聚氯乙烯醇缩丁醛胶片,干法合成)；中空玻璃厚度为(6+d+5) mm、(6+d+6) mm、(8+d+8) mm 等(d 为空气厚度,可取 6 mm、9 mm、12 mm)。幕墙宜采用钢化玻璃、半钢化玻璃、夹层玻璃。有保温隔热性能要求的幕墙宜选用中空玻璃。

为减少玻璃幕墙的眩光和辐射热,宜采用低辐射率镀膜玻璃。因镀膜玻璃的金属镀膜层易被氧化,不宜单层使用,只能用于中空玻璃和夹层玻璃的内侧。目前高透型镀银低辐射(LOW-E)玻璃已在幕墙工程中使用,具有良好的透光率、极高的远红外线反射率,节能性能优良,特别适用于地方寒冷地区。它能使较多的太阳辐射进入室内以提高室内的温度,同时又能使寒冷季节或阴雨天来自室内物体热辐射的 85% 反射回室内,有效地降低能耗,节约能源。低辐射玻璃因其具有透光率高的特点,可用于任何地域的有高通透性外观要求的建筑,以突出自然采光,这是目前比较先进的绿色环保玻璃。

（二）对骨架的基本技术要求

用于玻璃幕墙的骨架,除了应具有足够的强度和刚度外,还应具有较高的耐久性,以保证幕墙的安全使用寿命。如铝合金骨架的立梃、横梁等,要求表面氧化膜的厚度不应低于 AA15级。为了减少能耗,目前提倡应用断桥铝合金骨架。如果在玻璃幕墙中采用钢骨架,除不锈钢,其他应进行表面热渗镀锌。黏结隐框玻璃的聚硅氧烷密封胶(工程中简称结构胶)十分重要,结构胶应有与接触材料的相容性试验报告,并有保险年限的质量证书。点式连接玻璃幕墙的连接件和连系杆件等,应采用高强金属材料或不锈钢精加工制作,有的还要承受很大预应力,技术要求比较高。

二、有框玻璃幕墙的施工工艺

有框玻璃幕墙的类别不同,其构造形式也不同,施工工艺有较大差异。现以铝合金全隐框玻璃幕墙为例,说明这类幕墙的构造。所谓全隐框,是指玻璃组合件固定在铝合金框架的外侧,从室外观看只看见幕墙的玻璃及分格线,铝合金框架完全隐蔽在玻璃幕的后边,如图 12-1(a)所示。

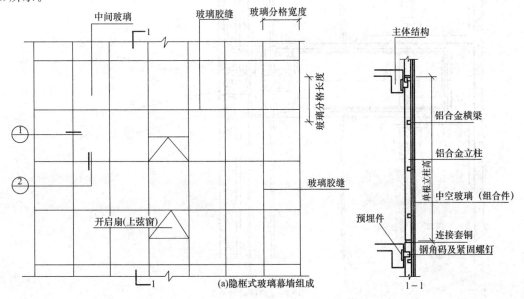

(a)隐框式玻璃幕墙组成

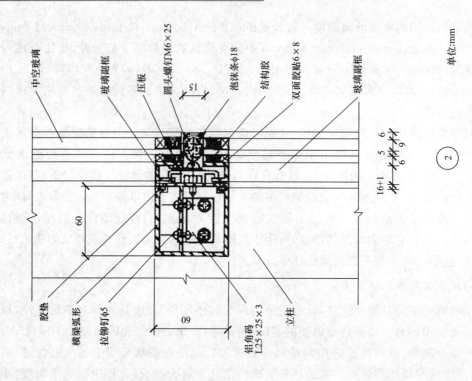

单位:mm

中空玻璃
玻璃副框
压板
圆头螺钉M6×25
泡沫条φ18
结构胶
双面胶贴6×8
玻璃副框

胶垫
横梁弧形
拉铆钉φ5
铝角码 L25×25×3
立柱

16+1 5 6 6 9

(c)隐框玻璃幕墙垂直节点

②

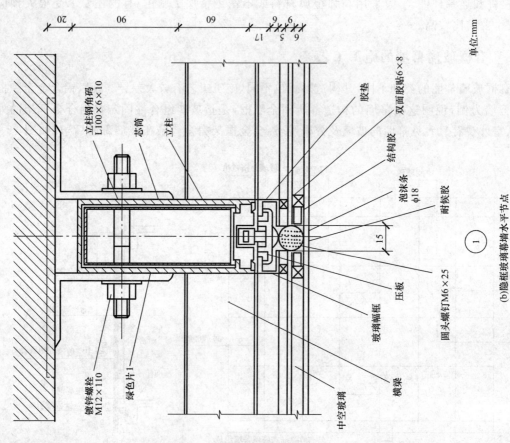

单位:mm

立柱钢角码 L100×6×10
芯筒
立柱

镀锌螺栓 M12×110
绿色片1

中空玻璃

横梁

玻璃副框
压板
圆头螺钉M6×25

耐候胶
泡沫条 φ18
结构胶
双面胶贴6×8
胶垫

20 90 60 6 6 9 17 6 5

15

(b)隐框玻璃幕墙水平节点

①

图 12-1　隐框玻璃幕墙组成及节点

（一）有框玻璃幕墙的组成

有框玻璃幕墙主要由幕墙立柱、横梁、玻璃、主体结构、预埋件、连接件，以及连接螺栓、垫杆和胶缝、开启扇等组成，如图 12-1（a）所示。

竖直玻璃幕墙立柱应悬挂连接在主体结构上，并使其处于受拉工作状态。

（二）有框玻璃幕墙的构造

1. 基本构造

从图 8-1（b）中可以看到，立柱两侧角码是∟形 100 mm×60 mm×10 mm 的角钢，它通过 M12×110 mm 的镀锌连接螺栓将铝合金立柱与主体结构预埋件焊接，立柱又与铝合金横梁连接，在立柱和横梁的外侧再用连接压板通过 M6×25 mm 圆头螺钉将带副框的玻璃组合件固定在铝合金立柱上。

为了提高幕墙的密封性能，在两块中空玻璃之间填充直径为 18 mm 的泡沫条并填耐候胶，形成 15 mm 宽的缝，使得中空玻璃发生变形时有位移的空间。《玻璃幕墙工程技术规范》（JGJ 102-2003）中规定，隐框玻璃幕墙拼缝宽度不宜小于 15 mm。

为了防止接触腐蚀物质，在立柱连接杆件（角钢）与立柱（铝合金方管）间垫 1 mm 厚的隔离片。中空玻璃边上有大、小两个"▨"符号，这个符号代表接触材料——干燥剂和双面胶贴。干燥剂（大符号）放在两片玻璃之间，用于吸收玻璃夹层间的湿气。双面胶贴（小符号）用于玻璃和副框之间灌注结构胶前固定胶缝位置和厚度用的呈海绵状的低发泡黑色胶带。两片中空玻璃周边凹缝中填有结构胶，使两片玻璃黏结在一起。使用的结构胶是玻璃幕墙施工成功与否的关键，必须使用国家定期公布的合格成品，并且必须在保质期内使用。玻璃还必须用结构胶与铝合金副框黏结，形成玻璃组合件，挂接在铝合金立柱和横梁上形成幕墙装饰面。图 12-1（c）反映横梁与立柱的连接构造，以及玻璃组合件与横梁的连接关系。玻璃组合件应在符合洁净要求的车间中生产，然后运至施工现场进行安装。

幕墙构件应连接牢固，接缝处必须用密封材料使连接部位密封（图 12-1（b）中玻璃副框与横梁、主柱相交均有胶垫），用于消除构件间的摩擦声，防止串烟串火，并消除由于温差变化引起的热胀冷缩应力。

玻璃幕墙立柱与混凝土结构宜通过预埋件连接，预埋件应在主体结构施工时埋入。没有条件采用预埋件连接时，应采用其他可靠的连接措施，如采用后置钢锚板加膨胀螺栓的方法，但要经过试验决定其承载力。

2. 防火构造

为了保证建筑物的防火能力，玻璃幕墙与每层楼板、隔墙处以及窗间墙、窗槛墙的缝隙应采用不燃烧材料（如填充岩棉等）填充严密，形成防火隔层。隔层的隔板必须用经防火处理的厚度不小于 1.5 mm 的钢板制作，不得使用铝板、铝塑料等耐火等级低的材料，否则起不到防火的作用。如图 12-2 所示，在横梁位置安装厚度不小于 100 mm 的防护岩棉，并用 1.5 mm 钢板包制。

3. 防雷构造

建筑幕墙大多用于多层和高层建筑，防雷是一个必须解决的问题。《建筑物防雷设计规范》（GB 50057-2010）规定，高层建筑应设置防雷用的均压环（沿建筑物外墙周边每隔一定高度的水平防雷网，用于防侧雷），环间垂直间距不应大于 12 m，均压环可利用梁内的纵向钢筋或另行安装。如采用梁内的纵向钢筋做均压环时，幕墙位于均压环处的预埋件的锚筋必须与均压环处梁的纵向钢筋连通；设均压环位置的幕墙立柱必须与均压环连通，该位置处的幕墙横梁必

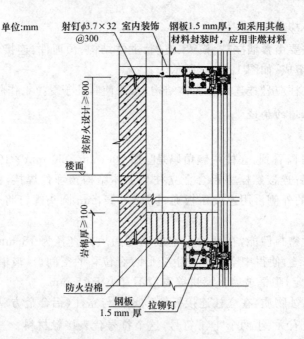

图 12-2　隐框玻璃幕墙防火构造节点

须与幕墙立柱连通；未设均压环处的立柱必须与固定在设均压环楼层的立柱连通，如图 12-3 所示。以上接地电阻应小于 4 Ω。

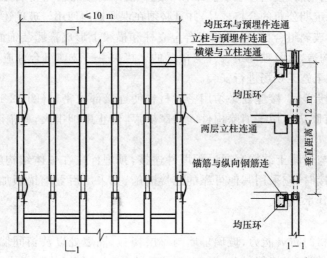

图 12-3　隐框玻璃幕墙防雷构造简图

幕墙防顶雷可用避雷带或避雷针，由建筑防雷系统考虑。

（三）有框玻璃幕墙的施工工艺

1. 施工工艺

玻璃幕墙工序多，技术和安装精度要求高，应由专业幕墙公司设计、施工。

幕墙施工工艺流程为：测量、放线→调整和后置预埋件→确认主体结构轴线和各面中心线→以中心线为基准向两侧排基准竖线→按图样要求安装钢连接件和立柱、校正误差→钢连接件满焊固定、表面防腐处理→安装横框→上、下边封修→安装玻璃组件→安装开启窗扇→填充泡沫棒并注胶→清洁、整理→检查、验收。

（1）弹线定位

由专业技术人员操作，确定玻璃幕墙的位置，这是保证安装工程质量的第一道关键性工序。弹线工作是以建筑物轴线为准，依据设计要求先将骨架的位置线弹到主体结构上，以确定竖向杆件的位置。工程主体部分以中部水平线为基准，向上下返线，每层水平线确定后，即可用水准仪抄平横向节点的标高。以上测量结果应与主体工程施工测量轴线一致，如果主体结构轴线误差大于规定的允许偏差时，则在征得监理和设计人员的同意后，调整装饰工程的轴线，使其符合装饰设计及构造的需要。

（2）钢连接件安装

作为外墙装饰工程施工的基础，钢连接件的预埋钢板应尽量采用原主体结构预埋钢板，无条件时可采用后置钢锚板加膨胀螺栓的方法，但要经过试验决定其承载力。目前应用化学浆锚螺栓代替普通膨胀螺栓效果较好。玻璃幕墙与主体结构连接的钢构件，一般采用三维可调连接件，其特点是对预埋件埋设的精度要求不太高，在安装骨架时，上下、左右及幕墙平面垂直度等可自如调整。

（3）框架安装

将立柱先与连接件连接，连接件再与主体结构预埋件连接，并进行调整、固定。立柱安装标高偏差不应大于 3 mm，轴线前后偏差不应大于 2 mm，左右偏差不应大于 3 mm。相邻两根立柱安装的标高偏差不应大于 3 mm，同层立柱的最大标高偏差不应大于 5 mm，相邻两根立柱的距离偏差不应大于 2 mm。

同一层横梁安装由下向上进行，当安装完一层高度后应进行检查，调整校正，符合质量要求后固定。相邻两根横梁的水平标高偏差不应大于 1 mm。同层横梁标高偏差：当一幅幕墙宽度小于或等于 35 m 时，不应大于 5 mm；当一幅幕墙宽度大于 35 m 时，不应大于 7 mm。

横梁与立柱相连处应垫弹性橡胶垫片，主要用于消除横向热胀冷缩应力以及变形造成的横竖杆间的摩擦响声。铝合金框架构件和隐框玻璃幕墙的安装质量应符合表 12-1 和表 12-2 中的规定。

表 12-1 铝合金构件安装质量要求

项目		允许偏差/mm	检查方法
幕墙垂直度	幕墙高度≤30 m	10	激光仪或经纬仪
	30 m<幕墙高度≤60 m	15	
	60 m<幕墙高度≤90 m	20	
	幕墙高度>90 m	25	
竖向构件直线度		3	3 m靠尺，塞尺
横向构件水平度	构件长度≤2 m	2	水准仪
	构件长度>2 m	3	
同高度相邻两根横向构件高度差		1	钢直尺，塞尺
幕墙横向水平度	幅宽≤35 m	5	水准仪
	幅宽>35 m	7	
分格框对角线	对角线长≤2 000 mm	3	3 m钢卷尺
	对角线长>2 000 mm	3.5	

注：1. 前 5 项按抽样根数检查，最后一项按抽样分格数检查。

2. 垂直于地面的幕墙，竖向构件垂直度包括幕墙平面内及平面外的检查。

3. 竖向垂直度包括幕墙平面内和平面外的检查。

4. 在风力小于 4 级时测量检查。

（4）玻璃安装

玻璃安装前，先将表面尘土污物擦拭干净，所采用镀膜玻璃的镀膜面朝向室内，玻璃与构件不得直接接触，防止玻璃因温度变化引起胀缩导致破坏。玻璃四周与构件凹槽底应保持一定空隙，每块玻璃下部应设不少于 2 块的弹性定位垫块（如氯丁橡胶等），垫块宽度应与槽口宽度相同，长度不小于 100 mm。隐框玻璃幕墙用经过设计确定的铝压板用不锈钢螺钉固定玻璃组合件，然后在玻璃拼缝处用发泡聚乙烯垫条填充空隙。塞入的垫条表面应凹入玻璃外表面 5 mm 左右，再用耐候密封胶封缝，胶缝必须均匀、饱满，一般注入深度在 5 mm 左右，并使用修胶工具修整，之后揭除遮盖压边胶带并清洁玻璃及主框表面。玻璃副框与主框间设橡胶条隔离，其断口留在四角，斜面断开后拼成预定的设计角度，并用胶黏结牢固，提高其密封性能。玻璃安装可参见图 12-1（b）、图 12-1（c）。

（5）缝隙处理

这里所讲的缝隙处理，主要是指幕墙与主体结构之间的缝隙处理。窗间墙、窗槛墙之间采用防火材料堵塞，隔离挡板采用厚度为 1.5 mm 的钢板，并涂防火涂料 2 遍。接缝处用防火密封胶封闭，保证接缝处的严密，参见图 12-2。

表 12-2　　　　　　　　　　　　　　隐框玻璃幕墙安装质量要求

项目		允许偏差/mm	检查方法
竖缝及墙面垂直度	幕墙高度≤30 m	10	激光仪或经纬仪
	30 m＜幕墙高度≤60 m	15	
	60 m＜幕墙高度≤90 m	20	
	幕墙高度＞90 m	25	
幕墙平面度		3	3 m 靠尺，钢直尺
竖缝直线度		3	3 m 靠尺，钢直尺
横缝直线度		3	3 m 靠尺，钢直尺
拼缝宽度（与设计值相比）		2	卡尺

（6）避雷设施安装

在安装立柱时应按设计要求进行防雷体系的可靠连接。均压环应与主体结构避雷系统相连，预埋件与均压环通过截面积不小于 48 mm² 的圆钢或扁钢连接。圆钢或扁钢与预埋件均压环进行搭接焊接，焊缝长度不小于 75 mm。位于均压环所在层的每个立柱与支座之间应用宽度不小于 24 mm、厚度不小于 2 mm 的铝条连接，保证其电阻小于 10 Ω。

2. 施工安装要点及注意事项

（1）测量放线

①放线定位前使用经纬仪、水准仪等测量设备，配合标准钢卷尺、重锤、水平尺等，复核主体结构轴线、标高及尺寸，注意是否有超出允许值的偏差。如有超出，需经监理工程师、设计师同意后，适当调整幕墙的轴线，使其符合幕墙的构造要求。

②高层建筑的测量放线应在风力不大于 4 级时进行，测量工作应每天定时进行。质量检验人员应及时对测量放线情况进行检查。测量放线时，还应对预埋件的偏差进行校验，其上下、左右偏差不应大于 45 mm，超出允许偏差的预埋件必须进行适当处理或重新设计，应把处理意见上报监理、业主和项目部。

（2）立柱安装

①立柱安装的准确性和质量，将影响整个玻璃幕墙的安装质量，是幕墙施工的关键工序之一。安装前应认真核对立柱的规格、尺寸、数量、编号是否与施工图纸一致。单根立柱长度通

常为一层楼高,因为立柱的支座一般都设在每层边楼板位置(特殊情况除外),上下立柱之间用铝合金套筒连接,在该处形成铰接、构成变形缝,从而适应和消除幕墙的挠度变形和温度变形,保证幕墙的安全和耐久。

②施工人员必须进行有关高空作业的培训,并取得上岗证书后方可参与施工活动。在施工过程中,应严格遵守《建筑施工高处作业安全技术规范》(JGJ 1980)的有关规定。特别注意在风力超过 6 级时,不得进行高空作业。

③立柱和连接杆(支座)接触面之间一定要加防腐隔离垫片。

④立柱按表 12-1 要求初步定位后应进行自检,对合格的部分应进行调整修正,自检完全合格后,再报质检人员进行抽检。抽检合格后,方可进行连接件(支座)的正式焊接,焊缝位置及要求按设计图样进行。焊缝质量必须符合现行《钢结构工程施工验收规范》。焊接好的连接件必须采取可靠的防腐措施。焊工是一种技术性很强的特殊工种,需经专业安全技术学习和训练,考试合格获得"特殊工种操作证书"后,才能参与施工。

⑤玻璃幕墙立柱安装就位后应及时固定,并及时拆除原来的临时固定螺栓。

(3)横梁安装

①横梁安装定位后应进行自检,对不合格的进行调整修正;自检合格后再报质检人员进行抽检。

②在安装横梁时,如果有排水系统,冷凝水排出管及附件应与横梁预留孔连接严密,与内衬板出水孔连接处应设橡胶密封条,其他通气孔、雨水排出口应按设计进行施工,不得出现遗漏。

(4)玻璃安装

①玻璃安装前应将表面及四周尘土、污物擦拭干净,保证嵌缝耐候胶的可靠黏结。玻璃的镀膜面朝向室内,如果发现玻璃色差明显或镀膜脱落等,应及时向有关部门反映,得到处理方案后方可安装。

②用于固定玻璃组合件的压块或其他连接件及螺钉等,应严格按设计或有关规范执行,严禁少装或不装紧固螺钉。

③玻璃组合件安装时应注意保护,避免碰撞、损伤或跌落。当玻璃面积较大或自身质量较大时,应采用机械安装,或利用中空吸盘帮助提升安装。

隐框幕墙玻璃的安装质量要求见表 12-2。

(5)拼缝及密封

①玻璃拼缝应横平竖直、缝宽均匀,并符合设计要求及允许偏差要求。每块玻璃初步定位后进行自检,不符合要求的应进行调整,自检合格后再报质检人员进行抽检。每幅幕墙抽检5％的分格,且不少于 5 个分格。允许偏差项目有 80％抽检实测值合格,其余抽检实测值不影响安全和使用的,则判为合格。抽检合格后才能进行泡沫条嵌填和耐候胶灌注。

②耐候胶在缝内相对两面黏结,不得三面黏结,较深的密封槽口应先嵌填聚乙烯泡沫条。耐候胶施工厚度应大于 3.5 mm,施工宽度不应小于施工厚度的 2 倍。注胶后胶缝饱满、表面光滑细腻,不污染其他表面,注胶前应在可能导致污染的部位贴上纸基胶带(即美纹纸条),注胶完成后将其揭除。

③玻璃幕墙的密封材料,常用的是耐候聚硅氧烷密封胶,立柱、横梁等交接部位填胶一定要密实、无气泡。当采用明框玻璃幕墙时,在铝合金的凹槽内玻璃应用定形的橡胶压条进行嵌填,然后再用耐候胶嵌缝。

(6)窗扇安装

①安装时应注意窗扇与窗框的配合间隙是否符合设计要求,窗框胶条应安装到位,以保证其密封性。如图 12-4 所示为隐框玻璃幕墙开启扇的竖向节点详图,除与图 12-1(c)所示相同者外,增加了开启扇固定框和活动框,用圆头螺钉(M5×32 mm)连接,扇框相交处垫有胶条密封。

②窗扇连接件的品种、规格、质量一定要符合设计要求,并采用不锈钢或轻钢金属制品,以保证窗扇的安全、耐用。严禁私自减少连接螺钉等紧固件的数量,并应严格控制螺钉的底孔直径。

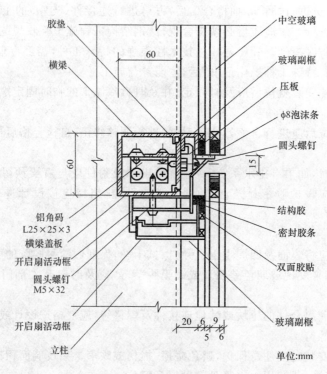

图 12-4　隐框玻璃幕墙开启扇的竖向节点详图

(7)保护和清洁

①在整个施工过程中,玻璃幕墙应采取适当的措施加以保护,防止产生污染、碰撞和变形受损。

②工程完工后,应从上到下用中性洗涤剂对幕墙表面进行清洗,清洗剂在清洗前要进行腐蚀性试验,确实证明对玻璃、铝合金无腐蚀作用后方可使用。清洗剂清洗后应用清水冲洗干净。

(四)玻璃幕墙安装的安全措施

(1)应对安装玻璃幕墙用的施工机具进行严格检验。手电钻、电动螺钉旋具、射钉枪等电动工具应做绝缘性试验,手持玻璃吸盘、电动玻璃吸盘应进行吸附质量和吸附持续时间的试验。

(2)施工人员进入施工现场,必须佩戴安全帽、安全带、工具袋等。

(3)在高层玻璃幕墙安装与上部结构施工交叉时,结构施工下方应设安全防护网。在离地3 m 处,应搭设水平安全网。

(3)在施工现场进行焊接时,在焊件下方应吊挂接渣斗。

三、全玻璃幕墙的施工

由玻璃板和玻璃肋制作的玻璃幕墙，又被称为全玻璃幕墙。这种幕墙通透性特别好、造型简捷明快。由于该幕墙通常采用较厚的玻璃，因此其隔声效果较好，加之视线的无阻碍性，用于外墙装饰时，使室内、室外环境浑然一体，显得非常宽广、明亮，被广泛应用于各种底层公共空间的外装饰。

（一）全玻璃幕墙的分类

全玻璃幕墙根据其构造方式的不同，可分为吊挂式全玻璃幕墙和坐落式全玻璃幕墙两种。

1. 吊挂式全玻璃幕墙

当建筑物层高很大，采用通高玻璃的坐落式幕墙时，因玻璃变得比较细长，其平面的外刚度和稳定性相对很差，在自重作用下就很容易压曲破坏，不可能再抵抗其他各种水平力的作用。为了提高玻璃的刚度、安全性和稳定性，避免产生压曲破坏，在超过一定高度的通高玻璃上部设置专用的金属夹具，将玻璃和玻璃肋吊挂起来形成玻璃墙面，这种玻璃幕墙称为吊挂式全玻璃幕墙。这种幕墙的下部需镶嵌在槽口内，利于玻璃板的伸缩变形。吊挂式全玻璃幕墙的玻璃尺寸和厚度，要比坐落式全玻璃幕墙的大，而且构造复杂，工序较多，因此造价也较高。

2. 坐落式全玻璃幕墙

当全玻璃幕墙的高度较低时，可以采用坐落式安装。这种幕墙的通高玻璃板和玻璃肋上下均镶嵌在槽内，玻璃直接支撑在下部槽内的支座上，上部镶嵌玻璃的槽与玻璃之间留有空隙，使玻璃有伸缩的余地。这种做法构造简单、工序较少、造价较低，但只适用于建筑物层高较小的情况下。

根据工程实践证明，下列情况可采用坐落式全玻璃幕墙：玻璃厚度为 10 mm，幕墙高度在 4～5 m 时；玻璃厚度为 12 mm，幕墙高度在 5～6 m 时；玻璃厚度为 15 mm，幕墙高度在 6～8 m 时；玻璃厚度为 19 mm，幕墙高度在 8～10 m 时。

全玻璃幕墙所使用的玻璃，多数为钢化玻璃和夹层钢化玻璃。无论采用何种玻璃，其边缘都应进行磨边处理。

（二）全玻璃幕墙的构造

1. 坐落式全玻璃幕墙的构造

坐落式全玻璃幕墙为了加强玻璃板的刚度、保证玻璃幕墙整体在风压等水平荷载作用下的稳定性，构造中应加设玻璃肋。这种玻璃幕墙的构造组成为：上下金属夹槽、玻璃板、玻璃肋、弹性垫块、聚乙烯泡沫垫杆或橡胶嵌条、连接螺栓、聚硅氧烷结构胶及耐候胶等，如图 12-5（a）所示。上下夹槽为 5 号槽钢，槽底垫弹性垫块，两侧嵌填橡胶条，封口用耐候胶。当玻璃高度小于 2 m 且风压较小时，可不设置玻璃肋。

玻璃肋应垂直于玻璃板面布置，间距根据设计计算而确定。图 12-5（b）为坐落式全玻璃幕墙平面示意图。从图中可看到，玻璃肋均匀设置在玻璃板面的一侧，并与玻璃板垂直相交，玻璃竖缝嵌填结构胶或耐候胶。

玻璃肋的布置方式很多，各种布置方式各具有不同特点。在工程中常见的有后置式、骑缝式、平齐式和突出式。

（1）后置式

后置式是玻璃肋置于玻璃板的后部，用密封胶与玻璃板黏结成为一个整体，如图 12-6（a）所示。

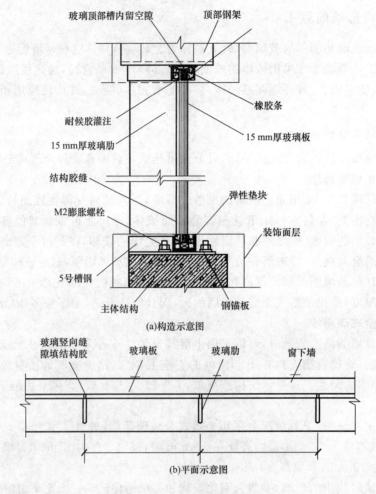

(a)构造示意图

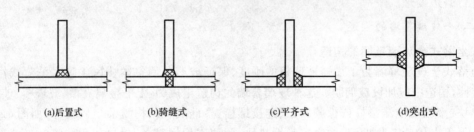

(b)平面示意图

图 12-5　坐落式全玻璃幕墙构造示意图

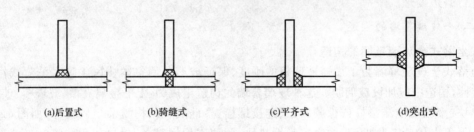

(a)后置式　　　(b)骑缝式　　　(c)平齐式　　　(d)突出式

图 12-6　玻璃肋的布置方式

（2）骑缝式

骑缝式是玻璃肋位于两玻璃板的板缝位置,在缝隙处用密封胶将三块玻璃黏结起来,如图12-6(b)所示。

（3）平齐式

平齐式玻璃肋位于两块玻璃之间,玻璃肋前端与玻璃板面平齐,两侧缝隙用密封胶嵌填、黏结,如图 12-6(c)所示。

（4）突出式

突出式玻璃肋夹在两玻璃板中间,两侧均突出玻璃表面,两面缝隙内用密封胶嵌填、黏结,如图 12-6(d)所示。

　　玻璃板与玻璃肋之间交接处留缝尺寸应根据玻璃的厚度、高度、风压等确定,缝中灌注透明的聚硅氧烷耐候胶,使玻璃连接、传力,玻璃板通过密封胶缝将板面上的一部分作用力传给玻璃肋,再经过玻璃肋传递给结构。

2. 吊挂式全玻璃幕墙的构造

　　当幕墙的玻璃高度超过一定数值时,采用吊挂式全玻璃幕墙做法是一种较成功的方法。现以图 12-7～图 12-9 为例说明其构造做法。

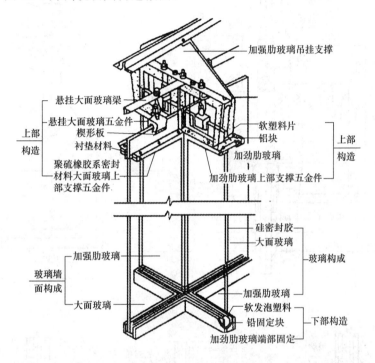

图 12-7　吊挂式全玻璃幕墙构造

　　吊挂式全玻璃幕墙的主要构造方法是:在玻璃顶部增设钢梁、吊钩和夹具,将玻璃竖直吊挂起来,然后在玻璃底部两角附近垫上固定垫块,并将玻璃镶嵌在底部金属槽内,槽内玻璃两侧用密封条及密封胶嵌实,以便限制其水平位移。

3. 全玻璃幕墙的玻璃定位嵌固

　　全玻璃幕墙的玻璃需插入金属槽内定位和嵌固,其安装方法有以下三种。

　　(1)干式嵌固

　　干式嵌固是指在固定玻璃时,采用密封条嵌固的安装方法,如图 12-9(a)所示。

　　(2)湿式嵌固

　　湿式嵌固是指当玻璃插入金属槽内、填充垫条后,采用密封胶(如聚硅氧烷密封胶等)注入玻璃、垫条和槽壁之间的空隙,凝固后将玻璃固定的方法,如图 12-9(b)所示。

　　(3)混合式嵌固

　　混合式嵌固是指在放入玻璃前先在金属槽内一侧装入密封条,然后再放入玻璃,在另一侧注入密封胶的安装方法,这是以上两种方法的结合,如图 12-9(c)所示。

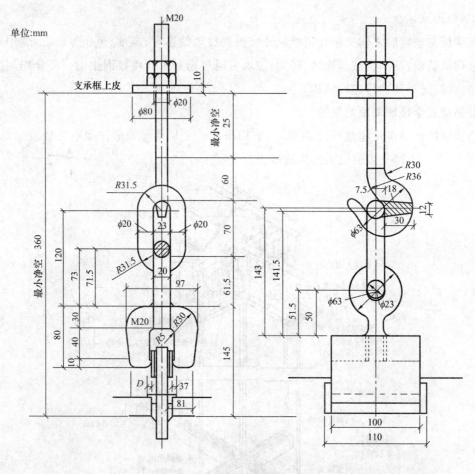

图 12-8 全玻璃幕墙吊具构造

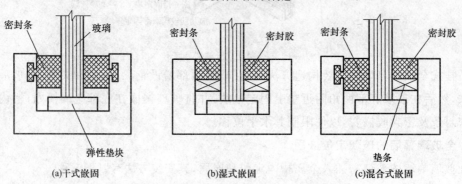

(a)干式嵌固　　　　　　(b)湿式嵌固　　　　　　(c)混合式嵌固

图 12-9 玻璃定位嵌固方法

工程实践证明,湿式嵌固的密封性能优于干式嵌固,聚硅氧烷密封胶的使用寿命长于橡胶密封条。玻璃在槽底的坐落位置,均应垫以耐候性良好的弹性垫块,以使受力合理,防止玻璃破碎。

(三)全玻璃幕墙施工的工艺

全玻璃幕墙的施工因玻璃质量大且属于易碎品,移动吊装困难、精度要求高、操作难度大,所以技术和安全要求高、施工责任大,施工前一定要做好施工组织设计和施工准备工作,按照科学规律办事。现以吊挂式全玻璃幕墙为例,说明全玻璃幕墙的施工工艺。

全玻璃幕墙的施工工艺流程为:定位放线→上部钢架安装→下部和侧面嵌槽安装→玻璃肋、玻璃板安装就位→嵌固及注入密封胶→表面清洗和验收。

1. 定位放线

定位放线方法与有框玻璃幕墙的方法相同。使用经纬仪、水准仪等测量设备,配合标准钢卷尺、重锤、水平尺等复核主体结构轴线、标高及尺寸,对原预埋件进行位置检查、复核。

2. 上部钢架安装

上部钢架是用于安装玻璃吊具的支架,强度和稳定性要求比较高,应使用热渗镀锌钢材,严格按照设计要求施工、制作。在安装过程中,应注意以下事项:

(1)钢架

安装前,要检查预埋件或钢锚板的质量是否符合设计要求,锚栓位置离开混凝土外缘不小于 50 mm。

(2)相邻柱间的钢架、吊具的安装必须通顺平直,吊具螺杆的中心线在同一铅垂平面内,应分段拉通线检查、复核,吊具的间距应均匀一致。

(3)钢架应进行隐蔽工程验收,需要经监理公司有关人员验收合格后,方可对施焊处进行防锈处理。

3. 下部和侧面嵌槽安装

嵌固玻璃的槽口应采用型钢,如尺寸较小的槽钢等,应与预埋件焊接牢固,验收后做防锈处理。下部槽口内每块玻璃的两角附近放置两块氯丁橡胶垫块,长度不小于 100 mm。

4. 玻璃板的安装

大型玻璃板的安装难度大、技术要求高,施工前要检查安全、技术措施是否齐全到位,各种工具机具是否齐备、适用和正常等,待一切就绪后方可吊装玻璃。玻璃板安装的主要工序包括以下几种:

(1)检查玻璃。在将要吊装玻璃前再一次检查玻璃质量,尤其注意检查有无裂纹和崩边,黏结在玻璃上的铜夹片位置是否正确。用干布将玻璃表面擦干净,用记号笔做好中心标记。

(2)安装电动玻璃吸盘。玻璃吸盘要对称吸附于玻璃面,吸附必须牢固。

(3)在安装完毕后,先进行试吸,即将玻璃试吊起 2~3 m,检查各个吸盘的牢固度,试吸成功才能正式吊装玻璃。

(4)在玻璃适当位置安装手动吸盘、拉缆绳和侧面保护胶套。手动吸盘用于在不同高度工作的工人能够用手协助玻璃就位,拉缆绳是为了玻璃在起吊、旋转、就位时能控制玻璃的摆动,防止因风力作用和吊车转动发生玻璃失控。

(5)在嵌固玻璃的上下槽口内侧粘贴低发泡垫条,垫条宽度同嵌缝胶的宽度,并且留有足够的注胶深度。

(6)吊车将玻璃移动至安装位置,并将玻璃对准安装位置徐徐靠近。

(7)上层的工人把握好玻璃,防止玻璃就位时碰撞钢架。等下层工人都能握住深度吸盘时,可将玻璃一侧的保护胶套去掉。上层工人利用吊挂电动吸盘的手动吊链慢慢吊起玻璃,使玻璃下端略高于下部槽口,此时下层工人应及时将玻璃轻轻拉入槽内,并利用木板遮挡,防止碰撞相邻玻璃。另外,有人用木板轻轻托扶玻璃下端,保证在吊链慢慢下放玻璃时能准确落入下部的槽口中,并防止玻璃下端与金属槽口碰撞。

(8)玻璃定位。安装好玻璃夹具后,各吊杆螺栓应在上部钢架的定位处,并与钢架轴线重合,上下调节吊挂螺栓的螺钉,使玻璃提升和准确就位。第一块玻璃就位后要检查其侧边的垂直度,以后玻璃只需要检查其缝隙宽度是否相等、符合设计尺寸即可。

(9)做好上部吊挂后,嵌固上下边框槽口外侧的垫条,使安装好的玻璃嵌固到位。

5.灌注密封胶

(1)在灌注密封胶之前,所有注胶部位的玻璃和金属表面均要用丙酮或专用清洁剂擦拭干净,但不得用湿布和清水擦洗,所有注胶面必须干燥。

(2)为确保幕墙玻璃表面清洁美观,防止在注胶时污染玻璃,在注胶前需要在玻璃上粘贴上美纹纸加上保护。

(3)安排受过专业训练的注胶工施工,注胶时内外两侧同时进行。注胶的速度和厚度要均匀,不要夹带气泡,胶道表面要呈凹曲面。注胶不应在风雨天气和温度低于 5 ℃的情况下进行,温度太低,胶凝固速度慢,不仅易产生流淌,甚至影响拉伸强度。总之,一切应严格遵守产品说明进行施工。

(4)耐候聚硅氧烷胶的施工厚度为 3.5～4.5 mm,胶缝太薄对保证密封性能不利。

(5)胶缝厚度应遵守设计中的规定,结构聚硅氧烷胶必须在产品有效期内使用。

6.清洁幕墙表面

认真清洗玻璃幕墙的表面,使之达到竣工验收的标准。

(四)全玻璃幕墙施工的注意事项

(1)玻璃磨边。每块玻璃四周均需要进行磨边处理,不要因为上下不露边而忽视玻璃安全和质量。科学试验证明,玻璃在生产、施工和使用过程中,其应力是非常复杂的。玻璃在生产、加工过程中存在一定内应力;玻璃在吊装中下部可能临时落地受力;在玻璃上端有夹具夹固,夹具具有很大的应力;吊挂后玻璃又要整体受拉,内部存在着应力。如果玻璃边缘不进行磨边,在复杂的外力、内力共同作用下,很容易产生裂缝而破坏。

(2)夹持玻璃的铜夹片一定要用专用胶黏结牢固,密实且无气泡,并按说明书要求充分养护后,才可进行吊装。

(3)在安装玻璃时应严格控制玻璃板面的垂直度、平整度及玻璃缝隙尺寸,使之符合设计及规范要求,并保证外观效果的协调、美观。

第三节　石材幕墙的施工

石材幕墙是指利用金属挂件将石材饰面板直接挂在主体结构上,或当主体结构为混凝土框架时,先将金属骨架悬挂于主体结构上,然后再利用金属挂件将石材饰面板挂于金属骨架上的幕墙。前者称为直接式干挂幕墙,后者称为骨架式干挂幕墙。石材幕墙同玻璃幕墙一样,需要承受各种外力的作用,还需要适应主体结构位移的影响,所以石材幕墙必须按照《金属与石材幕墙工程技术规范》(JGJ 133-2015)进行强度计算和刚度验算,另外还应满足建筑隔热、隔声、防水、防火和防腐蚀等方面的要求。

石材幕墙的分格应满足建筑物外装饰的要求,也应注意石板在各种荷载作用下的安全问题。同时,分格尺寸也应符合建筑模数化尺寸,尽量减少石板规格的数量,为方便施工创造有利条件。

一、石材幕墙的种类

按照施工方法不同,石材幕墙主要分为短槽式石材幕墙、通槽式石材幕墙、钢销式石材幕墙和背栓式石材幕墙等。

（一）短槽式石材幕墙

短槽式石材幕墙是在幕墙石材侧边中间开短槽,用不锈钢挂件挂接、支撑石板的做法。短槽式做法的构造简单,技术成熟,目前应用较多。

（二）通槽式石材幕墙

通槽式石材幕墙是在幕墙石材侧边中间开通槽,嵌入和安装通长金属卡条,石板固定在金属卡条上的做法。此种做法施工复杂,开槽比较困难,目前应用较少。

（三）钢销式石材幕墙

钢销式石材幕墙是在幕墙石材侧面打孔,穿入不锈钢钢销,将两块石板连接,钢销与挂件连接,将石材挂接起来的做法,这种做法目前应用也较少。

（四）背栓式石材幕墙

背栓式石材幕墙是在幕墙石材背面钻四个扩底孔,孔中安装柱锥式锚栓,然后再把锚栓通过连接件与幕墙的横梁相接的幕墙做法。背栓式是石材幕墙的新型做法,它受力合理、维修方便、更换简单,是一项引进的新技术,目前正在推广应用。

二、石材幕墙对石材的基本要求

（一）幕墙石材的选用

1. 石材的品种

由于幕墙工程属于室外墙面装饰,要求它具有良好的耐久性,因此宜选用火成岩,通常选用花岗石。因为花岗石的主要结构物质是长石和石英,其质地坚硬,具有耐酸碱、耐腐蚀、耐高温、耐日晒雨淋、耐寒冷、耐摩擦等优异性能,比较适宜作为建筑物的外饰面。

2. 石材的厚度

幕墙石材的常用厚度一般为 25～30 mm。为满足强度计算的要求,幕墙石材的厚度最薄应等于 25 mm。火烧石材的厚度应比抛光石材的厚度尺寸大 3 mm。石材经过火烧加工后，在板材表面形成细小的不均匀麻坑效果，从而影响了板材厚度，同时也影响了板材的强度。故规定在设计计算强度时，对同厚度火烧板一般需要按减薄 3 mm 进行计算。

(二)板材的表面处理

石板的表面处理方法，应根据环境和用途决定。其表面应采用机械加工，加工后的表面应用高压水冲洗或用水和刷子清理。

严禁用溶剂型的化学清洁剂清洗石材。因石材是多孔的天然材料，一旦使用溶剂型的化学清洁剂，就会有残余的化学成分留在微孔内，与工程密封材料及黏结材料会起化学反应而造成饰面污染。

(三)石材的技术要求

1.吸水率

由于幕墙石材处于比较恶劣的使用环境中，尤其是冬季冻胀的影响，容易损伤石材，因此用于幕墙的石材吸水率要求较高，应小于 0.80%。

2.弯曲强度

用于幕墙的花岗石板材弯曲强度，应经相应资质的检测机构进行检测确定，其弯曲强度应≥8.0 MPa。

3.技术性能

幕墙石板材的技术要求和性能试验方法应符合国家现行标准的有关规定。

①石材的技术要求应符合行业标准《天然花岗石荒料》(JC 204-2001)、国家标准《天然花岗石建筑板材》(GB/T 18601-2009)的规定。

②石材的主要性能试验方法，应符合下列现行国家标准的规定：《天然饰面石材试验方法 干燥、水饱和、冻融循环后压缩强度试验方法》(GB/T 9966.1)；《天然饰面石材试验方法 弯曲强度试验方法》(GB/T 9966.2)；《天然饰面石材试验方法 体积密度、真密度、真气孔率、吸水率试验方法》(GB/T9966.3)；《天然饰面石材试验方法 耐磨性试验方法》(GB/T 9966.5)；《天然饰面石材试验方法 耐酸性试验方法》(GB/T 9966.6)。

三、石材幕墙的组成和构造

石材幕墙主要是由石材面板、不锈钢挂件、钢骨架(立柱和横撑)及预埋件、连接件和石材拼缝嵌胶等组成。直接式干挂幕墙将不锈钢挂件安装于主体结构上，不需要设置钢骨架，这种做法要求主体结构的墙体强度较高，最好为钢筋混凝土墙，并且要求墙面平整度、垂直度要好，否则应采用骨架式做法。石材幕墙的横梁、立柱等骨架，是承担主要荷载的框架，可以选用型钢或铝合金型材，并由设计计算确定其规格、型号，同时也要符合有关规范的要求。

图 12-10 为有金属骨架的石材幕墙的组成示意图；图 12-11 为短槽式石材幕墙的构造；图 12-12 为钢销式石材幕墙的构造；图 12-13 为背栓式石材幕墙的构造。

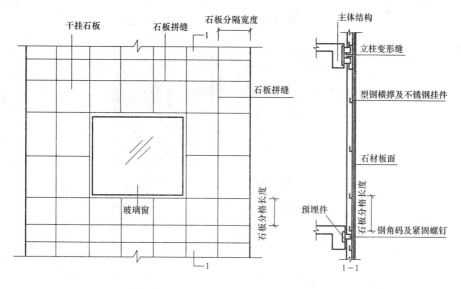

图 12-10 有金属骨架的石材幕墙的组成示意图

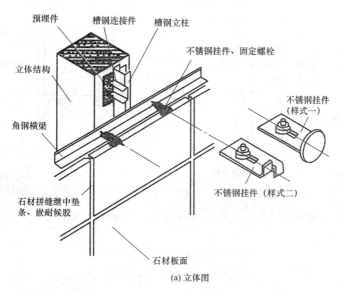

(a) 立体图

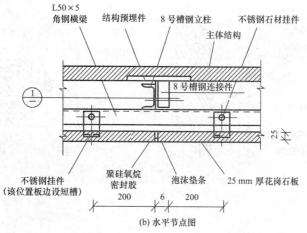

(b) 水平节点图

单位:mm

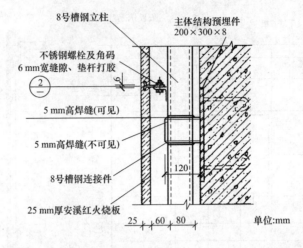

(c)竖向节点

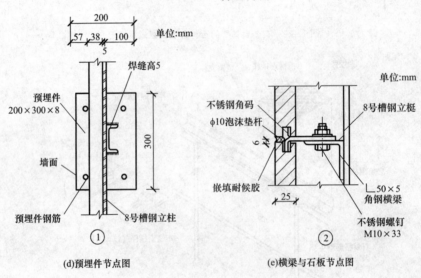

(d)预埋件节点图

(e)横梁与石板节点图

图 12-11　短槽式石材幕墙的构造

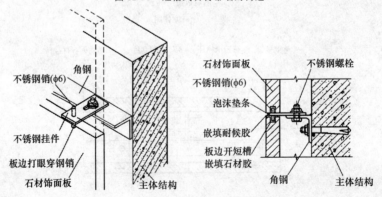

图 12-12　钢销式石材幕墙的构造

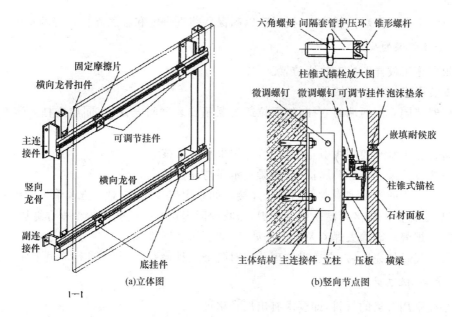

图 12-13　背栓式石材幕墙的构造

石材幕墙的防火、防雷等构造与有框玻璃幕墙的构造基本相同。

四、石材幕墙施工的工艺流程

干挂石材幕墙的安装施工工艺流程为：测量放线→预埋位置尺寸检查→金属骨架安装→钢结构防锈漆涂刷→防火保温棉安装→石材干挂→嵌填密封胶→石材幕墙表面清理→工程验收。

五、石材幕墙的施工方法

（一）预埋件检查、安装

预埋件应在进行土建工程施工时埋设，幕墙施工前要根据该工程基准轴线和中线以及基准水平点对预埋件进行检查、校核，当设计无明确要求时，一般位置尺寸的允许偏差为±20 mm，预埋件的标高允许偏差为±10 mm。如有预埋件标高及位置偏差造成无法使用或漏放时，应当根据实际情况提出选用膨胀螺栓或化学锚栓加钢锚板（形成候补预埋件）的方案，并应在现场做拉拔试验，并做好记录。

（二）测量放线

（1）根据干挂石材幕墙施工图，结合土建施工图复核轴线尺寸、标高和水准点，并予以校正。

（2）按照设计要求，在底层确定幕墙的定位线和分格线位置。

（3）用经纬仪将幕墙的阳角和阴角位置及标高线定出，并用固定在屋顶钢支架上的钢丝线做标志控制线。

（4）使用水平仪和标准钢卷尺等引出各层标高线。

（5）确定好每个立面的中线。

（6）测量时应控制分配测量误差，不能使误差积累。

（7）测量放线应在风力不大于 4 级情况下进行，并要采取避风措施。

（8）放线定位后要对控制线定时校核，以确保幕墙垂直度和金属立柱位置的正确。

（三）金属骨架的安装

（1）根据施工放样图检查放线位置。

（2）安装固定立柱上的铁件。

（3）先安装同立面两端的立柱，然后拉通线顺序安装中间立柱，使同层立柱安装在同一水平位置上。

（4）将各施工水平控制线引至立柱上，并用水平尺校核。

（5）按照设计尺寸安装金属横梁，横梁一定要与立柱垂直。

（6）钢骨架中的立柱和横梁采用螺栓连接。如采用焊接时，应对下方和临近的已完工装饰饰面进行成品保护。焊接时要采用对称焊，以减少因焊接产生的变形。检查焊缝质量合格后，所有的焊点、焊缝均需除去焊渣及做防锈处理，如刷防锈漆等。

（7）待金属骨架完工后，应通过监理公司对隐蔽工程检查后，方可进行下道工序。

（四）防火、保温材料的安装

（1）必须采用合格的材料，即要求有出厂合格证。

（2）在每层楼板与石材幕墙之间不能有空隙，应用 1.5 mm 厚镀锌钢板和防火岩棉形成防火隔离带，用防火胶密封。

（3）幕墙保温层施工后，保温层最好有防水、防潮保护层，以便在金属骨架内填塞固定后严密可靠。

（五）石材饰面板的安装

（1）将运至工地的石材饰面板按编号分类，检查尺寸是否准确和有无破损、缺棱、掉角。按施工要求分层次将石材饰面板运至施工面附近，并注意摆放可靠。

（2）按幕墙墙面基准线仔细安装好底层第一层石材。

（3）注意每层金属挂件安放的标高，金属挂件应紧托上层饰面板（背栓式石材安装除外）而与下层饰面板之间则应留有间隙（间隙留待下道工序处理）。

（4）安装时，要在饰面板的销钉孔或短槽内注入石材胶，以保证饰面板与挂件的可靠连接。

（5）安装时，宜先完成窗洞口四周的石材镶边。

（6）安装到每一楼层标高时，要注意调整垂直误差，使得误差不积累。

（7）在搬运石材时，要有安全防护措施，摆放时下面要垫木方。

（六）嵌胶封缝

（1）要按设计要求选用合格且未过期的耐候嵌缝胶。最好选用含硅油少的石材专用嵌缝胶，以免硅油渗透污染石材表面。

（2）用带有凸头的刮板填装聚乙烯泡沫圆形垫条，保证胶缝的最小宽度和均匀性。选用的圆形垫条直径应稍大于缝宽。

（3）在胶缝两侧粘贴胶带纸保护，以免嵌缝胶迹污染石材表面。

（4）用专用清洁剂或草酸擦洗缝隙处石材表面。

（5）安排受过专业训练的注胶工注胶。注胶应均匀无流淌，边打胶边用专用工具勾缝，使嵌缝胶成型后呈微弧形凹面。

（6）施工中要注意不能有漏胶污染墙面，如墙面上粘有胶液应立即擦去，并用清洁剂及时擦净余胶。

（7）在刮风和下雨时不能注胶,因为刮起的尘土及水渍若进入胶缝,会严重影响密封质量。

（七）清洗和保护

施工完毕后,除去石材表面的胶带纸,用清水和清洁剂将石材表面擦洗干净,按要求进行打蜡或刷防护剂。

（八）施工的注意事项

（1）严格控制石材质量,材质和加工尺寸都必须合格。

（2）要仔细检查每块石材有无裂纹,防止石材在运输和施工时发生断裂。

（3）测量放线要精确,各专业施工要组织统一放线、统一测量,避免各专业施工因测量和放线误差发生施工矛盾。

（4）预埋件的设计和放置要合理,位置要准确。

（5）根据现场放线数据绘制施工放样图,落实实际施工和加工尺寸。

（6）安装和调整石材板位置时,可用垫片适当调整缝宽,所用垫片必须与挂件是同质材料。

（7）固定挂件的不锈钢螺栓要加弹簧垫圈,在调平、调直、拧紧螺栓后,在螺母上抹少许石材胶固定。

（九）施工的质量要求

（1）石材幕墙的立柱和横梁的安装应符合下列规定:

①立柱安装标高偏差不应大于 3 mm,轴线前后偏差不应大于 2 mm,轴线左右偏差不应大于 3 mm。

②相邻两立柱安装标高偏差不应大于 3 mm,同层立柱的最大标高偏差不应大于 5 mm,相邻两根立柱的距离偏差不应大于 2 mm。

③相邻两根横梁的水平标高偏差不应大于 1 mm。同层标高偏差:当一幅幕墙宽度小于等于 35 m 时,不应大于 5 mm;当一幅幕墙宽度大于 35 m 时,不应大于 7 mm。

（2）石板安装时,左右、上下的偏差不应大于 1.5 mm。石板空缝安装时必须有防水措施,并有符合设计的排水出口。石板缝中填充聚硅氧烷密封胶时,应先垫比缝略宽的圆形泡沫垫条,然后填充聚硅氧烷密封胶。

（3）幕墙钢构件施焊后,其表面应进行防腐处理,如涂刷防锈漆等。

（4）幕墙安装施工应对下列项目进行验收:

①主体结构与立柱、立柱与横梁连接节点的安装及防腐处理。

②墙面防火层、保温层的安装。

③幕墙伸缩缝、沉降缝、防震缝及阴阳角的安装。

④幕墙防雷节点的安装。

⑤幕墙封口的安装。

六、石材幕墙安装施工的安全措施

（1）应符合《建筑施工高处作业安全技术规范》(JGJ80-2016)的规定,还应遵守施工组设计确定的各项要求。

（2）安装幕墙的施工机具和吊篮在使用前应进行严格检查,符合规定后方可使用。

（3）施工人员应佩戴安全帽、安全带、工具袋等。

（4）工程上下部交叉作业时,结构施工层下方应采取可靠的安全防护措施。

（5）现场焊接时，在焊件下方应设接渣斗。

（6）脚手架上的废弃物应及时清理，不得在窗台、栏杆上放置施工工具。

第四节　金属幕墙的施工

以铝塑复合板、铝单板、蜂窝铝板等作为饰面的金属幕墙，其应用已比较普遍，具有艺术表现力强、色彩丰富，以及质量轻、抗震好、安装和维修方便等优点，为越来越多的建筑外装饰所采用。

一、金属幕墙的分类

金属幕墙按照面板的材质不同，可以分为铝单板、蜂窝铝板、搪瓷板、不锈钢板幕墙等。有的还用两种或两种以上材料构成金属复合板，如铝塑复合板、金属夹心板幕墙等。

按照表面处理不同，金属幕墙又可分为光面板、亚光板、压型板、波纹板等。

二、金属幕墙的组成和构造

（一）金属幕墙的组成

金属幕墙主要由金属饰面板、连接件、金属骨架、预埋件、密封条和胶缝等组成。

（二）金属幕墙的构造

金属幕墙的构造与石材幕墙的构造基本相同。按照安装方法不同，也分为直接安装和骨架式安装两种。与石材幕墙构造不同的是，金属面板采用折边加副框的方法形成组合件，然后再进行安装。图 12-14 所示为铝塑复合板面板的骨架式幕墙构造示例，它是用镀锌钢方管作为横梁立柱，用铝塑复合板做成带副框的组合件，用直径为 4.5 mm 自攻螺钉固定，板缝垫杆嵌填聚硅氧烷密封胶。

在实际应用中对金属幕墙使用的铝塑复合板的要求是：用于外墙时，板的厚度不得小于 4 mm，用于内墙时，板的厚度不小于 3 mm；铝塑复合板的铝材应为防锈铝（内墙板可使用纯铝）。外墙铝塑复合板所用铝板的厚度不小于 0.5 mm，内墙板所用铝板的厚度不小于 0.2 mm，外墙板氟碳树脂涂层的含量不应低于 75%。

在金属幕墙中，不同的金属材料接触处除不锈钢外，均应设置耐热的环氧树脂玻璃纤维布和尼龙 12 垫片。有保温要求时，金属饰面板可与保温材料结合在一起，但应与主体结构外表面有 50 mm 以上的空气层。金属板拼缝处嵌填泡沫垫杆和聚硅氧烷耐候密封胶进行密封处理，也可采用密封橡胶条。

金属饰面板组合件的大小根据设计确定，当尺寸较大时，组合件内侧应增设加劲肋，铝塑复合板折边处应设边肋。加劲肋可用金属方管、槽形或角形型材，应与面板可靠连接并采取防腐措施。

金属幕墙的横梁、立柱等骨架可采用型钢或铝型材。

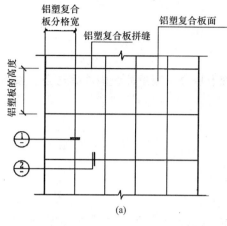

(a)

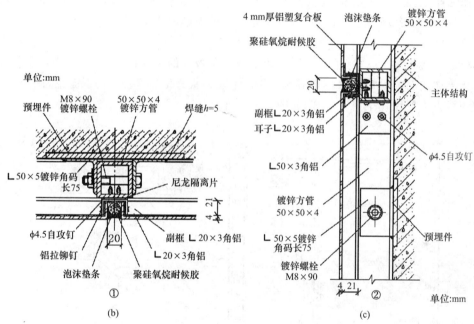

图 12-14　铝塑复合板面板幕墙构造

三、金属幕墙施工的工艺流程

金属幕墙施工的工艺流程为:测量放线→预埋件位置尺寸检查→金属骨架安装→钢结构刷防锈漆→防火保温棉安装→金属板安装→注密封胶→幕墙表面清理→工程验收。

四、金属幕墙的施工方法和质量要求

(一)施工准备

在施工之前做好科学规划,熟悉图样,编制单项工程施工组织设计,做好施工方案部署,确定施工工艺流程和工、料、机安排等。

详细核查施工图样和现场实际尺寸,领会设计意图,做好技术交底工作,使操作者明确每一道工序的装配、质量要求。

（二）预埋件检查

该项内容与石材幕墙的做法相同。

（三）测量放线

幕墙的安装质量很大程度上取决于测量放线的准确与否。如轴网和结构标高与图样有出入时，应及时向业主和监理工程师报告，得到处理意见后进行调整，由设计单位做出设计变更。

（四）金属骨架的安装

做法同"石材幕墙"。注意在两种金属材料接触处应垫好隔离片，防止接触腐蚀，不锈钢材料除外。

（五）金属板制作

金属饰面板种类很多，一般是在工厂加工后运至工地安装。铝塑复合板组合件一般在工地制作、安装。现在以铝单板、铝塑复合板、蜂窝铝板为例说明加工制作的要求。

1. 铝单板

铝单板在弯折加工时，弯折外圆弧半径不应小于板厚的 1.5 倍，以防止出现折裂纹和集中应力。板上加劲肋的固定可采用电栓钉，但应保证铝板外表面不变形、不褪色，固定应牢固。铝单板的折边上要做耳子用于安装，如图 12-15 所示。

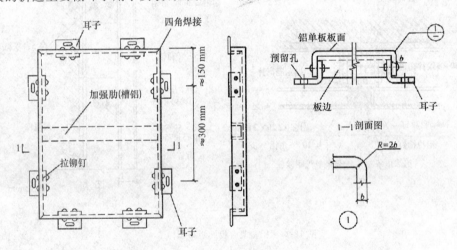

图 12-15　铝单板

耳子中心间距一般为 300 mm 左右，角端为 150 mm 左右。表面和耳子的连接可用焊接、铆接或在铝板上直接冲压而成。铝单板组合件的四角开口部位凡是未焊接成型的，必须用聚硅氧烷密封胶密封。

2. 铝塑复合板

铝塑复合板面有内外两层铝板，中间复合聚乙烯塑料。在切割内层铝板和聚乙烯塑料时，应保留不小于 0.3 mm 厚的聚乙烯塑料，并不得划伤外层铝板的内表面，如图 12-16 所示。

打孔、切口后外露的聚乙烯塑料及角缝应采用中性聚硅氧烷密封胶密封，防止水渗漏到聚乙烯塑料内。加工过程中，铝塑复合板严禁与水接触，以确保质量。其耳子材料用角铝。

3. 蜂窝铝板

应根据组装要求决定切口的尺寸和形状。在去除铝芯时不得划伤外层铝板的内表面，各部位外层铝板上应保留 0.3～0.5 mm 的铝芯。直角部位的加工，折角内弯成圆弧，角缝应采

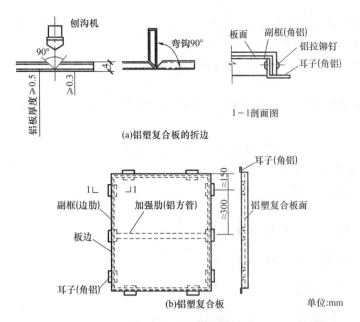

图 12-16　铝塑复合板

用聚硅氧烷密封胶密封。边缘的加工应将外层铝板折合 180°，并将铝芯包封。

4. 金属幕墙的吊挂件、安装件

金属幕墙的吊挂件、安装件应采用铝合金件或不锈钢件，并应有可调整范围。采用铝合金立柱时，立柱连接部位的局部壁厚不得小于 5 mm。

（六）防火、保温材料的安装

同有框玻璃幕墙的安装做法。

（七）金属幕墙的吊挂件、安装件的安装

金属面板的安装同有框玻璃幕墙中的玻璃组合件安装。金属面板是经过折边加工、装有耳子（有的还有加劲肋）的组合件，通过铆钉、螺栓等与横竖骨架连接。

（八）嵌胶封缝与清洁

板的拼缝的密封处理与有框玻璃幕墙的做法相同，以保证幕墙整体有足够的、符合设计的防渗漏能力。施工时，注意成品保护和防止构件污染。待密封胶完全固化后再撕去金属板面的保护膜。

（九）施工的注意事项

（1）金属面板通常由专业工厂加工成型。但因实际工程的需要，部分面板由现场加工是不可避免的。现场加工应使用专业设备和工具，由专业操作人员操作，确保板件的加工质量和操作安全。

（2）各种电动工具使用前必须进行性能和绝缘检查，吊篮必须做荷载、各种保护装置和运转试验。

（3）金属面板不要重压，以免发生变形。

（4）由于金属板表面上均有防腐及保护涂层，应注意聚硅氧烷密封胶与涂层黏结的相容性问题，事先做好相容性试验，并为业主和监理工程师提供合格成品的试验报告，保证胶缝的施工质量和耐久性。

（5）在金属面板加工和安装时，应当特别注意金属板面的压延纹理方向，通常成品保护膜上印有安装方向的标记，否则会出现纹理不顺、色差较大等现象，影响装饰效果和安装质量。

（6）固定金属面板的压板、螺钉，其规格、间距一定要符合规范和设计要求，并要拧紧不松动。

（7）金属板件的四角如果未经焊接处理，应当用聚硅氧烷密封胶来嵌填，保证密封、防渗漏效果。

（8）其他注意事项与隐框玻璃幕墙和石材幕墙的注意事项相同。

（十）金属幕墙施工质量要求

与石材幕墙的施工质量要求相同。

五、金属幕墙安装施工的安全措施

与玻璃幕墙和石材幕墙的安全措施相同。

复习思考题

1. 建筑幕墙可以从哪几个方面进行分类？
2. 幕墙工程在设计、选材和施工等方面应遵守哪些规定？
3. 玻璃幕墙的基本技术要求是什么？
4. 简述有框玻璃幕墙、无框玻璃幕墙、全玻璃幕墙的施工工艺。
5. 简述石材幕墙的种类及对石材的基本要求。
6. 简述石材幕墙的组成、构造及其主要的施工工艺。
7. 简述金属幕墙的分类、组成和构造及其主要的施工工艺。
8. 简述金属幕墙施工的注意事项和质量要求。

第十三章　油漆与涂料施工

第一节　油漆施工的基本知识

一、油漆工具

（一）涂刷工具的使用

1. 油漆刷的使用

使用的方法是：右手握紧刷柄，不允许油漆刷在手中有松动现象。大拇指在一面，另一面用食指和中指夹住油漆刷上部的木柄，见图 13-1。

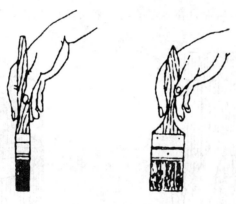

图 13-1　油漆刷的握法

操作时，主要靠手腕的转动，有时还需移动手臂和身躯配合。油漆刷蘸漆后，要轻轻地在容器的内壁来回印一下，其目的是使蘸起的漆液集中在刷毛头部，以免施涂时漆液滴在地上或沾污到其他的物面上。

油漆刷用毕后，应挤掉余漆，先用溶剂洗净（所选用的溶剂品种应与使用的涂料品种相配套），随后用煤油洗净、晾干，再用浸透菜油的油纸包好，保存在干燥处，以备下次再用。若是近日还要用，不必用溶剂洗净，只需将余漆挤尽，把油漆刷直接悬浸在清水中，使刷毛全部浸入（油漆刷外面包一张牛皮纸，目的不使油漆刷毛松散开）但不使刷毛着底，否则会使刷毛受压变形。待使用时，拿出油漆刷，将水甩净即可使用。此法一般适用于施涂油脂类漆，如施涂树脂类漆仍需浸在相应的溶剂中。若在中午休息或其他较短的停息，只要将油漆刷放置在漆液中，不要干放在其他地方，以防刷毛干结。若已造成油漆刷毛干结，可浸在四氯化碳和苯的混合溶剂中，使刷毛松软，再用铲刀刮去刷毛上的漆才能使用。通常刷聚氨酯涂料时，若是疏忽大意，油漆刷干结了一般不再用溶剂清洗，清洗出的漆刷效果不佳，而且成本较高，为此，尽量不要使油漆刷毛干结，以免造成浪费现象。

油漆刷使用久了,刷毛会变短而使弹性减弱,可用利刃把两面的刷毛削去一些,使刷毛变薄,弹性增加,便于使用。

2. 排笔的使用

新的排笔常有脱毛现象,在使用前应该用一只手握住笔管,将排笔在另一只手上轻轻地拍击数下,使未粘牢的毛掉落。刷浆时,必须将排笔两侧直角用打火机或剪刀烧剪成圆角,其目的是蘸浆料时由于浆料较稠厚,浆料都集积在排笔的两直角处,很容易使浆料延伸到袖管里或滴洒在地上。刷虫胶清漆或硝基清漆用的排笔两侧仍保持直角,不可以烧剪成圆形,因为涂刷的材料较稀薄不会产生同刷浆材料那种现象,且若没有直角则无法镶刷阴角和装饰线。新排笔若施涂虫胶清漆,在使用前先拍去松脱的笔毛,然后再浸入虫胶清漆中约1小时,用食指与中指将笔毛夹紧,从根部捋向笔尖,挤出余漆。理直后平搁在物体上(悬空毛端处,防止笔毛与物体粘连),让其自然干燥。待使用时,再用酒精泡开。涂刷后的排笔必须用溶剂洗干净,以备下次再用。

用排笔刷浆时,右手握紧笔管的右角,如图13-2所示。涂刷时要用手腕转动来适应排笔的移动,尤其是刷涂浆料时,就必须用手腕转动来完成。往桶内开始蘸漆或蘸浆料时,应将排笔笔毛2/3处浸透漆料或浆料,将浸过料的排笔在刷浆桶细蜡线上滗干,如图13-3所示。然后再依次蘸漆或浆料,蘸完浆料提起时要在刷浆桶内壁沿口处有节奏地轻轻敲拍二下,其目的使蘸起的浆料集中在排笔的端部,便于涂刷并且不容易滴洒在地上和身上(施涂虫胶清漆等稀薄漆料时,就不需要敲拍桶口,而是在容器的内壁来回轻轻地印一下即可),再按原来的姿势拿住排笔涂刷。

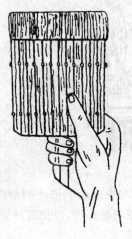

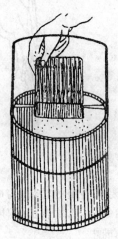

图13-2　刷浆排笔的握法　　　　　　　　　　图13-3　蘸浆排笔的握法

刷浆时,排笔应少蘸、勤蘸浆料,排笔带浆上饰面后应从中往两边分(顶棚从中间往左再往右或往前再往后分,墙面从中间往上再往下分),排笔的刷距一般在400～450 mm之间,刷顶棚一般是顺着跳板方向依次涂刷,大平面应该由多人一气呵成,避免接头印痕。刷虫胶清漆等涂料应该顺着木纹方向涂刷,完成一个平面再刷另一个平面,不要重复来回刷,刷距根据饰面长短定,以能均匀地刷到清漆为准。刷浆用过的排笔必须及时用温水清洗干净,并拍尽水迹,晾干后保存以备再用。刷泡立水的排笔应用酒精洗净并用食指和中指夹尽酒精,妥善搁置,以备下次再用。

3. 底纹笔的使用

手持底纹笔时应握紧刷柄,大拇指在一面,并用食指和中指夹住木柄,其他两指自然排列在中指后边。蘸涂料时,底纹笔头浸入涂料中约 1/3,然后在容器的沿口处反复刮擦,使笔端带涂料适中。刷涂时,用手腕转动底纹笔,有时也可用手和移动身躯来配合刷涂。

刷涂过虫胶清漆和硝基清漆的底纹笔,使用完后应用手指夹挤笔毛,除去多余涂料,用溶剂洗净,并将笔毛捋直整平,妥善搁置,以防弯曲,然后平放于固定的地方。使用时再分别以酒精和香蕉水稀释浸泡,溶开后再用。

刷涂丙烯酸漆和聚氨酯清漆的底纹笔,使用完后应先除去多余涂料,再分别用二甲苯和醋酸丁酯洗涤,并除去多余的溶剂,然后将底纹笔分别浸泡在上述两种溶液中。底纹笔要平置放入容器中,主要是让溶液浸没笔头,用时挤去溶液即可。

刷涂水性涂料的底纹笔,使用完后应用温水洗净拍干水迹,同时将毛峰理平吹干,妥善存放,以备下次再用。

4. 油画笔的使用

油画笔以描绘字和画为主,可用于书写较大的油漆字,也可代替小型漆刷。油画笔在建筑装饰中主要是蘸涂料画界线,所以又有"界笔"之称。当遇到较狭窄和难以涂刷的部位时,也可将金属笔弯曲,作为小型歪脖刷使用,一般较多用于钢门窗下冒头涂刷。

油画笔用完后,若长期不使用,应随即用同类型的溶剂清洗干净,然后再蘸肥皂液将笔在手心中揉搓,直到笔的根部没有颜色溢出,说明笔已经洗干净,妥善存放备用。如发现笔头参差不齐,可用剪刀将其修整平齐后继续再用。油画笔如果在短时间中断使用,可将油画笔的刷毛部分用牛皮纸包好并用细绳扎牢,垂直悬挂在溶剂或清水中浸泡,不要让刷毛露出液面或触及到容器的底部,以免刷毛弯曲。

5. 毛笔的使用方法

毛笔在修补颜色时,握笔方法与写毛笔字的握笔方法不同,而是和写字(铅笔或钢笔)的姿势相同。用右手大拇指、食指和中指拿住笔杆的上部或下部,用手腕或前臂来适应毛笔在涂饰面上的运行,按照饰面需要进行描绘处理。

新毛笔切勿开锋过大,一般开锋 2/3 即可。开锋时切不可用热水,以温水入浸为宜。毛笔浸开后,应挤去笔毛中的水分,蘸取颜色。毛笔修色后,用溶剂洗干净,然后用手捋去溶剂,理直笔锋,挂在墙上或倒插在笔筒中以备下次再用。

(二)嵌批工具的使用

1. 钢皮批刀的使用

钢皮批刀的刀口不应太锋利,以平直圆钝为宜。使用时,大拇指在批刀后,其余四指在前。批刮时要用力按住批刀,使批刀与物面产生一定的倾斜,一般保持在 $60°\sim80°$ 之间进行批刮。

钢皮批刀不用时,擦净刀口上残剩的腻子,妥善保存备用。如果在较长时间内不用,可将批刀上的残物除净后,稍抹上一些机油,以防锈蚀,用油纸或塑料膜包好存放。

2. 橡皮批刀的使用

橡皮批刀根据需要自定形状和尺寸,用砂轮机磨出刃口,要求磨齐、磨薄,再在磨刀石上细磨,磨平后就可使用。橡皮批刀的使用方法与钢皮批刀使用方法基本相同。

橡皮批刀使用后,不能浸泡在有机溶剂中,以免变形,影响使用。要用抹布蘸少许溶剂,将表面上沾污的腻子揩擦干净,妥善保管,以备下次再用。

3. 铲刀的使用

用铲刀调拌腻子时,食指居中紧压刀片,大拇指在左,其余三指在右紧握刀柄,如图 13-4 所示。调拌腻子时要正反两面交替翻拌。

用铲刀清除垃圾、灰土时,选用较硬质的铲刀并将刀口磨锋利,两角磨整齐平直,这样就能把木材表面灰土清除干净而不损伤木质。清理时,手握住铲刀的刀片,大拇指在一面,四个手指压紧另一面,如图 13-5 所示,然后顺着木纹清理。

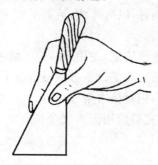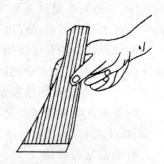

图 13-4 调拌腻子时铲刀的拿法　图 13-5 清理木材面时铲刀的拿法　图 13-6 嵌腻子时牛角翘的拿法

铲刀使用后要清理干净,如暂时不用,可在刀刃上抹些机油,用油纸包好妥善保管,以备后用。

4. 牛角翘的使用

用牛角翘嵌腻子时,大拇指在一边,中指和食指在另一边,握紧、握稳,无名指和小指贴紧掌心,如图 13-6 所示。

操作时靠手腕的动作达到批刮自如,一般只准刮 1～2 个来回,且不能顺一个方向刮,只有来回刮才能把洞眼全部嵌满填实。

用牛角翘批刮腻子时,用大拇指和其他四个手指满把捏住牛角翘,如图 13-7 所示。批刮木门窗、家具时可把腻子满涂在物面上,再用牛角翘搜刮干净。

牛角翘使用完毕后,应揩擦干净待用。为了防止弯曲变形,保管时应将牛角翘插入专门锯开的木块缝里,这样牛角翘就不会翘曲变形,如图 13-8 所示。

当牛角翘受冷热而发生变形时,可用开水浸泡软后取出,放在底面平整的物面上用重物压平,待恢复原状后就可使用。

5. 脚刀的使用

使用脚刀时要用大拇指、食指和中指握住脚刀中部,食指起揿压作用,中指和无名指起到托扶的作用。操作时可在调腻子的板上刮取少许腻子,选择一定的角度用食指向下揿,对准空眼将腻子密实地填嵌进去,如图 13-9 所示。脚刀长度在 140～160 mm 之间为宜。

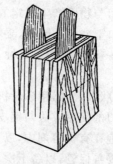

图 13-7 批刮腻子时牛角翘的捏法　图 13-8 插牛角翘的夹具　图 13-9 脚刀握法

（三）辊具的使用

1. 绒毛滚筒的使用

绒毛滚筒在滚涂时，必须紧握手柄，用力要均匀，滚涂时应按顺序朝一个方向进行。最后一遍涂层，要用滚筒或者排笔理一遍，直至在被涂饰的物面上形成理想的涂层为止。滚筒蘸取涂料时只需浸入筒径的1/3即可，然后在粉浆槽内的洗衣板或网架上来回轻轻滚动，目的是使筒套所浸吸的涂料均匀，如果涂料吸附不够可再蘸一下，这样滚涂到建筑物表面上的涂层才会均匀，具有良好的装饰效果。

绒毛滚筒使用完毕后，应将滚筒浸入清水或配套的溶剂中清洗，使绒毛不致因固化而不能使用。

2. 橡胶滚花筒的使用

将涂料装入料斗内，沿着内墙抹灰面滚动辊具，在墙面上就能滚出所选定的图案花饰。操作时应从左到右、从上到下，要始终保持图案花纹的统一与连贯。滚动时，手要平稳、拉直、一滚到底。必要时可放上垂直线或水平线进行操作。如遇到墙角边缘处，由于受橡胶辊筒本身体积的限制，难以操作，也可采用配套的边角小辊具。有时滚花筒滚至墙的阴角时，因边角限制而不能滚涂整个纹样，这时可用废报纸遮住已滚涂干燥后的饰面，将滚筒找正花纹的连贯性后，在剩余边角和报纸面上一同滚动，而后揭去报纸，图案可自然连续。

橡胶滚花筒每次用完后，应用刷子清洗干净，擦干后置于固定地方存放。特别是刻有花纹的橡胶辊具，其凹槽部分更要彻底清洗，以免涂料越结越厚，使图案纹理模糊，影响装饰效果。清理后一定要严格保管好，不得使辊具受压、受热，避免因变形而报废。

（四）喷涂工具

1. 斗式喷枪的使用

作业时，先将涂料装入喷枪料斗中，涂料由于受自重和压缩空气的冲带作用进入涂料喷嘴座与压缩空气混合，在压缩空气的压力下从喷嘴均匀地喷出，涂在物面上。

斗式喷枪使用时，要配备0.6 m³的空气压缩机一台，由软管将手提斗式喷枪与空气压缩机连接，待气压表达到调定的气压时，打开气阀就可以作业。

斗式喷枪应在当天喷涂结束后清洗干净。用溶剂将喷道内残余的涂料喷出洗净，喷斗部分要用干布揩擦后备用。

2. 喷漆枪的使用

PQ-2型喷漆枪系吸入式的一种，使用面极广，见图13-10。

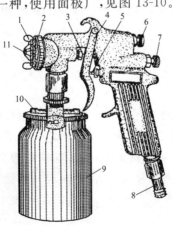

图13-10 PQ-2型喷枪

1—空气喷嘴的旋钮；2—螺帽；3—针阀；4—开关；5—空气阀杆；6—控制阀；
7—针阀调节螺栓；8—压缩空气管的接头；9—容器；10—轧兰螺丝；11—喷嘴

PQ-2 型吸入式喷枪使用时,先将涂料装入容器内(容器容量为 1 kg 左右),然后旋紧轧兰螺丝使之盖紧容器。再将枪柄上的压缩空气管接头接上输气软管。扳动开关,空气阀杆即随之往后移动,气路接通,压缩空气就从喷枪内的通道进入喷头,由环形喷嘴喷出。与此同时,针阀也向后移动,涂料喷嘴即被打开,涂料从容器中被吸出,流往喷嘴的涂料随之被压缩空气喷射到被涂物体的表面。针阀调节螺栓是用来调节涂料流量的。

空气喷嘴的旋钮顶端两侧各有一个小孔,并与喷枪内的压缩空气槽相通。向左(反时针方向)旋转控制阀时,气路就被接通,一部分压缩空气即从喷嘴上的小孔喷出两股气流,将涂料射流压成椭圆形断面。旋转喷嘴旋钮,可根据工作需要将涂料射流控制成为垂直的椭圆形断面,见图 13-11(a)所示,或水平的椭圆形断面,见图 13-11(c)所示,当喷嘴旋钮调节到一定位置以后,随即旋紧螺帽,以固定涂料射流的形状。调节出气孔通路开启的程度,可得到不同扁平程度的涂料射流。当控制阀完全打开时,从两侧出气孔喷出的气流最大,喷出的涂料射流最扁而且最宽。如果涂饰时不需要涂料射流呈椭圆形断面,则将控制阀向右旋紧,与喷嘴相连的气路即被堵住,这时,喷出的涂料射流端面呈圆形,见图 13-11(b)所示。

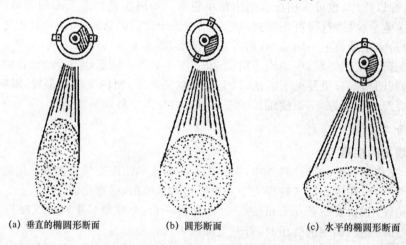

(a) 垂直的椭圆形断面   (b) 圆形断面   (c) 水平的椭圆形断面

图 13-11　涂料射流的断面形状

使用喷枪施工,不仅要懂得喷枪的结构与喷涂原理,还要掌握喷枪的操作方法。使用喷枪时应遵循下列几点:

(1)喷嘴的大小和空气压力的高低,必须与涂料的黏度相适应。喷涂低黏度的涂料,应选用直径小的喷嘴和较低的空气压力(作用于喷枪的);喷涂黏度较高的涂料,则需要直径较大(2.5 mm)的喷嘴和较高的空气压力(表压为 $3.5 \sim 4.0$ kg/cm^2)。

(2)喷涂的空气压力范围一般为 $2 \sim 4$ kg/cm^2。如果压力过低,涂料微粒就会变粗,压力过高,则增加涂料的损失。

(3)喷枪与被涂的物面应保持 $15 \sim 20$ cm 的距离,大型喷枪可保持在 $20 \sim 25$ cm。喷枪过于接近被涂面,涂料喷出过浓,就会造成涂层厚度不均匀并出现流挂;若喷枪距离被涂面过远,则涂料微粒将四处飞散而不附着在被涂面上,造成涂料的浪费。喷涂时应移动手臂而不是手腕,但手腕要灵活。喷枪应沿一直线移动,在移动时应与被涂面保持直角,这样获得的涂层厚度均匀。反之,如果喷枪移动成弧形,手腕僵硬,则涂层厚度不均匀,如果喷嘴倾斜,涂层厚度也不会均匀,如图 13-12 所示。

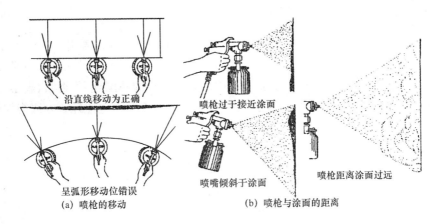

图 13-12　喷枪的使用

（4）喷涂的顺序依照图 13-13（a）、图 13-13（b）所示的线路进行。

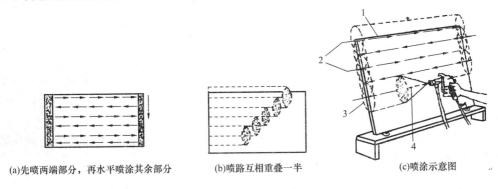

(a)先喷两端部分，再水平喷涂其余部分　　(b)喷路互相重叠一半　　(c)喷涂示意图

图 13-13　喷涂的顺序
1—第一喷路；2—喷路开始处；3—扣动开关处；4—喷枪口对准上面喷路的底部

喷涂的顺序是：先喷涂饰面的两个末端部分，然后再按喷涂路线喷涂。每条喷路之间应互相重叠一半，第一喷路必须对准被涂件的边缘处。喷涂时，应将喷枪对准被涂面的外边，缓缓移动到喷路，再扣动扳机，到达喷路末端时，应立即放松扳机，再继续向下移动。喷路必须成直线，绝不能成弧形，否则涂料将喷散得不均匀。

（5）由于喷路已互相重叠一半，故同一平面只喷涂一次即可，不必重复。

（6）喷涂曲线物面时，喷枪与曲面仍应保持正常距离。

3. 空压泵的使用

开动空压泵前，须检查出气管是否安全畅通，润滑油是否充足，再开启电动机做试运转。确认正常后方可正式运行。对于所使用的空压泵必须认真做好维护保养工作，这样才能保证长时间安全地使用设备。

空压泵的维护保养技术一般有如下要点：

（1）安全阀的灵活性及可靠程度，每周检查一次。

（2）储气筒应每隔六个月检查和清洗一次。

（3）为防止筒身积存过多油水，应在每台班工作后，旋开筒身底部放污阀，将油污存水放出。

（4）空压泵如长期停用，应将气缸盖内气阀全部卸下另行油封保存，在每个活塞上注入润滑油。各开口通风处用纸涂牛油封住，以防锈蚀零件。

（五）砂纸、砂布的使用

各类砂纸、砂布对涂饰面进行打磨处理时，将砂纸、砂布一裁四，再用 1/4 砂纸布对折，用右手拇指在一面，其余四指在另一面，夹住砂纸、砂布进行打磨。为了保证打磨质量，减轻劳动强度，可将选好的木方料、橡胶方料，把砂布或砂纸裹在方料的外围，必须裹紧、裹密实，夹住方料裹住的砂纸进行打磨较省力，手不容易磨破。长期以来，人们称这种打磨方法为加垫方打磨法，见图 13-14。

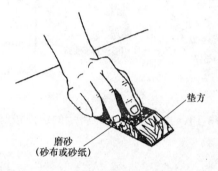

垫方

磨砂
（砂布或砂纸）

图 13-14　磨料包垫方打磨法

用这种操作方法打磨前，应将砂布、砂纸整个包在垫方上，并用手抓住垫方。打磨时，手心紧按压已包好磨料的垫方，手腕和手臂同时用力，手要拿稳，用力要均匀，顺着被打磨物的纹理或需要的方向往复打磨。

用这种方法操作的垫方必须平整，切勿凹凸不平，更不可有硬物或尖锐物质夹存在其中，以免损伤物面。垫方使用后应整理干净，保存起来以备再用。

二、基层面处理

涂料工程能否符合质量要求，除和涂料本身的质量有关外，施工质量是关键。在施工中，基层表面处理的质量，将直接影响涂膜的附着力、使用寿命和装饰效果。

基层处理是指在嵌批腻子和刷底油前，对物面自身质量弊病和外因造成的质量缺陷以及污染，采用各种方法进行清除、修补的过程。它是装饰施工中的一个重要环节。

根据建筑装饰要求需要进行处理的基层面，大致有木材面、抹灰面、金属面、旧涂膜、玻璃面和塑料面。

（一）木材面的处理

木材是一种天然材料。经加工后的木制品件，其表面往往存在纹理色泽不一、节疤、含松脂等缺陷。为使木装饰做得色泽均匀、涂膜光亮、美观大方，除要求施涂技术熟练外，在施涂前，做好木制品件的基层表面处理（特别是施涂浅色和本色涂料的木材面基层处理）是关键。

木材除木质素外，还含有松脂、单宁、色素和酚类等物质，这些物质的存在会影响涂膜外观。此外木材外观的节疤、木刺、裂纹等，加工成木制品后的白坯表面的虫眼、洞眼、缺口、色斑和胶合板脱胶，以及在施工过程中表面被墨迹、笔线、油迹、胶迹、灰浆等污染都会影响装饰效果，因此必须进行处理。

1. 木质材料缺陷的处理

（1）单宁的处理

单宁是含在木材的细胞腔和细胞间隙内的一种有机鞣酸。如栎木、粟木、落叶松等尤其多。单宁极易溶解于水,遇铬、锰、铁、铅等金属盐类会发生化学变化而生成带色的有机盐类。用颜料着色时,木材内的单宁就会与颜料起反应,造成木材面颜色深浅不一,影响着色装饰效果。处理方法是:利用金属盐类,如用氯化铜、硫酸铁、高锰酸钾等,把含有单宁的木材面先染成棕色或黑色,在这基色上再着色。这种方法叫作媒介染色法,适用于深色和混色涂料装饰。如果木材内单宁的含量不匀,木制品又需要做浅色、本色时,单宁就应该除去。去除单宁的方法是:将木材放入水中蒸或煮,单宁就会溶解于水中;或在木材表面涂刷一遍白虫胶漆或骨胶液作隔离封闭涂层,阻止颜料和木材中的单宁接触起化学作用。

(2)树脂(松脂)的处理

树脂是某些针叶材(如油松、马尾松等)孔中特有的物质。尤其是节疤和受过伤的地方树脂的含量特别多。树脂内含有松节油和松香,它虽然是制造涂料的重要原料,然而它又是造成木材表面漆膜固化不良和漆膜软化回粘等不良的根源所在。若在含有树脂的木材表面直接涂饰油性涂料,漆膜就容易被松节油溶解,影响漆膜与木材的附着力,破坏漆膜的完整。涂刷浅色漆时会产生咬色,涂膜变成无光泽的黄色斑迹,影响漆膜的美观,同时也无法用水色着色,因它含有油与水胶粘不牢。所以松脂对涂料施工的质量危害较大,必须清除。常用的有以下几种脱脂方法:

①烧铲法:对于渗露于木材表面的树脂,可用烧红的铁铲或烙铁熨烫,待树脂受热渗出时铲除;也可用烧烫的凿子凿去有树脂的部位,但需反复几次,直至不渗出树脂为止。如木材深凹处有树脂渗溢,应用刀具或凿子挖净。若处理后形成较大的洞,可用同树种的小木块嵌实填平。为了防止残余树脂继续渗出,宜在铲出脂囊以后的部位用虫胶清漆刷 1～2 遍做封闭处理。

②碱洗法:用碱液处理木材表面时,树脂能与碱生成可溶性的皂,再用清水洗涤,树脂就很容易除掉。常用的是碳酸钠(食用碱)和水溶解后的碱溶液。一般可取 5%～6%碳酸钠或 4%～5%烧碱和水溶解清洗,不溶解时,可加温至 60～70 ℃左右再清洗。清洗的方法是:用毛头较短的刷子在有树脂的部位反复擦洗,使其皂化,再用热水擦洗干净;干燥后,再用酒精揩擦一次。这种方法去脂安全、效果较好。但用碱液去脂时,容易使木材颜色变深,所以只适用于混色涂料装饰。

③溶剂法:使用溶剂去脂效果比较好,适用于透明涂饰工艺。常用的有松节油、汽油、甲苯、丙酮等,以使用丙酮的效果为最好。用 25%的丙酮溶液涂擦,可将树脂很快溶解掉。丙酮和苯是易燃有毒溶剂,在使用时应注意防火和防毒。

(3)木材色泽的漂白处理

在浅色或本色的中、高级透明涂饰工艺中,对木材存在的色斑和不均匀的色素应采用漂白的方法给予去除。漂白处理一般是在局部色泽深的木材表面上进行,也可在木制品整个表面上进行。

用于漂白的材料很多,一般常用的方法是:采用双氧水(过氧化氢)与氨水的混合溶液配制成的脱色剂(漂白剂),其配合比是按 30%浓度的双氧水:25%的浓度的氨水=80:20 的比例配制而成。这种脱色剂对于水曲柳、柳桉等木材效果较好。脱色剂中的双氧水能放出作用很强的氧,分解木材中的色素,使颜色退掉,为了加速氧的排放,在双氧水中加入适量的氨水,使氧的排放加速。操作时,戴好手套用油漆刷蘸脱色剂涂布在局部或整个表面的色斑处,经过 20～30 分钟,木材就能变白,最后用清水将脱色剂揩洗干净,干燥后再进行下一道工序的操作。

2. 木材表面缺陷的处理

木制品在涂饰前对木材表面缺陷的处理尤为主要，因为木材是一种天然原料，难免有缺陷，因此，在涂饰前就必须认真处理，才能获得理想的涂饰质量。

（1）木毛刺的处理

①火燎法：木材表面若有木毛绒，用砂纸打磨效果并不好，可在木材的表面刷一道酒精，并立即用火点燃，但不能将木材面烧焦。火燎后的木毛绒竖起，变硬、变脆，便于砂纸打磨干净。但用这种方法必须注意安全，若面积过大要分块进行，施工作业区域不能有易燃物品。

②虫胶漆法：按虫胶∶酒精＝1∶7 的比例配制成的虫胶清漆溶液，用排笔均匀地涂刷在木材表面。干后会使木毛绒竖起变硬，便于打磨。

（2）清除污迹

木制品在机械加工和现场施工过程中，表面难免会留下各种污迹，如墨线、笔线、胶水迹、油迹、砂浆等。这些污迹会影响木材面颜色的均匀度、涂膜的干燥度及附着力，所以在涂饰前一定要将这些污迹清理干净。

白胶、墨迹、铅笔线一般采用小脚刀或玻璃细心铲刮后再磨光。砂浆灰采用铲刀刮除，再用砂纸打磨，除去痕迹。油迹一般采用香蕉水、二甲苯擦除。水罗松污迹要用虫胶清漆封闭，不封闭会产生咬色现象。

3. 木材的干缩湿胀与漆膜质量的关系处理

树木本身含有大量的水分，而这些水分直接影响木材的性能和漆膜的质量。在温度低，湿度大的情况下，木材体积随着吸湿量的增加而增大，反之则相反。因此木材的收缩是因为水分的蒸发，膨胀是因为吸收水分而造成的，木材的收缩和膨胀是有规律的，纵向收缩膨胀最小，径向次之，而弦向最大。所以不论制作任何一件木家具或木装修，都必须预先经过干燥处理，将木材的含水率一般控制在 12% 左右。漆膜层能阻止木材吸收水分的作用，木制品经涂饰后，可以减少木制品表面的缩胀程度。

（二）抹灰面的基层处理

抹灰面常常存在蜂窝麻面、开裂、浮浆、洞穴等缺陷。在潮湿的季节，基层长期吸潮，容易产生发霉和起霜现象。这些问题的存在大多是由于墙体等结构不密实，墙体内部的水分含量较高或受外界影响，其抹灰面没有达到一定的干燥期，由于混凝土和水泥砂浆的结构呈细孔状，在潮湿状态下，水及盐碱物仍在析出，一旦涂饰后，涂层会出现种种弊病。一般表现为：涂膜起鼓、脱落、开裂、变色、粉化、发霉、斑块等。以上这些问题如在长期使用后出现，表明可能与涂料本身的耐久性能有关；如在短期内出现，则表明除涂料本身的质量外，往往是由于基层含水率高或者是土建施工质量差而造成渗水所致。

基于上述原因，粉刷层完成后不应急于涂饰，要经过几个月的干燥时间（夏天可缩短，冬天要延长，各地不一），使墙面内部水分充分挥发，盐碱物质大部析出，pH 值在 9 以下。粉刷面彻底固化后，才能涂饰施工。

施工及验收规范规定："涂料工程基体或基层的含水率：混凝土和抹灰表面施涂溶剂型涂料时，含水率不得大于 8%，施涂水性和乳液涂料时，含水率不得大于 10%。"

1. 墙面干燥程度的鉴别

（1）经验判断法

通过看颜色，看析出物的状态和用手触摸，凭借个人经验来判断抹灰面的潮湿程度。所谓看颜色，就是观察抹灰面颜色由深变浅的程度。抹灰面层从湿到干，颜色也逐渐由深变浅。抹灰面变干后,水泥的水化反应便大为减弱,表面水分的蒸发量大大减少,碱分和盐分的析出也变得微乎其微,此时,墙面上的析出物便明显地呈现出结晶状态,清除干净后,便不会再有明显的析出物出现。如用铲刀在抹灰面上轻划出现白印痕,即表明抹灰面已充分干燥。用手触摸,就是凭手的触感来感知抹灰面的潮湿程度。实践证明,抹灰面要达到充分干燥程度,必须经过数月至半年以上时间,如能经过一个夏季则更好。

(2)测定法

就是在抹灰面上随机取样,铲下少量灰层的实物,称出重量,然后将其烘干,再称出烘干后的重量,计算出其含水率。

计算公式如下:

$$含水率＝[(烘干前重量＋烘干后重量)/烘干后重量]×100\%$$

但这种方法较费时间,同时要具备一定的仪器设备。现在一些单位已相继研制出饰面含水率快速测定仪。

2.防潮湿处理

工期要求较短的施工工程,对尚未干燥的水泥砂浆抹灰层表面,可采用15％～20％浓度的硫酸锌或氯化锌溶液涂刷多次,干燥后将盐碱等析出物(粉质和浮粒)除去。另外,也可用15％的醋酸或5％浓度的盐酸溶液进行中和处理,再用清水冲洗干净,待干燥后再涂饰。

3.油污处理

旧水泥表面如有油污等污垢,先用1％～2％的氢氧化钠溶液刷洗,再用清水将碱液和污垢等冲洗干净。如表面有浮砂、凸疤、起壳和粗糙等现象,应该用铲刀铲除干净。

4.旧抹灰面的处理

对于旧抹灰面的处理,要视具体情况区别对待。如有的墙面刷涂过水性涂料,水性涂料已起壳、翘皮,这种情况应该在水性涂料上刷上清水待旧涂料胀起,用铲刀铲干净,清除垃圾和灰尘即可。对做过油性涂饰的抹灰面,如涂膜完好,就不必铲除,只要用淡碱水清洗,然后用清水冲洗干净,干燥后即可施工。

(三)钢材面的基层处理

在装饰工程中,钢材饰面的基层处理包括角铁架、钢门窗等饰面的除油、除锈、除焊渣和除旧漆膜等内容。这些工序的实施,对整个涂料层的附着力和使用寿命关系重大,直接影响装饰的质量。

1.除油

钢材加工成成品后往往粘附着各种油类,饰面油污的存在,隔离了漆膜与饰面的接触,甚至会混合到涂料层中,直接影响了漆膜的附着力和干燥性能,同时也会影响漆膜的防锈能力和使用寿命,所以必须清除油污。可采用碱液清除和有机溶剂除油等方法。

(1)碱液除油

碱液除油主要是借助于碱与碱性盐等化学物质的作用,除去饰面上的油污,达到饰面洁净的要求。油污的清除可用油漆刷蘸碱液涂擦,然后用清水冲洗干净并用布揩干。

(2)有机溶剂除油

有机溶剂除油方法主要是用溶解力较强的溶剂,把饰面上的油污等有机污染物清除掉。有机溶剂的品种较多,一般常用的溶剂是:200号溶剂汽油、松节油、二甲苯等。可用抹布蘸溶剂对油污处进行揩擦。

2. 除锈

钢材受介质作用的过程,称为金属的锈蚀。锈蚀物的清除是漆膜获得牢固附着力的保证,同时也是延长构件使用寿命的保证。

(1)手工除锈

手工除锈就是用钨钢铲、铲刀、敲铲榔头、钢丝刷、铁砂布等工具,用手工铲、刮、刷、敲、磨来除去锈蚀。一般浮锈是用钢丝刷刷去锈迹,再用铁砂布打磨光亮;如有电焊渣,则要用敲铲榔头将焊渣敲掉;如有飞刺,就要用锉刀锉掉飞刺。

(2)机械除锈

机械除锈是利用机械产生的冲击、摩擦作用,替代手工的防锈方法。常用的机械工具有电动砂轮、风力砂轮、电动钢丝刷、喷砂枪等,这些工具应用广泛,能减轻劳动强度,提高工作效率。

3. 除旧漆膜

钢铁制品使用到一定时间后,漆膜会产生斑驳、锈蚀、老化等现象,必须及时将旧漆膜清除干净,具体方法有手工清除法和机械清除方法。手工铲除旧漆膜方法是:用钨钢刀铲刮旧漆膜,右手紧握钨钢刀下端,左手扶住钨钢刀上端,配合左手一齐铲刮漆膜。在铲刮时应注意戴好手套和防护眼镜,防止手碰伤和眼睛被尘灰侵蚀。遇到麻面,应用敲铲榔头敲击将旧漆膜敲掉。钨钢刀的使用一般是弯曲面拉刮大面,直面是铲小面或凹曲面。

(四)旧涂膜的处理

涂膜经过一段时间的使用后,由于受到日光、风沙、雨雪、温度、湿度、摩擦、撞击、酸和碱的侵蚀,涂膜会老化,如开裂、剥落、起泡、无光泽、起粉、变色,从而失去装饰和保护作用,因此要经常重新涂饰涂料。

在重新施涂涂料前,需对旧涂膜进行处理。如何处理要视旧涂膜的损坏程度和新涂层的质量要求而确定。当旧涂膜的附着力还好,如重新做一般混色漆,经砂纸打磨后,用油漆刷蘸淡碱水涂擦旧漆面,然后用清水冲洗干净即可。如要重新做清色漆和质量要求较高的涂料时,旧涂膜就必须清除干净,清除的方法有以下几种:

1. 火喷法

用喷灯将旧漆膜烘软、烘透。采用火喷法必须注意安全,施工现场必须备置消防器材,铲刮下来的漆皮必须及时清除干净以免隐患。火喷法一般适用于木材面和抹灰面。

(1)木材面的火喷法

必须是涂过色漆并且漆膜较厚,出白后继续做色漆的木材表面较适合火喷法。一般是外露的木门窗、厨房、卫生间门以及碗框等混色漆饰面。铲除方法是:用喷灯将旧色漆烘软、烘透,但不能烧焦,冷却后等旧漆膜酥松,然后用拉钯将酥松的漆膜刮干净,注意不能刮伤木质。

(2)抹灰面的火喷法

必须是涂过色漆的顶棚和墙面,方法是:左手持灯,右手紧握"烧出白刀",用喷灯将漆膜烘软,边烘边用烧出白刀刮除旧漆膜。铲与烘要配合默契,漆膜一烘软马上用烧出白刀将烘软的漆膜铲除,烧出白刀始终要保持干净、锋利,这样铲出的抹灰面干净、光洁,若刀不锋利并粘有漆膜,应该在刀砖上磨锋利。抹灰面不可烧焦,烧酥松,尽可能不铲伤抹灰面。画镜线、窗台板、踢脚板接口处,用不易燃的物体进行遮挡,避免烧焦,电器开关、插头应该将盖板卸下,将电线头分别用绝缘布包好再盖上不易燃的盖板即可。

2. 刀铲法

一般适用于疏松、附着力已很差的旧漆膜。先用铲刀、拉钯刮掉旧涂膜，然后用砂纸打磨干净。此法工效较低，但经济安全、适用面较广，在金属、木材、抹灰表面等均可采用。

3. 碱洗法

一般适用于木材面。用火碱加水配成火碱液，其浓度以能咬起旧涂膜为准。为了达到碱液滞流作用，可往碱液中加入适量生石灰，将其涂刷在旧涂膜上，反复几次，直至涂膜松软，用清水冲洗干净为止。如要加快脱漆速度，可将火碱液加温。脱漆后要注意必须将碱液用清水冲洗干净，否则将影响重新涂饰的质量。由于碱液是一种成本较低、效果较好的脱漆剂，因此应用广泛。但它又是一种腐蚀性很强的溶液，操作时应戴好胶皮手套，穿好工作衣，戴好防护镜，以防碱液溅入眼内。

4. 脱漆剂法

脱漆剂一般由厂家生产，它由强溶剂和石蜡组成。强溶剂对旧涂膜进行渗透，使其膨胀软化；石蜡对溶剂进行封闭，防止溶剂挥发过快，从而使溶剂更好地渗透旧涂膜中。

使用脱漆剂时，开桶后要充分搅拌，若脱漆后做混色漆，用油漆刷将脱漆剂刷在旧涂膜上。多刷几遍。待 10 分钟后，旧涂膜膨胀软化，再用铲刀将其刮去，然后用 200 号溶剂油擦洗，将残存的脱漆剂（主要是石蜡成分）洗干净，否则会影响新涂膜的干燥、光泽以及附着力。若脱漆后该木制品做透明涂饰，就必须用细软的钢丝绒将木棕眼里的旧漆膜揩擦干净，然后用 200 号溶剂油将脱漆剂中的蜡成分洗干净。另外，脱漆剂是强溶剂，挥发快、毒性大，操作中要做好防毒和防火工作。

三、常用腻子的调配方法

在油漆施工中，不论是抹灰面、木制品面、金属制品面等，一般是通过用腻子批嵌的方法来平整底层、弥补缺陷，如抹灰面上的裂缝、洞眼，新旧抹灰面的接缝、凹凸不平等处；金属制品面上的瘪膛，钢门窗型钢的拼缝、麻眼；木器制品面上的纹理隙孔、节疤、榫头接缝、钉眼、虫眼等。所有这些物面上的缺陷及不平整处都需要用各种腻子加以填补和批刮。如果不经过腻子批嵌，物面上的油漆涂层就会粗糙不平、光泽不一，影响涂饰效果。

腻子主要由各种漆基、颜料（着色颜料和体质颜料）等组成，是一种呈软膏状的物质。它的具体组成材料可按物面材料不同来选配。常用腻子的主要材料有熟桐油、聚乙烯醇缩甲醛液（107 胶）、羟甲纤维素（化学浆溯）、熟猪血（料血）、大白粉、石膏粉、颜料、虫胶液等。腻子对物面要有牢固的附着力和对上层漆的良好结合力，要有良好的封闭性，干燥快，色泽一致，并且操作简便。市场上有成品腻子出售，但成本较高，施工中多由自己调制。调配腻子要均匀、细腻、稠稀适当，而且一次调配量不要过多，以免造成浪费。对用来填补深洞、隙缝的腻子要调得稠些；大面积批刮用的腻子可稍稀些；用作浆光面的腻子则要比头遍和二遍批刮料再稀薄一些。

（一）猪血老粉腻子的调配方法

1. 料血的制备

料血是由新鲜猪血加入适量石灰水配制而成的黑紫色稠厚胶体。先将无盐质的新鲜生猪血倒入桶中，手拿稻草将血中的血块和血丝搓成血水，然后用 80~100 目铜箩筛过滤，除去渣质，将浓度为 5% 的石灰水逐渐掺入过滤后的血水，边加石灰水边用木棒按同一方向（顺时针）匀速搅拌。猪血在与石灰水的反应下会逐渐变成黏稠胶体，其颜色由红变为黑紫色，此时料血已制备完成，可用来调配腻子。如果长时间搅拌后无上述反应，说明石灰水用量不够，可适当增加石灰水数量,但要注意石灰水不能过量,否则会降低料血的粘结力。冬季制备料血时,应将生猪血加温至 20～30 ℃,加温时要不停地搅动血液,使加温均匀,防止猪血局部凝结成块。

料血具有良好的干燥性和很强的粘结力。经料血浆涂饰的物面清洁润滑、附着力强。如果在料血中再掺入适量的水泥,就能使涂层更加坚固干燥,还能消除原物面上的油垢等污渍。

料血的用途广泛,除了用来调制腻子外,还可以同任何干性漆调和,作底层封闭漆用,适用于室内外墙面、商店招牌、广告牌、额匾、黑板等的底层涂饰。稠度适当的料血还可用来裱云皮纸、夏布及麻丝等。

2. 调配

调配工具有铲刀、调拌板及调拌桶。调拌板可以采用表面光洁的三夹板、五夹板或纤维板,它的尺寸通常为 800 mm×800 mm。

先将老粉放在调拌板上,堆成四周高中间凹下的凹槽,然后将调配比为料血：老粉＝1.5：(2.5～3)的料血倒入,用 76 mm 铲刀将四周的老粉铲向中间,边铲边不停地翻拌,使老粉和血胶料充分拌和,达到稠稀适中、均匀、细腻。用作嵌补时应稠些,批刮料时则可稀薄些。

(二)胶老粉腻子的调配方法

调配胶老粉腻子需要木桶(或塑料桶)及木棒。桶的直径及高度通常为 300 mm,木棒直径 30～40 mm、长 700～800 mm。

调制胶老粉腻子,先将胶液倒置于桶内,逐渐加入调配比为化学糯糊：107 胶水：老粉：石膏粉＝1：0.5：2.5：0.5 的老粉调和;以调拌均匀、稠稀适度为准。胶老粉腻子拌好后,应用铲刀将粘附在木棒和桶壁上的腻子轻轻刮下,摊平桶内腻子,用浸湿的牛皮纸盖在表面,以防干结和灰尘。对于现配现用的胶老粉腻子,可在配制时直接加入石膏粉,需要加石膏粉的腻子应该用多少拌多少。

当腻子的用量很大,手工调配跟不上需要时,可采用手提式搅拌器。当腻子用量不大时,可采用调拌板手工调配,其调制方法与猪血老粉腻子方法相同。

(三)透明涂饰工艺用胶老粉腻子的调配方法

化学糯糊与老粉拌和,加入适量颜料拌成的腻子可用在透明涂饰中。其方法是：先将选定的颜料粉用清水浸湿待用。按化学糯糊：老粉＝1：(1.5～2)比例再加入适量的颜色浆配制,在拌板上放上老粉,堆成凹形。按比例倒入化学糯糊以及颜料浆,用铲刀不停地翻拌,直到均匀、软硬恰到好处即可。所加色浆是依据饰面所要求的色彩而定,而且腻子的颜色要淡一些,因为后道工序的透明涂料本身也带有一定的色素。如设计要求饰面是金黄色,在调腻子时可用氧化铁黄颜料粉,调制时注意,颜色深度应比样板颜色要浅。

透明饰面胶老粉腻子用胶量少,很容易打磨,用这种腻子代替透明木制品涂饰工艺中的润粉材料(水粉腻子),其效果更好。

(四)胶油老粉腻子的调配方法

胶油老粉腻子中各种材料的配合比为化学糯糊：107 胶水：熟桐油：松香水：老粉：石膏粉＝1：0.5：0.5：0.2：3.5：1,再加上适量色漆。调配时先将胶液、熟桐油和色漆倒入搅拌桶内调和,然后逐渐加入老粉用木棒拌匀,先不放石膏。当需要加石膏粉时,可先将桶内拌好的腻子挑到调拌板上,再放入石膏粉翻拌均匀,随用随拌,以免因石膏吸水不匀产生僵块现象而造成浪费。腻子中所用色漆的颜色和数量要根据被饰物面对颜色的要求而定,应注意所配腻子的颜料比面层漆的颜色要浅一些。

胶油老粉腻子作嵌补料时，石膏粉的用量要稍多一些，用作批刮料时应少放些石膏粉；用作浆光料（最后一遍批刮料）时则不再加入石膏粉，而应多放些熟桐油。胶油老粉腻子不易变质，未加石膏的胶油老粉腻子便于存放，不用时应用牛皮纸遮盖，以免结皮和灰尘的污染。

（五）油性石膏腻子的调配方法

调制油性石膏腻子按石膏粉∶熟桐油∶松香水∶水＝10∶3∶1∶25的比例配制，其中掺加适量色漆。调制时先在调拌桶内倒入熟桐油、色漆、松香水充分调匀（天气寒冷时应加入适量催干剂），然后逐步加入石膏粉调和，最后加水并不停地用木棒按顺时针方向匀速搅拌，使水被石膏粉充分吸收，当石膏吸水胀到一定程度，呈稳定软膏状时即成。一般当气温低于10℃时需加入适量催干剂。

油漆施工中有时只需少量石膏腻子，这时可先将熟桐油、色漆、松香水及催干剂倒入桶内调和待用，然后将规定用量80％的石膏粉放置在调拌板上（其余20％留待以后拌合），堆成凹槽状，将调和好的油料注入槽内，用铲刀翻拌均匀，再将其堆成凹槽状，把其余20％的石膏粉以及一半水量倒入凹槽内，用铲刀翻拌均匀后再逐渐加进留下的一半水。这时应用铲刀不停地翻拌，将水挤压进去，使石膏粉充分吸收水分。当发现腻子不断地发胀时，应及时加入熟桐油，并进一步调匀，使腻子达到饱和状态呈稳定的软膏状物，此时腻子便调制完毕。

配制油性石膏腻子一般不可以采用先加水后加油的方法，经验不足者更忌。因为石膏粉遇水后会很快发胀变硬，若再加油容易结成细小的硬颗粒，影响腻子的质量。

（六）虫胶老粉腻子的调配方法

虫胶老粉腻子按虫胶液∶老粉＝1∶2的比例调制，其中掺入适量颜料粉。首先按要求将颜料粉与老粉一次拌匀，用60目铜箩筛过筛待用（拌合粉的颜色略浅于饰面颜色）。然后将虫胶液倒入小容器中，加入拌好的老粉，用脚刀拌和均匀即成。配制虫胶老粉腻子用的虫胶液浓度要比一般的来得稀，一般采用虫胶∶酒精＝1∶5的比例。由于虫胶腻子中的酒精挥发快，所以要边配边用，一次调配不宜超过25克。调配虫胶老粉腻子用的容器可用直径50 mm左右的竹筒或塑料瓶盖，搅拌和嵌补的工具是小脚刀。

（七）水粉腻子的调配方法

水粉腻子也称水老粉，是水与老粉按1∶（0.8～1.0）的比例，并掺加适量颜色粉及化学糨糊调配而成。水粉腻子用于透明涂饰工艺中的嵌补木棕眼，能起到全面着色作用。此道工序也称为润粉。

四、嵌批与砂磨

各种将要进行涂饰的物体表面上往往存在各种缺陷，如裂缝、洞眼、拼接缝等，对于这些缺陷一般都通过采用各种不同材料组成的腻子来填刮平整，若不经过腻子的嵌刮平整以及在此基础上用砂纸、砂布打磨光滑，就会使被涂饰面光泽不一，粗糙不平，影响整个装饰效果，甚至失去装饰的意义和作用。

（一）嵌批腻子

1. 嵌腻子

将各种腻子用适当工具填补到被涂物面的局部缺陷处叫嵌补腻子。嵌补腻子的操作方法是：用于嵌补腻子的铲刀其大小应视缺陷的大小而定，但一般不宜用过大的铲刀。操作时，手拿铲刀的姿势要正确，手腕要灵活。手持铲刀时，应用拇指、中指夹稳嵌刀，食指压在嵌刀面上,一般以三个手指为主互相配合。嵌补时,食指要用力将嵌刀上的腻子压进钉眼等缺陷以内,要填满、填密实。缺陷四周与腻子的接触面积应尽量小些,否则会留下很大的腻子嵌补痕迹,增加砂磨的工作量,并影响着色质量。同时,嵌补的腻子应比物面略高一些,以防腻子干燥收缩造成凹陷。

2. 批刮腻子

批刮腻子与嵌补腻子不同,嵌补是用铲刀将腻子填补在局部的缺陷处,而批刮则是将腻子全面地满批在物体表面,目的是使物面平整光洁。这种将涂料或腻子涂刮在物体表面的方法也称作刮涂。批刮腻子的工具主要有钢皮批刀、橡皮批刀、牛角翘等。

批刮腻子的操作方法是:从左到右,从上到下。批刮时用力轻重适度,批刮自如,腻子涂层批的厚时,批刀与饰面的夹角要小;批薄收枯时,批刀与饰面的夹角要大些。批刮前先检查饰面的平整情况,在低陷处用硬腻子抄平,最后再满批通刮。

(二) 砂磨

采用研磨材料(如木砂纸、水砂纸、铁砂布)对于被涂物面进行打磨的过程叫作砂磨。

在木家具涂饰过程中,砂磨是一项十分重要的工序。可以说,砂磨对整个被涂物面的漆膜达到平整光滑、棱角和顺、线条及木纹清晰等要求起着很大的作用。砂磨可分为干砂磨和湿砂磨。

所谓干砂磨是指采用木砂纸、铁砂布等进行表面打磨;所谓湿砂磨是指用水砂纸蘸上肥皂水进行表面打磨。砂磨时,要根据不同工序的砂磨质量要求,适当选用不同性能与型号的砂纸,并正确掌握砂磨方法。在整个涂饰过程中,按砂磨的不同要求及作用,大致分为三个阶段,即白坯家具表面的砂磨、涂层间的漆膜表面的砂磨和漆膜修整时的砂磨。前两个阶段一般为干砂磨,后一个阶段为湿砂磨。

现将不同阶段的操作方法、质量要求和注意事项叙述如下:

1. 白坯家具表面的砂磨

白坯家具表面的砂磨一般多用 1 号～$1\frac{1}{2}$ 号木砂纸。如果砂纸过粗,往往在砂磨后的表面留下砂纸的粗路痕迹,着色后显现深细的丝痕,影响漆膜的美观。砂磨时要根据不同等级家具的质量要求,决定底层砂磨的程度。如果装饰质量要求高,砂磨时更要认真细致。砂磨时要掌握"以平滑为准",用手将木质垫具包住砂纸在表面上顺木纹来回砂磨,不能横砂和斜砂。注意线条、棱角等部位不能砂损、变形,以免影响棱角的线型。操作时用力要均匀,手拿砂纸要正确稳妥,一般是用大拇指、小拇指与其他三个手指夹住砂纸或用垫具压住砂纸,不能用一只手指压着砂纸砂磨,否则会影响家具表面的平整或腻子处被磨得凹陷下去。

2. 涂层间的漆膜表面的砂磨

这个阶段的砂磨是指物面每道涂层之间的漆膜表面的轻度砂磨操作。根据工艺要求,少则 2～3 次,多则 4～6 次。砂磨时多采用 0 号木砂纸或 1 号～$1\frac{1}{2}$ 号旧木砂纸。砂磨的作用是将干结在漆膜上的粒子、杂质、刷毛等砂掉。经过砂磨后,漆膜表面既平滑,又能增加涂层间一定的附着力。应注意,在这个阶段中,不能用粗砂纸或太锋利的砂纸进行砂磨,否则容易砂损漆膜。砂磨的方法一般是顺木纹方向直磨。

3. 漆膜修整时的砂磨

漆膜修整时的砂磨俗称磨水砂。虽然在家具的白坯表面已经砂磨得十分平整、光滑,但经过着色及涂布漆料后,漆膜表面往往由于木材和涂层的干燥收缩、涂料的流平性不够、涂布不匀、涂层中落入灰尘等因素,而产生高低不平的缺陷,影响了漆膜的装饰效果。因此,在涂层干燥后,还必须用水砂纸进行湿砂磨,以提高漆膜的平整度,然后再进行抛光。这样才能使漆膜平整和具有镜面般的光泽。

湿砂磨有手工和机械两种。由于手工砂磨的劳动强度大、生产效率低,所以,这一工序已不同程度地由各种水砂机代替。如用手工砂磨,其操作方法基本与砂磨白坯相同。

砂磨时,要根据产品的质量要求,分别采用不同的砂磨方法,如蘸水砂磨、蘸肥皂水砂磨等。

(1)蘸水砂磨

要想获得平整光滑的漆膜,水砂纸是不宜在漆膜上直接用力干磨的,因为水砂纸在漆膜上摩擦时,漆膜容易发热变软,漆尘极易粘附在砂纸的砂粒间(硝基漆较严重)。这样砂磨不但得不到平整光滑的漆膜,反而使漆膜的表面出现很粗的砂路痕迹,影响表面质量。因此,砂磨时蘸水能使漆膜冷却,以免因摩擦发热而受到损坏。但缺点是用力要大,水砂纸损耗率也大。

(2)蘸肥皂水砂磨

用肥皂水砂磨的效果比蘸水砂磨更好。其优点是砂磨时由于肥皂水的作用,能使砂纸润滑和减少粘上漆尘,保持砂纸的锋利。既省力、省工,又减少漆膜表面的粗砂路痕迹。

五、油漆种类与涂刷特点

在建筑装饰木家具涂料施工中,刷涂是最常用的一种手工涂饰方法。使用不同的刷具将各种涂料涂饰在物体的表面,使其获得一层均匀的涂层叫作刷涂。刷涂应按照涂料的特性及用途,合理地选用工具并采用不同的操作方法,如刷涂水色、虫胶清漆、酚醛清漆、硝基清漆和聚氨酯树脂漆等。操作时,根据刷涂的顺序和特点,可归纳成这样的规律,即从上到下、从左到右,先横后竖、先里后外、先难后易。

(一)刷涂水色

刷涂水色是透明涂饰工艺的一道工序。根据样板色泽的特征和涂饰工艺的设计要求,往往要通过刷涂水色来达到规定的着色效果。施工前,先要根据被涂工件的形状选择各种尺寸的排笔。刷涂时,用排笔先多蘸一些水色在工件的表面上展开,用横竖的方法来回刷涂几次,让水色充分渗入管孔内;然后再用清洁的排笔或油漆刷在工件表面上先横后竖地顺着木纹方向轻刷几次,用力要轻而均匀,直至水色均匀地分布在被涂表面上为止。刷涂要力求达到无刷痕、流挂、过楞等现象,待干时谨防水或其他液体飞溅上去,以免水色浮起,造成返工。不涂饰的部位,要保持洁净。

(二)刷涂虫胶清漆

刷涂虫胶清漆,尤其是刷涂含有着色物质的虫胶漆,是涂饰施工中多次进行的一个关键工序。因为工件表面漆膜颜色的好坏就决定在这一步的操作上,所以要求精心操作,刷涂时手腕要灵活,思想要集中。虫胶漆属挥发性涂料,干燥快,因此刷排笔的顺序要求正确,一般是按从左到右、从上到下、先里后外等顺序,顺着木纹方向进行刷涂。落笔时,要从一边的中间起,并上下或左右来回返刷1~2次,动作要快,要注意表面色泽是否均匀,力求做到无笔路痕迹。蘸漆时要求每笔的含漆量一致,不能一笔多、一笔少。用力要均匀,不能一笔重、一笔轻,否则容易产生刷痕及表面色泽深浅不一的毛病。特别是刷涂含有着色物质的虫胶漆时,要调好虫胶漆的粘度,按上述操作方法进行刷涂,但不能来回刷的次数过多,否则极易引起色花、漏刷、刷痕、混浊等缺陷,影响表面纹理的清晰。

(三)刷涂酚醛油漆

涂饰用的酚醛漆有清漆和磁漆(即色漆)两种,一般都是做罩面用,因此表面漆膜的质量除了与涂料本身的质量有关外,还常取决于刷涂的技巧。

该漆的特点是粘度高、干燥慢,刷涂工具应选用猪鬃油漆刷。按照这种涂料的特点,其刷涂方法与刷涂虫胶漆有所不同。首先用油漆刷多蘸些漆液涂布于物面上,待满足物面的漆量时即停止蘸漆。这时可先横涂或斜涂,促使漆液均匀地展开,然后按木纹方向直涂几次,横涂时用力重些,直涂时用力逐渐减轻,最后利用刷的毛端轻轻地收理平直。刷涂完毕应检查涂层有否流挂、漏刷、过楞、刷毛等现象,如刷涂磁漆,还要注意涂层不应该有露底的现象。

(四)刷涂硝基清漆

硝基清漆也属一种罩面的涂料,它的黏度虽然高,但刷涂的方法与虫胶漆基本相同。刷具常选用不脱毛的、富有弹性的旧排笔或底纹笔。一般是把刷过虫胶漆的排笔先用酒精溶解,洗净虫胶漆,再放入香蕉水中洗一次才能使用。

刷涂时,用力要均匀,要求每笔的刷涂面积长短一致(30~35 cm左右),蘸漆量不能一笔多、一笔少。刷时应顺着木纹方向刷涂,但不能来回多刷,否则涂层容易出现皱纹。同时要注意涂层的均匀度,不能漏刷、积漆、过楞,如发现涂层中粘有笔毛时,即用排笔角或针将笔毛及时挑掉。刷涂第二道、第三道时,依照上述方法同样操作。

(五)刷涂聚氨酯和丙烯酸漆

这两种漆的特点是固体份含量高,粘度低,流平性好,适于刷涂。刷具和操作方法基本与刷涂硝基漆相同。但不同的是,刷具可以适当来回多刷,并可应用横涂的操作方法。另外,在刷涂这两种清漆时,要注意掌握各道涂层的干燥时间。施涂时不能在风大的地方施工,否则漆膜表面容易引起气泡、针孔、皱皮等缺陷。如发现漆膜上有这些缺陷,应待漆膜干透后,用1号木砂纸将这些缺陷砂平,再刷涂两道相同的涂料,以消除针孔、气泡等缺点。

第二节 油漆的施工

各种材料表面通过油漆涂料的涂饰形成了一层涂料保护层,起到了装饰美化和保护作用。油漆涂料的品种很多,一般是根据涂饰的对象、场所和功能来确定涂料的品种。涂料的施涂工艺一般分为两大类,即:不透明涂饰(混色漆)工艺和透明涂饰(清色漆)工艺。

所谓的不透明涂饰工艺就是经过涂料涂饰不能显示出原有材质的本来面貌,而是通过色漆、色浆、贴纸和仿制天然材质纹理等工艺来达到装饰目的。通常抹灰面、金属面、针叶树木材面等都采用不透明涂饰工艺。

透明涂饰工艺是通过清色漆涂饰后,仍然展现出原有天然纹理,并且更加清晰、丰润。透明涂饰对木材的材质和花纹要求较高,一般采用水曲柳、柞木、柚木等木纹较秀丽的阔叶树材。清色漆有酚醛清漆、聚氨酯清漆、硝基木器清漆、氯偏乳液等。

木门窗油漆是一项很重要的装饰工程,尤其是外露的门窗,经受着日晒雨露以及有害物质的侵蚀,更需要通过施涂油漆涂料来隔绝外界。木门窗的油漆通常是采用手工涂刷,一般操作顺序是先上后下、先左后右、先外后里(外开式)、先里后外(内开式)。下面着重介绍木门窗铅油、调和漆的施涂工艺。

施工项目为有腰连三扇木门窗油漆:面积为高 1.5 m×宽 1.2 m=1.8 m²。

一、施工准备

材料准备:调和漆、熟桐油、石膏粉等,详见备料单(表 13-1)。

表 13-1　　　　　　　　　　　　　　备料单

序号	名称	型号	数量	备注
1	紫红色油性调和漆	Y—03—1	1 kg	
2	紫红铅油	Y—02—1	2 kg	
3	熟桐油	Y—00—1	1.5 kg	
4	松香水	200# 溶剂油	1 kg	
5	催干剂	C—3	稍许	
6	石膏粉		2.5 kg	

工具准备:漆刷、铲刀、油漆桶等,详见工具单(表 13-2)。

表 13-2　　　　　　　　　　　　　　工具单

序号	名称	规格	数量	备注
1	油漆刷	50 mm	1 把	
2	掸灰油漆刷	50 mm	1 把	
3	铲刀	25～76 mm	一套	
4	牛角翘	大号、小号	各一把	
5	木砂纸	$1\frac{1}{2}$#	4 张	
6	油漆桶	小号	1 只	
7	腻子板	200 mm×250 mm 800 mm×800 mm	各一块	
8	合梯	5 档	1 只	
9	抹布	350 mm×350 mm	1 块	

二、施工工序与操作方法

(一)施工工序

基层处理→施涂清油→打磨、嵌批腻子→打磨、复补腻子→打磨、施涂铅油→打磨、施涂调和漆(浅色二遍,深色一遍)。

(二)操作方法

1. 基层处理

木材面的基层处理方法详见本章"基层面处理"。对于新的木门窗,首先要用铲刀将粘在木门窗表面的砂浆、胶液等脏物清除掉,然后用 $1\frac{1}{2}$ 号木砂纸打磨门窗的表面。基层处理后应用掸灰刷将门窗掸干净。

2. 施涂清油

按熟桐油：松香水＝1∶3的比例配制成清油，用油漆刷将木门窗刷一遍，要求刷足，做到不遗漏，不流坠。

木门窗施涂一般采用50 mm和63 mm两种规格的油漆刷，新油漆刷在施涂前应将刷毛轻轻拍打几下，并将未粘牢的刷毛捻去。接着将油漆刷的毛端在1号砂纸上来回磨刷几下，使端毛柔软以减少涂刷时的刷纹。涂刷时手势应正确，视线始终不离开油漆刷。蘸油时蘸油量的多少要视涂饰面的大小、涂料的厚薄（稀稠）、油漆刷毛头的长短三种情况而定。蘸油时，刷毛浸入漆中的部分应为刷毛长的1/2～1/3。蘸油后，漆刷应在容器的内壁轻轻地来回滗两下，使蘸起的漆液均匀地渗透在刷毛内，然后开始按自上而下、自左而右、由外到里、先难后易的顺序，先刷左边的腰窗，将玻璃框及上下冒头和侧面先施涂好，然后再刷腰窗的平面处及窗的边框。在门窗框和狭长的物件上施涂时，要用油漆刷的侧面上油，上满油后再用油漆刷的平面（大面）刷匀并理直。在涂刷外部时，如果没有脚手架或其他安全可靠供站立的平台，而只能站在窗台上时，一定要注意安全。由于三开窗左边的窗扇是反手，操作时左手要抓住窗挡，将漆桶用一吊钩悬挂在窗的横档上或放在内窗台上，先漆左面的一扇再漆右边的一扇，最后再漆中间一扇。做完外面再退入室内，这样的顺序较为合理，而且周转的空间也大，可以避免油漆沾在身上。

3. 打磨及嵌批腻子

腻子的嵌批要等清油完全干燥后，用$1\frac{1}{2}$号木砂纸打磨并掸净灰尘后进行。外露木门窗嵌批所采用的腻子是纯油石膏腻子，其配合比详见"腻子的调配"。用于门窗嵌批的腻子要求调得硬一些，因为门窗大都是用软材（松木、杉木）等制成，材质较松软，易于吸水，与气候关系较密切，而且干裂时缝隙也较大，所以嵌补腻子时对上下冒头、拼缝处一定要嵌牢、嵌密实。对于硬材类的门窗，要先将大的缺陷用硬的腻子嵌补，再进行满批腻子，这是因为此类板材的表面棕眼往往较深，一定要满批腻子，否则影响表面的平整与光洁。腻子嵌批时要比物面略高一些，以免干后收缩，如图13-15所示。

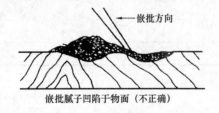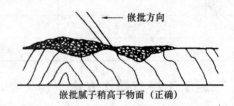

图13-15 嵌批腻子的要求

满批腻子可用牛角翘或薄钢皮批板进行操作，满批时常采用往返刮涂法（指较稀薄的腻子）。如一平放的饰面，先将腻子浇洒在饰面的上方边缘成一条直线，然后将批板握成与饰面成30°～60°，同时批板还要握得斜转些与边缘约为80°左右的角度，按照这样的手势将已敷上的腻子向前满批。满批时，要注意批板的前端要少碰腻子，力用在后端，沿直线从右往左一批到头，然后利用手腕的转动将批板原来的末端改为前端重叠$\frac{1}{4}$面积再从左到右，这样来回往复直至最后板下面的边缘，此时应用腻子托板接住刮出的多余腻子，如图13-16所示。

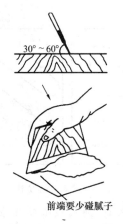

前端要少碰腻子

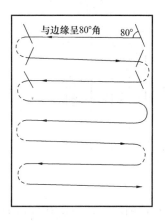

与边缘呈80°角　80°

图 13-16　批嵌腻子的角度和路线

4.打磨及复补腻子

腻子干透后必须用 1 号木砂纸或使用过的 $1\frac{1}{2}$ 号旧砂纸打磨木门窗的各个表面,以磨掉残余的腻子及磨平木面上的毛糙处。打磨平面时,砂纸要紧压在磨面上,可在砂纸内衬一块合适的方木或泡沫块,这样打磨容易使劲,可以磨出理想的平整面。为了避免砂纸将手磨破,可将砂纸折叠一下。打磨完后用掸灰刷将打磨下的脏物及灰尘掸干净。同时应检查是否有遗留下的孔眼和因腻子干燥后凹陷的部分,并用较硬质的腻子进行复补。

5.打磨及施涂铅油

待复补腻子干燥后,用 1 号砂纸打磨复补处,并用掸灰刷掸净灰尘。铅油施涂方法与施涂清油相同,可使用同一把油漆刷,由于铅油中的油分只占总重量的 $15\%\sim25\%$,掺入的溶剂又较多,挥发较快,所以铅油的流平性能差。在大面积的门板施涂中应采用"蘸油→开油→横油→理油"的施涂操作方法。

(1)蘸油。油漆刷蘸油后,应在容器的内壁上两面各滗一下,立即提起并依靠手腕的转动配合身躯的运动移到被涂饰物的表面上,这样可保证蘸油既多又不易使漆液滴落在其他物面上。

(2)开油。用油漆刷垂直方向涂刷,开油的刷距长短和总宽度是根据基层面的吸油量大小而灵活掌握的,对吸油量大的木材面,开油的刷距要小,甚至没有间距(满刷);对于吸油量不大,开油的间距可适量放宽些,一般控制在 $30\sim50$ mm 之间,长短通常控制在 $350\sim400$ mm 之间,开油的总宽度一般开 $4\sim5$ 漆刷,开油的方法如图 13-17 所示。开油的方向应该根据木纹方向而定,必须顺木纹开油。蘸油和开油是一连贯的动作,要求速度快、刷纹直,并根据漆液的稠度控制用力的轻重程度。一般落点处用力较轻(因为此时油漆刷内饱蘸着漆液),并逐渐增加手腕的压力,沿直线将残留在油漆刷内的漆液挤压到被饰物面的表面,当刷到近物面端部时,应注意将刷子轻轻地提起,以免产生流挂。

(3)横油。开油后不再进行蘸油,而是用油漆刷朝水平方向将开油部分摊开。将开油处未曾刷到的刷距部分连接平摊,并且摊均匀。若横油还不能使涂料充分均匀摊开,可以再进行斜油处理一次,直至被涂饰面漆膜均匀一致,没有刷痕、露地的现象。四角边缘处不得有流挂现象,一经发现有流挂现象,应马上把油漆刷滗干,理掉流挂处。横油斜油的方法如图 13-18 所示。

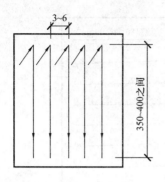

图 13-17 开油方法

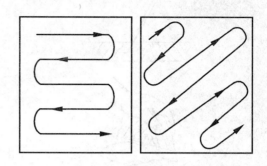

图 13-18 横油、斜油方法

（4）理油。理油前应将油漆刷在容器的边缘两面刮几下，刮去残留在油漆刷上的漆液，然后用油漆刷从左到右上下理顺理直，并且处理好接头处，上下接头处油漆刷轻轻地漂上去20～30 mm，左右拼接处油漆刷应重叠 15～20 mm。上下理直重叠前一刷路的 $\frac{1}{4}$ 算完成一个回路。这样来回理直整个饰面，最后将棱角流挂处要轻轻地理去，整个理油过程就此结束。理油方法如图 13-19 所示。

（5）打磨及施涂面漆。涂刷铅油后涂膜的表面并不平整，还会产生气泡、厚度不均匀等现象，用 1 号砂纸打磨平整并清理干净。打磨的要求同前所述。

在涂刷面漆前还应对木门窗进行检查，查看是否还有赃物存在，若有，应该及时处理。

施涂面漆操作的方法和铅油相同，但要求要高，尤其在涂刷时不得中途起落刷子，以免留刷痕，如图 13-20 所示。

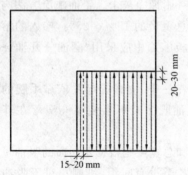

图 13-19 理油方法

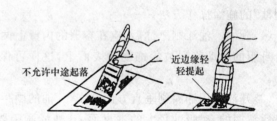

图 13-20 油漆刷中途起落留下刷痕

涂刷完毕要打开窗扇挂好风钩，门扇也要敞开支牢，这样既有利于涂膜干燥，又可防止窗扇或门扇与框边涂料相粘。待涂刷全部结束后，要避免饰面受烈日照射和直接吹风，否则会因涂层表面成膜过快引起皱皮、起泡或粘上灰尘，影响质量。

面漆作为最后一道操作工序，其操作工艺要求比前遍施涂底漆严格，这就要求操作者必须动作快、手腕灵活、刷纹直、用力均匀、蘸油量少、次数多，整个过程应一气呵成。深颜色的面漆一般只施涂一遍，浅颜色施涂两遍，只是在两遍面漆之间增加一遍打磨及过水工艺。具体做法是：采用 1 号旧砂纸或 0 号砂纸打磨表面，清理干净后用湿润的毛巾将表面擦揩干净（即过水），待其干燥后施涂第二遍面漆。

三、施工的注意事项、安全生产和文明施工要求

（一）注意事项

木材面的含水率应在12%以下，不能在潮湿的基层上施工；木窗表面若有松脂存在，应用

碱液或 25％的丙酮水溶液清洗干净；对开启的清油、铅油及调和漆，在使用中应充分搅拌，尤其是面漆，以免造成涂饰面的颜色深浅不一的现象；涂料若有结皮的现象，应用 80 目筛子过滤后方可使用，并根据涂料的粘度决定是否加相配套的稀释剂；清油一定要涂刷到各部位，涂刷时，宜薄不宜厚，以免在嵌批腻子时打滑及降低附着能力；人站在窗台上油漆时，应有安全措施，不得踩在木窗上，以免造成损伤；涂刷门框、窗框或贴脸等边缘时，要垂直整齐，门窗上的小五金、玻璃等处不得沾污上涂料，并做好落手清工作。

（二）安全生产和文明施工的要求

（1）如人站在窗外为窗子刷油漆时，要系上安全带。

（2）擦油漆用的溶剂纱头必须妥善放置在加盖的铁桶内，不可以随处乱扔。

（3）油漆施工场所必须置备消防器材。

（4）漆刷不干净时，不许到处乱涂刮，应指定场所涂刮，保持周围环境卫生。

四、质量通病与防治措施

（一）透底

主要原因：面漆太薄或刷毛较硬；底漆的颜色比面漆深；打磨时，边沿棱角及钉眼等处打磨露白。

防治方法：选用合适的油漆刷；面漆的涂膜应保持适量厚度；在配底漆时其色泽宜比面漆浅一些；打磨时注意棱角处不要磨穿，若磨穿了应及时补色。

（二）流坠

主要原因：涂刷底漆时，涂刷太厚或因涂料较稠；有时也会因刷毛过长、过柔软而施涂不开；边沿棱角处常会出现流坠，其主要原因是施涂时不注意，将涂料刷到已施涂好的相邻面上。

防治方法：将涂料调到合适的施工稠度；正确地选用油漆刷；操作时眼睛要看着油漆刷，边沿棱角出现流挂应及时用油漆刷理掉。

（三）皱皮

主要原因：涂料涂刷过厚和不均匀；涂料涂刷完毕就直接受到太阳的曝晒，或催干剂加得过多，造成干燥太快；两种或两种以上品种涂料掺和，造成干燥速度不一。

防治方法：涂刷时蘸油量要求一致；催干剂的掺量不应超过 2％。涂料涂刷完毕后应尽量避免太阳直接曝晒；涂料掺和使用时，必须是配套品种的材料。

（四）不亮

主要原因：稀释剂掺量过多；涂料中混入煤油或柴油；气候潮湿、气温低；上遍涂料未干透就施涂面漆。

防治方法：在涂刷面漆时，要尽量少加稀释剂或不加；涂料中不可混入煤油或柴油；涂刷面漆时气温应控制在 5℃以上，避免在潮湿气候下施工；上遍漆的涂膜未干透，不得涂刷面漆。

（五）分色裹楞

主要原因：分色线处的腻子未嵌好；未仔细涂刷或余漆未除清；上遍涂膜未干透就涂刷面漆。

防治方法:在嵌批纯油石膏腻子时,应将分色线处的缺陷嵌批整齐;在阴阳角处操作时一定要仔细,分色线应顺直;上遍涂膜一定要干透后才能涂刷面漆。

(六)有刷纹

主要原因:涂料的流平性差,干燥过快;刷毛太硬或施涂方法不当。

防治方法:选用流平性能好的涂料和挥发性慢的溶剂;油漆刷要选用得当,刷毛不可过短。

(七)小五金及玻璃不清洁

主要原因:施涂不当。

防治方法:要仔细涂刷,特别是线角处要刷齐整,一旦涂料污染了小五金,应及时揩擦干净。

五、成品与半成品的保护

(1)刷油漆时要把门窗关闭,断绝空气流通,使涂刷油漆时油漆干燥放慢,容易操作,刷完油漆后开启门窗通风。每道油漆须经过 24 小时后,才能进行下次刷漆。

(2)油漆涂刷后,应防止水淋、尘土沾污和热空气侵袭。

(3)油漆窗子时,人不能站在窗栏上,防止踩坏腻子和油漆。

(4)各类门窗在完成每一道油漆后都要把窗开启,挂好风钩。

(5)门窗上的小五金零件不需油漆,沾着油漆时要揩擦干净。

六、操作练习

(1)课题:木窗铅油、调和漆的施涂

(2)练习目的:使学员从理性认识转化为感性认识,从而熟练掌握木门窗铅油、调和漆的施涂技能。

(3)练习内容:在新做木窗上涂刷铅油、调和漆约 1.5 m²。

(4)分组分工:2～3 人一组,24 课时完成。

(5)练习要求

①清理木基层。用虫胶清漆在木节及有松脂处作封底处理,然后用砂纸将整个木窗打磨光滑,掸清灰尘。

②用自配的头道清油按操作顺序统刷一遍。

③嵌批油性石膏腻子,干后用砂纸打磨平整。

④刷底油(铅油),干后复嵌腻子,砂纸打磨。

⑤修补铅油。

⑥刷调和漆,在刷调和漆之前必须将场地打扫干净,然后再刷面漆。

(6)产品质量验收和评分标准

产品质量验收:

①油漆工程应待表面结成牢固的漆膜后,方可进行验收。

检验数量:室外,按施涂面积抽查 10％;室内,按有代表性的自然间(过道按 10 延长米、礼堂、厂房等大间可按两轴线为 1 间)抽查 10％,但不得少于 3 间。

②油漆工程验收时,应检查所用的材料品种、颜色是否符合设计和选定的样品要求。

评分标准,见表 13-3。

表 13-3 木门窗油漆评分标准

序号	考核项目	考核时间	考核要求	标准得分	实际得分	评分标准
1	基层处理		污物、松脂清除干净,毛刺等剔除,楞角打磨圆滑,落手清	20		有一处未清除扣 1 分,不磨扣 5 分,磨得不好扣 3 分,不做落手清扣 4 分,做得不清扣 2 分
2	刷清油		做到不遗漏	5		漏刷一处扣 1 分
3	嵌批腻子		先嵌洞缝,上下冒头榫头嵌密实,满批和顺,无野腻子	15		上下冒头不密实扣 2 分,漏嵌一处扣 2 分,野腻子多扣 4 分,嵌批基本和顺得 10 分
4	磨砂纸		平整、光洁、和顺、掸清灰尘	10		基本合格得 6 分,仍有野面腻子扣 6 分
5	刷铅油		不漏、不挂、不皱、不过棱、不露底	10		有一项 1 分
6	复嵌打磨		复嵌无遗漏及凹处,不磨穿	10		在凹处或漏嵌扣 2 分
7	刷填光油		同 5	10		同 5
8	刷调和漆		不漏、不挂、不皱、不过棱、不起泡	20		有一项扣 3 分,平面遗漏或起皮有一处扣 5 分;玻璃、地坪、小五金、窗台口不清爽,有一处扣 2 分
	合计			100		

姓名: 班级: 日期: 学号: 指导教师: 得分:

(7)现场善后整理

木门窗油漆完毕后,固定好风钩和木楔,干燥 24 小时后,将门窗玻璃上的油漆玷污用刀片铲干净;现场滴下的漆液必须用溶剂揩擦干净;用剩下的油漆应及时入库妥善处理;油漆刷要保养好以备下次再用;油漆小桶必须用溶剂擦洗干净。

第三节 水性涂料的施工

水性涂料是一种以水为溶剂(或介质),其主要成膜物质能溶于水(或分散于水中)的一种涂料。水性涂料所采用的原料是无毒、不助燃、不污染空气,且取用较方便。水性涂料不仅具有干燥速度快、有一定的透气性、成膜后不还原的特点,还具有不同程度的耐水、耐候、耐擦洗等性能,操作简便,适用于室内外的墙面的涂饰。

施工项目为在内墙面上涂刷 803 内墙涂料。

一、施工准备

材料准备:803 内墙涂料、107 胶水等,详见备料单(表 13-4)。

表 13-4 备料单

序号	名称	规格	数量	备注
1	803 涂料		20 kg	

（续表）

序号	名称	规格	数量	备注
2	107 胶水		3 kg	
3	白胶		1.5 kg	
4	化学糯糊		4 kg	干
5	石膏粉		5 kg	
6	老粉		25 kg	
7	木砂纸	$1\frac{1}{2}$号	6 张	

工具准备：排笔、钢皮批刀等，详见工具单（表 13-5）。

表 13-5　　　　　　　　　工具单

序号	名称	规格(mm)	数量	备注
1	排笔或绒毛滚筒	16 管或 200 滚筒	6 把（个）	
2	钢皮批刀	110×150	6 把	
3	铲刀	63	6 把	
4	腻子板	20×30	6 块	
5	合梯	5 档	3 个	
6	脚手板	50×200×400	1 块	
7	揩灰漆刷	50	2 把	
8	刷浆桶	200×250	6 只	
9	腻子桶	250×300	1 只	
10	搅拌器		1 个	
11	铜箩筛	80 目	1 只	
12	抹布	250×500	2 块	

二、施工工序与操作方法

（一）施工工序

基层处理→刷清胶→嵌补洞、缝→打磨→满批腻子两遍→复补腻子→打磨、涂刷涂料两遍（或滚涂两遍）。

（二）操作方法

1. 基层处理

用铲刀、铁砂布铲除或磨掉表层残留的灰砂、浮灰、污迹等。由于基层处理的好坏直接关系到涂料的附着力、平整度和施工质量，因此，一定要认真做好此项工作。

2. 刷清胶

按 107 胶水：清水＝1：3 的比例配制成清胶，用排笔或绒毛滚筒通刷墙面一遍，洞缝刷足，做到不遗漏、不流坠。

3. 嵌补洞缝

清胶干燥后，调拌硬一些的胶老粉腻子，并适量加些石膏粉，用铲刀嵌补抹灰面上较大的缺陷，如大气孔、麻面、裂缝、凹洞，要求填平嵌实。

4. 打磨

嵌补腻子干燥后,墙表面往往有局部凸起和残存的腻子,可采用 $1\frac{1}{2}$ 号或 1 号砂纸打磨平整,然后将粉尘清除干净。

5. 满批腻子

嵌批腻子一般用钢皮刮板和橡皮刮板,头遍腻子可用橡皮刮板,第二遍可用钢皮刮板批刮。批刮时,刮板与墙面的角度成 40 度左右,并往返来回批刮,遇基层低凹处时刮板要仰起,高处时要边刮边收净。批刮时要用力均匀,不能出现高低的刮板印痕。腻子一次不能批刮太厚,否则不宜干燥且容易开裂,一次批刮厚度一般以不超过 1 mm 为宜。墙面满批腻子一般是满批两遍,必须在头遍干燥后再批第二遍,若墙面平整度差可以多批几遍。但必须注意,腻子批得过厚对饰面的牢度有一定的影响,一般情况下宜薄不宜厚。

6. 复补腻子

墙面经过满刮腻子后,如局部还存在细小缺陷,应再复补腻子。

7. 打磨

待腻子干后可用 1 号砂纸打磨平整,打磨后应将表面粉尘清除干净。

8. 涂刷涂料

涂料一般涂刷二遍,涂刷工具可用羊毛排笔或滚筒。用排笔涂刷墙面时,要求两人或多人同时上下配合,一人在上刷,另一人在下接刷,涂刷要均匀,搭接处无明显的接槎和刷纹。

（1）排笔涂刷法

墙面涂刷涂料应从右上角开始,因为刷浆桶在左手,醮浆时容易沾到已刷过的墙面,所以必须从右到左涂刷。排笔以用 16 管为宜。蘸涂料后,排笔要在桶边轻敲两下,一方面可以使多余涂料滴落在桶内,另一方面可把涂料集中在排笔的头部,以免涂料顺排笔滴落在操作者身上和地上造成污染。涂刷时,先在上部墙面顶端横刷一排笔的宽度,然后自右向左从墙阴角开始向左直刷,一排刷完,再接刷一排,依次涂刷。当刷完一个片段,移动合梯,再刷第二片段。这时涂刷下部墙的操作者可随后接着涂刷第二片段的下排,如此交叉踏步形地进行,直至完成。涂刷时排笔蘸涂料要均匀,刷时要紧松一致、长度一致、宽度一致。一般情况下,涂刷每排笔的长度是 400 mm 左右,上下排笔相互之间的搭接是 40～80 mm 左右,并要求接头上下通顺,无明显的接槎和刷纹。用排笔涂刷时应利用手腕的力量上下左右较协调地进行涂刷,不能整个手臂跟随手腕上下摆动,甚至整个身体也随之摆动。刷完第一遍涂料待干燥后,检查墙面是否有毛面、沙眼、流坠、接槎,并用旧砂纸轻磨后再涂刷第二遍涂料,完成后按质量标准进行检查。要求涂层涂刷均匀、色泽一致,不得有返碱、咬色、流坠、砂眼,同时要做好落手清。

顶棚涂刷涂料:其操作方法和要求与墙面涂刷涂料方法基本相同。但是,由于刷涂顶棚时,操作者要仰着头手握排笔涂刷,其劳动强度和操作难度都大于墙面。为了减少涂刷中涂料的滴落,要求把排笔两端用火烤或用剪刀修整为小圆角。同时涂刷中还要注意排笔要少蘸、勤蘸涂料,不要蘸到笔杆上,蘸后要在桶边轻轻拍两下。

（2）辊筒滚涂

适用于表面毛糙的墙面。操作时,将辊筒在盛装涂料的桶内蘸上涂料后,先在搓衣板上（或在桶边挂一块钢丝网）来回轻轻滚动,使涂料均匀饱满地吸在辊筒毛绒层内,然后进行滚涂。墙面的滚涂顺序是从上到下,从左到右,滚涂时要先松后紧,将涂料慢慢挤出辊筒,以减少涂料的流滴,使涂料均匀地滚涂到墙面上。

用辊筒滚涂的优点是工效高、涂层均匀、流坠少,且能适用高粘度涂料。其缺点是滚涂适用于较大面积的工作面,不适用边角面。边角、门窗等工作面,还得靠排笔来刷涂。另外滚涂的质感较毛糙,对于施工要求光洁程度较高的物面必须边滚涂边用排笔来理顺。

三、施工注意事项、安全生产和文明施工的要求

(一)施工注意事项

(1)在石膏板(石膏板是以半水石膏和面纸为主要原料,掺加入适量纤维、胶粘剂、促凝剂、缓凝剂,经料浆配制、成型、切割、烘干而成的轻质薄板)、TK板(TK板又称纤维增强水泥平板,是以低碱水泥、中碱玻璃纤维和短石棉为原料,制成的薄型建筑平板)等轻质板面上施涂涂料,首先要在固定的面板螺钉眼上点刷防锈漆和白色铅油,以防螺钉锈蚀,表面出现锈斑污染涂层。另外在面板之间的接缝处理上,应先用石膏油腻子将接缝嵌平,再将涂有乳胶的穿孔纸带或棉白布斜向撕条(50~60 mm 宽)贴在接缝处,如图 13-21 所示,然后满批胶粉腻子,待干燥后打磨、清扫,再涂刷涂料。涂刷涂料方法同前。在石膏板材面刷涂各种水性涂料时,如果该地区的室内相对湿度大于70%时,在施工前对石膏板要进行防湿处理。可先在石膏板纸面上刷一遍光油或氯偏乳液,要求正反两面都刷。光油是由熟桐油加松香水配成,其配合比是熟桐油:松香水＝1:3。

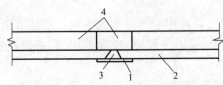

图 13-21　接缝处理
1—穿孔胶带纸或布条;2—纸面石膏板;3—拼缝处用石膏油腻子嵌平;4—主龙骨

(2)室内涂料施工,要求抹灰面干燥,墙面含水率要求不超过 8%,pH 值不超过 9 的条件下才能涂刷。

(3)803 涂料若稠厚刷不开,可适量加温水稀释,但不可过量,否则影响涂层的牢度。如刷带色浆,从批腻子时就要加色,加色应比色浆颜色浅,最后一遍尽量达到与要求的颜色相同。另外,如被烟熏黑的旧墙面在清理后,可用料血或石灰浆,在旧墙面上刷 1~2 遍。如果是因为渗水造成的泛黄水迹,必须在堵渗后,于泛黄处刷 1~2 遍白色铅油。

(二)安全生产和文明施工要求

使用合梯和跳板前要检查是否有不安全因素,合梯之间必须用绳子牵制牢固,梯脚应用橡皮包扎,以防操作时滑移。跳板不可放在合梯的顶端,跳板两端部搭在梯子上不得小于 200 mm长。用剩余的腻子能继续用的放进腻子桶内,不能用的放入垃圾桶中,不可随意到处乱扔。水性涂料施涂完毕后,必须将地板、玻璃窗、画镜线、踢脚板、门头线、窗台等处的沾污用布揩擦干净,保持施工场所的环境卫生。

四、质量通病和防治措施

(一)表面粗糙、疙瘩、流坠

主要原因:基层未清理干净;砂纸打磨未达到要求;施工现场太脏,污染涂饰面;材料未过滤干净;基层太潮湿;水性涂料内胶质过多,不易干燥;喷涂时气压过大,喷枪距离太近,喷枪口的出浆量过大。

防治方法:基层要清理干净;基层凸出的颗粒要磨平、磨掉;施工现场要清理干净后再涂刷

涂料,最后一遍涂料要等其他工种完工后再涂刷;涂料要过筛滤掉杂质;基层含水率不超过8%;选用配合比正确的涂料;喷涂时的气压要控制在0.6~0.8 MPa范围内,喷枪距离应在400 mm左右,调节好喷枪口的出浆量。

(二)掉粉、起皮

主要原因:涂料粘结力差;腻子内胶质含量太少;涂料中任意加水。

防治方法:选用质量合格的涂料,基层必须清理干净;腻子必须按正确比例配制;涂料不可以任意加水稀释。

(三)透底

主要原因:涂料太稀,遮盖力差;喷涂或刷涂的遍数不够;基层面颜色偏深。

防治方法:选用遮盖性好的涂料,涂料中不任意加水;要按规范规定进行操作,遍数要做足,一般为2~3遍;旧墙面原来的涂料如果是深色,应先铲除后再进行施工。

五、成品与半成品的保护

(1)水性涂料涂刷后应防止水淋。

(2)水性涂料未干前防止尘土污染。

(3)水性涂料未干前防止冷空气的侵袭。

(4)饰面嵌批腻子必须待腻子干透后磨砂纸、刷浆。

(5)头遍涂料必须完全干燥后,再涂刷第二遍涂料。

六、操作练习

(1)课题:室内墙面刷803内墙涂料。

(2)练习目的:通过操作练习,使学员能熟练掌握803内墙涂料的涂刷技能和工具要求。

(3)练习内容:墙面刷水起底,嵌批、打磨、刷浆

(4)分组分工:可以利用教师办公室或学生宿舍等自然间作为实习场所;4~6人一组,每人完成10 m²以上,24课时完成。

(5)练习要求:

①清理基层:将旧水性涂料全部起底,注意对基层抹灰面的保护,尽量不要铲破抹灰面层。

②刷清漆:将107胶水适当稀释后(1:3),用排笔将清理过的墙面通刷一遍。

③嵌腻子两遍:用稠硬的胶老粉腻子将大洞缝嵌密实、嵌平整。

④批满腻子两遍:第一遍用橡皮刮板批刮。要求批刮后的墙面平整,不得留有残余腻子。每遍腻子干燥后用砂纸打磨光滑,掸清灰尘。

⑤刷两遍803涂料。注意排笔的正确握法,按操作要领施工。

(6)产品质量验收和评分标准:

产品质量验收:

①检查数量:室外以4 m左右高为一检查区,每20 m长抽查一处(每次3延长米),但不少于3处;室内按有代表性的自然间,抽查10%,过道按10延长米,厂房、礼堂等大间按两轴线为1间,但不少于3间。

②刷浆工程应待表面干燥后,方可验收。

③刷浆工程验收时,应检查所用的材料品种,颜色是否符合设计要求。

评分标准:见表13-6。

表 13-6　　　　　　　　　内墙刷 803 涂料评分表

序号	考核项目	考核时间	考核要求	标准得分	实际得分	评分标准
1	基层处理		先刷水,后起底	12		起底基本干净得 8 分,不干净得 4 分
			勒缝松动处处理,石灰胀泡、煤屑粗粒、筋条清除	12		有一项处理不净的扣 2 分
			画镜线、窗台口、踢脚、地坪、墙面落手清	6		有一处扫不清扣 3 分
2	刷清胶		用 1∶3 调配 107 胶水,洞缝处要刷足	5		调配基本正确得 3 分,洞缝未刷足扣 2 分
3	嵌批		拌批胶老粉适当,正确掌握软硬度	5		拌得过硬(软)扣 3 分,有石膏僵块扣 2 分
			嵌洞缝要密实平整,高低处平	5		不密实扣 3 分,高低处未平扣 2 分,漏嵌一处扣 1 分
			批嵌和顺,无残余腻子	5		有一处扣 1 分
			复嵌高低处要假平,无瘪潭凹处,平整和顺	5		有一处扣 1 分
			操作顺序及姿势正确	5		手势基本熟练得 3 分,僵硬不灵活全扣
4	磨砂皮		手势正确,不磨穿	6		手势不正确扣 1 分,棱角磨穿扣 3 分
5	头遍 803		基本均匀无遗漏、无起泡起壳、无刷纹、基本手势,50 cm 左右	10		有起泡起壳扣 6 分,有刷纹扣 5 分,遗漏扣 6 分,基本熟练得 6 分
6	第二遍 803		均匀和顺,不露底,无遗漏,无起泡,无刷纹,50 cm 左右	15		基本熟练得 9 分,起泡起壳扣 6 分,遗漏扣 6 分,刷纹扣 5 分,露底全扣
7	落手清			9		有一次不清扣 1 分
	合计			100		

班级:　　　学号:　　　姓名:　　　年　月　日　　　教师签名:　　　总分:

　　(7)现场善后整理。

　　刷浆完毕后必须做好落手清,将地板、踢脚板、画镜线、门头线、窗台板等沾污上的水性涂料用湿布揩干净。打开门窗让房间通风。将用剩的涂料腻子归到料间,并将刷浆桶、排笔清洗干净,以备后用。

第四节　裱糊工程的施工

　　裱糊工艺在我国有着悠久的历史,很早以前我国人民就有裱糊帛缎、纸张等装饰工艺。随着装饰工程的发展,裱糊壁纸、布已成为装饰工程的重要一部分,壁纸、布的品种较多,一般分为三大类型,即:纸基纸面壁纸、天然织物面壁纸、塑料壁纸。

　　塑料壁纸是目前应用较多的一个品种,它的基层是纸质,面层原料为聚氯乙烯树脂,它有发泡和不发泡两种。发泡型的有高泡、中泡、低泡之分。塑料壁纸具有一定伸缩性和耐裂强度、具有丰富多彩的凹凸花纹,具有立体感和艺术感,具有施工简单易于粘贴,表面不吸水,可以用湿布擦洗。适用于各种建筑物的内墙和顶棚等贴面的装饰。

施工项目为贴面塑料壁纸的粘贴。

一、施工准备

(一)材料准备

1. 壁纸

(1)壁纸材料的选用

由于壁纸的图案、花纹、品种较多,在选用壁纸时,应根据所装饰的房间功能,朝向以及大小等因素综合考虑,选购较适合的壁纸。如空间大的房间,壁纸的图案采用大花型的;书房选用高雅型的;空间小的房间一般采用细密碎花型的壁纸。购买壁纸应一次购齐,购买的数量比实际粘贴面积多2%~3%。

(2)施工性试验

用聚醋酸乙烯乳液与淀粉混合(7∶3)的粘结剂,在特制的硬木板上做粘贴性试验,如图13-22所示,经2、4、24小时观察不应有剥落现象。

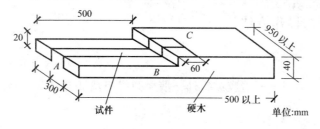

图 13-22 施工性试验图

2. 腻子

粘贴壁纸的墙面基层,一般采用胶老粉腻子,按化学糯糊∶107胶水∶老粉∶石膏粉=1∶0.5∶2.5∶0.5的比例配制而成。也可以采用胶油老粉腻子,按化学糯糊∶107胶水∶熟桐油∶松香水∶老粉∶石膏粉=1∶0.5∶0.5∶0.2∶3.5∶1的比例配制而成。

胶粘剂:粘贴壁纸用的胶粘剂,一般采用自配胶粘剂,按聚醋酸乙烯乳液∶化学糯糊=5∶15的比例配制而成。

底料(清胶、白色铅油):底料一般有两种,一种是采用清胶溶液,按107胶水∶清水=1∶1.5的比例配制而成。另一种是选用白色铅油,不容易使壁纸透底。材料规格数量详见备料单(表13-7)。

表 13-7 备料单

序号	名称	规格	数量	备注
1	塑料壁纸	530×10 000 mm	10 卷	不发泡型
2	胶老粉腻子		15 kg	
3	胶粘剂		7 kg	
4	清胶		2 kg	

(二)工具准备

工作台、钢直尺、活动裁纸刀等详见工具单(表13-8)。

表 13-8 　　　　　　　　　　　　　**工具单**

序号	名称	规格	数量	备注	序号	名称	规格	数量	备注
1	工作台	1 800 mm×600 mm	1 个		13	掸灰刷	50 mm	3 把	
2	钢直尺	1 000 mm	2 把		14	毛巾	250 mm×600 mm	4 条	
3	活动裁纸刀	25 mm×160 mm	4 把		15	钢皮批刀	110 mm×150 mm	4 把	
4	线锤	小号	2 只		16	铲刀	50 mm,63 mm	各一把	
5	剪刀	250 mm 左右	2 把		17	合梯	5 档	3 个	
6	塑料刮板	120 mm×200 mm	4 把		18	脚手板	250 mm×4 000 mm	一块	
7	压缝压辊	单支框	2 把		19	卷尺	2 000 mm	2 把	
8	绒毛滚筒	150 mm	2 只		20	排笔	16 管	1 支	
9	糨糊桶	230 mm×230 mm	2 只		21	地板条	15×40×3 000 mm	2 根	
10	水桶	270 mm×270 mm	1 只		22	木砂纸	1～号	10 张	
11	腻子桶	270 mm×270 mm	1 只		23	平水管	10 mm×5 000 mm	1 根	
12	刷糨糊刷	50 mm	2 把		24	粉线袋		一只	

二、施工工序与操作方法

(一)施工工序

基层处理→嵌批腻子→刷清胶或铅油→墙面弹线→裁纸与浸湿→墙面涂刷粘结剂→壁纸的粘贴

(二)操作方法

1. 基层处理

裱糊壁纸的抹灰面要具有一定的强度和平整度,对阴阳角的要求较高,用 2.5 m 的直尺检查阴阳角偏差不得超过 2 mm。抹灰面含水率不超过 8%,板材基层含水率不大于 12%。抹灰面如有起壳、空鼓、洞缝等缺陷必须修整,板材基层同样也要进行基层处理,具体各种基层处理方法请详见本章中的"基层面处理"。对于板材的螺丝和钉子必须低于基层面 1～2 mm,并点刷红丹防锈漆和白漆,以防铁锈污染壁纸,造成透底等现象。板材面拼缝处用纯油石膏腻子嵌实嵌平,干燥后打磨平整,在拼缝处用白胶粘贴一层 50 mm 左右的棉斜纹布条或穿孔胶带纸以防开裂。

2. 嵌批腻子

(1)嵌腻子。对基层面上比较大的洞、缝等缺陷处要先嵌补腻子,嵌补的材料一般选用胶老粉腻子或胶油老粉腻子,嵌补用的腻子可调得稠硬些,嵌补时要求基本嵌平,若阴阳角不直可以用腻子修直。

(2)满批腻子。待嵌补腻子干透后,打磨平整并掸清灰尘,满批胶老粉腻子或胶油老粉腻子 1～2 遍,满批时遇低处应填补、高处应刮净。要求平整光洁,干燥后用砂纸打磨光滑。

3. 刷清胶或铅油

基层面通过嵌批腻子后,腻子层有厚有薄容易造成厚的地方吸水分较快,薄的地方吸水较慢。为了防止因为基层吸水太快,造成裱糊时胶粘剂中的水分被迅速吸掉而失去粘结力或因为气候干燥使胶粘剂干得过快而来不及裱糊,在裱贴前必须先在腻子面层上刷一遍由107胶水和清水配制的清胶,或刷一遍白色铅油,一般胶老粉腻子的基层采用刷清胶,而胶油老粉腻子则采用白色铅油作为打底料,可以避免壁纸粘贴后出现透底现象。不论涂刷清胶或铅油,都必须全部均匀涂到,不得有漏刷、流坠等缺陷存在。

4. 墙面弹线

裱糊壁纸要求是横平竖直,为了裱糊操作的需要,必须弹出基层面上的水平线和垂直线。

(1)弹水平线及垂直线。弹水平线和垂直线的目的是为了使壁纸粘贴后,花纹图案和线条纵横连贯。为此,在基层底料干燥后,用平水管平出水平面,然后用粉线袋弹出水平线,沿门或窗樘侧边用粉线袋弹出垂直线,也可以先弹出垂直线,然后在垂直线的基础上用90°角尺量出水平点,再弹出水平线。天花板必须弹出水平线和垂直线,如图13-23所示。

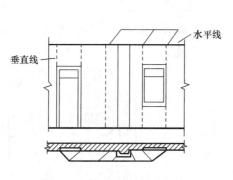

图13-23　弹水平线和垂直线处

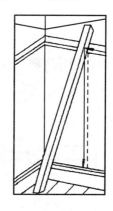

图13-24　挂锤线

(2)挂锤线。用一根地板条或木线条(15 mm×40 mm×3 000 mm左右),斜靠在上墙上,并在木条上端钉上铁钉,将锤线系在铁钉上,铅锤下吊到踢脚板的上口处,如图13-24所示。铅锤静止不动后,沿着锤线用铅笔淡淡地在画镜线下口处点上一点,然后在踢脚板上口也点上一点,再用2 500 mm左右的木直尺将两点用铅笔轻轻地连接起来,成为第一幅壁纸的基准线,一般第一根锤线由门后墙角处开始。锤线定在距墙角500 mm处。在壁炉或窗的位置定第一根锤线应定在壁炉或窗的中央往两边分开贴,在阴角处收尾。

5. 裁纸与浸湿

(1)裁纸。根据贴面计算出需要几幅壁纸,然后分别在壁纸背面用铅笔编号,每幅壁纸需放长50 mm,以备上下收口裁割。如图13-25所示。有规则的花纹图案壁纸比无规则的自然花纹壁纸损耗量大,壁纸上有花纹图案的,应预先考虑完工后的花纹图案,在贴面上的效果以及拼花无误。不要急于裁割,以免造成浪费。

(2)浸湿。塑料壁纸遇水后会自由膨胀,一般4～5分钟后胀足,干燥后则自行收缩,若直接在干壁纸上刷胶立即裱糊于贴面。由于壁纸遇湿后迅速膨胀,贴面上的壁纸会出现大量的气泡和皱褶,影响裱糊效果。因此,在裱糊壁纸前必须将壁纸提前浸湿。浸湿的方法,可将裁好的壁纸,正面朝内卷成一卷,放入水斗或浴缸中浸泡4～5分钟后,拿出壁纸并抖掉水分;也可以用排笔蘸水涂刷在壁纸的反面,湿水后的壁纸应静置15分钟左右,此时壁纸已充分胀开。

6.墙面涂刷粘结剂

用50 mm的油漆刷蘸粘结剂镶画镜线下口、阴角和踢脚板上口,再用150 mm的绒毛滚筒蘸粘结剂自上而下均匀地涂在贴面上,滚胶的宽度比壁纸门幅宽度多滚涂2～3 mm左右。不论是刷涂或滚涂粘结剂,施涂粘结剂要求厚薄均匀,不可漏涂。

7.壁纸的粘贴

(1)拼接法粘贴

①墙面粘贴。墙面粘贴壁纸时,一般人站在锤线的右边,将湿水静置后的壁纸卷握在左手,冒出画镜线约20～25 mm,沿锤线慢慢展开壁纸,右手拿绞干后的干净湿毛巾,协助左手工作,左手放纸,右手用毛巾将壁纸揩擦平服,壁纸放完后再用塑料刮板从当中往上、下两头赶刮;若二人合作粘贴,则一人往上赶刮,另一人往下赶刮,将多余的胶液刮出,裁去上下冒出的壁纸,并用干净湿毛巾揩去胶液。接着刷第二幅贴面的粘结剂,再贴第二幅壁纸,拼接法粘贴要求拼缝严密,花纹图案纵齐横平,若接缝处翘边,可用压边压辊压服贴。若裱糊有背胶的壁纸时,应将背胶面用排笔刷一遍水给予润湿,再在贴面上刷粘结剂,粘贴方法是双手捏住壁纸的左右上角,从上面往下粘贴,然后再按上述方法粘贴。

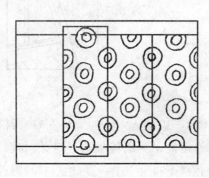

图13-25 上下口裁割

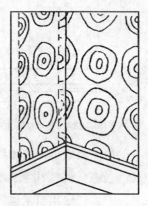

图13-26 阴角粘贴法

②墙角裱贴。粘贴阴角壁纸时,快要接近墙角处剪下一幅比墙角到最后一幅壁纸间略宽的壁纸,转过阴角约2～3 mm,如图13-26所示。因为阴角较难达到完全垂直,然后从转角处量出500 mm距离,吊一根锤线,沿锤线朝阴角处粘贴,裁去剩余的不成垂直线的壁纸即可。裱糊阳角时,应在裱糊前算准距离,尽量将阳角全包,若阳角面过宽,壁纸幅不能全包,但壁纸包角距离不得小于150 mm,否则,壁纸粘贴牢度和垂直度均不能保证。

③开关、插座及障阻物等处的裱贴。在裱糊时遇到开关或插座等物体时,能卸下的罩壳尽可能拆下,在拆卸的时候必须切断电源,用火柴棒或木条插入螺丝孔眼中。若遇到挂镜框或字画等用处的木楔,可以用小铁钉钉在木楔上,否则,裱糊完毕后很难找到木楔的位置。不能拆下的物体,只好在壁纸上剪个口再裱贴。不拆的开关板和插座板,在裱糊时,将壁纸先裱糊在盖板上,然后在盖板的中心位置,用剪刀在壁纸上剪成叉形,用塑料刮板将盖板四周刮平整服帖,再用裁纸刀贴住塑料刮板裁去多余部分,如图13-27所示。

④天花板裱贴。在裱糊天花板时,一般在天花板的中间作一垂直平分线,然后壁纸沿中心线朝两边粘贴,裱糊天花板之前,先要量准天花板的长度和宽度,合理地算出壁纸的走向,一般是趋向于长方向,但也不排除宽方向,主要以少拼接为原则。粘贴天花板必须搭好脚手架,一般采用两副合梯穿一块脚手板,大面积天花板裱糊应该搭满堂脚手架。天花板的粘贴方法基本和墙面的粘贴方法相同。

(2)搭接法粘贴

搭接法粘贴就是将第二幅壁纸左边重叠在第一幅壁纸的右边 20～30 mm,然后左手握直尺或塑料刮板作为裁纸刀的靠山,右手紧握裁纸刀,垂直用力在壁纸重叠处的中间逐渐自上而下裁割。尺或塑料刮板移动,而裁纸刀不可离开饰面,要准确不偏地将双层壁纸切割开,再将裁割后的面层和底层多余的小条揭去,如图 13-28 所示,并用塑料刮板赶刮平服,用绞干后的干净湿毛巾擦去多余的胶液。用搭接法粘贴省去了拼缝这道烦人的工序,节省了时间,同时拼缝处完全密实吻合,解决了拼缝不严的弊病,但采用此种方法壁纸的耗用量大。

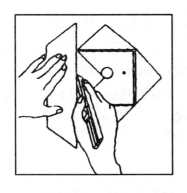
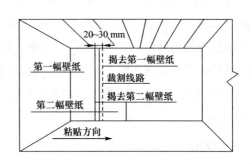

图 13-27　开关位置裁割方法　　　　　图 13-28　搭接法裱贴裁割方法

三、施工的注意事项、安全生产和文明施工的要求

(一)注意事项

(1)天气特别潮湿的情况下,粘贴完毕后,应打开门窗通风,夜晚时应关闭门窗不使潮气侵袭。

(2)粘贴壁纸尽可能选在室内相对湿度低于 80％的气候条件下施工,温度不宜相差过大。

(3)裁割多余壁纸时,刀要快,用力要均匀,应该一次裁割完毕,不可重复多次在一切口裁割,造成壁纸切口不光洁等弊病。

(4)壁纸阴角处应留 2～3 mm,阳角处不允许留拼接缝。

(5)壁纸粘贴后,若发现有气泡、空鼓处,可用针或裁纸刀割破放气,并用注射针挤进粘结剂,用干净毛巾揩平服即可。

(6)裱糊用的粘结剂应该放在非金属容器内。

(7)壁纸粘贴施工应放在其他工程结束以后再进行,避免损坏和污染。

2. 安全生产和文明施工的要求

(1)粘贴操作时所站的梯凳应牢固,糨糊桶不用时应放置在适当的位置,以免碰翻。

(2)使用活动裁纸刀时必须注意安全,使用完毕后应将刀片退回刀架中,以防伤人。

(3)裱糊完毕后,必须将裁割下的碎剩壁纸清扫干净。

(4)画镜线、贴脚板、窗台板、门头线、地板、开关板等处沾污上的胶液,必须揩擦干净。

四、质量通病及防治措施

(一)翘边

1.产生原因

(1)基层有灰尘、油污等,过分干燥或过分潮湿等因素,造成壁纸与基层粘结不牢,产生壁纸卷翘情况。

(2)胶粘剂粘性不够,造成纸边翘起,特别是阴角处,第二张壁纸粘贴在第一张壁纸的塑料面上,更易出现翘起现象。

2.防治措施

(1)基层表面的灰尘、油污等必须清除干净,基层面含水率不超过 10％,对吸湿力过大现象,一般是未刷底胶而造成,必须严格遵守操作程序。

(2)根据不同的壁纸,选用不同的粘结剂。如果因为粘结剂胶量少而引起翘边的,应换用黏性大的胶液;若壁纸翘边已干结,可用热毛巾将其敷软,再刷胶粘贴。对于阴角搭缝处翘起,先将底层壁纸粘贴牢固,再用黏性大的胶液粘贴面层壁纸。

(二)空鼓

1.产生原因

(1)裱贴壁纸时赶压不得当,往返挤压胶液次数过多,使胶液干结失去粘结作用;或赶压力量太小,多余的胶液未能挤出,存留在壁纸内部,长期不能干结,形成胶囊状;或未将壁纸内部空气赶出而形成气泡。

(2)基层或壁纸底面,涂刷胶液厚薄不匀或漏刷。

2.防治措施

(1)严格按照裱贴工艺操作,必须用塑料刮板按顺序从当中往两头刮,将气泡和多余的胶液赶出。由于胶液干结产生气泡,可用医用注射针将胶液打入鼓包内,再用毛巾揩平服。壁纸内部含有胶液过多时,可使用医用注射针穿透壁纸层,将胶液吸收后再压平服。

(2)基层面涂刷胶液厚薄必须均匀,不可以漏刷。

(三)搭缝

1.产生原因

未将两张壁纸连接缝推压分开,造成重叠。

2.防治措施

有搭缝弊病时,一般可用钢尺压紧在搭缝处,用刀沿尺边裁割搭接的壁纸,处理平整,再将面层壁纸粘贴好。

（四）花饰不对称

1. 产生原因

（1）裱贴壁纸前没有区分无花饰和有花饰壁纸的特点，盲目裁割壁纸。

（2）在同一张壁纸上印有正花与反花，裱帖时未仔细区别，造成相邻壁纸花饰一顺向。

（3）对于要裱贴壁纸的房间事先未进行周密观察合计，造成门窗口的两边、室内对称的柱子、两面对称的墙所裱贴的壁纸花饰不对称。

2. 防治措施

（1）壁纸裁割前，应对于有花饰的壁纸认真区别，将上口的花饰全部统一成一种形状，按照实际尺寸留有余量统一裁纸。

（2）要仔细分辨在同一张壁纸上印有的正花与反花，最好进行搭缝法进行裱贴，以避免由于花饰略有差别而误贴。

（3）对准备裱贴壁纸的房间应观察有无对称部位，若有对称部位，认真设计排列壁纸花饰应先裱贴对称部位。如房间只有中间一个窗户，裱贴前在窗口取中心线，向两边分贴壁纸，这样壁纸花饰就能对称。

（五）裱贴不垂直

1. 产生原因

（1）裱贴壁纸前未吊锤线，第一张贴得不垂直，依次继续裱贴多张后，偏离更厉害，有花饰的壁纸问题更严重。

（2）壁纸本身的花饰与纸边不平行，未经处理就进行粘贴。

（3）基层表面阴阳角垂直偏差较大，影响壁纸裱贴的接缝和花饰的垂直。

（4）搭缝裱贴的花饰壁纸，对花不准确，重叠裁割后，花饰与纸边不平行。

2. 防治措施

（1）壁纸裱贴前，应先在贴面吊一条锤线，用铅笔划一直线，裱贴的第一张壁纸纸边必须紧靠此线边缘，检查垂直无偏差后方可裱贴第二张壁纸。裱贴壁纸的每一贴面都必须吊锤线，防止贴斜。最好裱贴 2～3 张壁纸后，就用线锤在接缝处检查垂直度，及时纠正偏差。

（2）采用接缝法粘贴花饰壁纸时，应先检查壁纸的花饰与纸边是否平行，如不平行，应将斜移的多余纸边裁割平整后再裱贴。

（3）裱贴前应对裱贴壁纸的基层先做检查，阴阳角必须垂直、平整、无凹凸。对不符合要求的，必须修整后才能施工。

（4）采用搭缝法裱贴第二张壁纸时，对一般无花饰的壁纸，拼缝处只需重叠 20～30 mm；对有花饰的壁纸，可将两张壁纸的纸边相同花饰重叠，对花准确后，在拼缝处用钢直尺将重叠处压实，由上而下一刀裁割到底，将切断的余纸揭掉，然后将拼缝刮平压实。

（六）离缝或亏纸

1. 产生原因

（1）裁割壁纸未按照量好的尺寸，裁割尺寸偏短，裱贴后不是上亏纸就是下亏纸。

(2)裱贴第二张壁纸与第一张拼缝隙时未连接准确就压实,或因赶压底层胶液推力过大而使壁纸伸张,在干燥过程中产生回缩,造成离缝或亏纸。

2.防治措施

(1)裁割壁纸落刀前应复核贴面的实际尺寸。壁纸裁割一般以上口为准,上、下口可比实际尺寸略长 20～25 mm,花饰壁纸应将上口的花饰全部统一成一种形状,壁纸裱贴后,在画镜线下口和踢脚线上口用直尺或塑料刮板压住壁纸,裁割掉多余的壁纸。

(2)裱贴每一张壁纸都必须与前一张靠紧,在赶压胶液时,应上下赶压胶液,不准斜向或横向来回赶压胶液。对于离缝或亏纸轻微的壁纸饰面,可用同壁纸颜色相同的乳胶漆点描在缝隙内,漆膜干燥后可以掩盖。对于较严重的部位,可用相同的壁纸补贴或撕掉重贴。

(七)死折

1.产生原因

(1)壁纸材质不良或壁纸较薄。

(2)操作技术不佳。

2.防治措施

(1)选用材质优良的壁纸,不使用劣质品。对优质壁纸也需进行检查,厚薄不匀的要剪掉。

(2)裱贴壁纸时,应用手将壁纸舒平后,才能用刮板赶压,用力要匀。若壁纸未舒展平整,不得使用刮板推压,特别是壁纸已出现皱褶,必须将壁纸轻轻揭起,用手慢慢推平,待无皱折时再赶压平整。发现有死折,如壁纸尚未完全干燥,可把壁纸揭起来重新裱贴。

(八)起光(质感不强)

1.产生原因

(1)壁纸表面有胶迹未揩擦干净,胶膜反光。

(2)带花饰或较厚的壁纸,裱帖时用刮板赶压力量过大,将花饰或厚塑料层压偏,致使壁纸表面光滑反光。

2.防治措施

(1)用毛巾揩掉壁纸表面上多余的胶迹,再用绞干的湿毛巾将壁纸揩干净。

(2)贴壁纸时,刮板挤压壁纸内部的胶液和空气,压力不应超过壁纸弹性极限。胶迹起光的壁纸表面,可用温水毛巾在胶迹处稍加覆盖,待胶膜柔软时,轻轻将胶膜揭起或揩擦掉。属于刮胶用力过大,造成反光面积较大的壁纸饰面,应将原壁纸撕去,重新裱贴新的壁纸。

五、成品与半成品的保护

(1)注意成品保护。在交叉流水作业中,人为的损坏、污染,施工期间与完工后的空气湿度变化等因素,都会严重影响壁纸饰面的质量。故完工后,应做好成品保护工作,封闭通行或设保护覆盖物。

(2)避免在日光曝晒或在有害气体环境中施工,使壁纸褪色。

(3)严防硬物经常在墙面上摩擦,以免墙纸损坏。

（4）贮存、运输时，产品应该横向放置，搬运或贮存时应特别注意平放，不应垂直放置，切勿损伤两侧纸边。

（5）粘贴好的壁纸要让其自然干燥，在干燥季节施工，不要敞开门、窗以及开空调器，防止因干燥过快引起壁纸收缩不匀，以及搭缝处出现细裂缝。

六、操作练习

（1）课题：室内墙面、天花板塑料壁纸粘贴。

（2）练习目的：使学生能熟练掌握壁纸在墙面和天花板上的粘贴技能。

（3）练习内容：结合校园建设，在教师办公室或学生宿舍等处抹灰面上用自配的粘结剂裱糊塑料（无泡）壁纸。

（4）分组分工：4～6 人一组，每人裱贴墙面 3 幅，顶棚 2 幅，24 课时完成。

（5）练习要求：

①按基层处理要求将墙面清理干净，大的缺陷处用水石膏嵌补，满批胶老粉腻子，干后磨平。

②用冲淡的 107 胶水统刷一遍经过处理的墙面，如墙面是水泥砂浆面层（或较大面积的水泥修补面），为确保防水封底效果，可用 801 胶水代替 107 胶水。

③在合适位置弹出一根垂直线，并弹出墙面上下两端的水平界线。

④根据塑料壁纸的厚薄，用 107 胶、化学糨糊和白胶自行配制胶粘剂。

⑤按照墙面实际张贴高度，适当考虑余量，裁划壁纸，浸水湿润。

⑥用滚筒或刷子在墙面上涂刷胶粘剂，按操作要领，以合理的顺序粘贴壁纸。

注意，随时将壁纸上的沾污揩擦干净，在每粘贴 3～4 幅壁纸后修整清理，并用线锤在接缝处检查垂直度。

（6）产品质量验收和评分标准

产品质量验收：

①裱糊工程完工并干燥后，方可验收。

检查数量应按有代表性的自然间（过道按 10 延长米，礼堂、厂房等大间可按两轴线为 1 间）抽查 10%，但不得少于 3 间。

②验收时，应检查材料品种、颜色、图案是否符合设计要求。

③裱糊工程的质量应符合下列规定：

a.壁纸、墙布必须粘贴牢固，表面色泽一致，不得有气泡、空鼓、裂缝、翘边、皱褶和斑污，斜视时无胶痕。

b.表面平整，无波纹起伏。壁纸、墙布与画镜线、贴脸板和踢脚板紧接，不得有缝隙。

c.各幅拼接横平竖直，拼接处花纹、图案吻合，不离缝，不搭接，距墙面 1.5 m 处正视，不显拼缝。

d.阴阳转角垂直，棱角分明，阴角处搭接顺光，阳角处无接缝。

e.壁纸、墙布边缘平直整齐，不得有纸毛、飞刺。

f.不得有漏贴、补贴和脱层等缺陷。

评分标准:见表13-9。

表 13-9 粘贴墙纸评分表

序号	考核项目	考核时间	考核要求	标准得分	实际得分	评分标准
1	基层处理		新墙面污物清除,松动处处理,大缺损修补,凸出物铲除	15		有一处未处理扣2分
			旧水性涂料墙面刷水起底,铲除干净,扫清浮灰			基本干净得10分,起底面干净扣10分,不消除浮灰扣3分
			旧油漆墙面起壳处铲刮干净,洗清油污			起壳、翘皮、松动有一处不处理扣3分,油污不洗全扣
			画镜线、窗台口、门槛、踢脚、地坪等处落手清	5		有一处不清扣1分
2	嵌批		拌腻子软硬适当	3		过硬过软扣2分,拌有硬块扣1分
			嵌洞缝密实,高低处嵌平	3		嵌不密实扣1分,漏嵌扣1分
			批嵌和顺,无野腻子	3		有野腻子一处扣2分,严重的扣3分
			复嵌要平整和顺,无瘢潭	3		有一处不和顺扣1分
			操作手势及顺序正确	3		基本熟练得2分,僵硬扣2分
3	磨砂纸		选砂纸适当,姿势正确,全磨不能磨穿,落手清	8		有一项错误或不做落手清扣2分(选 $1\frac{1}{2}$ 号砂纸为正确)
4	刷清胶		先直后横再理直,刷距500 mm左右,不漏、不挂、不皱	4		按顺序操作得2分,漏、挂、皱有一项扣1分
5	吊垂线		量准墙纸宽度,吊直垂线	8		误差2 mm以内得7分,3 mm以内得5分,3 mm以外全扣
6	涂刷胶合剂		姿势正确、刷足、不挂、不遗漏	5		有一项错误扣1分,遗漏较多扣3分
7	粘贴		先上后下,对准垂线,掀搭平整服贴,每幅横齐竖直,搭清胶迹,防止倒花、重叠、离缝、皱褶、毛边、气泡、并花	30		基本正确得20分,有一处病态扣2分
8	划裁		划裁正确,裁准无抽丝,落手清;画镜线、门枢、踢脚、地坪落手清	10		基本正确得7分,抽丝扣2分,有一处不清扣1分
	合计			100		

班级: 学号: 姓名: 年 月 日 教师签名: 总分:

（7）现场善后整理。

壁纸粘贴完毕后，必须将地板、画镜线、踢脚板、门窗等处的胶迹揩干净，将多余的大块壁纸卷好，以备今后修补用，将工具清洗干净，做好善后落手清工作。

复习思考题

1.油漆施工的基本知识有哪些？

2.油漆施工的步骤及相应的注意事项？

3.水性涂料的施工质量控制要点？

4.裱糊工程的施工质量控制措施有哪些？

参考文献

[1] 中华人民共和国国家标准.建筑地面工程施工质量验收规范 GB 50209－2010.北京：中国建筑工业出版社,2010.

[2] 中华人民共和国国家标准.建筑装饰装修工程质量验收规范 GB 50210－2018.北京：中国建筑工业出版社,2018.

[3] 吴闻超,李双喜.建筑装饰装修工程施工质量控制与验收.北京：中国林业出版社,2019.

[4] 何亚伯.建筑装饰装修施工工艺标准手册.北京：中国建筑工业出版社,2012.

[5] 高霞,杨波.室内装修施工图识读技法.安徽：安徽科学技术出版社,2008.

[6] 张玉民,程子东,吕从娜.装饰材料与施工工艺.北京：清华大学出版社,2010.

[7] 赵志文.建筑装饰构造.北京：北京大学出版社,2016.

[8] 李继业,赵恩西,刘闽楠.建筑装饰装修工程质量管理手册.北京：化学工业出版社,2017.

[9] 北京市建筑装饰协会.建筑装饰质检员.北京：高等教育出版社,2008.

[10] 张英杰.建筑装饰施工技术.北京：中国轻工业出版社,2018.

[11] 杨天佑.建筑装饰装修工程(新规范)技术手册.广州：广东科技出版社,2016.

[12] 李建峰.建筑施工技术与组织.北京：机械工业出版社,2016.

[13] 郝永池,薛勇.建筑装饰施工技术.北京：清华大学出版社,2013.

[14] 李学泉.建筑装饰工程施工组织与管理(第二版).北京：科学出版社,2019.

[15] 许宝良.建筑装饰材料.北京：北京师范大学出版社,2017.

[16] 毛桂平.建筑装饰工程施工管理.北京：电子工业出版社,2015.

[17] 吴国锋.建设工程质量常见问题与防治系列.北京：中国电力出版社,2015.